第一版前言

“电气设备运行与维护”是高职高专院校强电类专业的职业能力核心课程，具有实践性强、应用性广的特点。本书在编写过程中，坚持人才培养目标和职业岗位能力的要求，以适用为度，增加了大量的变电运行、变电检修等相关内容，对一些理论性强、计算复杂的内容进行了删减，增加了许多设备图片、现场实景和案例分析，使教材更具实用性。

全书共6个学习情境，其中学习情境1、学习情境4由常文平编写，学习情境2、学习情境6由吴靓编写，学习情境3由吴倩编写，学习情境5由齐山成编写。由吴靓对全书进行了统稿，陈忠担任本书的主审。

限于编者水平，书中难免有不妥之处，诚恳希望读者指正。

编　者

2012年5月

目 录

前言
第一版前言

学习情境 1 学习电力系统的基本知识 …… 1

项目 1 认识电力系统 …… 1
项目 2 了解电力系统中性点的运行方式 …… 10
项目 3 计算短路电流 …… 15
项目 4 认识电弧 …… 38
课后思考及练习 …… 43

学习情境 2 开关电器的运行与维护 …… 45

项目 1 高压断路器 …… 45
项目 2 隔离开关 …… 59
项目 3 高低压熔断器 …… 65
项目 4 高压负荷开关 …… 73
项目 5 低压开关 …… 77
项目 6 选择开关电器 …… 85
课后思考及练习 …… 97

学习情境 3 互感器及载流导体的运行与维护 …… 98

项目 1 电流互感器 …… 98
项目 2 电压互感器 …… 109
项目 3 母线 …… 117
项目 4 电力电缆 …… 124
项目 5 绝缘子 …… 139
课后思考及练习 …… 142

学习情境 4 其他电气一次设备的运行与维护 …… 143

项目 1 电容器 …… 143
项目 2 电抗器 …… 159
项目 3 防雷装置 …… 164

项目 4　接地装置 …… 171
课后思考及练习 …… 180

学习情境 5　电气主接线的倒闸操作 …… 181

项目 1　认识电气主接线 …… 181
项目 2　确定电气主接线的方案 …… 187
项目 3　电气设备的倒闸操作 …… 211
项目 4　厂用电接线 …… 218
课后思考及练习 …… 230

学习情境 6　配电装置的运行与维护 …… 231

项目 1　配电装置的安全净距 …… 231
项目 2　户内配电装置 …… 236
项目 3　户外配电装置 …… 248
项目 4　电气总布置 …… 258
课后思考及练习 …… 264

附录 …… 265
参考文献 …… 272

学习情境 1

学习电力系统的基本知识

项目 1 认识电力系统

学习目标

（1）了解电力系统的构成。

（2）掌握电力系统、电网、动力系统之间的异同之处。

电力工业发展水平是衡量一个国家经济发达程度的重要标志，也是反映人民生活水平的一个重要指标。电力工业是国民经济的一项基础工业和国民经济发展的先行产业，将煤、石油、天然气、水能、核能、风能等一次能源转换成电能，为各行各业及居民生活提供动力。

1.1 电力系统的基本组成

为了提高供电的可靠性及经济性，由发电厂、变电站、电网和电能用户组成的一个发电、输电、变电、配电和用电的整体称为电力系统。电能的生产、输送、分配和消费都是在同一时间完成的，即发电厂任何时刻生产的电能等于用户消耗的电能加上输送和分配过程中消耗的电能总和。电力系统加上热能动力装置或水能动力装置及其他能源装置，称为动力系统。在电力系统中由各级电压的输配电线路和变电站组成的部分称为电力网络，简称电网。

图 1-1 所示为动力系统、电力系统和电网的示意图。

1. 发电厂

微课 1 电力系统的组成

发电厂又称发电站，是将一次能源转化为二次能源的工厂，是电力系统的中心环节。发电厂的种类很多，根据利用的能源不同，可以分为火力发电厂、水力发电厂、核能发电厂、风力发电厂以及地热、太阳能、潮汐能发电厂等。到 2020 年底我国发电装机总容量为 22.0 亿 kW，其中火电 12.5 亿 kW，水电 3.7 亿 kW，核电 0.5 亿 kW，并网风电 2.8 亿 kW，并网太阳能发电装机 2.5 亿 kW。下面重点介绍火力发电厂、水力发电厂、风力发电厂、太阳能发电厂、核能发电厂五种类型的发电厂。

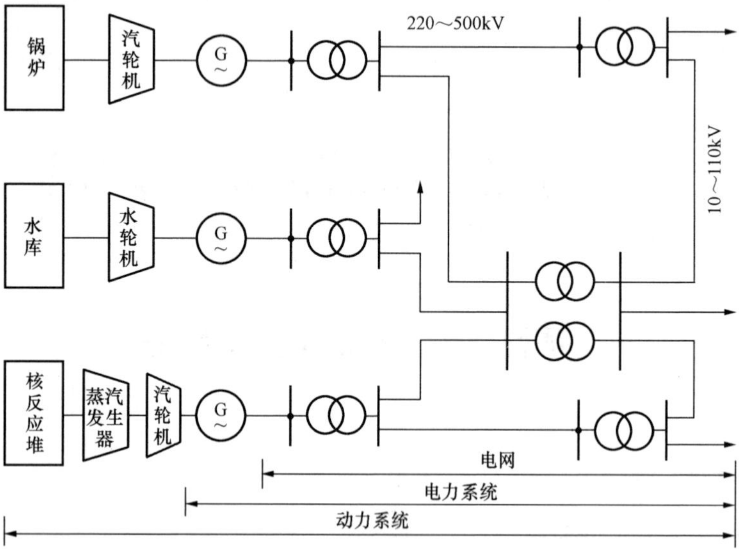

图 1-1　动力系统、电力系统、电网的示意图

(1) 火力发电厂（简称火电厂）。它是利用自然界中的煤、石油、天然气为燃料，利用燃料的化学能来产生热能，再利用汽轮机等热力机械将热能转化为机械能，发电机将机械能转化为电能。我国火电厂以燃煤为主，为了提高燃料的效率，现代火电厂都将煤块粉碎成煤粉燃烧，煤粉在锅炉的炉膛内充分燃烧，将锅炉的水烧成高温高压的蒸汽，推动汽轮机转动，使与之联轴的发电机旋转发电，即将机械能转换为电能。在汽轮机内做完功的蒸汽经凝汽器放出汽化热而凝结成水后，再送回锅炉，如此重复，循环使用。

火电厂又分为凝汽式电厂和热电厂两种类型。

凝汽式电厂仅向用户供给电能。我国凝汽式电厂一般建在一次能源比较丰富的地方（如煤矿、煤炭基地及附近），或建在铁路交通便利的地方。这类火电厂往往远离用电中心，必须将发出来的电能，通过高压输电线路送到负荷中心，其生产过程如图 1-2 所示。

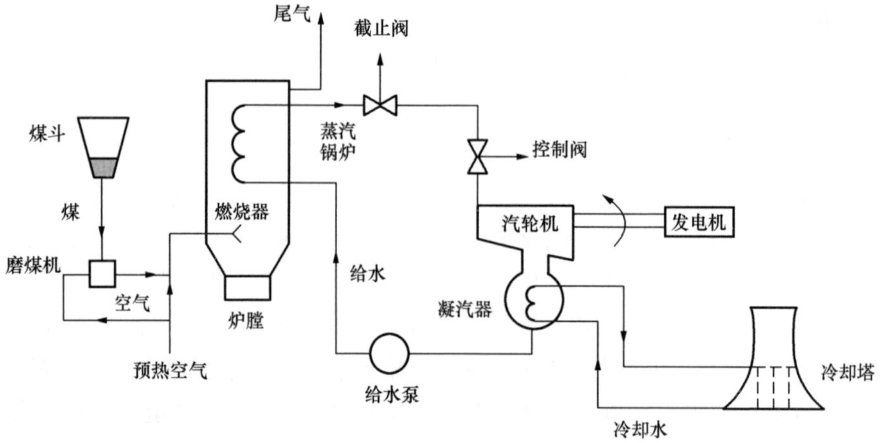

图 1-2　火电厂生产过程示意图

热电厂不仅向用户供电，同时还向用户供蒸汽或热水。由于供热距离不宜太远，所以热电厂多建在城市和用户附近。热电机组的发电功率与热力用户的用热有关，用热量多时热电机组发出的电能相应增加，用热少时热电机组发出的电能相应减少。热电厂的建立能减少烟尘的排放，有利于城市的环境保护。

(2) 水力发电厂（简称水电站）。它是利用江河水流的水能生产电能的工厂。它的基本生产过程是：从河流较高处或水库内引水，利用水的压力或流速冲动水轮机旋转，将水能转变为机械能，然后水轮机带动发电机旋转，将机械能转变为电能。

水电站的装机容量与水头、流量及水库容积有关。水电站按集中落差的方式，一般分为堤坝式、引水式和混合式三种；按主厂房的位置和结构，又可分为坝后式、坝内式、河床式、地下式等数种；按运行方式，则分为有调节水电站、无调节（径流式）水电站和抽水蓄能电站。

抽水蓄能电站是一种特殊形式的水电站，由高落差的上下水库和水轮机—发电机—抽水机的可逆机组构成，可实现对电能的调节。其利用夜间用电低谷时或丰水期的剩余电力，将下水库的水抽回到上水库内储存能量，此时机组按电动机—水泵的方式工作；待峰荷或枯水时，上水库放水释放能量发电，此时机组按水轮机—发电机的方式工作。抽水蓄能电站可以调频、调相，并作为系统的备用容量，一般可与发电功率稳定的核电厂配合使用。

(3) 风力发电厂（简称风电厂）。它是利用风来产生电力的发电厂，是属于再生能源发电厂的一种。风力发电机主要由塔架、叶片、发电机三大部分构成，其运转的风速必须大于 2m/s。好的风场不但要一年四季刮风的日子多，风速的大小和稳定也很关键。由于每座风力发电机皆可独立运转，故每座风力发电机均可视为单独的风力发电厂，属于一种分布式发电系统。

(4) 太阳能发电厂。它是利用太阳能产生电力的发电厂，有两大类型，一类是太阳能光发电，另一类是太阳能热发电。

太阳能光发电是指无需通过热过程直接将光能转变为电能的发电方式。它包括光伏发电、光化学发电、光感应发电和光生物发电。光伏发电是利用太阳能级半导体电子器件有效地吸收太阳光辐射能，并使之转变成电能的直接发电方式，是当今太阳能发电的主流。在光化学发电中有电化学光伏电池、光电解电池和光催化电池。

太阳能热发电是先将太阳能转化为热能，再将热能转化成电能。它有两种转化方式，一种是将太阳热能直接转化成电能，如半导体或金属材料的温差发电、真空器件中的热电子和热电离子发电、碱金属热电转换以及磁流体发电等。另一种方式是将太阳热能通过热机（如汽轮机）带动发电机发电，与常规热力发电类似，只不过是其热能不是来自燃料，而是来自太阳能。

(5) 核能发电厂（简称核电站）。它是利用核能发电的工厂，它的核燃料是铀-235，其发电过程与火力发电过程相似，不同的是以核反应堆和蒸汽发生器代替了锅炉设备。在核反应堆中，铀在慢中子的撞击下产生链式反应，使原子核分裂，放出巨大的能量，核能转变为热能后将水变为高温高压蒸汽，进入蒸汽发生器内推动汽轮发电机组发电。

核电厂能取得较大的经济效益，所需原料极少，如一个百万千瓦电厂，火力发电厂一年约需300万吨燃料，而核电厂仅需30t燃料，有利于减少二氧化碳和灰尘等有害物质。

2. 变电站

变电站又称变电所，是联系发电厂和电能用户的桥梁，它的任务是接收电能、变换电压和分配电能，即受电—变压—配电。

变电站按性质和任务不同，可以分为升压变电站和降压变电站两大类；按其在电网中的地位和作用不同，又可分为枢纽变电站、中间变电站、地区变电站和终端变电站。

升压变电站一般建在发电厂附近，主要任务是将低电压变换为高电压；降压变电站一般建在靠近负荷中心的地点，主要任务是将高电压变换到一个合理的电压等级。

枢纽变电站位于大用电区域或大城市附近，从220～1000kV的超高压输电网或发电厂直接受电，通过变压器把电压降为35～110kV，供给该区域的用户或大型工业企业用电，其供电范围较大。枢纽变电站对电力系统运行的稳定和可靠性起着重要作用，它联系多个电源，出线回路多，变电容量大，全站停电后将造成大面积停电或系统瓦解。

中间变电站起交换功率或分段长距离高压输电线路的作用。一般汇集多个电源，高压侧电压等级为220～330kV，同时少量电能供给当地用户。全站停电后将引起区域电网的解列。

地区变电站高压侧电压一般为110～220kV，从枢纽变电站受电，经变压器把电压降到10～110kV，对市区或地区供电。全站停电后将造成该地区或城市供电的紊乱。

终端变电站位于输电线路末端，接近负荷中心，高压侧电压为35～110kV，降压后直接向用户供电。

微课2 认识智能电网

3. 电网

电网是由变电站和不同电压等级的输电线路所组成，其作用是输送、控制和分配电能。

电网按用途，可分为输电网和配电网，其中10kV及以下的电网一般称为配电网；按照电压高低可分为低压网（1kV以下）、中压网（1～10kV）、高压网（35～220kV）、超高压网（330～750kV）和特高压网（1000kV以上）。

电网按结构特征又分开式和闭式电网两种。凡用户只能从单方向得到供电的叫开式电网；用户可从两个或两个以上方向得到供电的叫闭式电网。

4. 电力用户

在电力系统中，一切消费电能的用电设备或单位均称为电力用户。

用电设备按电流不同可分为直流设备与交流设备两类，而大多数设备为交流设备；按电压高低可分为低压设备与高压设备，1kV及以下的属低压设备，高于1kV的属高压设备；按频率高低可分为低频（50Hz以下）、工频（50Hz）及中高频（50Hz以上）

设备，绝大部分设备采用工频；按用途不同可分为动力用电设备（如电动机）、电热用电设备（如电炉、空调等）、照明用电设备、试验用电设备、工艺用电设备（如电解、电镀、热处理等）。

按重要性可将电力用户分为Ⅰ、Ⅱ、Ⅲ三类。Ⅰ类用户是指对这类负荷停止供电，会带来人身危险，设备损坏，产生大量废品，长期破坏生产秩序，给国民经济带来巨大的损失或造成重大的政治影响。Ⅱ类用户是指对这类负荷停止供电，会造成大量减产，城市公用事业和人民生活受到影响等。Ⅲ类用户是指短时停电不会造成严重后果的用户，如工厂附属车间、小城镇、小加工厂等。

1.2 电力系统运行的特点及运行要求

1. 电力系统运行的特点

电能的生产、输送和使用本身所固有的特点，决定了电力系统的运行与其他工业生产过程相比具有许多不同的特点。

(1) 电能难以储存。电能的生产、分配、输送、再分配直至使用必须在同一时刻完成，即在任一时刻，在系统中必须保持电能的生产、输送和使用处于一种动态的平衡状态。如果在系统运行中发生了供电与用电的不平衡，系统运行的稳定性就会遭到破坏，甚至发生事故，给电力系统及国民经济造成严重损失。

(2) 正常输电过程和故障过程都非常迅速。由于电能是以电磁波的形式传播的，其传播速度为光速（300 000km/s），因此不论是正常输电过程还是发生故障过程都非常迅速，这就要求有一系列能对系统进行灵敏而迅速的监测、控制和保护的装置，将操作或故障引起的系统变化限制在尽可能小的范围之内。

2. 电力系统运行的基本要求

(1) 保证供电的可靠性。保证供电的可靠性是对电力系统运行的基本要求。所谓电力系统的可靠性是指确保用户能够随时得到供电。

对于Ⅰ类用户，通常应设置两路以上相互独立的电源供电，其中每一路电源的容量均应保证在此电源单独供电的情况下就能满足用户的用电要求，确保当任何一路电源发生故障或检修时，都不会中断对用户的供电。

对于Ⅱ类用户，应设置专用供电线路，条件许可时也可采用双回路供电，并在电力供应出现不足时优先保证其电力供应。当系统发生事故，出现供电不足的情况时，应首先切除Ⅲ类用户的用电负荷，以保证Ⅰ、Ⅱ类用户的用电。

为了保证供电的可靠性，从发电到输电以及配电，每个环节都必须保证安全可靠，不发生故障，以保证连续不断地为用户提供电能。为此，要保证电力系统中各元件的质量，及时做好设备的正常维护及定期的检修与试验，加强和完善各项安全技术措施，提高电力系统的运行和管理水平，杜绝可能发生的直接或间接的人员责任事故。

(2) 保证电能的良好质量。简单来讲，衡量电能质量的指标是频率、电压和波形。

当系统的频率、电压和波形不符合电气设备的要求时，往往会影响设备的正常工作，造成振动、损耗增加，使设备的绝缘加速老化甚至损坏，危及设备和人身安全，影响用户的产品质量等。因此，要求系统所提供电能的频率、电压和波形必须符合其电气设备对电能的要求。

在电力系统正常工作情况下，我国电能频率的允许偏差规定为：电网装机容量在3000MW以上时为±0.2Hz，3000MW以下时为±0.5Hz；在电力系统非正常情况下，供电频率允许偏差不超过±1.0Hz。在正常情况下，供电企业供到用户受电端的供电电压允许偏差如下：35kV及以上，电压正、负偏差的绝对值小于额定值的10%；10kV以下的高压供电和低压电力用户为±7%，照明用户为+7%～-10%。电力系统的频率主要取决于有功功率的平衡，电压主要取决于无功功率的平衡，可通过调频、调压和无功补偿等措施来保证频率和电压的稳定。

通常，要求电力系统的供电电压（或电流）的波形为严格的正弦形，发电机和变压器的设计制造部门已考虑了这一要求，但在电能输送和分配过程中也要不使波形发生畸变，应注意避免或消除电力系统中可能出现的其他谐波源（如整流装置，输电线路的电晕等）。

（3）保证电力系统运行的稳定性。电力系统在运行过程中不可避免地会发生短路故障，如果电力系统的稳定性较差，局部事故的干扰有可能导致整个系统的全面瓦解，而且需要长时间才能恢复，严重时会造成大面积、长时间停电。因此，必须保证电力系统运行的稳定性，做到合理地配置系统参数，自动装置灵敏可靠，合理调度，快速果断地处理事故。

（4）保证电力系统运行的经济性。要使电能在生产、输送和分配过程中效率高、损耗小、成本低，必须降低一次能源消耗率、厂用电率和线损率，使这三个指标达到最小。电能成本的降低不仅节省了能源，还将有助于用户生产成本的降低，因而给整个国民经济带来效益。要实现经济运行，除进行合理规划设计之外，还须对整个系统实施经济调度。

综上所述，保证对用户不间断地供给充足、优质而又经济的电力，是电力系统的基本任务。

岗位技能 电能质量的提高方法

（1）合理选择变压器的电压分接头或采用有载调压变压器，使之在负荷变动的情况下，有效地调节电压，保证用电设备端电压的稳定。

（2）合理减少供配电系统的阻抗，以降低电压损耗，从而缩小电压偏移范围。

（3）尽量使系统的三相负荷均衡，以减小电压偏移。

（4）合理地改变供配电系统的运行方式，以调整电压偏移。

（5）采用无功功率补偿装置，提高功率因数，降低电压损耗，缩小电压偏移范围。

目前，随着先进的电子技术、自动控制技术、网络技术的应用与发展，利用计算机实现对供配电系统的实时监控，在计算机上就可以自动显示电压波动信息，即波动幅度和频率等。

1.3 电力系统的额定电压

为了使电气设备生产标准化，各种电气设备都有规定的额定电压。当电气设备在额定电压下工作时，其技术性能和经济性能最佳。一般每个国家都根据自己的国情和技术条件规定了标准电压等级系列，这有利于电器制造业的生产标准化和系列化，有利于设计的标准化和选型，有利于电器的互相连接和更换，有利于备件的生产和维修等。我国电力系统的额定电压有 220/380V 和 3、6、10、35、60、110、220、330、500、750、1000kV 等。

1. 额定电压的分类

根据电压的高低，我国把电气设备的额定电压分为三类：

第一类，指低于 100V 的额定电压，主要用于安全照明、蓄电池及用电设备的操作电源。常用电压等级有 1.5、3、6、12、24、36、48V 等。

第二类，指 100～1000V 之间的额定电压，主要用于日常生活、低压电器设备。常用电压等级有 110、220、380、440、660V（用于矿井）等。

第三类，指 1000V 以上的额定电压。对于第三类额定电压，我国三相交流电网、发电机和电力变压器的额定电压见表 1-1。

表 1-1　　第三类额定电压

电网和用电设备额定电压（kV）	发电机额定电压（kV）	电力变压器额定电压（kV）	
		一次绕组	二次绕组
0.22	0.23	0.22 及 0.23	0.23
0.38	0.40	0.38 及 0.40	0.40
3	3.15	3 及 3.15	3 及 3.15
6	6.3	6 及 6.3	6 及 6.3
10	10.5	10 及 10.5	10.5 及 11
35	—	35	38.5
60	—	60	66
110	—	110	121
220	—	220	242
330	—	330	363
500	—	500	550
750	—	750	825
1000	—	1000	1100

2. 电气设备额定电压的确定

由于用电设备运行时，电力线路上要有负荷电流流过，因而在电力线路上就会引起电压的损耗，造成电力线路上各点电压略有不同，首端的电压高，末端的电压低。为了保证电气设备的安全运行，需要确定合理的额定电压。

学习重点 如何确定电气设备的额定电压?

(1) 确定电力线路的额定电压。将线路首末两端电压的平均值作为电力线路的额定电压。电力线路（或电网）的额定电压等级是国家根据国民经济发展的需要及电力工业的水平，经全面技术经济分析后确定的。

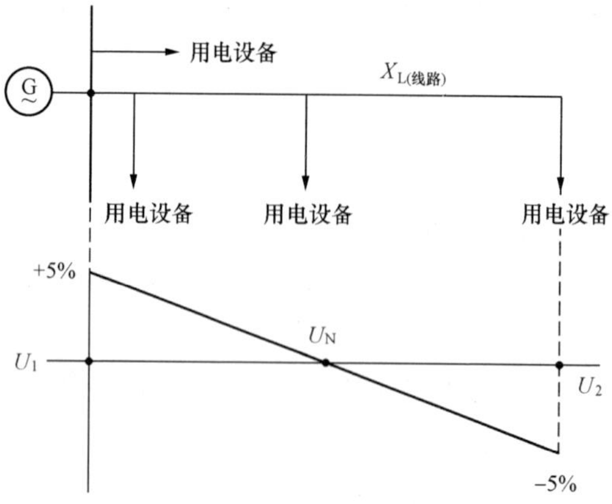

图 1-3 电力线路电压变化及用电设备、发电机的额定电压说明

(2) 确定用电设备的额定电压。由于用电设备在±5%的电压偏差内可以正常工作，所以取用电设备的额定电压与同级电力线路的额定电压相同，如图 1-3 中 U_N 所示。

(3) 确定发电机的额定电压。发电机位于线路的首端，为了保证电力线路的电压损耗不超过 10%，发电机的额定电压应比线路额定电压高 5%，如图 1-3 中 U_1 所示。

(4) 确定电力变压器的额定电压。

1) 电力变压器一次绕组额定电压的确定方法。如果电力变压器直接与发电机相连，则其一次绕组的额定电压应与发电机额定电压相同，高于同级线路额定电压的 5%，如图 1-4 中变压器 T1 所示。当变压器不与发电机相连，而是连接在线路上，可以将电力变压器看作是线路上的用电负荷，因此其一次绕组的额定电压应与同级线路的额定电压相同，如图 1-4 中变压器 T2 所示。

2) 电力变压器二次绕组额定电压的确定方法。如果变压器二次侧供电线路很长，则变压器二次绕组额定电压，一方面要考虑补偿变压器本身二次绕组 5%的阻抗电压降，另一方面还要考虑变压器满载时输出的二次电压要满足线路首端电压高于线路额定电压的 5%，以补偿线路上的电压损耗。所以，变压器二次绕组的额定电压要比线路额定电压高 10%。

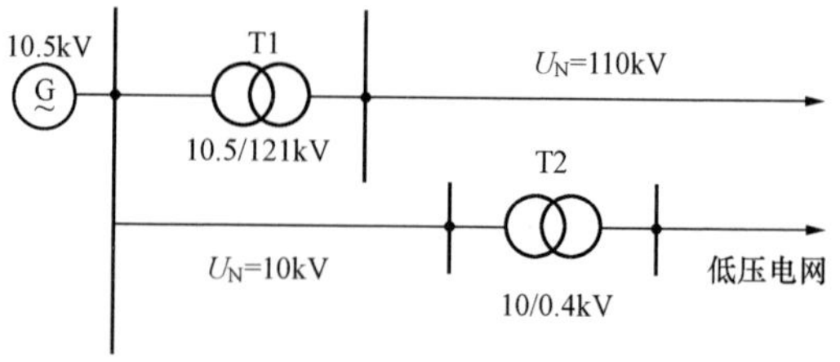

图 1-4 电力变压器额定电压示意图

如果变压器二次侧供电线路不长时，只需考虑补偿变压器内部 5%的阻抗电压降，只要高于其所接线路额定电压 5%即可。

【例 1-1】 试确定图 1-5 中电力变压器 T1 和 T2 的一、二次绕组的额定电压。

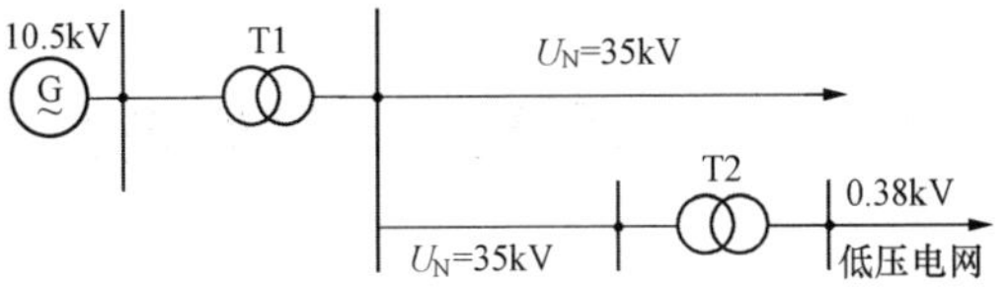

图 1-5 电力变压器 T1 和 T2 系统接线图

解 (1) T1 变压器。

一次绕组：其一次绕组直接和发电机相连，额定电压应与发电机额定电压相同，确定为 10.5kV。

二次绕组：变压器二次侧供电线路很长，二次绕组额定电压不仅考虑本身二次绕组 5%的阻抗电压降，还需考虑二次电压要满足线路首端高于线路额定电压的 5%，在此题中由于线路的额定电压是 35kV，所以确定额定电压为 35kV×110%=38.5kV。

(2) T2 变压器。

一次绕组：电力变压器连接在线路上，可以将电力变压器看作是线路上的用电负荷，因此其一次绕组的额定电压应与同级线路的额定电压相同，即 35kV。

二次绕组：变压器二次侧供电线路不长时，只需考虑补偿变压器内部 5%的阻抗电压降，高于其所接线路额定电压 5%即可，即 0.38kV×105%=400V。

3. 选择额定电压考虑的因素

由于三相功率 S 和线电压 U、线电流 I 之间的关系为 $S=\sqrt{3}UI$，所以在输送功率一定时，输电电压越高，输电电流越小，从而可减少线路上的电能损失和电压损失，同时又可减小导线截面积，节约有色金属。而对于某一截面积的导线，当输电电压越高时，其输送功率越大，输送距离越远；但是电压越高，对设备的绝缘性能要求就高，投资费用也相应增加，供配电电压的选择主要取决于用电负荷的大小和供电距离的长短。对某一电压等级，都有一个与之对应最合理的供电容量和供电距离。

不同电压等级的电力线路合理的输送功率和输送距离见表 1-2。

表 1-2　不同电压等级的电力线路合理的输送功率和输送距离

线路电压（kV）	线路种类	输送功率（kW）	输送距离（km）
0.38	架空线	≤0.1	≤0.25
	电缆线	≤0.175	≤0.35
6	架空线	≤1	≤10
	电缆线	≤3	≤8
10	架空线	≤2	5～20
	电缆线	≤5	≤10
35	架空线	2～10	20～50
66		3.5～30	30～100
110		10～50	50～150
220		100～500	200～300
330		200～600	200～600
500		150～850	150～850
1000		4000～5000	500～1000

项目2 了解电力系统中性点的运行方式

学习目标

(1) 了解电力系统中性点接地方式的类型。

(2) 了解电力系统中性点各种接地方式的运行特点。

(3) 能够绘制中性点不接地系统单相接地故障的各相电流及电压的变化相量图。

(4) 了解消弧线圈的选择及使用。

电力系统的中性点是指星形接线的发电机或变压器的中性点。电力系统中性点的接地方式有两大类：一类是中性点直接接地或经过小阻抗接地，称为大电流接地系统；另一类是中性点不接地，经过消弧线圈或大阻抗接地，称为小电流接地系统。

电力系统中性点的运行方式不同，其技术特性和工作条件也不同，还与故障分析、继电保护配置、绝缘配合等均密切相关。采用哪一种中性点运行方式，将直接影响到电网的绝缘水平、系统供电的可靠性和连续性、电网的造价以及对通信线路的干扰程度。

2.1 大电流接地系统

大电流接地系统中采用最多的是中性点直接接地方式，如图1-6所示。在这种系统中，当发生单相接地时，通过大地和中性点构成回路，将产生很大的短路电流 $I_k^{(1)}$，为了防止损坏电气设备，保护装置应瞬时动作，使断路器跳闸，切除短路故障。由于发生单相短路时，继电保护会自动跳开断路器，故这种接地方式的可靠性较低，一般可以配备自动重合闸及加备用电源的方式提高其供电可靠性。

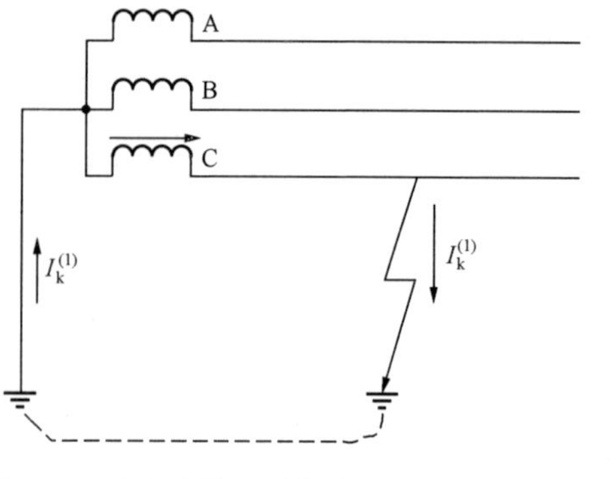

图1-6 大电流接地系统中发生单相接地故障

中性点直接接地的主要优点是系统发生单相接地时，中性点的电位接近零，非故障相的对地电压接近于相电压，系统中的供电设备的绝缘只需按相电压设计，而无需按线电压考虑，这对110kV以上的系统，可以明显降低绝缘部分的造价，具有很高的经济价值。目前，我国110kV及以上的电网普遍采用中性点直接接地方式。在380/220V低压配电系统采用这种接线方式的目的不是降低绝缘材料的造价，而是防止单相接地时非故障相出现超过250V的对地电压，危及人身的安全。

微课3 中性点直接接地方式的特点

2.2 小电流接地系统

小电流接地系统采用最多的是中性点不接地方式和经消弧线圈接地的方式。

1. 中性点不接地系统

(1) 正常运行状态。中性点不接地系统正常运行时，电力系统的三相导线之间及各相对地之间或沿导线全长都分布有电容，这些电容在电压作用下将有附加的电容电流通过。为了便于分析，假设系统是对称的，对地电容电流可用集中线路中的电容来代替，线间电容电流很小，可以忽略不计。

设电源三相电压分别为 $\dot{U}_A$、$\dot{U}_B$，$\dot{U}_C$，各相对地电容相等且大小为 C，对地电容电流也是对称的，每相电容电流为 $\dot{I}_{C0}=\omega CU_P$，三相电容电流相量和等于零，中性点没有电流流过，中性点的电位为零。

(2) 单相接地。当中性点不接地系统由于绝缘损坏发生单相接地时，各相对地电压和电容电流的情况将发生明显变化。下面以 C 相金属性单相接地故障为例进行分析，如图 1-7 所示。

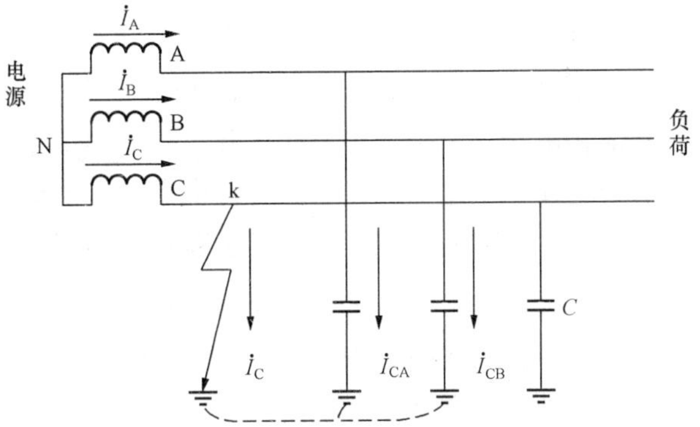

图 1-7 中性点不接地系统中发生单相接地故障

由图 1-7 可知，此时 C 相对地电压为零，中性点和非故障相对地电压也将发生大的变化，即

$$\dot{U}_N=-\dot{U}_C$$

$$\dot{U}_{kA}=\dot{U}_A+\dot{U}_N=\dot{U}_A-\dot{U}_C$$

$$\dot{U}_{kB}=\dot{U}_B+\dot{U}_N=\dot{U}_B-\dot{U}_C$$

显然，非故障相对地电压升高到相电压的$\sqrt{3}$倍，由相电压上升为线电压。所以，这种系统中的供电设备的绝缘必须按线电压设计。

微课 4 中性点不接地方式的特点

在中性点不接地三相系统中，当出现单相接地时，各相间的电压大小和相位没有变化，电压的对称性没有破坏，因此，单相接地后，还可以继续运行一段时间，这种接地方式的供电可靠性较高。但是，为了防止故障进一步发展，一般运行时间不能超过 2h。

非故障相对地电压的升高，会造成对地电容电流相应增大到原来的$\sqrt{3}$倍，因此经 C 相流入大地的电容电流不再是零，而是

$$\dot{I}_C=-(\dot{I}_{CA}+\dot{I}_{CB})$$

由图 1-8 所示的相量图可知，I_C 在相位上正好超前 U_C 90°；而在数值上，由于 $\dot{I}_C=\sqrt{3}\dot{I}_{CA}$，而 $\dot{I}_{CA}=\omega C\dot{U}_{kA}=3\dot{I}_{C0}$，即单相接地时通过接地点的电容电流是正常运行的单相对

地电容电流的 3 倍。

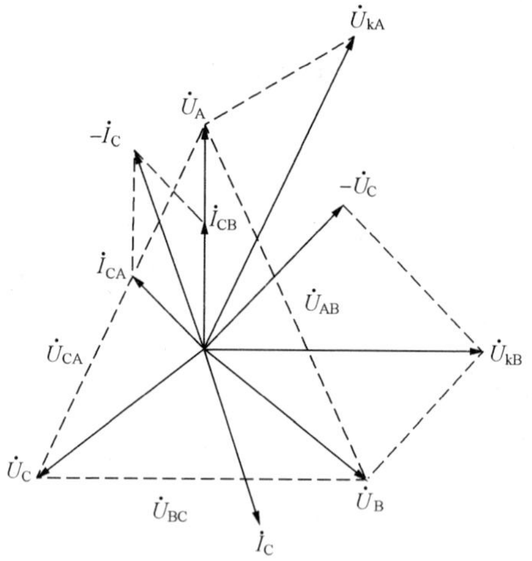

图 1-8　中性点不接地系统中发生单相接地故障后的相量图

当系统某一相发生故障，而故障相通过一定的阻抗接地时，称为不完全接地。此时，接地相电压大于零而小于相电压，非故障相对地电压则大于相电压而小于线电压。接地电流也比完全接地时小。其具体的电压、电流值与故障相接地电阻值有关。

中性点不接地系统必须装设单相接地保护或绝缘监视装置，当系统发生单相接地故障时，发出报警信号或指示，以提醒运行值班人员注意，及时采取措施，查找和消除接地故障；如有备用线路，则可将重要负荷转移到备用线路上，当危及人身和设备安全时，单相接地保护应动作于跳闸。

2. 中性点经消弧线圈接地

中性点不接地系统的主要优点是发生单相接地时仍可继续向用户供电，但有一种情况相当危险，即在发生单相接地故障时，如果接地电流较大，将在接地点产生间歇性的电弧，这可能使线路发生谐振过电压现象，引起弧光过电压，因此必须采用中性点经消弧线圈接地的措施来减小接地电流，熄灭电弧。

一般情况下，在小电流接地系统中，当接地电流超过规定值时（3～10kV 系统接地电流大于或等于 30A 时，20～35kV 系统接地电流大于或等于 10A 时），通常采用中性点经消弧线圈接地的方式。

知识延伸　消弧线圈在结构上有什么特点?

消弧线圈实际上是一种具有铁心的可调电感线圈，其电阻很小，感抗很大，其铁心柱有很多间隙，以避免磁饱和，使消弧线圈有一个稳定的电抗值。

消弧线圈装设在发电机或变压器的中性点与地之间，系统正常运行时，中性点电位为零，没有电流流过消弧线圈。当系统发生单相接地时，流过接地点的电流是接地电容电流 $\dot{I}_C$ 与流过消弧线圈的电感电流 $\dot{I}_L$ 之和。由于 $\dot{I}_C$

微课 5　中性点经消弧线圈接地方式的特点

超前$\dot{U}_C$90°，而$\dot{I}_L$滞后$\dot{U}_C$90°，所以$\dot{I}_C$与$\dot{I}_L$在接地点互相补偿。如果消弧线圈电感选用合适，会使接地电流减到小于发生电弧的最小生弧电流，此时电弧就不会产生，从而也就不会产生过电压。图 1-9 所示为相应的电路图。

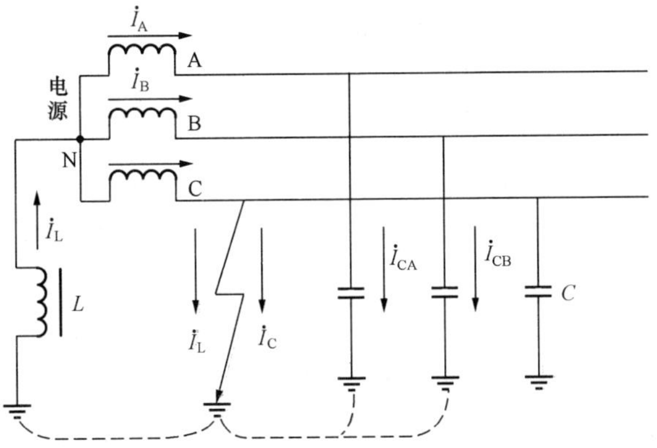

图 1-9 中性点经消弧线圈接地系统中发生单相接地故障

消弧线圈容量的计算公式为

$$W = 1.35 I_C \frac{U_N}{\sqrt{3}} \quad (\text{kVA}) \tag{1-1}$$

式中 I_C——接地电容电流，A；

U_N——电网的额定电压，kV。

中性点经消弧线圈接地的系统发生单相接地故障时，与中性点不接地的系统中发生单相接地故障时一样，接地相对地电压为零，非故障相对地电压升高$\sqrt{3}$倍。由于相间电压没有改变，因此三相设备仍可以照常运行，但也不能长期运行。必须装设单相接地保护，即绝缘监视装置，在单相接地时给予报警信号或指示，运行值班人员应及时采取措施，查找和消除故障，如可能时将重要负荷转移到备用线路上。

消弧线圈接地系统在技术上不仅拥有了中性点不接地系统的所有优点，而且还避免了单相故障可能发展为两相或多相故障、产生过电压损坏电气设备绝缘和烧毁电压互感器等危险。

☆ 学习重点 消弧线圈的补偿方式有几种?

根据电感电流对接地电容电流补偿程度不同，消弧线圈有三种。

(1) 全补偿，$I_L = I_C$，接地点电流为零。从消弧观点来看，全补偿最好，但实际上并不采用这种补偿方式。因为在正常运行时，$I_L = I_C$ 意味着$\frac{1}{\omega L} = 3\omega C_0$，如图 1-10 (a) 所示，对于正常运行的电网，若忽略电源及线路的感抗且线路空载，从 mn 端向右看，利用戴维南定理可将其简化为图 1-10 (b) 所示电路，其中 C_0 是各相对地电容，U_0 是电源中性点对地电压。在理想情况下，$U_0 = 0$，但实际上由于三相对地电容不完全相等或断路器三相触头闭合不同时或出现一相断路，会导致 $U_0 \neq 0$，这正好是一个串联谐振电路，其结果可能导致消弧线圈或电容两端出现过电压，危及电网的绝缘。

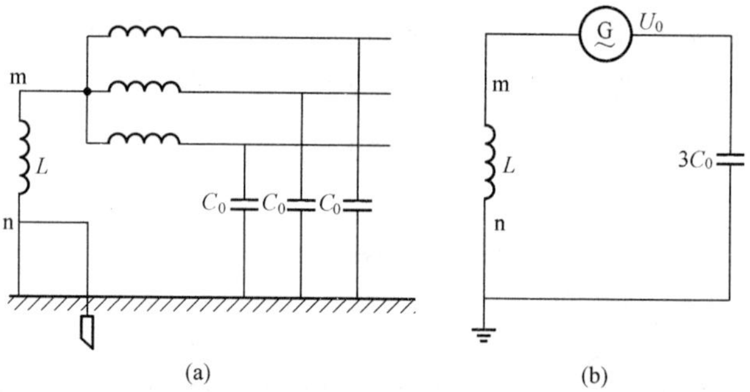

图 1-10　中性点经消弧线圈接地系统正常情况下的等值图
(a) 系统图；(b) 等值图

(2) 欠补偿，$I_L < I_C$，接地点尚有未补偿的电容性电流。欠补偿方式也较少采用，原因是在检修、事故切除部分线路或系统频率降低等情况下，可能使系统接近或达到全补偿，以致出现串联谐振过电压。例如，当电网切除部分运行线路时，会导致 C_0 减小，从而 I_C 减小，形成 $I_L = I_C$，使电网出现谐振。

(3) 过补偿，$I_L > I_C$，接地点处尚有多余的电感性电流。过补偿可避免谐振过电压的产生，因此得到广泛应用。过补偿接地处的电感电流也不能超过规定值，否则电弧也不能可靠地熄灭。因此，消弧线圈设有分接头，用以调整线圈的匝数，改变电感值的大小，从而调节消弧线圈的补偿电流，以适应系统运行方式的变化，达到消弧的目的。

2.3　不同中性点接地方式的适用范围

小电流接地系统主要优点是供电可靠性高，无通信干扰问题，主要缺点是绝缘水平要求高；大电流接地系统则相反。实际电力系统中，不同中性点接地方式应用范围大致如下：

(1) 3～10kV 系统电压不高，绝缘费用在总投资中所占比重不大，同时这个电压等级配电线路总长度长，雷击瞬间跳闸事故多，因而着重考虑供电可靠性问题。一般多采用中性点不接地系统，仅在线路长或有电缆线路而且单相接地电流越限时，才采用经消弧线圈接地方式。若发电机或调相机直接接在 3～20kV 电网，当单相接地电流大于 5A 时，也应装消弧线圈。

(2) 35～66kV 系统和 3～10kV 系统相似，降低绝缘水平经济价值不甚显著，同时这个电压等级都未全线架设避雷线，雷击事故较多，供电可靠性也是主要问题。但由于 35～66kV 系统电网线路总长度一般都超过 100km，单相接地电流都越限，因此多采用经消弧线圈接地方式。

(3) 110kV 系统由于电压提高，绝缘费用在总投资中所占比重增大，供电可靠性则可通过全线架设避雷线和采用自动重合闸加以改善。因此，我国多数 110kV 系统采用中性点直接接地方式，但雷电活动较强的地区由于考虑供电可靠性也可采用经消弧线圈接地方式。

(4) 220kV 及以上系统降低绝缘水平占首要地位，它对总投资影响很大，中性点直接接地系统有明显优势，我国 220kV 及以上系统都采用这种接地方式。在某些国家，在由于出线走廊限制，不能保证与通信线间隔距离时，也有采用经消弧线圈接地方式的。

项目3 计算短路电流

学习目标

(1) 了解短路电流的形成原因、类型、危害及限制措施。

(2) 掌握短路电流的计算方法。

3.1 短路是什么

1. 产生短路的原因

短路是电力系统中最严重的故障，对电力系统有极大危害。

所谓短路，是指一切不正常的相与相之间、相与地面之间的通路。

短路发生的原因是多种多样的，其中最重要的原因是电气设备载流部分的绝缘损坏。例如，设备绝缘损坏（老化、污闪、盐碱击穿）、外力破坏（雷击、鸟害、动物接触、人员或植物距离太近）、设备机械损伤（疲劳严重、断线、倒塔、倒杆、电动力太大拉断导线）、运行人员误操作（带地线合隔离开关、带负荷拉隔离开关等）。

2. 短路的类型

在电力系统中可能发生的短路有三相短路、单相短路接地、两相短路和两相短路接地。其中，单相短路接地是最常见的短路形式，它可占到总短路数量的65%以上；两相短路约占10%；两相短路接地约占20%；三相短路约占5%。虽然三相短路发生的概率最小，但它对电力系统的影响最严重。三相短路也称对称短路，系统各相与正常运行时一样仍处于对称状态。其他类型的短路都是不对称短路。

微课6 短路的类型

各类短路的示意图及表示符号列于表1-3中。

表1-3 各类短路示意图及表示符号一览表

短路类型	示意图	短路表示符号
三相短路		$k^{(3)}$
两相短路接地		$k^{(1,1)}$
两相短路	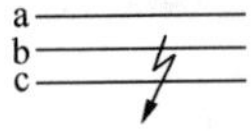	$k^{(2)}$
单相短路接地	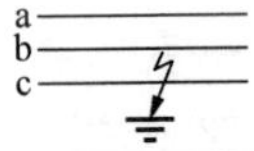	$k^{(1)}$

微课7 短路产生的原因及危害

3. 短路的危害

发生短路时，由于电源供电回路阻抗的减小以及忽然短路时的暂态过程，使短路回路中的电流大大增加，可能超过回路的额定电流许多倍。例如，在发电机端发生短路时，流过发电机的短路电流最大瞬时值可达发电机额定电流的10倍以上，在大容量的电力系统中，短路电流可高达数万安培。因此短路发生的地点、持续时间和短路类型直接决定了短路的危害程度。短路危害可能是局部性的，也可能是全局性的。

电力系统发生短路故障后，主要有以下危害：

(1) 短路时，短路电流数值远远超过正常运行时的电流，从而使电气设备的载流部分承受巨大的电动力，可能破坏电气设备的机械结构。

(2) 短路持续的时间过长将导致电气设备过热，可能烧毁电气设备。

(3) 短路使系统电压大幅度下降，对用户影响很大。短路发生时，系统的节点电压将下降，这将影响用户用电的质量。系统中80%以上的负荷是电动机，当节点电压下降后，电动机的转速将下降，甚至停转，这时由于电动机的转子转速与定子的同步旋转磁场的相对转速过大，有可能烧毁电动机。即便不烧毁电动机，电动机的运行性能也会大幅下降。

(4) 当短路发生的地点距离发电机很近，而短路的持续时间又很长时，原来并联运行的同步发电机有可能失去同步，从而破坏电力系统的稳定，造成系统的解列，出现大面积停电，并且电力系统重新恢复正常运行的时间也很长，这是短路故障最严重的后果。

(5) 当系统发生不对称短路时，三相不对称电流在输电线路上将产生很大的磁场，会严重影响输电线路附近的通信线路的通信质量。

4. 限制短路电流的措施

为保证系统安全可靠地运行，减轻短路造成的影响，除在运行维护中应设法消除可能引起短路的一切原因外，还应尽快地切除短路故障部分，使系统电压在较短的时间内恢复到正常值。例如采用快速动作的继电保护和断路器，以及发电机装设自动调节励磁装置等。

另外，还可以采用一些辅助措施来限制短路电流。例如合理选择电气主接线的形式或运行方式，以增大系统阻抗，减小短路电流值；加装限流电抗器；采用分裂低压绕阻变压器等。

知识拓展 限制短路电流的主要措施有哪些?

(1) 选择发电厂和电网的接线方式。在发电厂内，可对部分机组采用长度为40km及以上的专用线路，并将这种发电机—变压器—线路单元连接到距其最近的枢纽变电站的母线上，从而降低发电厂母线处短路电流。

(2) 采用分裂绕组变压器和分段电抗器。大容量发电厂为限制短路电流可采用低压侧带分裂绕组变压器。为了限制 6～10kV 配电装置中的短路电流，可以在母线上装设分段电抗器。

(3) 采用线路电抗器。其主要用于发电厂向电缆电网供电的 6～10kV 配电装置中以限制短路电流。

(4) 采用微机保护及综合自动化装置。微机保护仅需 0.005s 就能断开故障回路，使导体和设备避免承受最大短路电流的冲击，从而限制短路电流。

3.2 为什么要计算短路电流

为确保电气设备在短路情况下不致于被破坏、减轻短路后果和防止故障扩大，必须事先对短路电流进行计算。

计算短路电流的具体目的是：

(1) 为正确地选择和校验电力系统中的电气设备提供重要依据。

(2) 为继电保护装置动作电流的整定、保护灵敏度的校验，以及熔断器选择性的配合提供必要的数据。

(3) 为设计和选择正确的发电厂、变电站电气主接线提供重要的数据。

(4) 进行电力系统暂态稳定计算，分析短路对用户的影响。

(5) 确定输电线路对通信的影响。

在电力系统和电气设备的设计和运行中，短路计算也是解决一系列技术问题不可缺少的基本计算。

3.3 如何进行三相短路电流计算

1. 短路电流计算的基本假设

要准确进行短路计算是相当复杂的任务，因此在工程上多采用近似计算法。这种方法建立在一系列假设的基础上，计算结果误差稍偏大，一般不超过 15%。

短路计算的基本假设如下：

(1) 短路过程中各发电机之间不发生摇摆，并认为所有发电机的电动势都同相位。对于短路点而言，计算所得的电流数值稍稍偏大。

(2) 负荷只作近似估计，可以当作恒定电抗，也可以当作某种临时附加电源，视具体情况而定。在实用工程计算时，负荷忽略不计。

(3) 不计磁路饱和。系统各元件的参数都是恒定的，可以应用叠加定理。

(4) 除不对称故障处出现局部的不对称以外，实际的电力系统通常都可当作是对称的。

(5) 忽略高压输电线的电阻和电容，忽略变压器的电阻和励磁电流（三相三柱式变压器的零序等值电路除外），即发电、输电、变电和用电的元件均用纯电抗表示。加上所有发电机电动势都同相位的条件，这就避免了复数运算。

(6) 短路属于金属性短路。一般情况下，短路处相与相或相与地的接触往往经过一定的电阻（如外物电阻、电弧电阻、接地电阻等），这种电阻通常称为过渡电阻。所谓金属性短路，就是不计过渡电阻的影响，即认为过渡电阻等于零的短路情况。

2. 短路电流计算方法

当电网中某处发生短路时，其中一部分阻抗被短接，网络阻抗发生变化，故在短路电流计算时，应先对各电气设备的参数（电阻及电抗）进行计算，再计算短路电流的数值。

计算短路电流的一般过程是：首先绘出计算电路图，标明电路中各个元件参数，确定短路计算点；然后根据所选择的短路计算点绘出等值电路图，在等值电路图上将被计算的短路电流所流经的主要元件表示出来，并计算出阻抗值，根据元件的连接方式，求出总的等值阻抗；最后计算短路电流和短路容量。

短路电流计算方法常用的有欧姆法和标幺制法。欧姆法，又称有名单位制法，因该方法中电气设备元件的阻抗都采用有名单位“欧姆”（Ω）而得名。标幺制又称相对制，即相对单位制法，因该方法中的有关物理量采用标幺值（相对单位）而得名。对于同一短路问题，两种方法的计算结果应该是相同的，但在高压网络中计算短路电流时采用标幺制法更为方便。

标幺值是电气量的实际有名值与所选的同单位规定值之比，即

$$标幺值=\frac{实际有名值}{同单位规定值}$$

可见，标幺值是一个无单位的比值。标幺值的符号用各量符号加下角码“*”表示。

电力系统中每一个元件都有其额定参数，以各元件的额定参数作为规定值的标幺值称为标幺额定值，如

$$\left.\begin{aligned}
U_{N*} &= \frac{U}{U_N} \\
S_{N*} &= \frac{S}{S_N} \\
I_{N*} &= \frac{I}{I_N} = I\frac{1}{\dfrac{S_N}{\sqrt{3}U_N}} = I\frac{\sqrt{3}U_N}{S_N} \\
X_{N*} &= \frac{X}{X_N} = X\frac{1}{\dfrac{U_N^2}{S_N}} = X\frac{S_N}{U_N^2}
\end{aligned}\right\} \tag{1-2}$$

发电机、变压器、电抗器等由生产厂家给出标幺额定值。例如某发电机 $X''_{k*}=0.20$，其下角“N”常被省略。

电力系统中各元件的额定值不同，所以标幺额定值也不统一，不便于直接进行电路计算。为此，选择统一的基准参数作为规定值，所得的标幺值叫作标幺基准值。

通常分别以 S_B 和 U_B 为独立基准功率和基准电压，故

$$\left.\begin{aligned} U_{B*} &= \frac{U}{U_B} \\ S_{B*} &= \frac{S}{S_B} \\ I_{B*} &= \frac{I}{I_B} = I\frac{1}{\frac{S_B}{\sqrt{3}U_B}} = I\frac{\sqrt{3}U_B}{S_B} \\ X_{B*} &= \frac{X}{X_B} = X\frac{1}{\frac{U_B^2}{S_B}} = X\frac{S_B}{U_B^2} \end{aligned}\right\} \tag{1-3}$$

特别提示

在实用计算中，基准功率 S_B 常取 100MVA；基准电压 U_B 则取各级电压的平均值，如 3.15、6.3、10.5、37、115kV 等，统一记为 U_{av}。

学习重点 如何进行标幺值、有名值及百分值之间的换算?

(1) 由标幺值计算有名值。根据标幺值定义和式 (1-2)、式 (1-3)，可直接由标幺值写出有名值，即

$$\left.\begin{aligned} U &= U_{N*}U_N = U_{B*}U_B \\ S &= S_{N*}S_N = S_{B*}S_B \\ I &= I_{N*}\frac{S_N}{\sqrt{3}U_N} = I_{B*}\frac{S_B}{\sqrt{3}U_B} \\ X &= X_{N*}\frac{U_N^2}{S_N} = X_{B*}\frac{U_B^2}{S_B} \end{aligned}\right\} \tag{1-4}$$

(2) 由电抗标幺额定值换算为电抗标幺基准值，即

$$X_{B*} = X_{N*}\frac{X_N}{X_B} = X_{N*}\frac{U_N^2}{S_N}\Big/\frac{U_B^2}{S_B} = X_{N*}\frac{S_B}{S_N}\frac{U_N^2}{U_B^2} \tag{1-5}$$

(3) 电抗标幺额定值与电抗百分值之间的换算为

$$X_{N*} = \frac{X\%}{100} \tag{1-6}$$

从标幺值的定义和有关概念出发，标幺值有以下特点：

(1) 在三相电路中，标幺值相量等于线量，即相电压的标幺值与线电压的标幺值相等，相电流的标幺值与线电流的标幺值相等。

(2) 三相功率和单相功率的标幺值相等。

(3) 三相电路的标幺值欧姆定律、功率方程与单相电路的相同。

(4) 当电网的电源为额定值时（即 $U_*=1$），功率标幺值与电流标幺值相等，且等于电抗标幺值的倒数，即

$$S_* = I_* = \frac{1}{X_*} \tag{1-7}$$

(5) 两个标幺基准值相加或相乘，仍得同基准的标幺基准值。

3. 电力系统元件电抗的标幺基准值计算

根据短路计算的基本假设，高压网络的短路电流计算一般只考虑同步发电机、电力变压器、架空线路与电缆线路及电抗器等主要元件的电抗。

(1) 基准值的设定。实用计算中，基准功率常取100MVA，基准电压则取各级电压的平均值，即

$$S_B = 100\text{MVA}，\quad U_B = U_{av}$$

(2) 同步电机。在三相短路电流的实用计算中，同步电机的电抗只计入短路起始瞬间的纵轴次暂态电抗 X''_k。该电抗是标幺额定值，由厂家提供具体数据，则

$$X''_{kB*} = X''_{kN*}\frac{S_B}{S_N}\frac{U_N^2}{U_B^2}\frac{U_B^2}{U_N^2} = X''_{kN*}\frac{S_B}{S_N} \tag{1-8}$$

无厂家数据情况下可根据表1-4作近似计算。

表1-4　各类同步发电机 X''_{k*} 的平均值

同步电机类型	X''_{k*}	同步电机类型	X''_{k*}
汽轮发电机	0.125	同步补偿机	0.16
有阻尼绕组的水轮发电机	0.20	同步电动机	0.20
无阻尼绕组的水轮发电机	0.27		

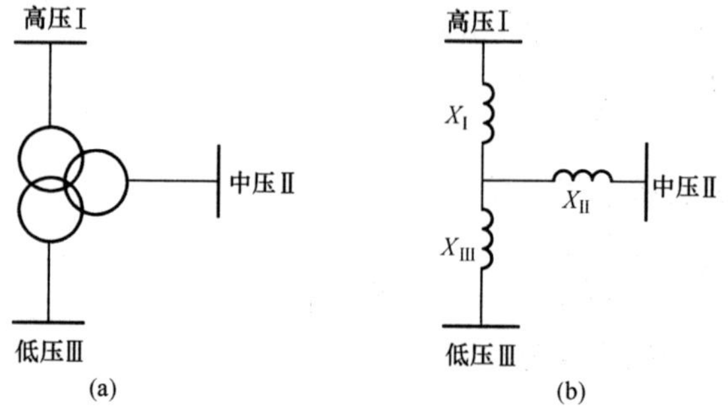

图1-11　三绕组变压器及其等值电路图

(3) 变压器。双绕组变压器的设备参数给出电抗电压百分值为 $U_k\%$，故

$$X_{TB*} = X_{TN*}\frac{S_B}{S_N} = \frac{U_k\%}{100}\frac{S_B}{S_N} \tag{1-9}$$

三绕组变压器(见图1-11)各绕组之间的短路电压百分值 $U_{kⅠ-Ⅱ}\%$、$U_{kⅡ-Ⅲ}\%$、$U_{kⅠ-Ⅲ}\%$ 由厂家提供。

由图1-11可知

$$\left.\begin{aligned} X_{ⅠN*} &= \frac{1}{200}(U_{kⅠ-Ⅱ}\% + U_{kⅠ-Ⅲ}\% - U_{kⅡ-Ⅲ}\%) \\ X_{ⅡN*} &= \frac{1}{200}(U_{kⅠ-Ⅱ}\% + U_{kⅡ-Ⅲ}\% - U_{kⅠ-Ⅲ}\%) \\ X_{ⅢN*} &= \frac{1}{200}(U_{kⅠ-Ⅲ}\% + U_{kⅡ-Ⅲ}\% - U_{kⅠ-Ⅱ}\%) \end{aligned}\right\} \tag{1-10}$$

三绕组变压器各绕组电抗的标幺基准值为

$$\left.\begin{aligned} X_{\text{I}B*} &= X_{\text{I}N*}\frac{S_B}{S_N} \\ X_{\text{II}B*} &= X_{\text{II}N*}\frac{S_B}{S_N} \\ X_{\text{III}B*} &= X_{\text{III}N*}\frac{S_B}{S_N} \end{aligned}\right\} \tag{1-11}$$

(4) 架空线路和电缆线路。线路给出的是每千米电抗值 x_0，在实用计算中通常采用表 1-5 所给的平均值计算。

表 1-5　　各种线路电抗平均值

线路种类	x_0(Ω/km)	线路种类	x_0(Ω/km)
6～220kV 架空线路（每一回）	0.4	3～10kV 电缆线路	0.07～0.08
1kV 及以下架空线路（每一回）	0.3	1kV 及以下电缆线路	0.06～0.07
35kV 电缆线路	0.12		

线路的电抗标幺基准值为

$$X_{LB*} = x_0 l \frac{S_B}{U_{av}^2} \tag{1-12}$$

(5) 电抗器。生产厂家给出的是电抗器电抗百分值 $X_L\%$，则

$$X_{LB*} = \frac{X_L\%}{100}\frac{U_{BN}}{\sqrt{3}I_{BN}}\frac{S_B}{U_{av}^2} \tag{1-13}$$

4. 绘制等值电抗网络图并简化网络

在计算电力系统四大元件的电抗标幺基准值之后，即可用该元件电抗的标幺基准值替换网络中对应元件，绘制成等值电抗电路图。其中，发电机要表示为一电动势符号与电抗符号的串联，其他元件（包括变压器、线路、电抗器）均为无源阻抗元件，仅表示为电抗符号即可。

绘制完等值电抗电路图后，即对网络进行简化。具体方法是：通过串联、并联、星—三角转换、ΣY 法等，将初始等值电路图逐步进行等值变换，也就是逐步合并电抗、电源，直到所有电源到短路点都只有一个等值电抗，即最简等值电路图。下面重点介绍等值变换的ΣY 法。

ΣY 法又称为电源节点消去法。当各电源支路和短路点之间有公共电抗 x 时，为求出各电源直达短路点的等值电抗，即所谓转移电抗，可采用ΣY 法，如图 1-12 所示。

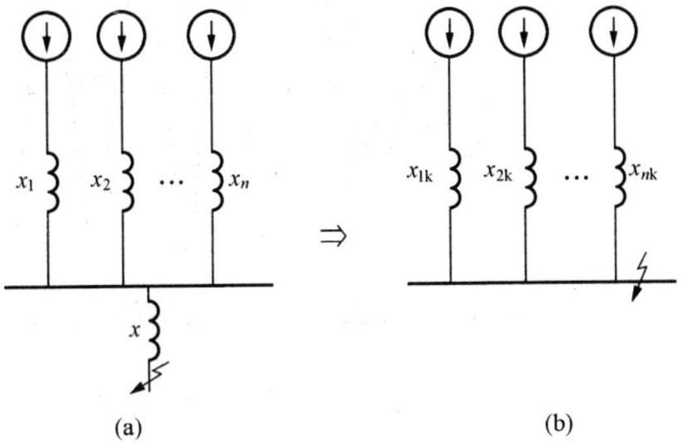

图 1-12　用ΣY 法进行等值变换
(a) 变换前；(b) 变换后

各支路转移电抗为

$$\left.\begin{aligned} x_{1\mathrm{k}} &= x_1 x \Sigma Y \\ x_{2\mathrm{k}} &= x_2 x \Sigma Y \\ &\vdots \\ x_{n\mathrm{k}} &= x_n x \Sigma Y \end{aligned}\right\} \tag{1-14}$$

要说明的是，当化简过程中出现两个电源之间直接有一个电抗相连时，由于该电抗支路不向短路点提供短路电流，只是进行电源间的能量交换，在实用计算中可以省略该电抗（即取掉该电抗），其他支路参数不变。

另外，在标幺值计算过程中可以省略电抗符号下角的标幺基准值符号，只标注电抗的编号。

5. 计算由无穷大容量电力系统供电的三相短路电流值

电力系统的容量即为其各发电厂运行发电机的容量总和，发电机越多系统的容量越大，而系统的内阻抗就越小。为了简化实用计算的计算量，常常需要将一些实际电力系统看作无穷大容量系统，这是因为若假定电源的容量为无穷大，则当外电路发生短路时（一种扰动）引起的功率改变对电源来说是微不足道的，因而电源的电压和频率（对应于同步机的转速）保持恒定。无限大电源可以看作是由多个有限功率电源并联而成，因而其内阻抗为零，电源电压保持恒定。

当然，无穷大容量电源是一个虚拟的概念，真正的无穷大电源是不存在的。但当许多发电机并列运行时，或电源距离短路点的电气距离很小时，就可以将其等效电源近似地认为是无穷大电源。这样做虽然会产生一定的误差，但在工程计算精度的要求范围之内。

按无穷大容量电力系统计算所得的短路电流是装置通过的最大短路电流。在三相短路中，实际上包括暂态和稳态两个过程，如图 1 - 13 所示。

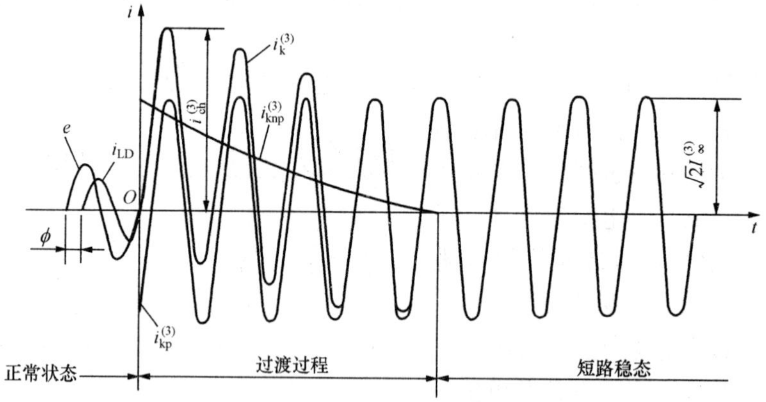

图 1 - 13　由无穷大容量电力系统供电的三相短路电流曲线

e—电源电动势；$i_{kp}^{(3)}$—周期分量电流；$i_{knp}^{(3)}$—非周期分量电流；$i_k^{(3)}$—总短路电流；i_{LD}—正常负荷电流；$i_{ch}^{(3)}$—短路冲击电流值；$\sqrt{2}I_\infty^{(3)}$—短路稳态峰值；ϕ—相位角

总短路电流为

$$i_{k}^{(3)}=\sqrt{2}\frac{U_{av}}{\sqrt{3}X_{\Sigma}}\sin(\omega t-90°)+\sqrt{2}\frac{U_{av}}{\sqrt{3}X_{\Sigma}}B^{-\frac{t}{T_{f}}} \tag{1-15}$$

式（1-15）中，等式右侧第一项为正弦周期分量，幅值恒定；第二项为按指数规律衰减的非周期分量，通常经过 $4T_{f}$（T_{f} 为衰减时间常数）即 0.2s 后便已基本衰减完毕，短路的暂态过程即行结束而进入稳定状态。

实用短路计算中，通常将电力系统看作无限大容量的理想系统，故可以认为系统电压恒定，即 $U_{*}=1$。因此，电力系统向短路点提供三相短路电流的标幺基准值为

$$I_{s*}=\frac{1}{X_{s*}} \tag{1-16}$$

式中 X_{s*}——网络简化完成后，电力系统电源到短路点的等值转移电抗。

可以看出，这样的系统提供的短路电流是恒定的，即

$$I''_{B*}=I_{0.1B*}=I_{0.2B*}=\cdots=I_{4B*}=I_{\infty B*} \tag{1-17}$$

式中 I''_{B*}——次暂态短路电流的标幺基准值，数值上等于短路 0s 时刻短路电流；

$I_{0.1B*}$——短路后 0.1s 时刻的短路电流标幺基准值；

$I_{\infty B*}$——稳态短路电流标幺基准值，也称短路电流周期分量的标幺基准值。

6. 计算由发电机供电的三相短路电流值

当短路点发生在机端或发电机附近以及在距发电机较远但容量有限的网络中时，计算短路电流，不能按无限大容量电源来考虑，而必须考虑突然短路时发电机内部的电磁暂态过程，才能得出正确的计算结果。

（1）突然短路后定子绕组电抗的变化。发电机在正常稳态运行时，电枢磁场是一个幅值恒定的旋转磁场，它与转子相对静止，不会在励磁绕组和阻尼绕组中感应电动势和电流。但在突然短路后，定子电流及相应的电枢磁场都发生了改变，并影响到励磁绕组和阻尼绕组，为了保持磁链守恒，内部的电磁量发生了相应的变化。这种定、转子绕组之间的相互影响，使短路过程中定子绕组的电抗也随之改变。

1）次暂态电抗 x''_{k}。为了分析问题简单，假设在短路发生前发电机空载运行，励磁绕组和阻尼绕组仅交链励磁磁通 Φ_{0}。发生突然短路时，电枢绕组这一电感回路电流不能突变，因而电枢绕组中就会有周期分量和非周期分量电流产生，对应产生直轴电枢反应磁通 Φ_{ad}，Φ_{ad}欲穿过励磁绕组和阻尼绕组，由于电感线圈交链的磁通是不能突变的，则会在励磁绕组和阻尼绕组中产生感应电动势和电流，以产生相应的磁通抵制 Φ_{ad}的穿过，从而保持原来的磁通不变。相当于 Φ_{ad}被挤出，只能从阻尼绕组和励磁绕组外侧的漏磁路径通过，如图 1-14 所示。

由于此时 Φ_{ad}所经磁路的磁阻比稳态时所经磁路的磁阻大得多，因此相对应的直轴次暂态电抗 x''_{k}比直轴同步电抗 x_{k} 小得多。

2）暂态电抗 x'_{k}。由于同步发电机的各个绕组都有电阻存在，因此阻尼绕组和励磁绕组中因电枢磁场变化而引起的感应电流分量都要随时间最后衰减为零。在衰减过程

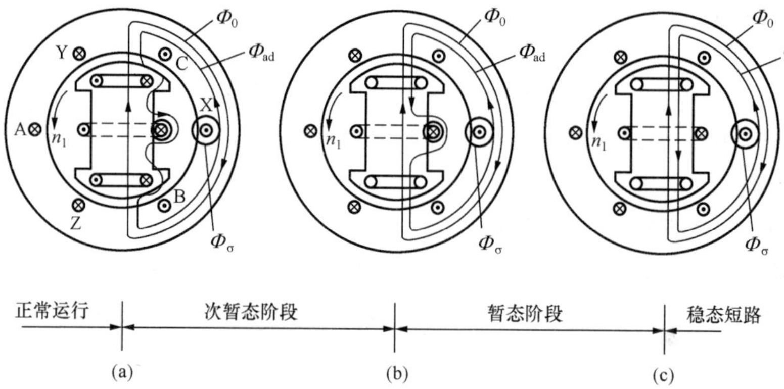

图 1-14 发电机突然短路的暂态过程

(a) 次暂态时的磁通情况；(b) 暂态时的磁通情况；(c) 稳态短路时的磁通情况

中，由于阻尼绕组匝数少，电感小，感应电流很快衰减到零。而励磁绕组因匝数多，电感较大，感应电流衰减较慢。可以近似认为阻尼绕组电流分量衰减完后，励磁绕组电流分量才开始衰减。此时，电枢反应磁通 Φ_{ad} 可穿过阻尼绕组，但仍被排挤在励磁绕组外侧的漏磁 Φ_{σ} 路径上，发电机的短路次暂态阶段结束，进入暂态阶段。

在发电机的暂态过程中，如图 1-14（b）所示，电枢反应磁通 Φ_{ad} 经过的磁路磁阻明显比次暂态时小，因此相对应的直轴暂态电抗 x'_k 增大。此时定子绕组中的短路电流也随之衰减，但依然很大。

当励磁绕组中感应电流分量衰减为零而只有励磁电流存在时，电枢反应磁通 Φ_{ad} 既可穿过阻尼绕组又可穿过励磁绕组，如图 1-14（c）所示，发电机进入稳态短路状态，过渡过程结束。这时发电机的电抗就是稳态运行的直轴同步电抗 x_k，突然短路电流也衰减到稳态短路电流值。

（2）突然三相短路电流的衰减。发电机发生突然三相短路，与无穷大容量系统一样，短路电流中含有周期分量和非周期分量；但由于发电机的电动势和电抗在短路的暂态过程要发生变化，因此，由它们所决定的短路电流周期分量的幅值也随之变化，这是与无穷大容量系统相区别的地方。

为了便于理解，将发电机突然短路后次暂态、暂态、稳态三个阶段中的各物理量列于表 1-6 中，并加以说明。

表 1-6　　同步发电机突然短路后各物理量及其变化

物理量	次暂态阶段	暂态阶段	稳态阶段
电抗	x''_k	x'_k	x_k
电动势	次暂态电动势 $\dot{E}''_q=\dot{U}_N+j\dot{I}_N x''_k$	暂态电动势 $\dot{E}'_q=\dot{U}_N+j\dot{I}_N x'_k$	稳态电动势 E_{∞}

续表

物理量		次暂态阶段	暂态阶段	稳态阶段
短路电流	周期分量	次暂态电流 $I''=\frac{\dot{E}''_q}{x''_k}$ 随阻尼绕组衰减	暂态电流 $I'=\frac{E'_q}{x'_k}$ 随励磁绕组衰减	稳态电流 $I=\frac{E_\infty}{x_k}$
	非周期分量	定子绕组短路后瞬间电流不能突变而产生，定子绕组的电阻消耗能量非周期分量逐渐衰减，最终只剩下周期分量		
冲击电流		短路后半个周期（$t=0.01s$）出现的最大短路电流值称为冲击电流		

(3) 采用运算曲线法计算发电机供电电路的三相短路电流。实用短路计算中，计算发电机供电电路在三相短路过程中任一时刻的短路电流周期分量，可用运算曲线法。

运算曲线是表示发电机三相短路电流周期分量有效值的标幺额定值 I_{pt*} 与短路回路计算电抗 X_{c*} 及短路时间 t 之间的函数关系，即 $I_{pt*}=f(t, X_{c*})$。由于各种类型的发电机参数不同，运算曲线按不同类型发电机的标准参数分别作出，如图 1-15 所示。

利用运算曲线计算任一时刻的短路电流周期分量均有足够的精度，而且相当简便，因此得到广泛的使用。运算曲线也可以制成运算数字表，便于准确查阅，见附录中的附表 1。

计算电抗 X_{c*} 的计算方法为

$$X_{c*}=X_{G\Sigma B*}\frac{S_{G\Sigma}}{S_B} \quad (1-18)$$

式中 $S_{G\Sigma}$——该等值发电机电源支路总发电机容量，MVA；

$X_{G\Sigma B*}$——该等值发电机到短路点间等值转移电抗的标幺基准值。

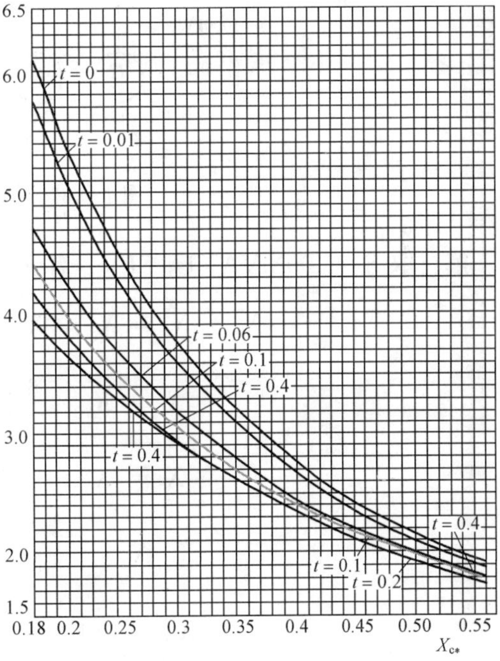

图 1-15 水轮发电机的运算曲线图
（$X_{c*}=0.18\sim0.55$，$t=0\sim0.4s$）

可以看出，实际上采用运算曲线法是先将网络化简后得到的电抗标幺基准值转换成电抗的标幺额定值，然后查表得到某一时刻短路电流的标幺额定值。

7. 计算总短路电流

将网络中所有电源在某一时刻向短路点提供的短路电流有名值相加，就得到该时刻短路点出现的总短路电流。例如，求短路后 0.1s 时的短路电流值为

$$I_{0.1k}^{(3)} = I_{s}^{(3)} + I_{0.1G1}^{(3)} + I_{0.1G2}^{(3)} + I_{0.1G3}^{(3)} + \cdots + I_{0.1Gn}^{(3)} \tag{1-19}$$

在短路半个周期即 0.01s 瞬间，总短路电流达到最大数值，该最大电流称为冲击电流，记为 $i_{ch}^{(3)}$。实用短路计算中

$$i_{ch}^{(3)} = \sqrt{2}K_{ch}I'' \tag{1-20}$$

其中，对于冲击系数 K_{ch}的取值，短路点在该发电机机端时，$K_{ch}=1.9$；在主变压器高压侧时，$K_{ch}=1.85$；在远离该发电厂时，$K_{ch}=1.8$。对于无限大系统来说，$K_{ch}=1.8$。

【例 1 - 2】 网络的计算电路如图 1 - 16 所示。求 $k_1^{(3)}$ 点短路时的有关参数：I''、$I_{p0.2}$、I_{p1}、I_{p2}、I_{p4}和 i_{ch}。(取 $K_{ch}=1.8$)

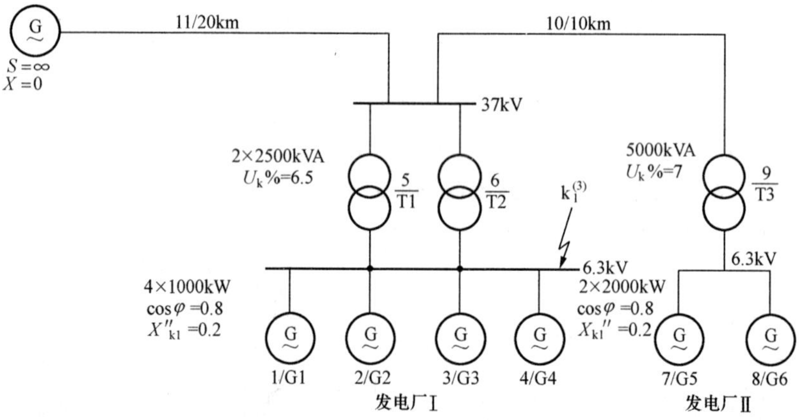

图 1 - 16 网络计算电路图

解 取 $S_B=100$MVA，$U_B=U_{av}$。各元件的电抗标幺值为

$$X_1 = X_2 = X_3 = X_4 = 0.2 \times \frac{100}{1/0.8} = 16$$

$$X_5 = X_6 = \frac{6.5}{100} \times \frac{100}{2.5} = 2.6$$

$$X_7 = X_8 = 0.2 \times \frac{100}{2/0.8} = 8$$

$$X_9 = \frac{7}{100} \times \frac{100}{5} = 1.4$$

$$X_{10} = 0.4 \times 10 \times \frac{100}{37^2} = 0.292$$

$$X_{11} = 0.4 \times 20 \times \frac{100}{37^2} = 0.584$$

采用分组电源法，将电源分为系统、发电厂Ⅰ和发电厂Ⅱ三组，初始等值电路图及其简化变换如图 1 - 17 (a) 所示。对其进行电抗变换与合并分别为

$$X_{12} = \frac{1}{4} \times 16 = 4$$

$$X_{13} = \frac{1}{2} \times 2.6 = 1.3$$

$$X_{14} = \frac{1}{2} \times 8 + 1.4 + 0.292 = 5.692$$

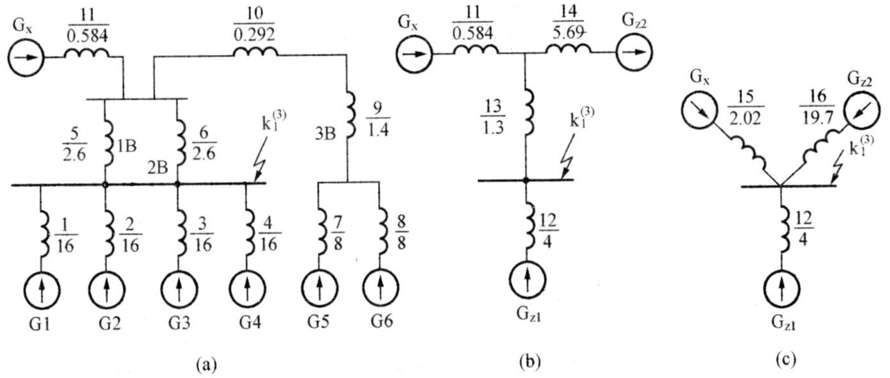

图 1-17　网络计算电路图

系统支路与发电厂Ⅱ支路有公共电抗 X_{13}，如图 1-17（b）所示，求转移电抗

$$X_{15} = 0.584 + 1.3 + \frac{0.584 \times 1.3}{5.69} = 2.02$$

$$X_{16} = 5.69 + 1.3 + \frac{5.69 \times 1.3}{0.584} = 19.7$$

最终等值电路如图 1-17（c）所示。各分组电源支路的计算为

系统支路　　$I'' = I_{pt} = \frac{1}{2.02} \times \frac{100}{\sqrt{3} \times 6.3} = 4.54\ (kA)$

发电厂Ⅰ支路

$$X_{12c} = 4 \times \frac{5}{100} = 0.20$$

特殊说明：当 $X_{c*} \geqslant 3.45$ 时，应将该电源当作无限大系统，使用无限大系统短路电流计算方法进行计算。

查运算曲线或运算数字表（附表 2）得

$$I''_* = 5.53,\ I_{p0.2*} = 3.86,\ I_{p1*} = 3.56,\ I_{p2*} = 3.38,\ I_{p4*} = 3.23$$

则有名值

$$I'' = 5.53 \times \frac{5}{\sqrt{3} \times 6.3} = 5.53 \times 0.458 = 2.53\ (kA)$$

$$I_{p0.2} = 3.86 \times \frac{5}{\sqrt{3} \times 6.3} = 3.86 \times 0.458 = 1.77\ (kA)$$

$$I_{p1} = 3.56 \times \frac{5}{\sqrt{3} \times 6.3} = 3.56 \times 0.458 = 1.63\ (kA)$$

$$I_{p2} = 3.38 \times \frac{5}{\sqrt{3} \times 6.3} = 3.38 \times 0.458 = 1.55\ (kA)$$

$$I_{p4} = 3.23 \times \frac{5}{\sqrt{3} \times 6.3} = 3.23 \times 0.458 = 1.48\ (kA)$$

发电厂Ⅱ支路

$$X_{16c} = 19.7 \times \frac{5}{100} = 0.985$$

查运算曲线或运算数字表（附录附表 1）得

$$I''_{*} = 1.08, I_{p0.2*} = 1.06, I_{p1*} = 1.23, I_{p2*} = 1.25, I_{p4*} = 1.25$$

则有名值

$$I'' = 1.08 \times \frac{5}{\sqrt{3} \times 6.3} = 1.08 \times 0.458 = 0.495\ (kA)$$

$$I_{p0.2} = 1.06 \times \frac{5}{\sqrt{3} \times 6.3} = 1.06 \times 0.458 = 0.486\ (kA)$$

$$I_{p1} = 1.23 \times \frac{5}{\sqrt{3} \times 6.3} = 1.23 \times 0.458 = 0.564\ (kA)$$

$$I_{p2} = 1.25 \times \frac{5}{\sqrt{3} \times 6.3} = 1.25 \times 0.458 = 0.573\ (kA)$$

$$I_{p4} = 1.25 \times \frac{5}{\sqrt{3} \times 6.3} = 1.25 \times 0.458 = 0.573\ (kA)$$

综上可得短路点的数据为

$$I'' = 4.54 + 2.53 + 0.495 = 7.57\ (kA)$$

$$I_{p0.2} = 4.54 + 1.77 + 0.486 = 6.80\ (kA)$$

$$I_{p1} = 4.54 + 1.63 + 0.564 = 6.73\ (kA)$$

$$I_{p2} = 4.54 + 1.55 + 0.573 = 6.66\ (kA)$$

$$I_{p4} = 4.54 + 1.48 + 0.573 = 6.59\ (kA)$$

$$i_{ch} = 2.55 \times 7.57 = 19.3\ (kA)$$

【例 1-3】 某电力系统接线如图 1-18 所示，各架空线路单位长度阻抗均为 0.4Ω/km，发电机和变压器的参数：T1，250MVA，$U_k\% = 10.5$；T2，60MVA，$U_k\% = 10.5$；T3，31.5MVA，$U_k\% = 10.5$；T4，20MVA，$U_k\% = 10.5$；G1，250MVA，$X''_k = 0.4$，$E'' = 1.08$；G2，60MVA，$X''_k = 0.125$，$E'' = 1.08$。求短路点的三相短路电流。

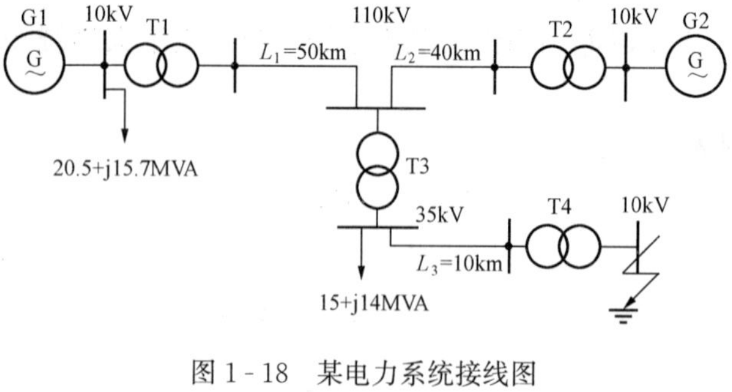

图 1-18 某电力系统接线图

解 取 $S_B = 100MVA$，$U_B = U_{av}$，$U_{B1} = 115kV$，$U_{B2} = 37kV$，则

G1 $$X_1 = X''_k \frac{S_B}{S_N} = 0.4 \times \frac{100}{250} = 0.16$$

G2 $$X_2 = X''_k \frac{S_B}{S_N} = 0.125 \times \frac{100}{60} = 0.208$$

T1 $$X_3 = \frac{U_k\%}{100} \frac{S_B}{S_N} = \frac{10.5}{100} \times \frac{100}{250} = 0.042$$

T2　$X_4=\frac{U_k\%}{100}\frac{S_B}{S_N}=\frac{10.5}{100}\times\frac{100}{60}=0.175$

T3　$X_5=\frac{U_k\%}{100}\frac{S_B}{S_N}=\frac{10.5}{100}\times\frac{100}{31.5}=0.333$

T4　$X_6=\frac{U_k\%}{100}\frac{S_B}{S_N}=\frac{10.5}{100}\times\frac{100}{20}=0.525$

L1　$X_7=0.4L_1\frac{S_B}{U_{B1}^2}=0.4\times50\times\frac{100}{115^2}=0.151$

L2　$X_8=0.4L_1\frac{S_B}{U_{B1}^2}=0.4\times40\times\frac{100}{115^2}=0.121$

L3　$X_9=0.4L_3\frac{S_B}{U_{B1}^2}=0.4\times10\times\frac{100}{37^2}=0.292$

由以上参数作等值电路，如图1-19（a）所示，合并后如图1-19（b）所示。图1-19（b）中相关参数的计算如下：

$$X_{10}=X_1+X_3+X_7=0.353$$
$$X_{11}=X_1+X_4+X_8=0.504$$
$$X_{12}=X_5+X_9+X_6=1.15$$

图1-19（b）进一步合并如图1-20所示，参数计算如下：

$$X_{13}=\frac{X_{10}X_{11}}{X_{10}+X_{11}}=0.208$$

$$I''_D=\frac{E}{X_{12}+X_{13}}=\frac{1.08}{0.208+1.15}=0.795$$

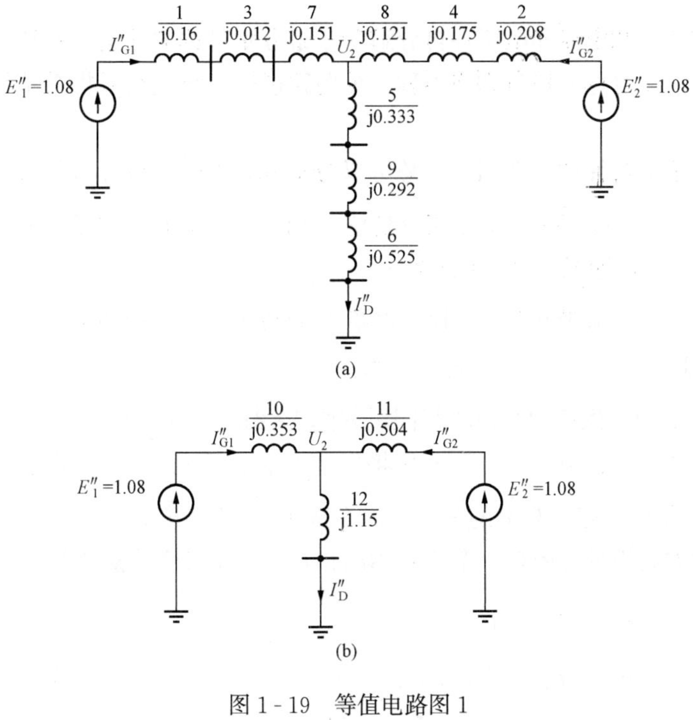

图1-19　等值电路图1

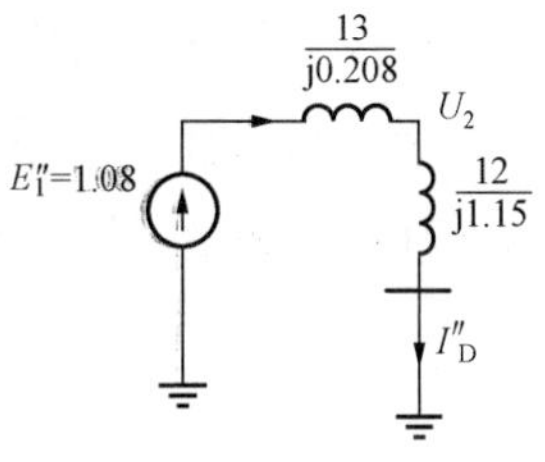

图1-20　等值电路图2

则其有名值为

$$I''_{D}=0.795\frac{S_{B}}{\sqrt{3}U_{B3}}=0.795\times\frac{100}{\sqrt{3}\times10.5}=4.37\text{ (kA)}$$

☆ 学习重点 短路电流计算的一般步骤

(1) 根据基本假设，采用标幺值方法计算已知待计算系统所有设备的电抗标幺值。

(2) 用设备电抗标幺值表示设备元件并重新绘制成图，形成短路计算电路图。

(3) 简化网络，所有电源到短路点都简化成只有一个等值电抗的最简等值电路图。

(4) 采用无限大容量系统的概念，计算现实中电力系统对短路点提供的短路电流。

(5) 采用运算曲线法计算发电机对短路点提供的短路电流。

(6) 叠加不同元件相同时刻的短路电流。

3.4 采用对称分量法计算不对称短路电流值

在电力系统中，除了三相短路之外，还有不对称短路，如单相短路、两相短路、两相短路接地等。而且根据运行经验，发生不对称短路的概率比对称短路多得多，据统计占全部短路故障的90%以上。因此，需要掌握不对称短路的分析方法。

发生不对称短路时，电力系统的三相电流和电压是不对称的，因此不能直接采用计算三相短路电流的方法来进行分析计算，通常采用对称分量法进行计算。

1. 什么是对称分量法

对称分量法是将不对称的三相电流和电压各自分解为三组分别对称的分量，再利用线性电路的叠加定理，对这三组对称分量分别将对称三相电路进行求解，然后将其结果进行叠加。

在三相系统中，任意一组不对称的三个相量，总可以分解成如下的三组对称分量：

(1) 正序分量：$\dot{F}_{a1}$、$\dot{F}_{b1}$、$\dot{F}_{c1}$幅值相等，a相位超前b相位120°，b相位超前c相位120°，c相位超前a相位120°，如图1-21 (a) 所示。

(2) 负序分量：$\dot{F}_{a2}$、$\dot{F}_{b2}$、$\dot{F}_{c2}$幅值相等，a相位滞后b相位120°，b相位滞后c相位120°，c相位滞后a相位120°，如图1-21 (b) 所示。

(3) 零序分量：$\dot{F}_{a0}$、$\dot{F}_{b0}$、$\dot{F}_{c0}$幅值和相位均相同，如图1-21 (c) 所示。

将各序分量分别按相合并，即在图1-21 (d) 中将每一组带下标a的三个相量合成$\dot{F}_{a}$，带下标b的三个相量合成$\dot{F}_{b}$，带下标c的三个相量合成$\dot{F}_{c}$，显然$\dot{F}_{a}$、$\dot{F}_{b}$、$\dot{F}_{c}$是三个不对称的相量，即三组对称的相量合成得三个不对称的相量。写成数学表达式为

$$\left.\begin{aligned}\dot{F}_{a}&=\dot{F}_{a1}+\dot{F}_{a2}+\dot{F}_{a0}\\\dot{F}_{b}&=\dot{F}_{b1}+\dot{F}_{b2}+\dot{F}_{b0}\\\dot{F}_{c}&=\dot{F}_{c1}+\dot{F}_{c2}+\dot{F}_{c0}\end{aligned}\right\}\tag{1-21}$$

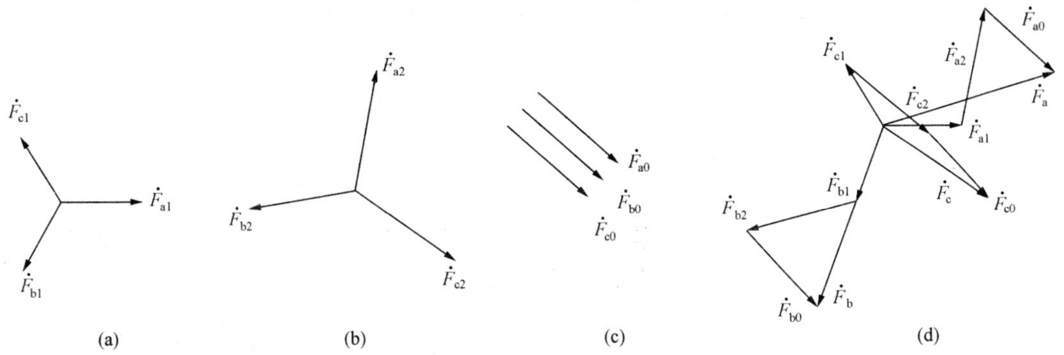

图 1-21 对称分量法

(a) 正序分量；(b) 负序分量；(c) 零序分量；(d) 相量的合成

由于每一组是对称的，故有下列关系

$$\left.\begin{aligned}\dot{F}_{b1} &= e^{j240^\circ}\dot{F}_{a1} = a^2\dot{F}_{a1}\\ \dot{F}_{c1} &= e^{j120^\circ}\dot{F}_{a1} = a\dot{F}_{a1}\\ \dot{F}_{b2} &= e^{j120^\circ}\dot{F}_{a2} = a\dot{F}_{a2}\\ \dot{F}_{c2} &= e^{j240^\circ}\dot{F}_{a2} = a^2\dot{F}_{a2}\\ \dot{F}_{b0} &= \dot{F}_{c0} = \dot{F}_{a0}\end{aligned}\right\} \tag{1-22}$$

式中

$$a = e^{j120^\circ} = -\frac{1}{2} + j\frac{\sqrt{3}}{2},\ a^2 = e^{j240^\circ} = -\frac{1}{2} - j\frac{\sqrt{3}}{2}$$

将式（1-22）代入式（1-21）可得

$$\begin{bmatrix}\dot{F}_a\\ \dot{F}_b\\ \dot{F}_c\end{bmatrix} = \begin{bmatrix}1 & 1 & 1\\ a^2 & a & 1\\ a & a^2 & 1\end{bmatrix}\begin{bmatrix}\dot{F}_{a1}\\ \dot{F}_{a2}\\ \dot{F}_{a0}\end{bmatrix} \tag{1-23}$$

或简写为

$$\boldsymbol{F}_P = \boldsymbol{T}\boldsymbol{F}_S$$

式（1-23）说明三组对称相量合成得三个不对称相量。其逆关系为

$$\begin{bmatrix}\dot{F}_{a1}\\ \dot{F}_{a2}\\ \dot{F}_{a0}\end{bmatrix} = \frac{1}{3}\begin{bmatrix}1 & a & a^2\\ 1 & a^2 & a\\ 1 & 1 & 1\end{bmatrix}\begin{bmatrix}\dot{F}_a\\ \dot{F}_b\\ \dot{F}_c\end{bmatrix} \tag{1-24}$$

或写为

$$\boldsymbol{F}_S = \boldsymbol{T}^{-1}\boldsymbol{F}_P$$

式（1-24）说明三个不对称的相量可以唯一地分解成为三组对称的相量（即对称分量），即正序分量、负序分量和零序分量。

将式（1-24）的变换关系应用于基频电流（或电压），则有

$$\begin{bmatrix}\dot{I}_{a1}\\ \dot{I}_{a2}\\ \dot{I}_{a0}\end{bmatrix}=\frac{1}{3}\begin{bmatrix}1 & a & a^2\\ 1 & a^2 & a\\ 1 & 1 & 1\end{bmatrix}\begin{bmatrix}\dot{I}_{a}\\ \dot{I}_{b}\\ \dot{I}_{c}\end{bmatrix} \tag{1-25}$$

则

$$\dot{I}_{a0}=\frac{1}{3}(\dot{I}_a+\dot{I}_b+\dot{I}_c)$$

由此可知，只有当三相电流之和不等于零时才有零序分量。如果三相系统是三角形接法，或者没有中性线（包括以地代中性线）的星形接法，三相线电流之和总为零，不可能有零序分量电流。只有三相系统采用星形接法时才可能有 $\dot{I}_a+\dot{I}_b+\dot{I}_c\neq 0$，则中性线中的电流$\dot{I}_n=\dot{I}_a+\dot{I}_b+\dot{I}_c=3\dot{I}_{a0}$，即为 3 倍零序电流。可见，零序电流必须以中性线为通路。

2. 对称分量法在不对称故障分析中的应用

首先要说明，在一个三相对称的元件中（如线路、变压器和发电机），如果流过三相正序电流，则在元件上的三相电压降也是正序的；同理，如果流过负序电流或零序电流，则元件上的三相电压降也是负序的或零序的。对于三相对称的元件，各序分量是独立的，即正序电压只与正序电流有关，负序、零序也是如此。下面以一回三相对称的线路为例子说明。

设该线路每相的自感阻抗为 z_s，相间的互感阻抗为 z_m，如果在线路上流过三相不对称的电流（由于其他地方发生不对称故障），则虽然三相阻抗是对称的，三相电压降也不是对称的。三相电压降与三相电流有如下关系

$$\begin{bmatrix}\Delta\dot{U}_{a}\\ \Delta\dot{U}_{b}\\ \Delta\dot{U}_{c}\end{bmatrix}=\begin{bmatrix}z_s & z_m & z_m\\ z_m & z_s & z_m\\ z_m & z_m & z_s\end{bmatrix}\begin{bmatrix}\dot{I}_{a}\\ \dot{I}_{b}\\ \dot{I}_{c}\end{bmatrix} \tag{1-26}$$

可简写为

$$\Delta\boldsymbol{U}_P=\boldsymbol{Z}_P\boldsymbol{I}_P$$

将式（1-26）中的三相电压降和三相电流变换为对称分量，则

$$\boldsymbol{T}\Delta\boldsymbol{U}_s=\boldsymbol{Z}_P\boldsymbol{T}\boldsymbol{I}_S$$

即

$$\Delta\boldsymbol{U}_s=\boldsymbol{T}^{-1}\boldsymbol{Z}_P\boldsymbol{T}\boldsymbol{I}_S=\boldsymbol{Z}_S\boldsymbol{I}_S$$

式中

$$\boldsymbol{Z}_S=\boldsymbol{T}^{-1}\boldsymbol{Z}_P\boldsymbol{T}=\begin{bmatrix}z_s-z_m & 0 & 0\\ 0 & z_s-z_m & 0\\ 0 & 0 & z_s+2z_m\end{bmatrix} \tag{1-27}$$

Z_S 即为电压降的对称分量和电流的对称分量之间的阻抗矩阵。由此说明各序分量是独立的，即

$$\left.\begin{aligned}\Delta\dot{U}_{a1} &= (z_s - z_m)\dot{I}_{a1} = z_1\dot{I}_{a1}\\ \Delta\dot{U}_{a2} &= (z_s - z_m)\dot{I}_{a2} = z_2\dot{I}_{a2}\\ \Delta\dot{U}_{a0} &= (z_s + 2z_m)\dot{I}_{a0} = z_0\dot{I}_{a0}\end{aligned}\right\} \tag{1-28}$$

式中 z_1、z_2、z_0——线路的正序、负序、零序阻抗。对于静止的元件，如线路、变压器等，正序和负序阻抗是相等的；对于旋转电机，正序和负序阻抗是不相等的。所以对于三相对称的元件中的不对称电流、电压问题的计算，可以分解为三组对称的分量，分别进行计算。由于每组分量的三相是对称的，只需分析一相，如 a 相即可。

下面结合图 1-22（a）所示的简单系统中发生 a 相短路接地情况，介绍用对称分量法分析其短路电流及短路点电压的方法。

故障点 k 发生的不对称短路，使 k 点的三相对地电压 $\dot{U}_{ka}$、$\dot{U}_{kb}$、$\dot{U}_{kc}$ 和由 k 点流出的三相电流（即短路电流）$\dot{I}_{ka}$、$\dot{I}_{kb}$、$\dot{I}_{kc}$ 均为三相不对称的，而这时发电机的电动势仍为三相对称的正序电动势，各元件（发电机、变压器和线路）的三相参数也对称。

应用对称分量法将故障处电压分解为正序、负序、零序三组对称分量，如图 1-22（b）所示。故障网络分解为三个独立的序网络，即正序网络、负序网络和零序网络。在正序网络中包含有发电机的正序电源电动势和故障点正序电压分量，网络中流有正序电流，对应的各元件阻抗皆为正序阻抗；在负序网络或零序网络中，由于发电机没有负序电动势和零序电动势，因而只有故障点电压的负序电动势和零序电动势，网络中流有负序电流或零序电流，对应的各元件阻抗为负序阻抗或零序阻抗。由于各序本身对称，可以只取一相来计算，通常选取 a 相为基准相，图 1-23 所示为 a 相正序、负序、零序网络。

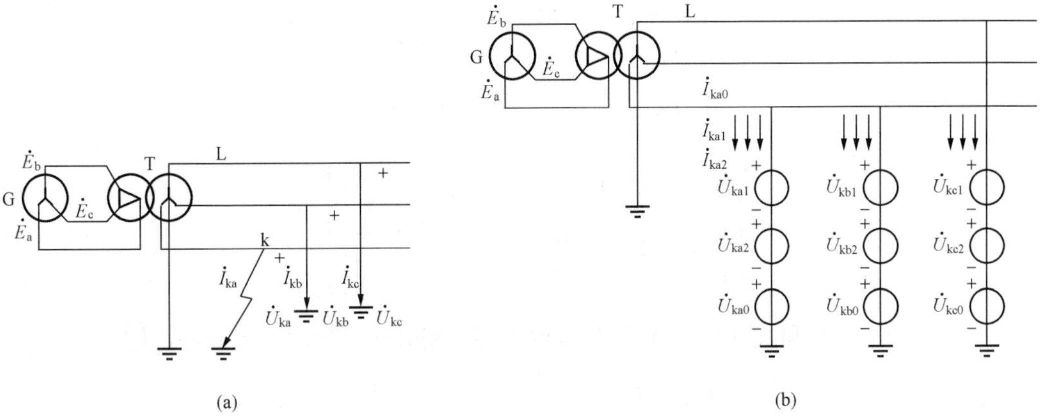

图 1-22 简单不对称短路分析

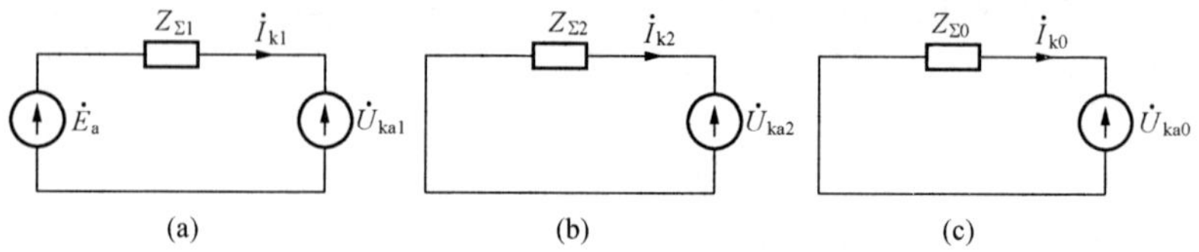

图 1 - 23　a 相正序、负序、零序网络

(a) 正序网络；(b) 负序网络；(c) 零序网络

由图 1 - 23 所示网络，可以列出 a 相的电压关系

$$\left.\begin{aligned}\dot{E}_a-\dot{U}_{ka1}&=\dot{I}_{ka1}(z_{G1}+z_{T1}+z_{L1})=\dot{I}_{ka1}Z_{1\Sigma}\\-\dot{U}_{ka2}&=\dot{I}_{ka2}(z_{G2}+z_{T2}+z_{L2})=\dot{I}_{ka2}Z_{2\Sigma}\\-\dot{U}_{ka0}&=\dot{I}_{ka0}(z_{T0}+z_{L0})=\dot{I}_{ka0}Z_{0\Sigma}\end{aligned}\right\}\tag{1-29}$$

其中零序电压平衡方程不包括发电机的零序阻抗，这是因为发电机侧没有零序电流流过。

3. 不对称短路故障序量分析

(1) 单相接地短路（短路点直接接地）。短路点的电压和电流分析如下。

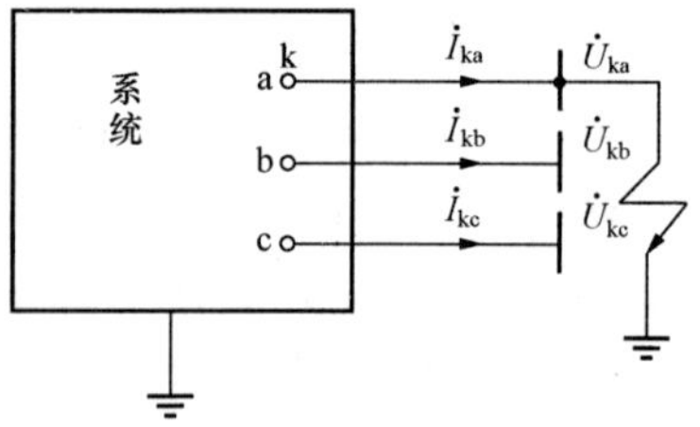

图 1 - 24　单相短路接地时短路点的不对称电流和电压

当系统中的 k 点发生单相（a 相）直接短路接地故障时，其短路点的不对称电流和电压如图 1 - 24 所示。短路点的边界条件为 a 相在短路点 k 的对地电压为零，b 相和 c 相从短路点流出的电流为零，即相分量的边界条件为

$$\dot{U}_{ka}=0,\ \dot{I}_{kb}=\dot{I}_{kc}=0\tag{1-30}$$

通过变换阵将其转换成序分量

$$\begin{bmatrix}\dot{U}_{k1}\\\dot{U}_{k2}\\\dot{U}_{k0}\end{bmatrix}=\frac{1}{3}\begin{bmatrix}1&a&a^2\\1&a^2&a\\1&1&1\end{bmatrix}\begin{bmatrix}\dot{U}_{ka}\\\dot{U}_{kb}\\\dot{U}_{kc}\end{bmatrix}\tag{1-31}$$

$$\begin{bmatrix}\dot{I}_{k1}\\\dot{I}_{k2}\\\dot{I}_{k0}\end{bmatrix}=\frac{1}{3}\begin{bmatrix}1&a&a^2\\1&a^2&a\\1&1&1\end{bmatrix}\begin{bmatrix}\dot{I}_{ka}\\0\\0\end{bmatrix}=\frac{1}{3}\begin{bmatrix}\dot{I}_{ka}\\\dot{I}_{ka}\\\dot{I}_{ka}\end{bmatrix}\tag{1-32}$$

将式（1 - 31）和式（1 - 32）展开可得单相短路时序分量的边界条件，即

$$\dot{U}_{k1}+\dot{U}_{k2}+\dot{U}_{k0}=0,\ \dot{I}_{k1}=\dot{I}_{k2}=\dot{I}_{k0}=\frac{1}{3}\dot{I}_{ka}\tag{1-33}$$

由以上边界条件可得其复合序网如图 1 - 25 所示。

由式（1 - 29）和式（1 - 33）联立可得短路点各序电流分量

$$\dot{I}_{k1}=\dot{I}_{k2}=\dot{I}_{k0}=\frac{\dot{U}_{k0}}{Z_{\Sigma1}+Z_{\Sigma2}+Z_{\Sigma0}} \tag{1-34}$$

由复合序网可以计算短路点各序电压分量

$$\left.\begin{aligned}\dot{U}_{k1}&=\dot{U}_{k0}-Z_{\Sigma1}\dot{I}_{k1}=(Z_{\Sigma2}+Z_{\Sigma0})\dot{I}_{k1}\\ \dot{U}_{k2}&=0-Z_{\Sigma2}\dot{I}_{k2}=-Z_{\Sigma2}\dot{I}_{k1}\\ \dot{U}_{k0}&=0-Z_{\Sigma0}\dot{I}_{k0}=-Z_{\Sigma0}\dot{I}_{k1}\end{aligned}\right\} \tag{1-35}$$

短路点的三相电流和电压分量分别为

$$\left.\begin{aligned}\dot{I}_{ka}&=\dot{I}_{k1}+\dot{I}_{k2}+\dot{I}_{k0}=3\dot{I}_{k1}=\frac{3\dot{U}_{k0}}{Z_{\Sigma1}+Z_{\Sigma2}+Z_{\Sigma0}}\\ \dot{I}_{kb}&=a^2\dot{I}_{k1}+a\dot{I}_{k2}+\dot{I}_{k0}=(a^2+a+1)\dot{I}_{k1}=0\\ \dot{I}_{kc}&=a\dot{I}_{k1}+a^2\dot{I}_{k2}+\dot{I}_{k0}=(a^2+a+1)\dot{I}_{k1}=0\end{aligned}\right\} \tag{1-36}$$

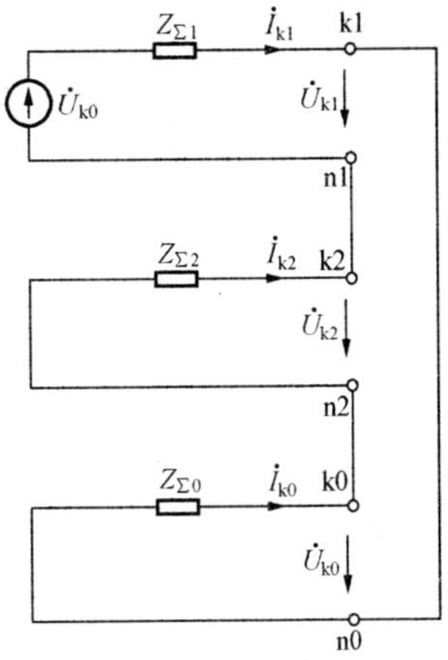

图1-25 a相接地短路的复合序网

$$\left.\begin{aligned}\dot{U}_{ka}&=\dot{U}_{k1}+\dot{U}_{k2}+\dot{U}_{ka0}=0\\ \dot{U}_{kb}&=a^2\dot{U}_{k1}+a\dot{U}_{k2}+\dot{U}_{ka0}=[(a^2-a)Z_{\Sigma2}+(a^2-1)Z_{\Sigma2}]\dot{I}_{k1}\\ \dot{U}_{kc}&=a\dot{U}_{k1}+a^2\dot{U}_{k2}+\dot{U}_{ka0}=[(a-a^2)Z_{\Sigma2}+(a-1)Z_{\Sigma2}]\dot{I}_{k1}\end{aligned}\right\} \tag{1-37}$$

（2）两相短路。

1）两相直接短路。当系统中 k 点发生两相（b、c 相）直接短路时，短路点电压、电流如图1-26（a）所示。

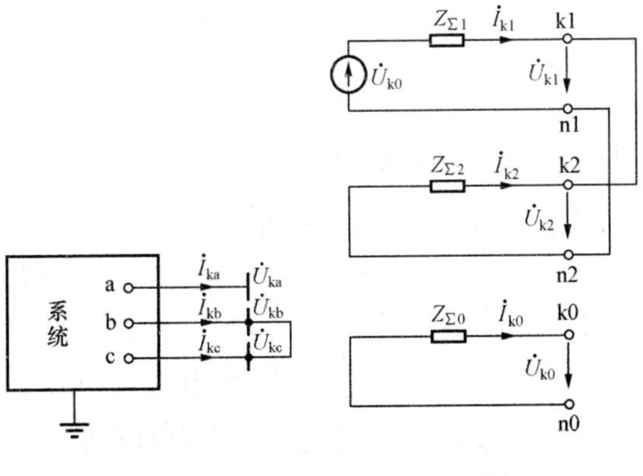

(a) (b)

图1-26 b、c两相短路故障

(a) 短路点电流和电压；(b) 复合序网

由图1-26列出短路点的边界条件为

$$\dot{I}_{ka}=0,\ \dot{I}_{kb}=-\dot{I}_{kc},\ \dot{U}_{kb}=\dot{U}_{kc} \tag{1-38}$$

通过变换阵将其转化成序分量

$$\begin{bmatrix}\dot{U}_{k1}\\\dot{U}_{k2}\\\dot{U}_{k0}\end{bmatrix}=\frac{1}{3}\begin{bmatrix}1&a&a^2\\1&a^2&a\\1&1&1\end{bmatrix}\begin{bmatrix}\dot{U}_{ka}\\\dot{U}_{kb}\\\dot{U}_{kc}\end{bmatrix}=\frac{1}{3}\begin{bmatrix}1&a&a^2\\1&a^2&a\\1&1&1\end{bmatrix}\begin{bmatrix}\dot{U}_{ka}\\\dot{U}_{kb}\\\dot{U}_{kb}\end{bmatrix}\tag{1-39}$$

$$\begin{bmatrix}\dot{I}_{k1}\\\dot{I}_{k2}\\\dot{I}_{k0}\end{bmatrix}=\frac{1}{3}\begin{bmatrix}1&a&a^2\\1&a^2&a\\1&1&1\end{bmatrix}\begin{bmatrix}\dot{I}_{ka}\\\dot{I}_{kb}\\\dot{I}_{kc}\end{bmatrix}=\frac{1}{3}\begin{bmatrix}1&a&a^2\\1&a^2&a\\1&1&1\end{bmatrix}\begin{bmatrix}0\\\dot{I}_{kb}\\-\dot{I}_{kb}\end{bmatrix}\tag{1-40}$$

将式（1-39）和式（1-40）展开可得序分量边界条件

$$\dot{U}_{k1}=\dot{U}_{k2}，\dot{I}_{k1}=-\dot{I}_{k2}，\dot{I}_{k0}=0\tag{1-41}$$

由以上边界条件可得其复合序网为正序和负序网络并联，如图 1-26（b）所示。由复合序网可得故障处各序电流和电压分量分别为

$$\dot{I}_{k1}=-\dot{I}_{k2}=\frac{\dot{U}_{k0}}{Z_{\Sigma1}+Z_{\Sigma2}}\tag{1-42}$$

$$\left.\begin{aligned}&\dot{U}_{k1}=\dot{U}_{k0}-Z_{\Sigma1}\dot{I}_{k1}\\&\dot{U}_{k2}=0-Z_{\Sigma2}\dot{I}_{k2}=Z_{\Sigma2}\dot{I}_{k1}=\dot{U}_{k1}\end{aligned}\right\}\tag{1-43}$$

短路点的三相电流和电压分量分别为

$$\left.\begin{aligned}&\dot{I}_{ka}=\dot{I}_{k1}+\dot{I}_{k2}=\dot{I}_{k1}+(-)\dot{I}_{k1}=0\\&\dot{I}_{kb}=a^2\dot{I}_{k1}+a\dot{I}_{k2}=(a^2-a)\dot{I}_{k1}=-\mathrm{j}\sqrt{3}\dot{I}_{k1}=\frac{-\mathrm{j}\sqrt{3}\dot{U}_{k0}}{Z_{\Sigma1}+Z_{\Sigma2}}\\&\dot{I}_{kc}=a\dot{I}_{k1}+a^2\dot{I}_{k2}=(a-a^2)\dot{I}_{k1}=\mathrm{j}\sqrt{3}\dot{I}_{k1}=\frac{\mathrm{j}\sqrt{3}\dot{U}_{k0}}{Z_{\Sigma1}+Z_{\Sigma2}}\end{aligned}\right\}\tag{1-44}$$

$$\left.\begin{aligned}&\dot{U}_{ka}=\dot{U}_{k1}+\dot{U}_{k2}=2\dot{U}_{k1}=2Z_{\Sigma2}\dot{I}_{k1}\\&\dot{U}_{kb}=\dot{U}_{kc}=a^2\dot{U}_{k1}+a\dot{U}_{k2}=(a^2+a)\dot{U}_{k1}=-\dot{U}_{k1}=\dot{U}_{k0}-Z_{\Sigma1}\dot{I}_{k1}\end{aligned}\right\}\tag{1-45}$$

2）两相短路接地。当系统中发生 b、c 两相直接短路接地时，短路点处的电压和电流如图 1-27（a）所示，因此可以列出相分量的边界条件为

$$\dot{I}_{ka}=0，\dot{U}_{kb}=\dot{U}_{kc}=0\tag{1-46}$$

将其转化成序分量的边界条件为

$$\dot{U}_{k1}=\dot{U}_{k2}=\dot{U}_{k0}，\dot{I}_{k1}+\dot{I}_{k2}+\dot{I}_{k0}=0\tag{1-47}$$

由以上边界条件可知，在故障处的复合序网为正、负、零三个序网的并联，

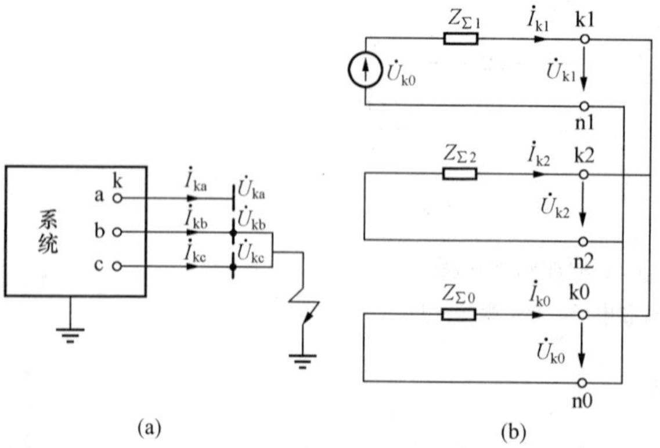

图 1-27　两相短路接地分析图
（a）短路点的电流和电压；（b）复合序网

如图 1 - 27（b）所示。

由复合序网可得故障处各序电流和电压分量分别为

$$\left.\begin{aligned}\dot{I}_{k1} &= \frac{\dot{U}_{k0}}{Z_{\Sigma1}+\dfrac{Z_{\Sigma2}Z_{\Sigma0}}{Z_{\Sigma2}+Z_{\Sigma0}}}\\ \dot{I}_{k2} &= -\dot{I}_{k1}\frac{Z_{\Sigma0}}{Z_{\Sigma2}+Z_{\Sigma0}}\\ \dot{I}_{k0} &= -\dot{I}_{k1}\frac{Z_{\Sigma2}}{Z_{\Sigma2}+Z_{\Sigma0}}\end{aligned}\right\} \tag{1-48}$$

$$\dot{U}_{k1} = \dot{U}_{k2} = \dot{U}_{0} = \dot{I}_{k1}\frac{Z_{\Sigma2}Z_{\Sigma0}}{Z_{\Sigma2}+Z_{\Sigma0}} \tag{1-49}$$

短路点的三相电流和电压分量分别为

$$\left.\begin{aligned}\dot{I}_{ka} &= \dot{I}_{k1}+\dot{I}_{k2}+\dot{I}_{k0}=0\\ \dot{I}_{kb} &= a^{2}\dot{I}_{k1}+a\dot{I}_{k2}+\dot{I}_{k0}=\dot{I}_{k1}\left(a^{2}-\frac{Z_{\Sigma2}+aZ_{\Sigma0}}{Z_{\Sigma2}+Z_{\Sigma0}}\right)\\ \dot{I}_{kc} &= a\dot{I}_{k1}+a^{2}\dot{I}_{k2}+\dot{I}_{k0}=\dot{I}_{k1}\left(a-\frac{Z_{\Sigma2}+a^{2}Z_{\Sigma0}}{Z_{\Sigma2}+Z_{\Sigma0}}\right)\end{aligned}\right\} \tag{1-50}$$

$$\left.\begin{aligned}\dot{U}_{ka} &= 3\dot{U}_{k1}\\ \dot{U}_{kb} &= \dot{U}_{kc}=0\end{aligned}\right\} \tag{1-51}$$

若忽略电阻分量，则认为其为纯电抗，则故障相短路电流有效值为

$$I_{kb} = I_{kc} = \sqrt{3}\times\sqrt{1-\frac{X_{\Sigma2}X_{\Sigma0}}{(X_{\Sigma2}+X_{\Sigma0})^{2}}}I_{k1} \tag{1-52}$$

项目4 认识电弧

学习目标

(1) 熟悉电弧的本质与特点。

(2) 熟悉电弧产生原理及过程。

(3) 熟悉电弧熄灭原理及方法。

电弧是开关电器操作过程中经常发生的一种物理现象。用开关电器切断有电流通过的线路时，只要电源电压大于10V，或电流大于80mA，在开关电器的动、静触头分离瞬间，触头间就会出现电弧。只有触头间的电弧熄灭后，电流才真正切断。电弧的温度很高，很容易烧毁触头，或使触头周围的绝缘材料遭受破坏。如果电弧燃烧时间过长，开关内部压力过高，有可能使电器发生爆破事故。因此，当开关触头间出现电弧时，必须尽快予以熄灭。

为了理解和掌握各种开关电器的结构和工作原理，正确地选用与维修，熟悉电弧产生与熄灭的基本规律是十分必要的。

4.1 电弧的产生

电弧是气体导电现象。在断路器触头开断、电网电压较高、开断电流较大的情况下，在触头间形成由绝缘气体或绝缘油受热分解出气体游离产生的自由电子导电的现象，这时伴随有强光和高温（可达数千摄氏度甚至上万摄氏度）。

开关触头在分断电流时之所以会产生电弧，根本原因在于开关触头本身及周围的介质中含有大量可被游离的电子。在分断电流时，当分断的触头间有足够大的外施电压时，在强电场的作用下就会因强烈的电离而产生电弧。

学习重点 电弧是如何产生和维持的?

电弧的产生与维持需要经历以下四个过程：

(1) 热电子发射。当开关触头分断电流时，随着触头接触面积的缩小，触头表面会出现炽热的光斑，促使触头表面分子中的外层电子吸收足够的热能而发射到触头间隙中去，形成自由电子。

(2) 强电场发射。在开关触头刚刚分离瞬间，间隙很小，在外电压的作用下，电场强度很大。在此强电场作用下，金属触头表面的电子被从阴极拉出来，成为自由电子。

(3) 碰撞游离。已产生的自由电子在强电场作用下高速向阳极运动，具有足够大动能的电子与介质的中性质点相碰撞时，产生新的正离子与自由电子，如图1-28所示。这种现象不断发展的结果，使得触头间正离子和自由电子大量增加，弧隙间介质强度急剧下降，最终间隙击穿形成电弧。

（4）热游离。电弧具有很高温度。电弧的表面温度达3000℃，弧心温度高达10 000℃。在此高温下，弧隙内的中性质点热运动加剧，获得大量动能，当其相互碰撞时，生成大量的正离子和自由电子，这种由热运动而产生的游离称为热游离。

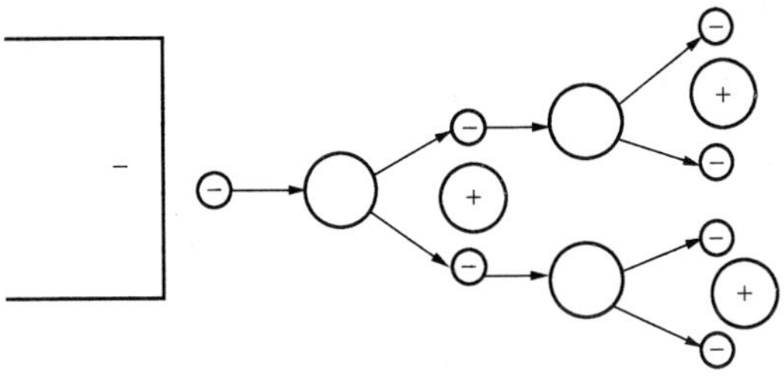

图1-28 碰撞游离示意图

弧隙自由电子由强电场产生，热电发射维持；电弧由碰撞游离产生，热游离维持。

4.2 电弧的熄灭

微课8 电弧的产生与熄灭

在电弧燃烧过程中，中性介质发生游离的同时，还存在着带电质点的去游离。弧隙中带电质点自身消失或者失去电荷变为中性质点的现象称为去游离。当游离大于去游离时，电弧加强；游离与去游离相等时，电弧稳定燃烧；游离小于去游离，电弧减少以致熄灭。所以，要促使电弧熄灭，就必须削弱游离作用，加强去游离作用。

1. 去游离的方式

游离和去游离是电弧燃烧中的两个相反过程，游离过程使弧道中的带电离子增加，有助于电弧的燃烧；去游离过程能使弧道中的带电离子减少，有利于电弧的熄灭。当这两个过程达到动态平衡时，电弧稳定燃烧。若游离过程大于去游离过程，将使电弧越加剧烈地燃烧。若去游离过程大于游离过程，将使电弧燃烧减弱，以致最终电弧熄灭。

去游离的方式有以下两种：

（1）复合。带有异性电荷的质点相遇而结合成中性质点的现象，称为复合。

两异号电荷要在一定时间内，处在很近的范围内才能完成复合过程，两者相对速度值越大，复合的可能性越小。因电子质量小，易于加速，其运动速度约为正离子的1000倍，所以电子和正离子直接复合概率很小。通常，电子在碰撞时，先附在中性质点上形成负离子，速度大大减慢，而负离子与正离子的复合比电子与正离子间的复合容易得多。

复合的速率与带电质点浓度、电弧温度、弧隙电场强度等因素有关。带电质点浓度越高、电弧温度越低、弧隙电场强度越小越有利于复合。

（2）扩散。电弧中的带电质点从电弧内部逸出向周围介质移动的现象，称为扩散。

弧隙内的扩散去游离有以下两种形式：其一是浓度扩散，由于弧道中带电质点浓度高，而弧道周围介质中带电质点浓度低，基于存在着浓度上的差别，带电质点会由浓度高的地方向浓度低的地方扩散，使弧道中的带电质点减少；其二是温度扩散，由于弧道中温度高，而弧道周围温度低，存在温度差，这样，弧道中的高温带电质点将向温度低的周围介质中扩散，减少了弧道中的带电质点。

扩散的结果使电弧中带电质点减少，有利于灭弧。扩散的速率与电弧和周围介质间的温度差、电弧和周围介质间的浓度差、电弧的表面积等因素有关。

开关电器的主要灭弧措施就是加强去游离作用。在开断过程中使去游离作用大于游离作用，以达到灭弧的目的。

2. 交流电弧的熄灭原理

在交流电路中产生的电弧称为交流电弧。由于发电机发出的电流都是三相交流电流，所以下面重点分析采用开关电器熄灭交流电弧的情况。

一般情况下，交流电弧每半个周期要过零一次，而电流过零时电弧将暂时熄灭，即电弧两次自然熄灭，而并非如直流电弧那样需要强行熄灭。因此熄灭交流电弧的主要问题仅为防止电弧重燃，且产生过电压的可能性低于强行熄灭的直流电弧，从而使交流电路较直流电路易于切断。

交流电弧熄灭的瞬间，弧隙温度骤降，去游离大大增强，介质强度得到迅速恢复，随后，弧隙的电场强度又可能使之击穿，电弧复燃。但由于触头的迅速断开，电场强度的迅速降低，一般交流电弧经过若干周期的熄灭、复燃的反复，最终完全熄灭。因此，交流电弧的熄灭，可利用交流电流过零时电弧要暂时熄灭这一特性，来加速电弧的熄灭。

开关电器的灭弧装置就是利用这个有利条件，在电流过零时强迫冷却或拉长电弧，使去游离作用大于游离作用，将电弧迅速熄灭，切断电路。低压开关的交流电弧可以在 1～2 个周期内使其熄灭。对于具有较完善灭弧结构的高压断路器，交流电弧的熄灭一般也只需要几个周期，而真空断路器的灭弧只需要半个周期，即电流第一次过零时就能使电弧熄灭。

4.3 灭弧的基本方法

开关电器采用的灭弧方法有很多，下面介绍几种常用的基本方法。

微课 9 开关电器灭弧的常用方法

(1) 速拉电弧灭弧法。在分闸时加快触头的分离速度，使电弧迅速拉长，由于电弧表面积增大而迅速冷却，加快了去游离的速度。同时，由于开关触头的迅速分离，降低了电场强度，使电弧电压不足以维持电弧的燃烧，使电弧熄灭。

(2) 吹弧灭弧法。利用气流或油流吹动电弧，使电弧拉长和冷却，从而加强去游离和提高介质强度恢复速度。吹弧方式分为纵吹和横吹，如图 1-29 所示。纵吹是气流或油流吹动的方向与弧柱轴线平行，这样可使电弧变细冷却最后熄灭。横吹是气流或油流吹动方向与弧柱轴线方向垂直，这样可使电弧拉长，表面积增大并加强冷却。现在更多断路器采用纵、横混合吹弧，其熄弧效果比单方向吹弧更好。

(3) 长弧切短灭弧法。利用金属栅片将长弧分割成许多短弧，而短弧的电压降主要降落在阴、阳极区内，如果栅片的数目足够多，使得各段维持电弧燃烧所需的最低电压降的总和大于外加电压时，电弧就自行熄灭。图 1 - 30 所示为钢灭弧栅将长弧切成若干短弧的情形。

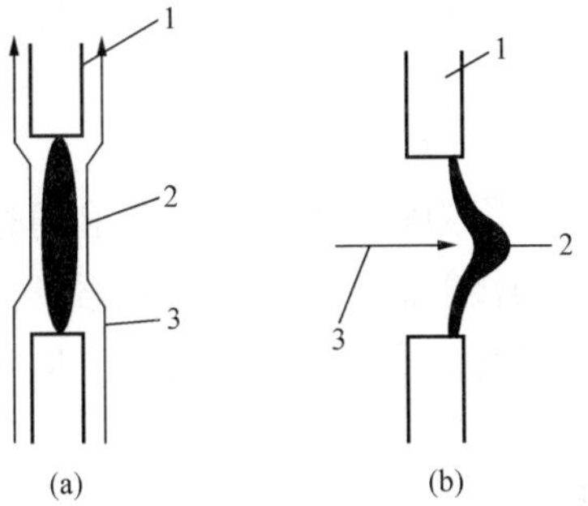

图 1 - 29 吹弧方式

(a) 纵吹；(b) 横吹

1—触头；2—电弧；3—吹弧方向

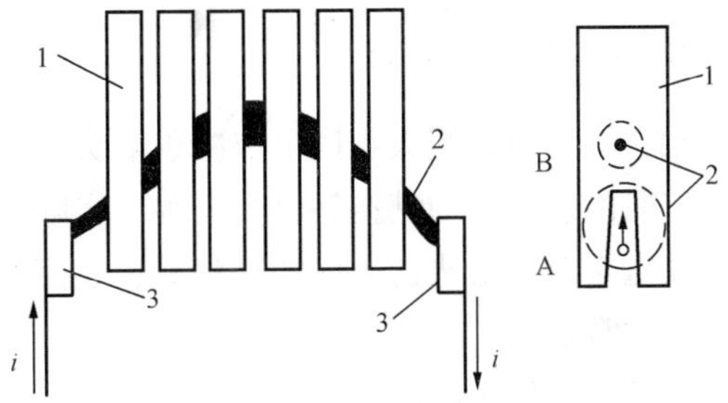

图 1 - 30 钢灭弧栅对电弧的作用

1—钢栅片；2—电弧；3—触头

(4) 狭缝灭弧法。由于电弧在介质狭缝中运动，一方面受到冷却，加强了去游离作用，另一方面电弧被拉长，弧径被压小，弧电阻增大，促使电弧熄灭，如图 1 - 31 所示。

(5) 真空灭弧法。真空具有较高的绝缘强度，将开关触头放在真空容器中，当交流电流第一次自然过零时即能熄灭电弧。利用真空作为绝缘和灭弧介质，是非常理想的灭弧方法。由于真空间隙内的气体稀薄，分子的自由行程大，发生碰撞的概率很小，因此碰撞游离不是真空间隙击穿产生电弧的主要因素。真空中的电弧是由触头电极蒸发出来的金属蒸气形成的，具有很强的扩散能力，因而使电弧电流过零后触头间隙的介质强度能很快恢复起来，使电弧迅速熄灭。目前真空断路器已得到广泛应用。

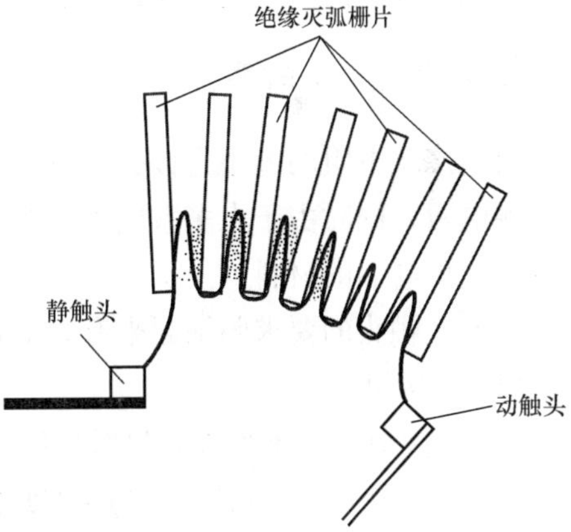

图 1 - 31 狭缝灭弧法示意图

(6) 六氟化硫气体灭弧法。六氟化硫（SF_6）气体是一种不可燃的惰性气体，它的热导率随温度的不同而变化，其绝缘性能也很好，它的灭弧能力要比空气高 100 倍左右，是比较理想的灭弧介质。当用它吹弧时，采用不高的压力和不太大的吹弧速度，就能熄灭高压断路器中的电弧。由于六氟化硫断路器具有开断容量大、寿命长、开断性能好、无火灾危险等优点，因此受到用户的普遍欢迎。

此外，还有磁吹灭弧法、冷却灭弧法、多断口灭弧法等。在现代的各种高低压开关电器中，都是综合利用上述原理，来达到迅速熄灭电弧的目的。

4.4 了解电气触头

电气触头是指两个或几个导体之间相互接触的部分。例如，母线或导体的接触连接处以及开关电器中的动、静触头，都是电气触头。

1. 接触电阻的概念

触头的质量在很大程度上取决于触头的接触电阻值，因为触头在正常工作和通过短路电流时的发热都与其接触电阻有关。实际上，触头间的接触面并不是全部接触，而仅仅是几点接触。触头的表面加工状况、表面氧化程度、接触压力及接触情况都会影响接触电阻的数值。

开关电器触头间的接触压力，一般是利用触头本身的弹性或附加弹簧产生的。利用触头本身的弹性不能保证一定的压力，因而也不能保证规定的接触电阻值，当多次接通或断开后，弹性触头可能变形，造成接触不良，一般采用在触头上附加弹簧的方法，使接触压力增加，这样接触电阻较小而且稳定。

用金属材料制成的触头在空气中容易氧化，对接触电阻有很大的影响。金属表面的氧化物一般都是不良导体，氧化程度越严重，氧化层越厚，接触电阻越大。氧化程度与温度有关，当温度在 60℃以上时，氧化最为强烈。因此，在可断触头的结构上，使触头接通或断开时产生较大的摩擦，而将触头表面的氧化层自动净化以减小接触电阻。

2. 对电气触头的要求

由于接触电阻的大小直接关系电气触头的质量，因此在其结构设计上应考虑尽量减小接触电阻；同时由于大多数电气触头要承受电弧燃烧时的高温，因此在材料选取上应尽量采用耐高温的材料。

对电气触头的要求归纳起来有以下几点：

(1) 结构可靠。

(2) 有良好的导电性能和接触性能。

(3) 通过规定的电流时，发热温度不超过规定值。

(4) 开断规定容量的电流时有足够的抗熔焊和抗电弧烧伤能力。

(5) 通过短路电流时，具有足够的动稳定和热稳定。

3. 电气触头的分类和结构特点

(1) 按接触面的形式划分。电气触头按接触面的形式划分为面触头、线触头和点触头三种。

1) 面触头。面触头一般在低压开关中使用，如刀开关和插入式熔断器等。这种触头在受到很大的压力时，接触点数和实际接触面仍然较小。自动净化能力弱，压强小，接触电阻较大。

2) 线触头。在高低压开关中普遍采用线触头。线触头是指两个触头间的接触面为线接触的触头，如柱面与平面接触或两圆柱面接触。线接触的接触压力较大，在接通和断开时自动净化能力较强。

3）点触头。点触头是指两个触头接触面为点接触（如球面和平面接触），或者两个球面的接触。它的优点是接触点更加固定，接触压力更大，接触电阻稳定。只是接触面积小，不易散热。这种触头一般应用在工作电流和短路电流较小的情况，如用于继电器和开关电器的辅助触头。

（2）按结构形式划分。电气触头按接触面的形式划分为固定触头、可断触头和滑动触头三种。

1）固定触头是指连接导体之间不能相对移动的触头，如母线之间、母线与电器的引出端头的连接等。固定触头的接触表面都应有适当的防腐措施，以防止外界的侵蚀，保证可靠性和耐久性。防腐的措施一般是在触头连接后，在外面涂以绝缘漆、瓷釉或中性凡士林油等。

2）可断触头广泛应用于高低压开关中，主要有以下几种形式：

a. 刀形触头：广泛应用于高压隔离开关和低压刀开关中。

b. 指形触头：其特点是动稳定性较好，接通和断开过程中有自净作用；触头系统与灭弧室配合较难；工作表面易受电弧烧损。其主要在断路器中作主触头，如 SN4 型少油断路器；另外，隔离开关中应用也较多。

c. 插座式触头：它的静触头是由多片梯形触指组成的插座，动触头是圆形铜导电杆。由于触指的数量较多，每片触指的接触压力并不很大，接触面的工作非常可靠。在接通和断开过程中，导电杆与触指摩擦，自净作用强，接触电阻比较稳定。动触头的运动方向与动、静触头间的压力方向垂直，接通时触头的弹跳很小。触指片间以及触指与导电杆之间的电流是同一方向，电动力使触指压紧导电杆，短路时的接触很稳定。但是，插座式触头的结构比较复杂，允许通过的电流也受到限制，断开时间也较长。插座式触头应用于 SN4 系列和 SN10 系列等少油断路器中，作为主触头或灭弧触头。为了增加触头抗电弧灼伤的能力，一般在外套的端部加装铜钨合金保护环，在动触头的端部镶嵌铜钨合金制成的耐弧触头。

3）滑动触头是指在工作中被连接的导体总是保持接触，能由一个接触面沿着另一个接触面滑动的触头，如电机中的滑环与炭刷、滑线电阻等。其中有一种滚动式滑动触头，它由圆形导电杆、成对的滚轮、固定导电杆及弹簧组成，在接通和断开过程中，滚轮绕着自身轴转动，并沿导电杆滚动，主要应用于 SN10 系列少油断路器中。

课后思考及练习

1. 发电厂和变电站的类型有哪些？
2. 分别说明发电厂的生产过程和变电站的作用。
3. 电能质量的衡量标准是什么？如何提高？
4. 供电设备、用电设备和电网的额定电压之间有什么关系？

5. 当发生 A 相单相接地故障时，中性点直接接地系统的各相对地的电压如何变化?

6. 如何提高中性点直接接地系统供电的可靠性?

7. 当发生 A 相单相接地故障时，中性点不接地系统的各相对地的电压如何变化?接地电流等于多少?试用作图法解题。

8. 为什么小电流接地系统在发生单相接地故障时，可允许短时继续运行而不允许长期运行?应采取什么对策?

9. 为什么说利用消弧线圈进行全补偿并不可取?

10. 在［例 1 - 2］中，若短路点在 35kV 母线上，试计算三相短路电流。

11. 电弧的实质和特征是什么?

12. 电弧的产生原理和过程是什么?

13. 电弧的熄灭原理是什么?

14. 开关电器常用的灭弧方法有哪些?

学习情境 2

开关电器的运行与维护

项目 1 高压断路器

学习目标

(1) 了解断路器在电力系统中的重要作用。

(2) 掌握各类型断路器的灭弧原理。

(3) 了解常见断路器的结构和运行维护内容。

电力系统的各类电力装置的主要电气元件如发电机、变压器、线路、母线等，在改变运行方式或停电检修时，需要进行正常的投入与切出；在出现故障时，则须迅速分断短路电流，切除故障电路，以保证系统或装置的其他部分的正常工作；在检修时，需要将检修部分与带电部分可靠隔离。开关电器便是直接用于正常投切、故障切除、检修隔离的电气一次设备。

1.1 认识断路器

断路器是高压开关设备中最重要、最复杂的一种，是电力系统一次设备中控制和保护的关键设备，受它控制和保护的电路，无论在空载、负荷或短路故障状态，都能可靠地动作。概括起来，断路器在电网中起两方面的作用：一是控制作用，即根据电网运行的需要，将部分电气设备或线路投入或退出运行；二是保护作用，即在电气设备或电力线路发生故障时，继电保护自动装置发出跳闸信号，启动断路器，将故障部分设备或线路从电网中迅速切除，确保电网中无故障部分的正常运行。

微课 10 认识断路器

为实现开断和关合，断路器必须具有三个组成部分：①开断部分，包括导电和触头系统以及灭弧室；②操动和传动部分；③绝缘部分等。其中，开断部分中的灭弧室为核心部分。

一般按照所采用的灭弧介质的不同进行分类，高压断路器主要有油断路器、真空断路器、六氟化硫（SF_6）断路器、压缩空气断路器等。

1. 油断路器

油断路器是指采用变压器油作为灭弧介质的断路器，它又可分为多油断路器和少油断路器。

多油断路器（见图 2-1）的油除了作灭弧介质和触头开断后绝缘外，还作为带电部分与地之间的绝缘，其结构简单，制造方便，易于加装单匝环形电流互感器及电容分压装置。

少油断路器（见图 2-2）的油只作为灭弧介质和触头开断后的绝缘，而带电部分与地之间的绝缘则依靠绝缘子或其他固体介质。与多油断路器相比，它具有用油量少、体积小、质量轻、运输安装方便等优点，且有利于防火。

图 2-1　35kV 户外型多油断路器

图 2-2　10kV 户内型少油断路器

2. 真空断路器

真空断路器（见图 2-3）是指采用真空的高绝缘强度来灭弧的断路器。这种断路器的动静触头密封在真空泡内，利用真空作为灭弧介质和绝缘介质。它的特点是体积小，能频繁操作，维修工作量小。

3. 六氟化硫（SF_6）断路器

六氟化硫断路器（见图 2-4）是指利用具有优异的绝缘性能和灭弧性能的 SF_6 气体作为灭弧介质和绝缘介质的断路器。由于 SF_6 气体的电气性能好，所以 SF_6 断路器的断口电压较高，在电压等级相同、开断电流和其他性能相近的情况下，SF_6 断路器比少油断路器串联断口要少，可使制造、安装、调试和运行比较方便和经济。

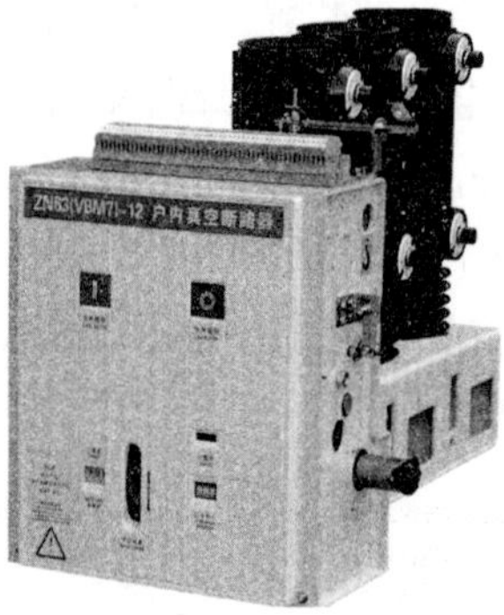

图 2-3　10kV 户内型真空断路器

图 2-4　110kV 户外型六氟化硫断路器

它的特点是：灭弧能力强，绝缘强度高，开断电流大，燃弧时间短；开断电容电流或电感电流时，无重燃，过电压低；电气寿命长，检修周期长，适于频繁操作；操作功率小，机械特性稳定，操作噪声小。

4. 压缩空气断路器

压缩空气断路器是指采用压缩空气作为灭弧介质和绝缘介质的断路器。其特点是灭弧能力强，动作迅速，能快速自动重合闸。此外，其体积小，防火防爆，在低温下能可靠的工作，维护检修方便。它的缺点是工艺要求高，消耗有色金属多，操作时噪声大，并需一套专供操作用的压缩空气设备等。

微课11　压缩空气断路器

总的说来，断路器具有以下最基本的功能：

(1) 在关合状态时，应为良好的导体，能可靠工作。即在长时间工作时，各部位温度和温升低于最大允许发热温度和允许温升；在通过短路电流时，也应承受短时发热和机械力的作用。

(2) 在开断状态时，应具有良好的绝缘性能。也就是，在不同环境条件下，皆能承受对地同相以及不同相端子间的电压。

(3) 在关合状态的任意时刻，在尽可能短的时间内，能够开断额定电流和各类短路电流。

5. 断路器型号

由于高压断路器的类型很多，目前我国断路器的型号根据国家技术标准的规定，其产品型号说明如图2-5所示。

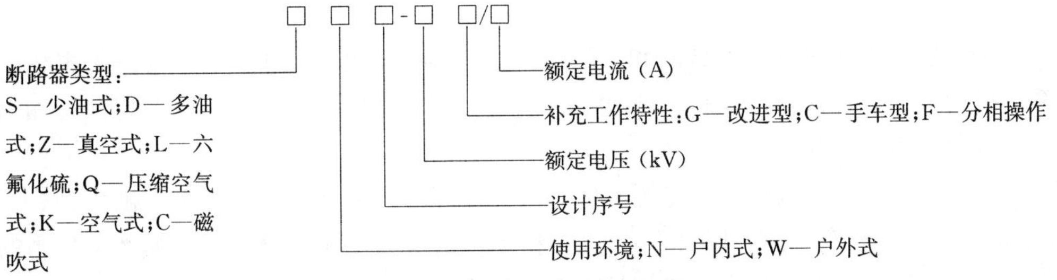

图2-5　断路器型号说明

例如ZN12-10/1000型断路器，表示该断路器为户内式真空断路器，设计序号为12，额定电压为10kV，额定电流为1000A。

6. 断路器主要技术参数

(1) 额定电压：指断路器长时间运行能承受的正常工作电压。额定电压指的是线电压，并标于铭牌上。国家标准规定，断路器的额定电压等级有10、35、60、110、220、330、500、750kV及1000kV。额定电压不仅决定了断路器的绝缘水平，而且在相当程度上决定了断路器的总体尺寸和灭弧条件。由于输电线路有电压降，电网不同地点的电压可能高出额定电压10%左右，使断路器可能在高于额定电压下长期工作，故制造厂规定断路器的最高电压对于10～220kV的为1.15倍额定电压，对于330kV及以上的为1.1倍额定电压。

(2) 额定电流：指铭牌上所标明的断路器可以长期通过的工作电流。断路器长期通过额定电流时，断路器各部分的发热温度不会超过允许值。额定电流决定了断路器触头及导电部分的截面，并且在某种程度上也决定了它的结构。

(3) 额定开断电流：指断路器在额定电压下能可靠开断的最大短路电流的有效值。它表征了断路器的开断能力。由于开断电流与电压有关，当断路器降低电压等级使用（例如10kV断路器用于6kV电网）时，开断电流会相应增大，但有一最大值，称其为极限开断电流。

(4) 额定开断容量：断路器的开断能力也可间接用开断容量来表示，在三相电路中其大小等于额定电压与额定开断电流的$\sqrt{3}$倍。

(5) 动稳定电流：表明断路器在冲击短路电流作用下，承受电动力的能力。其值由导电和绝缘等部件的机械强度所决定。

(6) 热稳定电流：表明断路器承受短路电流热效应的能力。用通电时间（一般取4s）和最大电流有效值来综合表示。

(7) 开断时间：指从发出跳闸信号（即跳闸线圈加上电压）起，到断路器开断至三相电弧完全熄灭时为止所需要的全部时间。开断时间等于断路器的固有分闸时间和熄弧时间之和，其中固有分闸时间是指从跳闸线圈通电到动、静触头刚分离的这段时间，而熄弧时间是从触头刚分离到各相电弧完全熄灭的这段时间。

7. 断路器操动机构

断路器在工作过程中的合闸和分闸动作是由操动系统来完成的，操动系统由相互联系的操动机构和传动机构组成。操动机构的工作性能和质量对断路器的工作性能和工作可靠性起着重要的作用。

微课12　断路器的操动机构

操动机构按操动能源来进行分类，可分为手动型、电磁型、液压型、气压型和弹簧型等多种类型。手动型操动机构是指靠人力合闸，靠弹簧力分闸的操动机构；电磁型操动机构是直接依靠电磁力来分合闸的操动机构；液压型操动机构是用高压油推动活塞实现合闸与分闸的操动机构；气压型操动机构是以压缩空气推动活塞实现合闸与分闸的操动机构；弹簧型操动机构是用小功率电动机将弹簧拉伸储能实现合闸与分闸的操动机构。除手动型外，其他均为自动操动机构。其中，电磁型需直接依靠合闸电源提供操动功率；液压型、气压型和弹簧型则只需间接利用电能，并经转换设备和储能装置用非电能形式操动合闸，故短时失去电源后可由储能装置提供操动功率，因而减少了对电源的依赖程度。

操动机构由动力机构、扣住机构、脱扣机构等组成。传动机构由拉杆、提升机构、缓冲机构等组成。

1.2 少油断路器

少油断路器分为户内式和户外式，其优点是结构简单，价格便宜。但由于油在灭弧过程中容易被碳化，所以少油断路器检修周期短，维护工作量大；另外由于油既会造成对环境的污染又容易引发火灾，所以其在110kV及以上的电力系统中已有被六氟化硫断路器取代的趋势，而在10kV电力系统中也已逐渐被真空断路器取代。

目前我国生产的少油断路器有多种系列，下面主要介绍SN10和SW6两种系列。

1. SN10系列少油断路器

SN10系列少油断路器为三相户内式高压断路器，广泛应用于发电厂和变电站中作为控制、保护高压电气设备之用。SN10系列少油断路器配用CD10型电磁操动机构，也可配CT8型弹簧操动机构或手动操动机构。

SN10系列少油断路器的结构基本相似，均由油箱、框架和传动机构三大部分组成。油箱下部用两个支柱绝缘子垂直壁挂于框架上，并经一绝缘连杆与传动机构相连。少油断路器的导电回路从上到下由上接线座、静触座、静触头、弧触指、导电杆、滚动触头和下接线座等组成。

断路器分合时，操动机构通过主轴、绝缘拉杆和基座内的变直机构，使导电杆上下动作，实现断路器的分合。导电杆的端部和静触头的弧触指上均装有耐弧铜钨合金，以增强触头的抗弧能力和短路开断能力，延长其使用寿命。

断路器油箱中部是灭弧室，由高强度的玻璃钢制成绝缘筒，内置的隔弧板形成三级横吹和一级纵吹。此外，灭弧室还具有因导电杆分闸运动引起的机械油吹功能，即采用纵横吹和机械油吹联合作用。

正常分断时，动静触头一分离便产生电弧，高温电弧使变压器油分解成高温油气，灭弧室内压力升高，当增高到一定程度时，静触头上的逆止阀钢球被上推堵住回油孔，造成密闭燃弧，使内腔压力迅速升高。随着导电杆的向下运动，相继打开第1、2、3横吹孔和下部油囊的纵吹孔，形成压力油气流强烈的纵横吹效应。与此同时，由于导电杆快速向下运动，排挤与导电杆同体积的变压器油进入灭弧室内，对电弧形成机械油吹，在纵横吹和机械油吹共同作用下使大、中、小电弧均能有效熄灭。

2. SW6系列户外式少油断路器

SW6系列户外式少油断路器常采用串联灭弧室、多断口积木式结构形式。断路器每相由两个结构完全相同的灭弧室串联，对称地布置成V形，固定在中间机构箱上，与支柱绝缘子一起组成一个Y形落地式结构，每相有一单独的底座，三相共用一套操动机构实现三相联动，如图2-6所示。

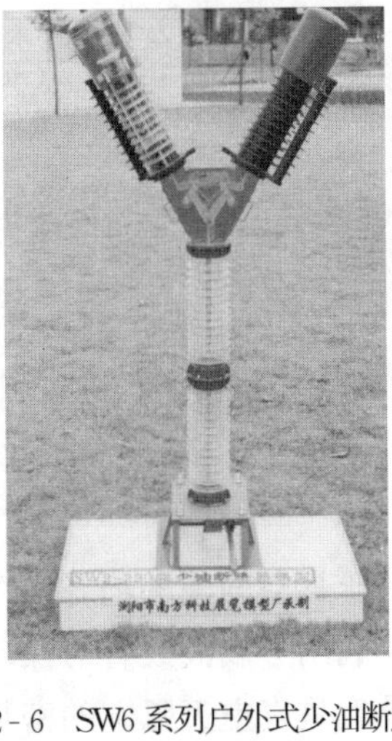

图2-6 SW6系列户外式少油断路器

110kV 少油断路器一般采用单柱双断口结构。按照积木式组装方式，用于 220、330kV 的少油断路器可分别采用双柱四断口和三柱六断口的结构。这种每相导电回路采用多断口的方式可以增强灭弧能力、缩短分合闸时间和降低灭弧室的高度。灭弧室里的结构与户内式少油断路器相似，也采用纵横吹和机械油吹联合作用的灭弧原理。

知识延伸 如何判断少油断路器的运行状态?

要判断少油断路器的分合闸状态，有三个途径：一是看操动机构的位置指示，二是看分合闸红绿指示灯，三是看开关本体的分闸弹簧的拉伸状态、绝缘推拉杆、拐臂的位置。如果发现有相互矛盾时，应从安全角度考虑。

1.3 真空断路器

以真空作为灭弧和绝缘介质的断路器称为真空断路器。所谓真空是相对而言的，真空断路器的真空是指气体压力在 1.3×10^{-2}Pa 以下的空间。由于真空中几乎没有气体分子可供游离导电，且弧隙中少量导电粒子很容易向周围真空扩散，所以真空的绝缘强度比变压器油及 1 个大气压下的 SF_6 或空气的绝缘强度高得多。

真空断路器具有体积小、质量轻、噪声小、无可燃物、维护工作量少等突出的优点，但真空断路器在开断小电流时比其他断路器容易产生截流和引起过电压。它已逐步成为发电厂、变电站和高压用户变电站 3～10kV 电压等级中广泛使用的断路器，如图 2-7 所示。

1. 了解真空断路器的结构

真空断路器的关键元件是真空灭弧室，真空断路器的动、静触头均安装在真空灭弧室内，其结构如图 2-8 所示。

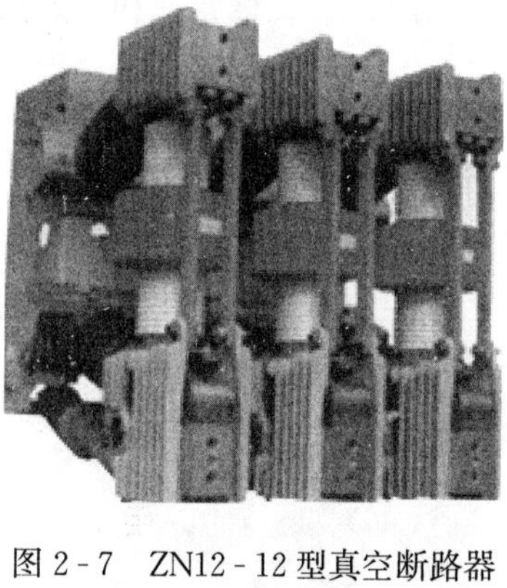

图 2-7 ZN12-12 型真空断路器

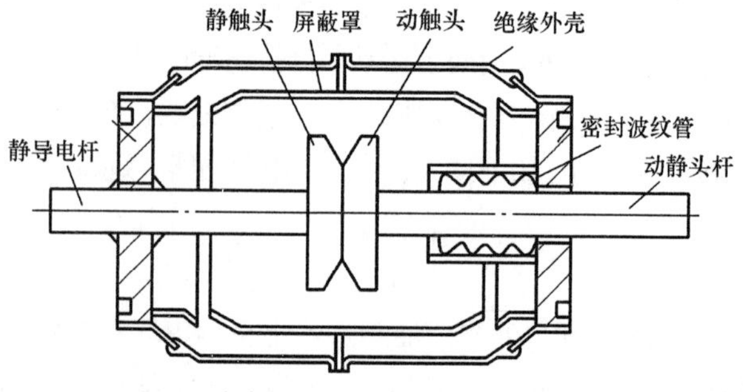

图 2-8 真空灭弧室的结构示意图

由于真空间隙的绝缘强度很高，开断后介质恢复速度很快，因此灭弧室的触头开距很小，利用金属波纹管与操动机构相连而操作。

外壳是真空灭弧室的密封容器，它不仅要容纳和支持真空灭弧室内的种种零件，而且当动、静触头在断开位置时起绝缘作用。因此，整个外壳通常由绝缘材料和金属组成。对外壳的要求，首先是气密性要好，所有材料均不允许有任何漏孔存在；其次，要有一定的机械强度；再者，绝缘体在真空和大气中都必须有良好的绝缘性能。绝缘外壳现在广泛采用硬质玻璃和高氧化铝瓷等无机绝缘材料；近来又有采用微晶玻璃作绝缘外壳的，它不透气不吸水、机械强度高、绝缘性能好、软化温度高。外壳的端盖常用不锈钢、无氧铜、可伐合金等金属制成。

波纹管被普遍用作为动触头运动的真空密封。波纹管的一端固定，连在灭弧室的一个端面上，另一端运动，连至动触头的导杆上。其常用的材料有不锈钢、磷青铜、铁青铜等，以不锈钢性能最好。波纹管的侧壁可在轴上伸缩，它的允许伸缩量也就决定了灭弧室所能获得的触头最大开距。通常，波纹管的疲劳寿命决定了真空灭弧室的机械寿命。现代真空断路器的机械寿命一般在几万次以上，真空接触器的机械寿命为100万次甚至200万次。

在触头周围设置屏蔽罩，可以挡住电弧生成物，防止绝缘外壳因电弧生成物的污染而引起绝缘强度降低和绝缘破坏。电弧生成物在屏蔽罩表面会凝结，不容易返回电弧间隙，有利于熄弧后弧隙介质强度的迅速恢复。屏蔽罩还能起到使灭弧室内部电压均匀分布的作用，屏蔽罩的存在会影响动、静触头间的电场分布。在波纹管外面用屏蔽罩保护，可使波纹管免遭电弧生成物的烧损。

触头是真空灭弧室内最为重要的元件，真空灭弧室的开断能力、电气寿命主要取决于触头。触头材料对真空断路器的灭弧性能影响很大，通常要求它具有导电好、耐弧性好、导热好、机械强度高和加工方便等特点。常用触头材料是铜铬合金、铜合金等。

☆ 学习重点 真空断路器是如何熄弧的?

真空灭弧室中的触头在断开过程中，触头产生的金属蒸气使触头间产生电弧。真空灭弧室中电弧的熄灭是利用高真空度介质（一种压强低于10^{-4}mm Hg的稀薄气体）的高绝缘强度和在这种稀薄气体中电弧生成物（带电粒子和金属蒸气）具有很高的扩散速度，使电弧电流过零后触头间隙的介质强度能很快恢复起来的原理而实现的。燃弧过程中的金属蒸气和带电粒子在强烈的扩散中为屏蔽罩所冷凝，从而降低了主触头表面的温度，减少了主触头的烧损，稳定了断路器的开断性能，提高了断路器的寿命。

微课13 真空断路器的灭弧原理

一般情况下，电弧熄灭后，弧隙中残存的带电质点继续向外扩散，在电流过零值后很短时间（约几微秒）内弧隙便没有多少金属蒸气，即恢复到原有的“真空”状态，使触头之间的介质强度迅速恢复，达到触头间恢复电压小于介质击穿电压时，电弧彻底熄灭。

2. 户内型真空断路器

目前10kV电压等级的户内式真空断路器种类很多，如ZN4-10、ZN5-10、ZN12-

10、ZN22-10、ZN32-10、ZW1-10等一系列断路器，它们的原理结构基本相同，区别在于额定电流、额定开断电流、外形尺寸、布置方式以及操动机构等不相同。

ZN28-10型户内式真空断路器为分相结构，图2-9所示为其一相结构图。真空灭弧室5用支柱绝缘子2固定在钢制框架上，框架安装在墙壁或开关柜的架构上，支柱绝缘子支撑固定真空灭弧室，并起着各相对地绝缘的作用。断路器合闸后，通过断路器电流的流经路径是由与静触头支架上的坚固螺栓4连接的引线流入，经灭弧室的静触头杆、静触头、动触头、动触头杆，再经导电夹坚固螺栓6和螺栓8流出。断路器主轴的拐臂末端连有绝缘拉杆12，绝缘拉杆的另一端连接拐臂11，由拐臂驱动断路器的动触头杆运动实现分、合闸操作。

3. 户外型真空断路器

户外型真空断路器结构如图2-10所示。该产品为积木式结构，由本体、操动机构及箱盖三部分组成。断路器本体部分由导电回路、绝缘系统、密封件及壳体组成，为三相共箱式。三相灭弧室安装在绝缘的框架中，稳定性好，便于维护、检查、调试。导电回路由进、出线导电杆，动静端支座，导电夹与真空灭弧室连接而成。外绝缘由绝缘子实现，具有抗污秽能力。

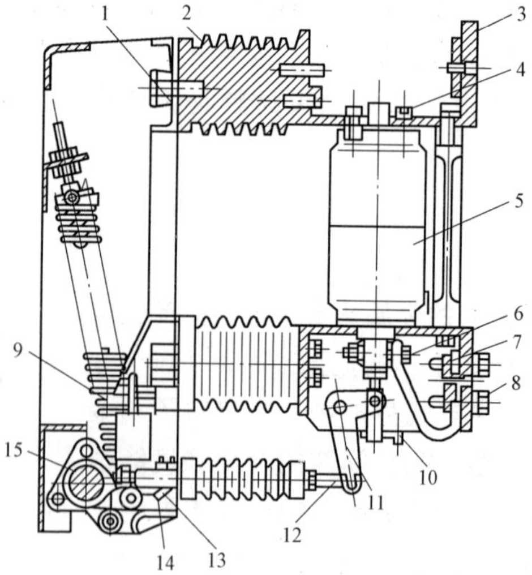

图2-9 ZN28-10型户内式真空断路器

1—固定螺栓；2—支柱绝缘子；3—静触头支架；4—坚固螺栓；5—真空灭弧室；6—导电夹坚固螺栓；7—动触头支架；8—螺栓；9—跳闸弹簧；10—导向板；11—拐臂；12—绝缘拉杆；13—触头弹簧；14—框架；15—主轴

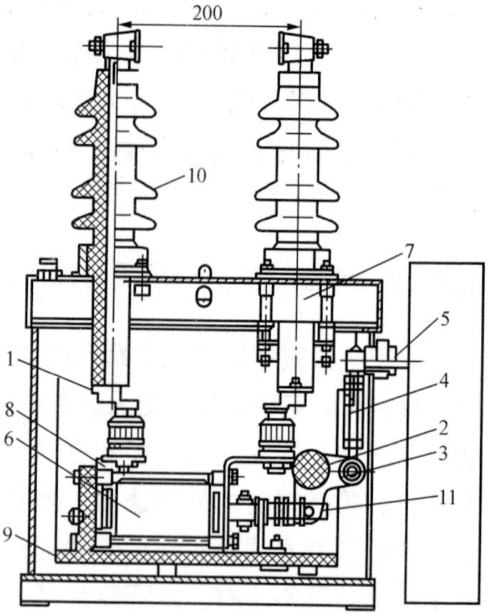

图2-10 户外型真空断路器本体内部结构

1—动端支架；2—三相主轴；3—绝缘拐臂；4—连杆；5—机构主轴；6—真空灭弧室；7—电流互感器；8—静端支座；9—绝缘底座；10—绝缘子；11—操动机构

其操动机构采用了成熟的、性能可靠的电动机（交直流220V）储能弹簧操动机构，具有电动关合、电动开断、手动储能、手动关合、手动开断和过电流（或短路）自动脱扣开断六种功能。该机构由棘轮、凸轮、合闸弹簧、分闸弹簧、手动脱扣连杆、脱扣器、辅助开关等部分组成。

操作项目 维护检修真空断路器

任务1：检查真空断路器

(1) 断路器运行前应进行一次全面的外观检查，应将绝缘件表面擦拭干净，机械转动摩擦部位应涂润滑油。

(2) 投运前，应按照运行规程中的操作程序进行操作，确认无异常现象后方可投入运行。

(3) 灭弧室真空度靠严格的生产工艺和出厂检测来保证，在使用现场检验灭弧室真空度是否合格的最简便的方法是对灭弧室进行 42kV 的工频耐压试验。

(4) 真空灭弧室需按表 2-1 定期检查。

表 2-1 真空灭弧室的检查项目

检查项目	标准及方法	周期
灭弧室真空度	真空度小于 42kV/1min	验收后每一年
各相超行程	3^{+1}mm	开断短路 5 次
各相超行程	3^{+1}mm	开断负荷 2000 次
各相超行程	3^{+1}mm	每使用 3 个月后
大修理	解体大修、更换灭弧室	操作 10 000 次后

(5) 超行程的减少，就是触头的磨损量。因此，每次调整超行程必须进行记录，当触头磨损量累计超过 4mm 时，应更换灭弧室。

任务2：对真空断路器进行维护(见表 2-2)

表 2-2 真空断路器故障原因及处理方法

故障现象	故障原因	处理方法
电动合不上闸	铁心与拉杆松动	调整铁心位置，卸下静铁心即可调整，使之手力可以合闸，合闸终了时，掣子与滚轮闸应有 1～2mm 间隙
合闸合空	掣子扣合距离太少，未过死点	将调整螺栓向外调，使掣子过死点。调完，应将螺栓固紧，并用红漆点封
电动不能脱扣	(1) 掣子扣得太多； (2) 分闸线圈的连接线松脱； (3) 操作电压低	(1) 将螺钉向里调，并将螺母固紧； (2) 重新接线； (3) 调整电压
合闸线圈、分闸线圈烧坏	辅助开关触点接触不良	用砂纸打磨接触点或更换辅助开关

1.4 SF_6 断路器

SF_6 断路器是一种利用 SF_6 气体作为熄弧和绝缘介质的断路器，其主要优点是：

(1) 灭弧能力强，介质强度高。其单断口的电压可以做得很高，此与少油和空气断路器相比，在同一额定电压等级下，SF_6 断路器所用的串联单元数较少。

(2) 介质恢复速度特别快。开断近区故障的性能特别好，通常不加并联电容即能可靠地切断各种故障而不产生过电压。

1. 了解 SF_6 气体

SF_6 气体是一种无色、无臭、无毒和不可燃的惰性气体，是目前在高压电器中使用的最优良的灭弧介质和绝缘介质。在均匀电场下，SF_6 气体的绝缘性能大约是空气的 3 倍；在约 4 个大气压的压力下，SF_6 气体的绝缘性能则与变压器油相当。

SF_6 气体是电负性气体，即其分子和原子具有很强的吸附自由电子的能力，可以大量吸附弧隙中参与导电的自由电子，生成负离子。由于负离子的运动要比自由电子慢得多，因此很容易和正离子复合成中性的分子和原子，大大加快了电流过零时的弧隙介质强度的恢复。

SF_6 气体的电弧分解物中不含碳等影响绝缘能力的物质，在严格控制水分的情况下分解物没有腐蚀性。

微课 14　SF_6 断路器的灭弧原理

2. SF_6 断路器的灭弧装置

现在世界各国生产的 SF_6 断路器，采用三种灭弧室结构，分别是压气式、旋弧式和自能式。

(1) 压气式灭弧装置中只有一种压力的 SF_6 气体，开断过程中，压气缸与动触头同时运动，将压气缸内的 SF_6 气体压缩而使压力升高。触头分离后，即喷口被打开，高压力的气体由喷口处向外排出，实现纵吹而将电弧熄灭。目前在 110kV 及以上的电力系统中广泛使用这种灭弧装置。

(2) 旋弧式灭弧装置（见图 2-11）多用于 10～35kV SF_6 断路器中。其中磁场由磁吹线圈 2 形成，线圈的一端和静触头相连，另一端和圆筒电极相连，圆筒电极内部设置一个向静触头凸出的圆环。当导电杆 4 和静触头 1 分开产生电弧后，电弧会很快转移到动触头和圆筒电极间，把磁吹线圈 2 接入电路，使被断开的电流流经线圈。由于电弧电流是沿半径方向流动的，而磁吹线圈生成的磁场是轴线方向的，所以电弧会沿圆周旋转而与 SF_6 气体介质发生相对运动，实现吹弧。

(3) 自能式灭弧装置（见图 2-12）是正在发展中的新一代的灭弧装置，目前在 110～220kV 电力系统中使用。其灭弧室由主气室 3、辅助气室 6、气孔 4、气缸 5 和喷口 1 组成。当动静触头分开产生电弧后，被电弧加热的气体可通过气孔进入主气室，使主气室的压力升高，高压气体对喷口吹弧使电弧熄灭。如果开断的电流较小，电弧产生的热量小使主气室的压力不够时，辅助气室中的气体将通过上部开启的阀门进入到主气室内起助吹作用，从而提高了开断小电流的吹弧能力。

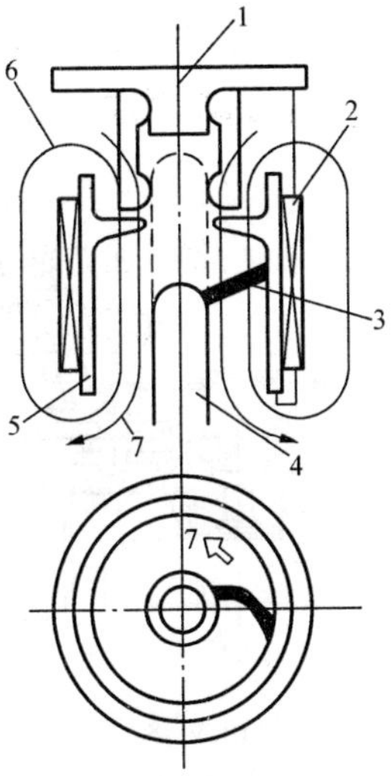

图 2-11 旋弧式灭弧装置的工作原理

1—静触头；2—磁吹线圈；3—电弧；4—导电杆；5—圆筒电极；6—磁场；7—电弧转动方向

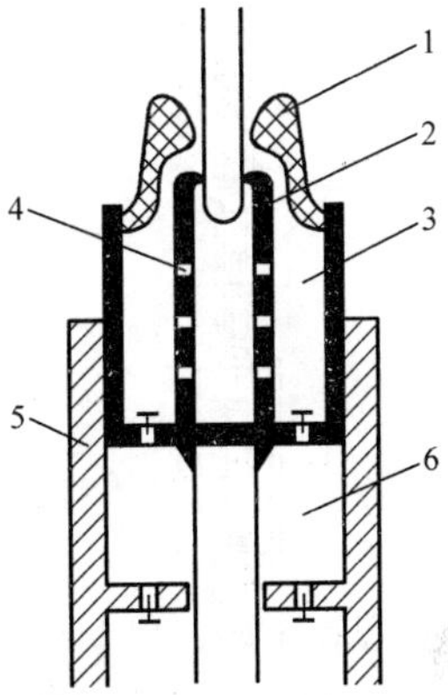

图 2-12 自能式灭弧装置的工作原理

1—喷口；2—动触头；3—主气室；4—气孔；5—气缸；6—辅助气室

3. SF_6 断路器的类型

SF_6 断路器根据外形结构可分为绝缘子支柱式和落地罐式两大类。

(1) 绝缘子支柱式高压 SF_6 断路器。绝缘子支柱式高压 SF_6 断路器的总体结构属积木式结构。这一类型断路器的结构特点是安置触头和灭弧室的容器是金属筒或是绝缘筒，且处于高电位，靠支柱绝缘子对地绝缘。

它的主要优点是可以用串联若干个开断元件和加高对地绝缘的方法，组成更高电压等级的断路器。这种总体布置方式可以给断路器向高电压等级的发展带来很多的方便。从外部耐压能力看，将绝缘子支柱式灭弧室多个串联便能满足更高额定值。现代 SF_6 高压断路器灭弧室容器多为电工陶瓷。灭弧室可布置成单柱型、T 型或 Y 型。图 2-13 所示为灭弧室 T 型布置 550kV 双断口绝缘子支柱式 SF_6 断路器 T 型布置的示意图。

绝缘子支柱式断路器体积较罐式断路器小，用气量也小。总的来说，绝缘子支柱式断路器耐压水平高，结构简单，运动部件少，系列性好。然而，由于它的重心高，抗震能力较差，所以使用场所受到一定限制。由于结构上的特点，电流互感器没有办法安装在断路器本体上，只能单独装在它自己的绝缘支柱上，通过空气绝缘的连接线连于断路器上。

(2) 落地罐式 SF_6 断路器。落地罐式 SF_6 断路器的结构特点是触头和灭弧室装于接地的金属箱内，导电回路靠绝缘套管引入，高压带电部分与外壳之间的绝缘主要由 SF_6 气体和环氧树脂浇注绝缘子承担。它的主要优点是可以在进出线套管上装设电流互感器，以提供电流信号；利用出线套管的电容制成电容分压器，以提供电压信号；能与隔离开关、接地开关、避雷器等融为一体，组成复合式开关设备。图 2-14 所示为 550kV 落地罐式断路器的结构示意图。

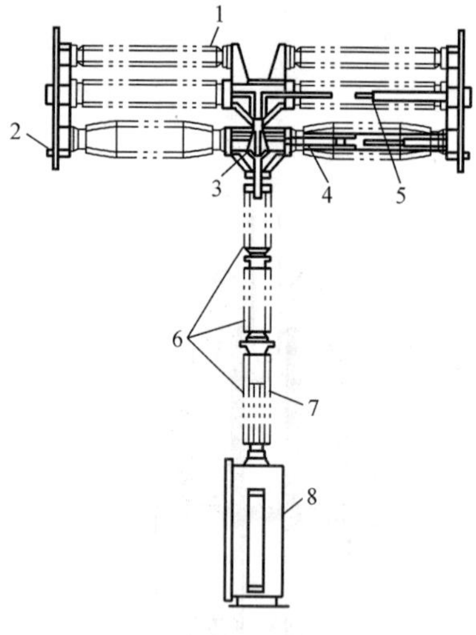

图 2-13　550kV 双断口绝缘子支柱式 SF_6 断路器

1—均压电容器；2—接线端子；3—连杆箱；4—灭弧室；5—合闸电阻；6—支柱绝缘子；7—绝缘绞杆；8—操动机构

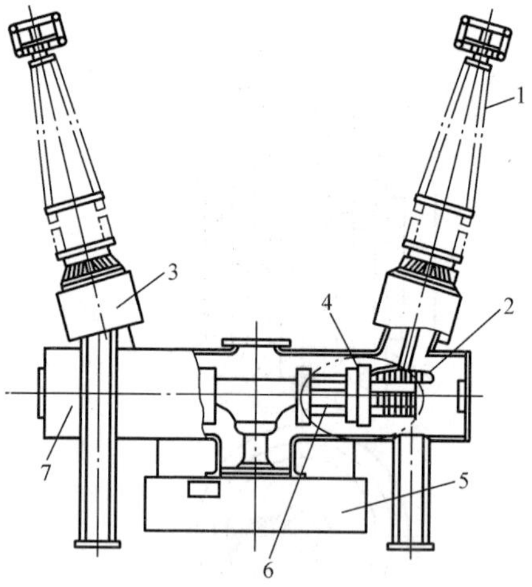

图 2-14　550kV 落地罐式断路器

1—套管；2—合闸电阻；3—套管式电流互感器；4—灭弧室；5—操动机构箱；6—并联电容器；7—罐体

落地罐式断路器重心低，抗震性能好，结构稳固，外绝缘部位少，可用于多地震地区以及高原和环境污秽地区。然而罐式断路器制造难度较大，壳体与环氧树脂浇注件都需要有大型成套加工设备；灭弧室中所用的陶瓷电容及合闸电阻等配套件的性能要求很高，如高电压部位的电极形状要求较严格、气体体积大、气量多、金属材料消耗多等，因而价格一般比支柱式断路器稍高。

特别提示

(1) 新装 SF_6 断路器投入运行前必须复测气体含水量和漏气率，要求灭弧室的含水量应小于 150ppm（即 0.015%，体积比），其他气室小于 250ppm（即 0.025%，体积比）；SF_6 气体的年漏气量小于 1%。

(2) 运行中 SF_6 断路器应定期测量 SF_6 气体含水量，断路器新装或大修后，每三个月测量一次，待含水量稳定后可每年测量一次。

1.5　高压断路器的运行与维护

岗位技能　高压断路器的运行与维护项目

1. 正常运行巡视

根据〔1991〕30 号《高压断路器运行规程》，断路器正常运行的巡视周期和项目规定如下。

(1) 正常运行巡视周期。

1) 新设备投运 72h 后即可转入正常巡视。

2）有人值班的变电站和升压站每天当班巡视不少于一次，无人值班的变电站由当地按具体情况确定，通常每月不少于两次。

（2）正常运行巡视项目。

1）SF_6 断路器巡视检查项目。

a）每日定时记录 SF_6 气体压力和温度；

b）断路器各部分及管道无异声（如漏气声、振动声等）及异味，管道夹头正常；

c）套管无裂痕，无放电声和电晕；

d）引线连接部位无过热，引线弛度适中；

e）断路器分、合位置指示正确，并和当时实际运行工况相符；

f）落地罐式断路器应检查防爆膜有无异状；

g）接地良好；

h）巡视环境条件，附近无杂物。

2）真空断路器巡视检查项目。

a）断路器分、合位置指示正确，并与当时实际运行工况相符；

b）支柱绝缘子无裂痕及放电异声；

c）真空灭弧室无异常；

d）接地完好；

e）引线接触部分无过热。

3）电磁操动机构巡视检查项目。

a）机构箱门平整，开启灵活，关闭紧密；

b）检查分、合闸线圈及合闸接触器线圈无冒烟异味；

c）直流电源回路接线端子无松脱、无铜绿或锈蚀；

d）传动系统轴销无松脱；

e）加热器正常完好。

4）液压操动机构巡视检查项目。

a）机构箱门平整，开启灵活，关闭紧密；

b）检查油箱油位正常，无渗漏油；

c）高压油的油压在允许的范围内；

d）每天记录油泵电机起动次数；

e）机构箱内无异味；

f）加热器正常完好。

5）弹簧操动机构的巡视检查项目。

a）机构箱门平整，开启灵活，关闭紧密；

b）断路器在运行状态，储能电机的电源开关或熔断器应在闭合位置；

c）检查储能电机、行程开关触点无卡住和变形，分、合闸线圈无冒烟异味；

d）断路器在分闸备用状态，分闸连杆应复归，分闸锁扣应到位，合闸弹簧应处在储能状态；

e) 加热器正常良好。

2. 高压断路器运行中的特殊巡视

根据〔1991〕30号《高压断路器运行规程》，在运行中对断路器的特殊巡视规定如下：

(1) 新设备投运的巡视检查，周期应相对缩短，投运72h后可转入正常巡视。

(2) 夜间闭灯巡视，有人值班的变电站和发电厂升压站每周一次，无人值班的变电站两个月一次。

(3) 气温突变，增加巡视。

(4) 雷雨季节雷击后应进行巡视检查。

(5) 高温季节高峰负荷期间应加强巡视。

知识延伸 高压断路器的正常运行条件是什么?

在电网运行中，高压断路器操作和动作较为频繁。为使断路器能安全可靠运行，保证其性能，必须做到如下几点：

(1) 断路器工作条件必须符合制造厂规定的使用条件，如户内或户外、海拔、环境温度、相对湿度等。

(2) 断路器的性能必须符合《高压断路器运行规程》的要求及有关技术条件的规定。

(3) 在正常运行时，断路器的工作电流、最大工作电压和断流容量不得超过额定值。

(4) 在满足上述要求的情况下，断路器的瓷件、机构等部分均应处于良好状态。

(5) 运行中的断路器，机构的接地应可靠，接触必须良好可靠，防止因接触部位过热而引起断路器事故。

(6) 运行中与断路器相连接的汇流排，接触必须良好可靠，防止因接触部位过热而引起断路事故。

(7) 运行中断路器本体、相位油漆及分合闸机械指示等应完好无缺，机构箱及电缆孔洞使用耐火材料封堵。场地周围应清洁。

(8) 断路器绝对不允许在带有工作电压时使用手动合闸，或手动就地操作按钮合闸，以避免合于故障时引起断路器爆炸和危及人身安全。

(9) 远方和电动操作的断路器禁止使用手动分闸。

(10) 明确断路器的允许分、合闸次数，以便快速决定计划外检修。断路器每次故障跳闸后应进行外部检查，并作记录。

(11) 为使断路器运行正常，在下述情况下，断路器严禁投入运行：严禁将有拒跳或合闸不可靠的断路器投入运行；严禁将严重缺油、漏气、漏油及绝缘介质不合格的断路器投入运行；严禁将动作速度、同期、跳合闸时间不合格的断路器投入运行；断路器合闸后，由于某种原因，一相未合闸，应立即拉开断路器，查明原因。缺陷消除前，一般不可进行第二次合闸操作。

(12) 对采用空气操作的断路器，其气压应保持在允许的范围内。

项目2 隔 离 开 关

学习目标

(1) 了解隔离开关在电力系统中的作用。

(2) 了解各类型隔离开关的结构和运行维护内容。

(3) 掌握隔离开关和断路器之间的不同之处。

2.1 认识隔离开关

装设隔离开关的最大目的是确保可靠地隔离电源。在标准中规定，隔离开关在分位置时，触头间有符合要求的绝缘距离和明显可见的断开标志；在合位置时，能承载正常线路条件下的电流及在规定时间内异常条件（如短路）下的电流。隔离开关没有灭弧装置，除了能开断很小的电流外，不能用来开断负荷电流，更不能开断短路电流，但隔离开关必须具备一定的动、热稳定性。

1. 隔离开关的功能

(1) 隔离电源，保证安全。隔离开关在分闸后，应建立可靠的绝缘间隙将被检修线路和设备与电源隔开，即在分闸状态下应有明显可见的断口，使运行人员能明确判断其工作状态，安全地进行作业。

隔离开关的断口在任何状态下都不能被击穿，因此它的断口耐压一般需比其对地绝缘的耐压高出10%～15%。必要时应在隔离开关上附设接地开关，供检修时接地用。

(2) 倒闸操作。隔离开关经常用来进行电力系统运行方式改变时的倒闸操作。

电气设备运行状态可分为运行、备用和检修三种工作状态，倒闸操作就是将电气设备由一种工作状态改变为另一种工作状态的操作。例如在双母线接线的电路中，利用与母线连接的隔离开关在不中断用户供电的条件下，遵循“等电位操作原则”，将供电线路从一组母线供电切换到另一组母线上供电。

(3) 开、合小电流电路。隔离开关本来是不具备开合电流的能力的，因为它没有专门的灭弧装置，但有时需要开断小电流电路。隔离开关只能靠将大气中的电弧逐渐拉长使其自然熄灭。隔离开关的小电流开断能力，根据隔离开关的结构、开合速度、开离方向、风速、相间距离以及邻近接地装置的距离等不同情况而异。

隔离开关允许直接操作的项目有：

(1) 开、合电压互感器和避雷器回路。

(2) 35kV、10km以内的无负荷运行的架空线路；10kV、5km以内的无负荷运行的电缆线路。

(3) 10kV 以下、无负荷运行的变压器，其容量不超过 320kVA；35kV 以下、无负荷运行的变压器，其容量不超过 1000kVA。

(4) 开、合母线和直接接在母线上的设备的电容电流。

(5) 开、合变压器中性点的接地线，当中性点上接有消弧线圈时，只能在系统未发生短路故障时才允许操作。

(6) 与断路器并联的旁路隔离开关，断路器处于合闸位置时，才能操作。

(7) 开、合励磁电流不超过 2A 空载变压器和电容电流不超过 5A 的无负荷线路等。

特别提示

按照隔离开关担负的任务，隔离开关应满足以下要求：

(1) 隔离开关应具有明显的断开点，易于鉴别电气设备是否与电网断开。

(2) 隔离开关断开点之间应有足够的距离，以保证在恶劣的气候条件下也能可靠工作，并在过电压及相间闪络的情况下，不致从断开点击穿而危及人身安全。

(3) 隔离开关在运行中，会受到短路电流的热效应和电动力的影响，所以要求它具有足够的热稳定性和动稳定性，尤其不能因电动力的作用而自动断开，否则将引起严重事故。

(4) 隔离开关的结构应尽可能简单，动作要可靠。

(5) 带有接地开关的隔离开关必须有联锁机构，以保证先断开隔离开关后再合上接地开关，先断开接地开关后再合上隔离开关的操作顺序。

微课 15 隔离开关的操动机构

2. 隔离开关的类型

隔离开关可按下列原则进行分类：

(1) 按安装地点，可分为户内式和户外式两种。

(2) 按闸刀运动方式，可分为水平旋转式、垂直旋转式、摆动式和插入式四种。

(3) 按绝缘支柱的数目，可分为单柱式、双柱式和三柱式三种。

(4) 按有无接地开关分，可分为无接地开关、一侧有接地开关、两侧有接地开关。

(5) 按隔离开关配用的操动机构可分为手动、电动和气动操作等类型。

隔离开关的型号由字母和数字两部分组成，如图 2-15 所示。

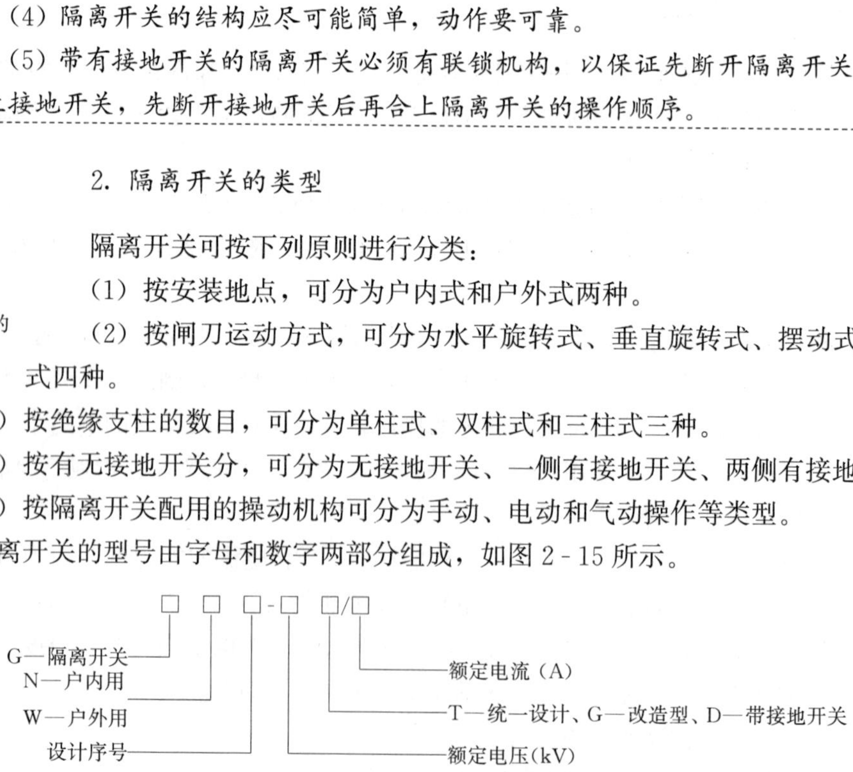

图 2-15 隔离开关的型号说明

2.2 隔离开关的结构

1. 户内式隔离开关

户内式隔离开关的额定电压一般在35kV以下，触头都是闸刀式的，并且大多数是线接触。

图2-16所示为户内配电用隔离开关结构图。隔离开关的三相共装在同一个底座上，操动机构通过连杆操动转轴完成分合闸操作。导电回路主要由闸刀（动触头）、静触头及接线端组成。静触头固定在支柱绝缘子上，闸刀由两片矩形铜条做成，一端通过销轴固定在另一组支柱绝缘子的触头座上，合闸时两片刀片夹紧静触头。为了保证动、静触头间的接触压力和压缩行程，在闸刀与静触头接触处装有弹簧。对额定电流较大的隔离开关还普遍采用磁锁装置来加强动、静触头间通过短路电流时的接触压力。

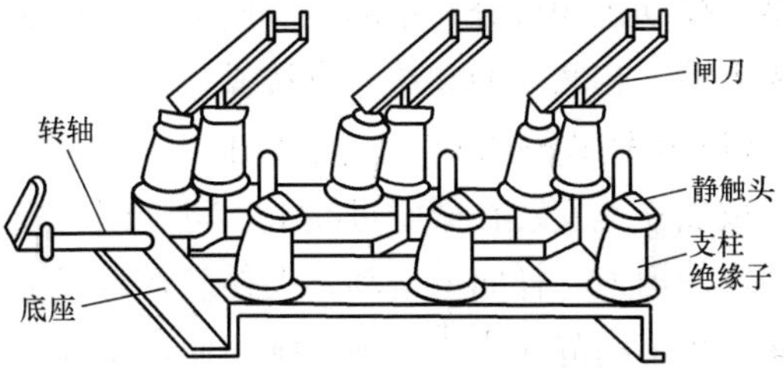

图2-16 户内配电用隔离开关结构图

☆ 学习重点 磁锁装置的工作原理是什么?

磁锁装置的工作原理是：如果有大电流通过时，两片闸刀之间产生附加电动力（根据左手定则确定），使动静触头之间的压力增大，从而保证动静触头对短路电流的稳定性，从而提高隔离开关的动稳定和热稳定。

图2-17所示为GN5-10型隔离开关。

图2-17 GN5-10型隔离开关

常用的户内式隔离开关有GN8-6型、GN8-10型、GN10-10型、GN19-10型、

GN22-10 型和 GN2-35 型、GN19-35 型等，它们的基本结构大致相同，区别在于额定电流、外形尺寸、布置方式和操动机构等不相同。

微课 16 户外式隔离开关

2. 户外式隔离开关

户外式高压隔离开关运行中，经常受到风雨、冰雪、灰尘和日晒等的影响，工作环境较差。因此，对户外式隔离开关的要求较高，应具有防冰能力和较高的机械强度。在不同电压等级的系统中，均需使用隔离开关，所以隔离开关也有相应的电压等级。35kV 及以上电压等级采用的隔离开关，一般均为三相联动型，操动机构可分为手动式、电动式、压缩空气式和液压式。10kV 户外式隔离开关分为手动三相联动型和单相直接操作型。隔离开关还可以用来作接地开关用。

(1) 单柱式隔离开关。图 2-18 所示为单柱式隔离开关。这种隔离开关的悬挂（静）触头被独立地安装在架空母线上，可动闸刀安装在瓷柱顶部，由操动机构通过传动机构带动，像剪刀一样向上运动，夹住装在母线上的静触头以实现合闸；或向下运动，释放装在母线上的静触头以实现分闸。使用单柱式隔离开关可以显著地节省变电站的占地面积，但由于结构复杂，一般只在 220kV 及以上的电力系统中使用。

(2) 双柱式隔离开关。图 2-19 所示为Ⅱ形双柱式隔离开关。它的转臂也即主闸刀固定在绝缘瓷柱顶部的活动出线座上。图中闸刀处于合闸位置。分闸时主闸刀传动轴带动两侧的绝缘瓷柱转动 90°，使闸刀在水平面上转而分闸，如图中俯视图所示。这种开关不占上部空间，但相间距离要求大。图示隔离开关带有一把接地开关，当闸刀断开时，接地开关在接地状态。

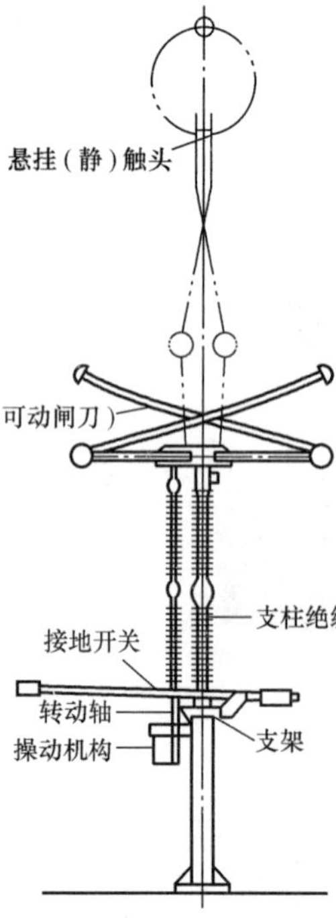

图 2-18 单柱式隔离开关结构原理图

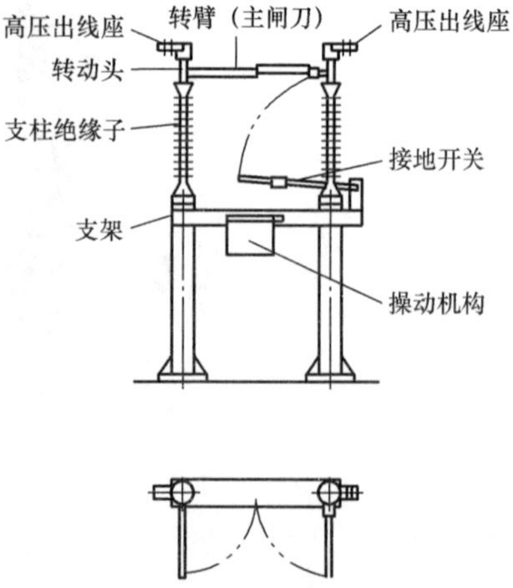

图 2-19 Ⅱ形双柱式隔离开关结构原理图

(3) 三柱式隔离开关。如图 2-20 所示，这种隔离开关与双柱式隔离开关相比相间距离要求小，两边的支柱绝缘子固定在支架上，中间的转动绝缘支柱安装在轴上。分闸时中间的转动绝缘支柱带动转臂闸刀转动 60°，使闸刀在水平面上转动而分闸。三柱式隔离开关与双柱式的基本元件相同，动作原理相似，只是闸刀转动的方向不同。图 2-21 所示为 GW7D-252 型三柱式隔离开关。

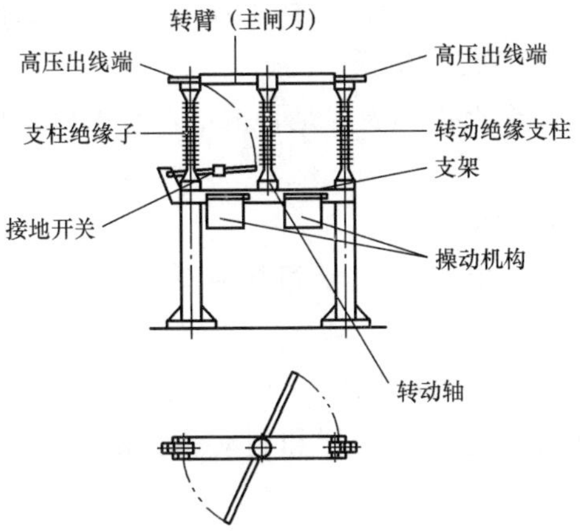

图 2-20 三柱式隔离开关结构原理图

图 2-21 GW7D-252 型三柱式隔离开关

2.3 隔离开关的运行与维护

岗位技能 1 隔离开关的操作

(1) 当隔离开关与断路器、接地开关配合使用时，或隔离开关本身具有接地功能时，应有机械联锁或电气联锁来保证正确的操作程序。

(2) 合闸时，在确认断路器等开关设备处于分闸位置上后，才能合上隔离开关，合闸动作快结束时，用力不宜太大，避免发生冲击。

微课 17 隔离开关的操作

单极隔离开关合闸时，应先合两边相，后合中间相；分闸时应先拉中间相，后拉两边相，操作时必须使用绝缘棒来操作。

(3) 分闸时，在确认断路器等开关设备处于分闸位置后，应缓慢操作，待主刀开关离开静触点时迅速拉开。操作完毕后，应保证隔离开关处于断开位置，并保持操动机构锁牢。

(4) 用隔离开关来切断变压器空载电流、架空线路和电缆的充电电流、环路电流和小负荷电流时，应迅速进行分闸操作，以达到快速有效的灭弧。

(5) 送电时，应先合电源侧的隔离开关，后合负荷侧的隔离开关；断电时，顺序相反。

岗位技能 2 隔离开关的运行巡视与维护

(1) 隔离开关运行巡视内容：

1）隔离开关应与配电装置同时进行正常巡视。

2）检查隔离开关接触部分的温度是否过热。

3）检查绝缘子有无破损、裂纹及放电痕迹，绝缘子在胶合处有无脱落迹象。

4）检查 10kV 架空线路用单相隔离开关刀片锁紧装置是否完好。

（2）隔离开关维护项目：

1）清扫瓷件表面的尘土，检查瓷件表面是否掉釉、破损，有无裂纹和闪络痕迹，绝缘子的铁、瓷结合部位是否牢固。若破损严重，应进行更换。

2）用汽油擦净刀片、触点或触指上的油污，检查接触表面是否清洁，有无机械损伤、氧化和过热痕迹及扭曲、变形等现象。

3）检查触点或刀片上的附件是否齐全，有无损坏。

4）检查连接隔离开关和母线、断路器的引线是否牢固，有无过热现象。

5）检查软连接部件有无折损、断股等现象。

6）检查并清扫操动机构和传动部分，并加入适量的润滑油脂。

7）检查传动部分与带电部分的距离是否符合要求；定位器和制动装置是否牢固，动作是否正确。

8）检查隔离开关的底座是否良好，接地是否可靠。

岗位技能 3 隔离开关的故障处理

（1）在倒闸操作过程中，若出现隔离开关合不上或拉不开的现象，即隔离开关拒绝分、合闸，处理方法如下：

1）操作人员切不可心急猛力强行拉或合，而应来回轻摇操作把手，观察寻找故障原因。一般情况下，机械卡涩时，轻摇把手几次后即可拉或合闸，若操作时手摇把手感到较轻，而刀片未动，可能是机械销子脱落，这时应将销子配上，问题即解决。

2）户外式隔离开关若因冰冻不能拉开或合闸时，应向有关领导汇报，设法消除。如妨碍分或合的阻力发生在隔离开关主接触部分，则不得强行分或合闸，以防损坏拉杆绝缘子，造成接地短路。此时应由检修人员配合，用绝缘棒进行辅助拉合，否则应停电处理。在操作中如发现绝缘子损坏，应停止操作，并报告有关领导，听其处理。

3）如属闭锁装置故障使其拒绝分或合，应查明原因，运行值班人员不得任意拆卸闭锁装置而盲目操作，以免造成误操作事故。对于电动或气动机构的隔离开关，拉闸或合闸失灵时，还应检查操作电源或气压是否正常。

（2）错误操作隔离开关，造成带负荷拉、合隔离开关，处理方法如下：

1）当错拉隔离开关，在切口发现电弧时应急速合上；若已拉开，不允许再合上，如果是单极隔离开关，操作一相后发现错拉，而其他两相不应继续操作，并将情况及时上报有关部门。

2）当错合隔离开关时，无论是否造成事故，都不允许再拉开，因带负荷拉开隔离开关，将会引起三相弧光短路，应迅速报告有关部门，以便采取必要措施。

项目3 高低压熔断器

学习目标

(1) 了解熔断器的功能。

(2) 掌握各类型熔断器的结构特点和运行维护内容。

3.1 认识熔断器

熔断器是串联在电路中的一种结构简单、安装方便的保护电器。当电路中的电流超过规定值（如短路或过负荷）一定时间后，以它本身产生的热量使熔体熔化而自动断开电路，从而使其他电气设备得到保护。

熔断器的类型很多，有不同的分类方式。按使用电压的高低可分为高压熔断器和低压熔断器；按安装地点可分为户内式和户外式；按灭弧方法及主要由其所决定的结构特点的不同可分为瓷插式、封闭产气式、封闭填料式和产气纵吹式等；按限流特性分为限流式和非限流式。若故障电路中的熔断器在开断过程中通过的最大短路电流值比无熔断器时有明显的减小，则为限流熔断器；反之，如果熔断器在开断过程中对通过的电流值无明显的影响，则为非限流式。任何熔断器在熔体熔断以前包括加热到液化过程都不能限流，但从熔体熔断并发弧时起，限流熔断器由于弧隙中强烈的去游离，因而抑制了短路电流中的非周期性分量，使短路电流明显减小。

熔断器的特点是体积小、布置紧凑、使用维护简便、直接动作、无需和二次保护相配合。图2-22所示为35kV高压熔断器。

1. 熔断器的结构与工作原理

熔断器主要由金属熔体（又称熔件）、支持熔体的触头、灭弧装置和绝缘底座等四部分构成。其中熔体是核心部分，常做成丝状或片状。制造熔体的金属材料有两类：低熔点材料（如铅锡合金、铅、锌）、高熔点材料（如铝、铜、银）。

图2-22 35kV高压熔断器

熔断器接入电路时，熔件串联在电路中，负荷电流流过熔件，由于电流热效应而使其温度上升。正常工作条件下，流过熔体的电流是额定电流，熔断器应能长期安全地工作而不发生误熔断现象；只要当电路发生短路或过载时，电流增大，使熔体的温度急剧上升，超过其熔点而熔断，断开电路，从而保护电路和设备。

熔断器的熔断过程大致分为以下四个阶段。

(1) 熔体通过过载电流或短路电流而使熔体发热达到熔化温度。电流越大，温度上升越快。

(2) 熔体的熔化和蒸发。熔体达到熔化温度后便熔化蒸发为金属蒸气，这一过程也与过电流热效应有关，电流越大，时间越短。

(3) 间隙击穿，产生电弧。熔体熔化的瞬间使电路出现一个小的绝缘间隙，电流突然中断，但这个小间隙立即为电路电压所击穿，同时产生了电弧，使电路又接通。

(4) 电弧熄灭，电路被断开。电弧发生后，如果能量较小，随熔断间隙的扩大可以自行熄灭；当能量较大时，就必须依靠熔断器的熄弧措施，熄弧能力越强，电弧熄灭越快，同时熔断器所能分断的短路电流值越大。为了减小熄弧时间和提高分断能力，大容量的熔断器都具备完善的灭弧措施。

学习讨论 针对熔断器以上的熔断过程，熔体应满足哪些要求呢?

2. 熔体的特点

根据熔断器的工作原理及熔体的熔断过程，采用适合的熔体对于熔断器的性能来说是很重要的。下面介绍熔体应具有的特点：

(1) 熔体应具有良好的导电性能。熔体能长期安全地通过允许电流而不发生误熔断。常用的熔体材料有铅锡合金、铅、锌、铝、铜和银，均为金属导体。

(2) 熔体应具有较低的熔点。熔点高不仅使正常工作温度偏高，对触头、金属材料和绝缘材料均不利，而且延长了加热熔化的时间，不利于熔断器的快速动作。

(3) 熔体最好采用截面积小的金属材料。这是因为熔体的截面积大小直接影响灭弧的情况，熔体截面积越大，产生的金属蒸气就越多，灭弧就越困难。

以上三点也是为什么熔断器多采用铜作为熔体材料的原因。

铜的导电、导热性能良好，用它作成熔体截面积小，在电弧作用下的金属蒸气少，有利于提高熔断器的灭弧能力。但铜的熔点高达 1080℃，这对触头系统和其他部件都非常不利，可利用“冶金效应”加以解决。它是在铜丝中部的表面上焊上一点小锡球，当熔体温度升高到小锡球熔化温度时，小锡球熔成液态而渗入固体铜内部，形成铜锡合金，使被包围的铜丝提前在数百摄氏度时就熔断，继而产生电弧使铜熔体在电弧的高温下熔化和气化。此外，铜在空气中特别在高温下较易氧化，可采用镀银的办法解决。经过以上处理，铜便成为较理想的熔件材料，广泛地应用于高压和低压熔断器。

铅锡合金、铅和锌的熔点较低，分别为 200、327℃和 420℃，但电阻率都较大，导致熔件的截面积较大，产生的金属蒸气多，不利于灭弧。一般，这类材料的熔体只用于 500V 及以下的低压熔断器。

如果熔断器中只有熔体的熔断而无可靠的灭弧，则不仅不能切断故障电流，而且势必引起事故的扩大。熔断器的灭弧是由专门的灭弧装置——装有熔体的熔管来完成的。各类熔断器的灭弧方法大不相同，这是构成不同类型熔断器的主要因素。

3. 熔断器的保护特性

熔断器的保护特性是指熔断时间 t 与通过熔断电流 I 之间的关系，其规律是与电流平方成正比，可用公式 $t=f(I)$ 表示，也称为熔断器的安秒特性。熔断器的保护特性曲线如图 2-23 所示。

图 2-23 中所示为额定电流不同的两个熔体 1、2 的保护特性曲线，I_{min1}、I_{min2} 是熔体的最小熔化电流，其对应的熔断时间为无限长。若流过熔体的电流稍小于 I_{min1}、I_{min2} 时，熔体不会熔断，但熔体的温度将接近于其熔化温度。熔体 1 的额定电流小于熔体 2 的额定电流，熔体 1 的截面积也小于熔体 2 的。同一电流通过不同额定电流的熔体时，额定电流小的熔体先熔断。例如图 2-25 中，当通过的电流为 I_{k1} 时，两个熔体对应的熔断时间分别为 t_1 和 t_2，有 $t_1<t_2$；同理，当通过的电流为 I_{k2} 时，两个熔体对应的熔断时间分别为 t_3 和 t_4，有 $t_3<t_4$。

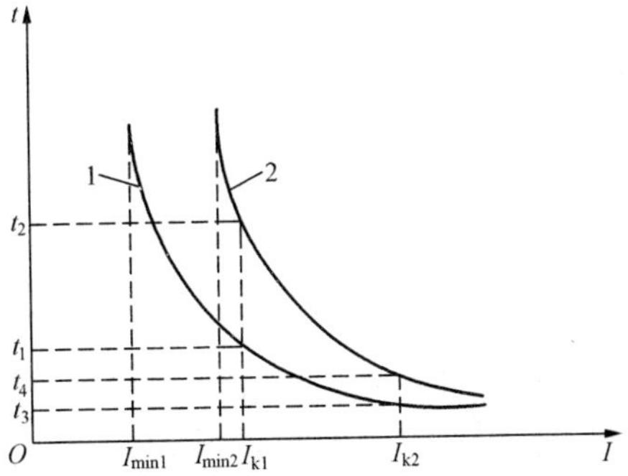

图 2-23 熔断器的保护特性曲线

熔断器的保护特性曲线是选择熔断器的重要依据。例如，若电网中有多级熔断器串联，分别保护各电路中元件，当某元件发生短路或过载时，保护该元件的熔断器应该熔断，即为选择性熔断；如果保护该元件的熔断器不熔断，而上一级熔断器熔断，即为非选择性熔断。当发生非选择性熔断时，将扩大停电范围，造成不应有的损失。

特别提示

熔体材料成分的变化、尺寸的偏差、熔体的氧化、熔断器的接触不良、散热条件等因素，都会使熔断器的熔断时间受到影响，造成保护特性的不稳定。例如出现过早或过迟熔断现象，从而使熔断器无法完成保护的选择性动作。熔断器安装和运行时应该注意排除上述造成误动作的各种因素。

3.2 常用的熔断器

1. 高压熔断器

高压熔断器的型号由字母和数字组成，如图 2-24 所示。

(1) RN 系列高压熔断器。目前常见的 RN 系列高压熔断器有 RN1、RN2、RN3、RN5 和 RN6 等，一般用于 6～35kV 的户内配电装置中，它们均为填充石英砂的限流型熔断器。其中 RN1、RN3 和 RN5 型用于交流电力线路及配电变压器的过载及短路保护；RN2 与 RN6 型只用于电压互感器的保护，其额定电流只有 0.5A 一种。

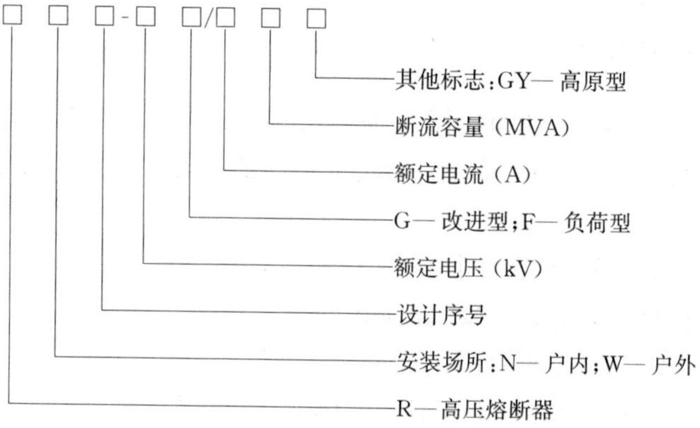

图 2-24　高压熔断器型号说明

1）RN1 型熔断器。RN1 型熔断器为限流型有填料高压熔断器，由瓷质熔管、接线座、支柱绝缘子和底座组成，其结构如图 2-25 所示。熔件安装在瓷质熔管内，熔管两端焊有黄铜罩，黄铜罩的端部焊上管盖，构成密封的熔断器熔管。熔管的陶瓷芯上绕有工作熔体和指示熔体，熔体两端焊接在管盖上，管内填充满石英砂之后再焊上管盖密封。

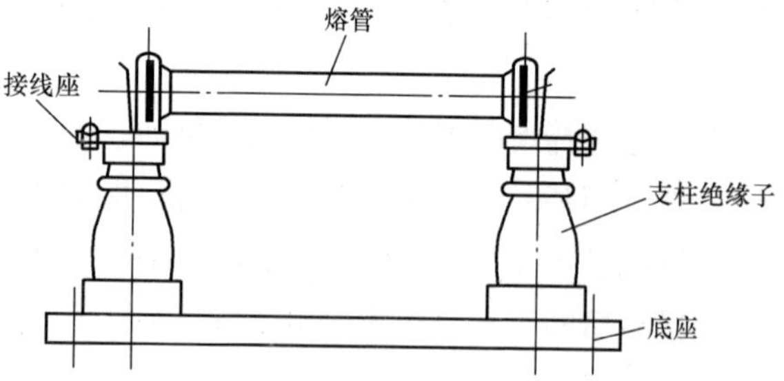

图 2-25　RN1 型熔断器的结构原理图

微课 18　认识 RN1 型熔断器

熔体用银、铜等合金材料制成细丝状，熔体中间焊有降低熔点的小锡球。指示熔体为一根由合金材料制成的细丝。在熔断器保护的电路发生短路时，熔体熔化后形成电弧，高温高压的电弧喷射入石英砂之间的空隙，与石英砂表面接触受到冷却凝结，减少了游离气体和金属蒸气，电弧能够在短路电流达到瞬时最大值之前熄灭，从而起到限制短路电流的作用。

熔体的熔断指示器在熔管的一端，正常运行时指示熔体拉紧熔断指示器。工作熔体熔断时也使指示熔体熔断，指示器被弹簧推出，显示熔断器已熔断。

2）RN2 型熔断器。RN2 型熔断器是用于电压互感器回路作短路保护的专用熔断器，其结构与 RN1 型熔断器大体相同。由于电压互感器的一次额定电流很小，为了保证 RN2 型的熔体在运行中不会因机械振动而损坏，所以 RN2 型熔断器的熔体是根据对其机械强度要求来确定的。各种规格的 RN2 型熔断器，对熔体的材料、截面积、长度和电阻值大小均有一定要求；更换熔体时不允许随意更改，否则会在熔断时产生危险过电压。

RN2 型高压熔断器的熔管没有熔断指示器，运行中应根据接于电压互感器二次电路中仪表的指示来判断高压熔体是否熔断。其熔体是绕在陶管芯上的熔丝，由三级不同截面的康铜丝组成。采用不同截面组合是为了限制灭弧时产生的过电压幅值。

（2）RW 系列熔断器。RW 系列户外高压熔断器用于 10kV、交流 50Hz 的送、配电线路及配电变压器进线侧作短路和过载保护，在一定条件下可以分断小负荷电流，关合空载架空线路、空载变压器。

1）RW4-10 型跌落式熔断器。图 2-26 所示为 RW4-10 型跌落式熔断器，是一种喷射式熔断器，由熔管、上触头、下触头及绝缘子等组成。

微课 19 跌落式熔断器的工作过程

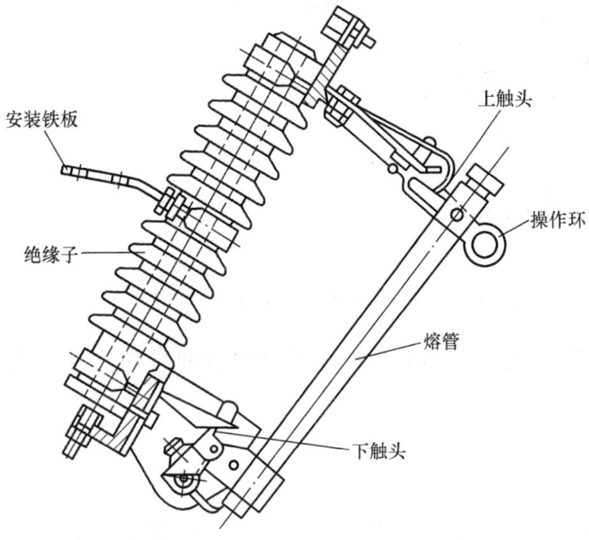

图 2-26 RW4-10 系列跌落式熔断器

熔管由环氧玻璃钢或层卷纸板组成，其内壁衬以红钢纸或桑皮做成消弧管。熔体安装在消弧管内，熔体的一端固定在熔管下端，另一端拉紧上面的压板，维持熔断器的通路状态。熔断器安装时，熔管的轴线与铅垂线成一定倾斜角度，以保证熔体熔断时熔管能顺利跌落。

当熔体熔断时，熔体对压板的拉紧力消失，上触头从抵舌上滑脱，熔断器靠自身重力绕轴跌落。同时，电弧使熔管内的消弧管分解生成大量气体，熔管内的压力剧增后由熔管两端冲出，冲出的气流纵向吹动电弧使其熄灭。熔管内所衬消弧管可避免电弧与熔管直接接触，以免电弧高温烧毁熔管。

该熔断器安装在支架上，可以分断小负荷电流，关合空载架空线路、空载变压器，但严禁带负荷分合闸。其分断后具有明显的断开点，故具有隔离开关的作用。这种熔断器的断流容量小，熔断时还会从熔管两端喷出火焰及金属残渣，发生响声，但结构简单，造价低。RW3、RW5、RW7 和 RW11 等型熔断器在结构和性能上均与 RW4 型相似。但 RW11 是防污型，适用于工业污秽和沿海、盐湖地区。

2）RW10-35 限流型熔断器。图 2-27 所示为 RW10-35 限流型熔断器。它是 35kV 户外式高压熔断器，额定电流为 0.5A 的用于电压互感器保护；额定电流为 2～10A 的用于线路或电力变压器的过载与短路保护。与跌落式熔断器相比较，该类型具有分断能力大、限流能力强、运行可靠性高等优点。布置上取水平安装或垂直安装均宜。

该熔断器由瓷套、熔管及棒形支柱绝缘子和接线端帽等组成。熔管装于瓷套中，熔体放在充满石英砂填粒的熔管内。其灭弧原理与 RN 系列限流型有填料高压熔断器的灭弧原理基本相同。

为了保证在暂时性故障后迅速恢复供电，有些高压熔断器具有单次重合功能。例如，RW3-10Z 型单次重合熔断器具有两根熔管，平时只有一根接通工作，当这根熔管

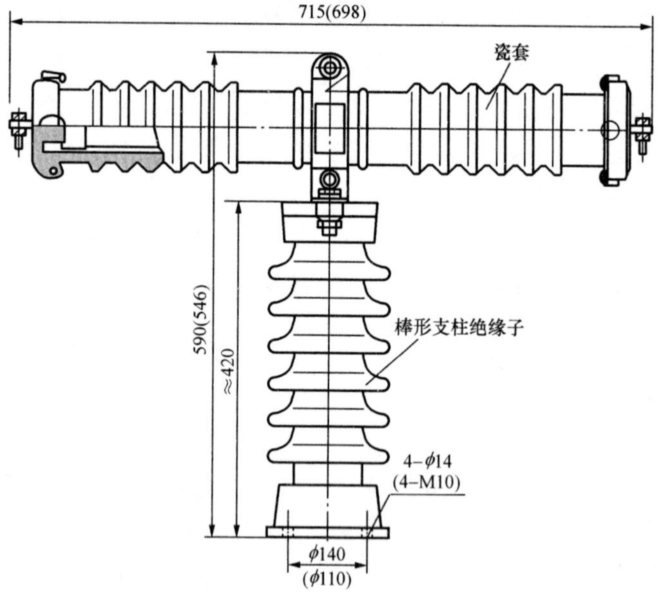

图 2-27　RW10-35 型限流型熔断器（单位：mm）

断开后，相隔一定时间（约 0.3s 以内），另一根熔管借助于重合机构而自动重合，供电得以恢复。

2. 低压熔断器

低压熔断器常用于低压供配电系统的短路保护以及过载保护。当电网或用电设备发生过载或短路时，它自身熔化断开电路，从而阻止事故进一步蔓延。

依据不同的分类标准，低压熔断器可分为很多类型。

（1）按照结构分类，有开启式、半封闭式和封闭式。

（2）按照熔体的材料分类，有低熔点熔体（如铅锡合金、锌）和高熔点熔体（如银、铜）。

（3）按照分断范围（或称工作类型）分类，有 g 类和 a 类两大类。g 类为全范围分断，在规定条件下，连续承载电流不低于其额定电流，并能够分断最小熔化电流至额定分断能力之间的各种电流。a 类为部分范围分断，在规定条件下，连续承载电流不低于其额定电流，并能够分断 4 倍额定电流至额定分断能力之间的各种电流。

（4）按照使用类别分类，熔断器又可以分为 G 类和 M 类。G 类为一般用途，适合包括电缆在内的各种负荷，M 类为电动机电路的熔断器。低压熔断器根据以上分类可以有不同的组合，如 Gg、aM 等。

常用的熔断器有插入式（RC 系列）、螺旋式（RL 系列）、无填料密封管式（RM 系列）、有填料封闭管式（RT0 型），以及自复式（RZ 系列）。

下面主要介绍 RT0、RL1、RZ1 型低压熔断器。

（1）RT0 型有填料密封管式熔断器。如图 2-28 所示，它主要由瓷质熔管、栅状铜熔体、触刀、瓷质底座等几部分组成。其熔体采用铜金属，导电性能好，熔断时金属蒸气较小，便于灭弧。熔体有引燃栅，采用几根熔丝并联且具有变截面小孔，这样熔丝在熔断时所产生的电弧能分细，同时分割成几段短弧，便于灭弧；熔管内填满石英砂，冷却散热好，有利于电弧的熄灭；熔体具有锡桥，可利用其“冶金效应”来实现对过载电流和小短路电流的保护。熔体熔断后，有红色的熔断指示器从一端弹出，便于运行人员检视。

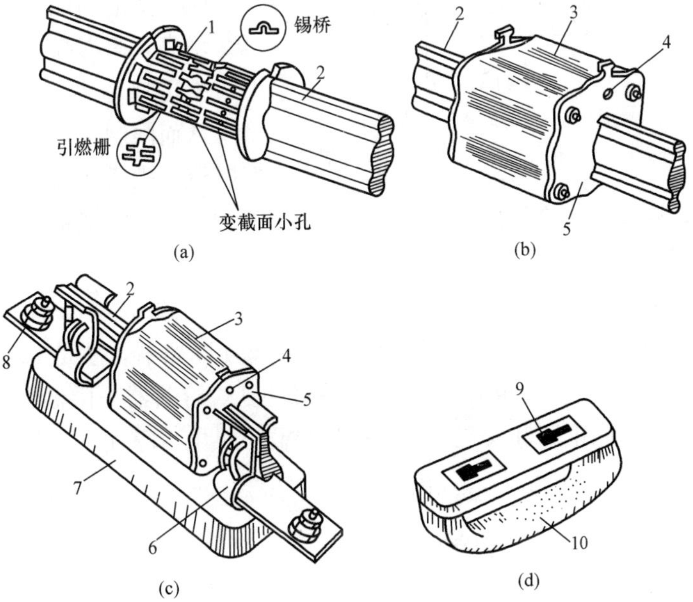

图 2 - 28　RT0 型有填料密封管式熔断器

(a) 熔体；(b) 熔管；(c) 熔断器；(d) 手柄

1—栅状铜熔体；2—触刀；3—瓷质熔管；4—熔断指示器；5—盖板；6—弹性触座；7—瓷质底座；8—接线端子；9—扣眼；10—绝缘拉手手柄

RT0 型有填料密封管式熔断器属于限流型熔断器，由于其保护性能好，断流能力大，广泛应用于低压配电装置中，但其熔体一般不可拆卸，因此在熔体熔断后整个熔断器报废，不够经济。

(2) RL1 型螺旋管式熔断器（见图 2 - 29）。由于这种熔断器的各个部分均可拆卸，更换熔体方便，所以被广泛应用于各种低压供电系统，特别是中小型电动机的过载与短路保护中。

(3) RZ1 型自复式熔断器。一般熔断器在熔体熔断后，必须更换熔体才能恢复供电，使用上不够经济，而且给供电系统和用户造成一定的停电损失。我国设计生产的 RZ1 型自复式熔断器弥补了这一缺陷，它既能够断开短路电流，又能在故障消除后自动恢复供电，不需要更换熔体，其结构如图 2 - 30 所示。

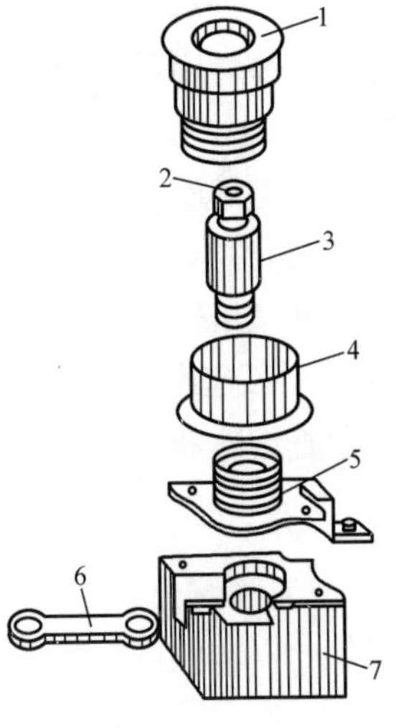

图 2 - 29　RL1 型螺旋管式熔断器

1—瓷帽；2—熔断指示器；3—熔管；4—瓷套；5—上接线端；6—下接线触头；7—底座

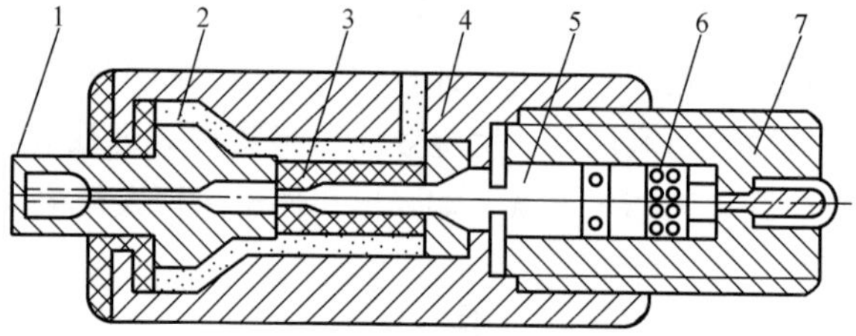

图 2-30 RZ1 型自复式熔断器

1—接线端子；2—云母玻璃；3—瓷管；
4—不锈钢外壳；5—钠熔体；6—氩气；7—接线端子

RZ1 型自复式熔断器采用金属钠制成熔体，在常温下，钠的电阻率很小，正常负荷电流可以顺利通过，但在短路时，短路电流产生的高能量使钠气化，气压增高，高温高压下气态钠的电阻率迅速增大，呈现高电阻状态，从而限制了短路电流。当短路电流消失后，温度下降，气态钠又恢复为固态钠，恢复原来良好的导电性能。这就是自复式熔断器既能自动限流又能自动复原的基本原理。

由于自复式熔断器只能限流，不能分断负荷电流，因此通常与断路器串联使用，以提高分断能力。例如，我国生产的 DZ10-100R 型低压断路器，就是 DZ-100 型低压断路器与 RZ1-100 型自复式熔断器的组合，利用自复式熔断器来限制并切断短路电流，利用低压断路器来通断电路和实现过载保护，提高了供电可靠性，因此这种组合电器有广阔的应用前景。

3.3 高压熔断器的运行与维护

岗位技能 高压熔断器运行维护的注意事项

(1) 户内型熔断器的瓷管的密封是否完好，导电部分与固定底座触头的接触是否紧密。

(2) 检查瓷绝缘部分有无损伤和放电痕迹。

(3) 户外型熔断器的导电部分接触是否紧密，弹性静触头的推力是否有效，熔体本身是否损伤，绝缘管是否损坏和变形。

(4) 户外型熔断器的安装角度是否变动，分、合闸操作时应动作灵活无卡涩，熔体熔断时熔管跌落应迅速，以形成明显的隔离间隙，上、下触刀应对准。

(5) 户外型熔管上端口的磷钢膜片是否完好，紧固熔体时应将膜片压封住熔管上端口，以保证灭弧速度。熔管正常时不应发生受力震动而掉落的情况。

(6) 检查熔断器的额定值与熔体的配合以及负荷电流是否相适应。

项目4 高压负荷开关

学习目标

(1) 了解高压负荷开关在电力系统中的作用。

(2) 了解各类型高压负荷开关的结构和运行维护内容。

(3) 掌握高压负荷开关与隔离开关、断路器之间的不同之处。

4.1 认识高压负荷开关

高压负荷开关是一种结构比较简单，具有一定开断和关合能力的开关电器。它具有灭弧装置和一定的分合闸速度，能开断正常负荷电流和过负荷电流，但不能开断短路电流。高压负荷开关在分闸状态有明显可见的断口，可起到隔离开关的作用，但性能又优于隔离开关，是介于隔离开关与断路器之间的一种开关电器。

基于以上特点，高压负荷开关一般不作为直接的保护开关，主要用于较为频繁操作的非重要的场合，尤其在小容量变压器保护中，采用高压熔断器与高压负荷开关相配合（见图 2-31），能体现出较为显著的优点。当变压器发生大电流故障时，熔断器熔断，切断电流，其动作时间在 20ms 左右，这远比采用断路器保护快得多。正常操作由高压负荷开关完成，提高了灵活性。在 10kV 线路中采用高压负荷开关，以三相联动为主，当熔断器发生故障时，无论是三相或是单相故障，当有一相熔体熔断后，能迅速脱扣三相联动机构，使三相高压负荷开关快速分断，避免造成三相不平衡和非全相运行。

图 2-31 高压负荷开关

高压负荷开关在配电网中的应用已经得到了供电部门的认可。近几年来随着城市电网的改造，高压负荷开关的使用量越来越多。

目前我国高压负荷开关型号是根据国家技术标准的规定，一般由文字符号和数字组成。其含义如下：

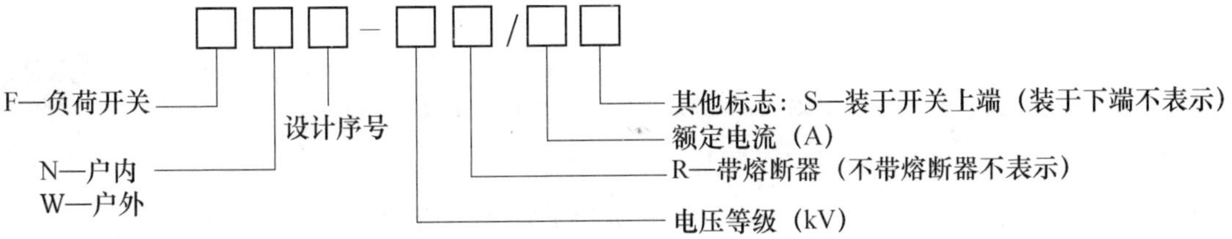

4.2 高压负荷开关的类型

高压负荷开关的种类较多，按结构可分为真空负荷开关、SF_6 负荷开关、产气式负荷开关、压气式负荷开关；按操作方式分为手动型和电动型负荷开关等。目前应用的高压负荷开关主要以产气式负荷开关、压气式负荷开关居多，这些产品以户内型为主，且使用范围广泛，集中在配电网中。随着真空开关技术及 SF_6 应用技术的发展，近几年真空负荷开关、SF_6 负荷开关也得到了一定的应用。产气式、压气式负荷开关与真空负荷开关、SF_6 负荷开关相比较，主要特征是采用了相应的产气型绝缘材料，在电路分断电弧的作用下，产气材料产生气压，气压按一定方向吹动来改变电弧方向，使电弧拉长而熄灭，起到灭弧开断电流的作用。

1. 真空负荷开关

微课 20　真空负荷开关

真空负荷开关的开关触头被封入真空灭弧室。因为是在真空中熄弧，所以带来了一系列优点，诸如开断时真空电弧在电流过零时，金属蒸气迅速扩散而熄弧，绝缘强度恢复得比在空气中熄弧或 SF_6 气体中熄弧快，所以开断性能好，工作可靠，特别是在开断空载变压器，开断空载电缆和架空线方面都要比 SF_6 负荷开关优越；开断中电弧不外露，所以也不会污染和损害柜内的电器元件；开距小、弧压低、电弧能量小、触头烧损少，所以它开断额定电流的次数比任何开关的都多，且寿命长，几乎不需要检修；操动机构所需的合闸功率小，开关结构简单，便于小型化；属于无油结构，所以不需要担心产生爆炸和火灾，使用很安全。

真空负荷开关的灭弧室在设计上要比真空断路器灭弧室简单得多。因不开断短路电流，真空负荷开关不必像断路器那样，为形成横磁场或纵磁场而使触头结构复杂化，它只需平板对接式触头即可，因此比真空断路器的灭弧室小很多。

真空负荷开关要完成三工位（切负荷、隔离和接地），在结构设计上有一定难度，它不像回转式 SF_6 负荷开关通过回转不同角度而完成三工位，一般地说，真空负荷开关的灭弧一般只能起切负荷作用。要达到隔离和接地，有两种做法：一是让真空灭弧室切负荷后随之转动，完成隔离和接地；二是真空灭弧室切负荷后不动，由与它连接的转换开关完成隔离和接地工位。在这里，真空灭弧室的动作与转换开关的动作要配合默契。关合时，首先转换开关先关合，然后真空灭弧室关合；开断时，首先真空灭弧室开断，然后转换开关开断，它们之间要有联锁。

2. 压气式负荷开关

压气式负荷开关是用空气作为灭弧介质的，它是一种将空气经压缩后直接喷向电弧断口而熄灭电弧的开关电路。压气式负荷开关适用于 12kV 电压电网分合负荷电流、闭环电流、空载变压器和电缆充电电流、关合短路电流，配装有接地开关，可以承受短路电流的能力。

微课 21　压气式负荷开关

3. 产气式负荷开关

产气式负荷开关是利用触头分离，产生电弧，在电弧的作用下绝缘产气材料产生大量的灭弧气体喷向电弧，使电弧熄灭。

产气式负荷开关的灭弧室有管式和狭缝式。狭缝式又有板式狭缝式和环形狭缝式。图 2 - 32 示出了几种灭弧室的型式。其中图 2 - 32（c）的绝缘材料内件是固定的，图 2 - 32（d）的绝缘材料内件是运动的。

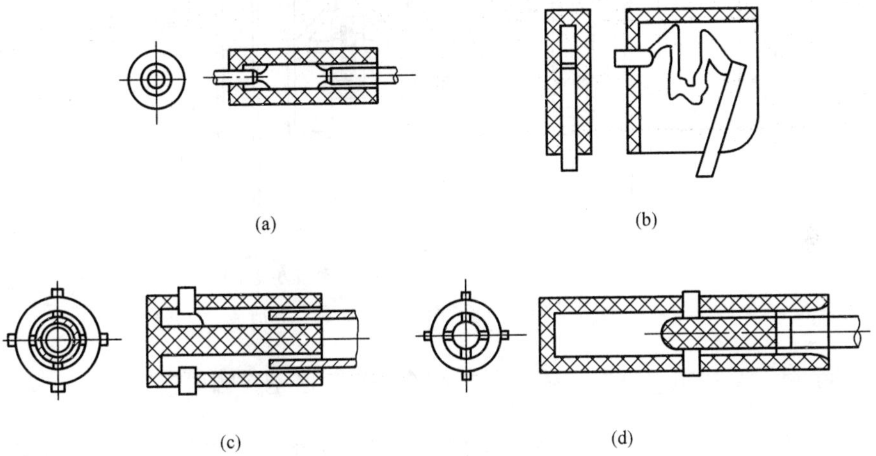

图 2 - 32 常用产气式灭弧室型式

（a）管式灭弧室；（b）板式狭缝式灭弧室；

（c）、（d）环形狭缝式灭弧室

对绝缘材料的要求是能保证产生足够的气体，不形成导电残留物，烧损小且有足够的导热性。

4. SF_6 负荷开关

SF_6 负荷开关的熄弧方式有很多，诸如压气式、旋弧式、热膨胀式和混合式，通常采用压气式。这是因为 SF_6 负荷开关仅开断负荷电流而不开断短路电流，故电流小，用压气原理只要稍有气吹就能熄弧。此时，若用旋弧式或热膨胀式，则因电流小而难以开断。

压气式 SF_6 负荷开关又有移动式和回转式两种。移动式就像一般 SF_6 断路器那样，导电杆上下或左右直线运动，分合电路。回转式负荷开关就像转换开关，导电杆回转而形成气吹，一般形成双断口，故行程短。

图 2 - 33 为压气式 SF_6 负荷开关原理示意图。图中动触头和静触头位于充 SF_6 气体的气缸内。当动触头回缩时，气缸后面的 SF_6 气体受到压缩，并当触头分离时，产生气吹，熄灭电弧。

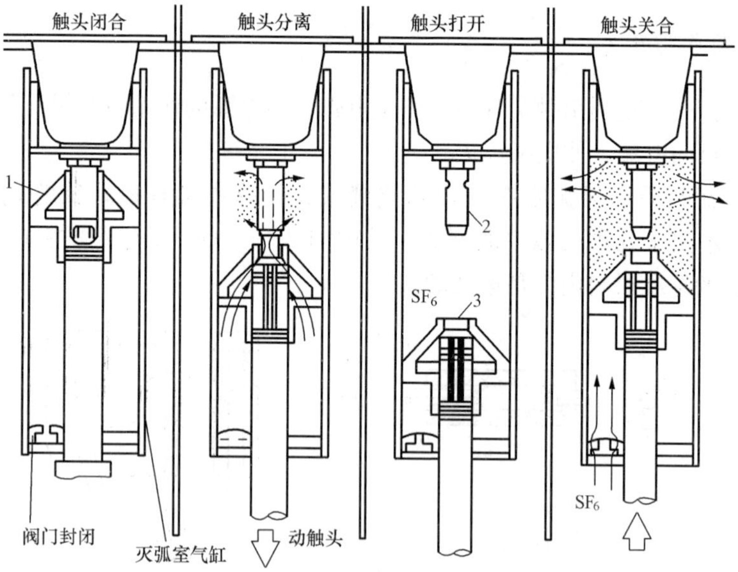

图 2-33 压气式 SF_6 负荷开关原理示意图

1—负荷开关套管；2—静触头；3—压气式活塞

学习重点 高压负荷开关、隔离开关和断路器的区别在哪里?

(1) 高压负荷开关有自灭弧功能，可以带负荷分断的，但它的开断容量比断路器小很多。

(2) 隔离开关一般是不能带负荷分断的，结构上没有灭弧罩。

(3) 高压负荷开关和隔离开关都可以形成明显断开点，大部分断路器不具隔离功能。

(4) 隔离开关不具备保护功能；高压负荷开关的保护一般是加熔断器保护，只有速断和过电流保护。

(5) 断路器的开断容量可以在制造过程中做得很高，主要是依靠加电流互感器配合二次设备来保护，可具有短路保护、过载保护、漏电保护等功能。

4.3 高压负荷开关的运行与维护

岗位技能 高压负荷开关运行维护的注意事项

(1) 检查负荷电流是否在额定值范围内，接点部分有无过热现象。

(2) 检查瓷绝缘的完好性及有无放电痕迹。

(3) 检查灭弧装置的完好性，消除烧伤、压缩时漏气等现象。

(4) 柜外安装的高压负荷开关，应检查开关与操作手柄之间的安全附加挡板装设是否牢固。

(5) 连接螺母是否紧密。

(6) 操作传动机构各部位是否完整，动作应无卡涩。

(7) 三相是否同时接触，中心有无偏移等。

项目5 低 压 开 关

学习目标

(1) 了解低压断路器的工作原理。

(2) 了解低压断路器的结构、类型和运行维护内容。

(3) 掌握交流接触器的工作原理和运行维护内容。

(4) 了解低压开关的运行维护内容。

低压开关通常是指工作在交直流电压 500V 以下，用来切断或接通电路的开关电器。常用的低压开关有低压断路器、交流接触器、磁力起动器、刀开关、转换开关、直流接触器等。低压开关的灭弧方法一般是利用在空气中拉长电弧，或利用金属灭弧栅将长弧分割为短弧的灭弧原理。

5.1 低压断路器

微课 22 认识低压断路器

1. 低压断路器的分类

低压断路器，又称为自动空气开关或自动空气断路器。它是用于当电路中发生过载、短路和欠电压等不正常情况时，能自动分断电路的电器，也可用作不频繁地起动电动机或接通、分断电路。它是低压交、直流配电系统中的重要保护电器之一。

(1) 按结构分类。低压断路器按结构形式分类可分为框架式（也称万能式）和塑料外壳式（也称装置式）两类。

1）框架式低压断路器为敞开式结构，一般选择型低压断路器、直流快速开关特别是大容量低压断路器，多为这种结构。它能对配电电路和用电设备实现多种不正常情况下的保护，如短路保护、欠电压保护等。在操作上可以通过各种传动机构实现手动（直接操作、储能合、分闸操作、杠杆连动等）或自动（电磁铁、电动机或压缩空气）。框架的形式又可做成敞开式、手车式及其他防护式多种。此外，框架式低压断路器还有数量较多的辅助触头，便于实现联锁和对辅助电路的控制，因此广泛用于工业企业的变配电室、变电站、发电厂、舰船以及其他较重要的场合。现在推广应用的万能式断路器，有 DW15、DW15X、DW16 系列以及智能型的 DW48 等系列形式。

图 2-34 DZ5-20 型塑料外壳式低压断路器

2）塑料外壳式低压断路器（见图 2-34）的特点是

具有安全保护用的塑料外壳，且结构紧凑、体积小、质量轻，使用安全可靠，适于单独安装。

塑料外壳式低压断路器额定电流小，除保护容量不大的用电设备外，还用作绝缘导线的保护及在公共建筑中作照明电路的控制开关。推广应用的塑料外壳式断路器有DZX10、DZ15、DZ20 系列以及智能型的 DZ40 等系列形式。

(2) 按保护特性分类。低压断路器按保护特性及用途分类可分为配电型断路器、保护电动机型断路器和微型断路器。

配电型断路器有 A 类和 B 类之分：A 类为非选择型，B 类为选择型。所谓选择型是指断路器具有过载长延时动作、短路短延时动作和短路瞬时动作的三段保护特性，图 2-35 所示为低压断路器的三种保护特性曲线。

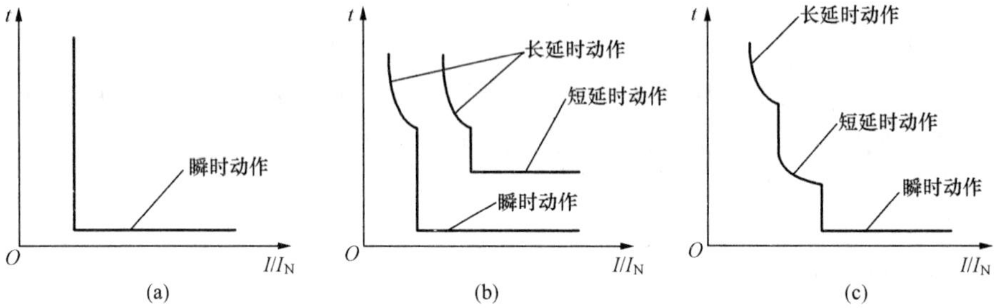

图 2-35 低压断路器的保护特性曲线

(a) 瞬时动作；(b) 两段保护；(c) 三段保护

框架式断路器中的 DW15、DW17、AH 系列和 DW40、DW45 系列中大部分是 B 型，而 DZ5、DZ15、DZ20、TO、TG、CM1、TM30 系列及 HSM1 等系列和框架式 DW15、DW17 系列的某些规格因仅有过载长延时动作 、短路瞬时动作的两段保护，它们是属于非选择型的 A 类断路器。

对于直接保护电动机的电动机保护型断路器，只要有过载长延时动作和短路瞬时动作的两段保护性能就能满足要求，因此可选择 A 类断路器（包括塑壳式和框架式）。

微型断路器在建筑电气系统中的使用量很大，用途也不尽相同。了解微型断路器的性能并正确选用，具有重要意义。

微型断路器是一种适用于家庭或类似场所用的过电流保护断路器，大量用于住宅、宾馆、办公大楼、商场等场所，按照极数分为单极、两极、三极和四极，如图 2-36 所示。

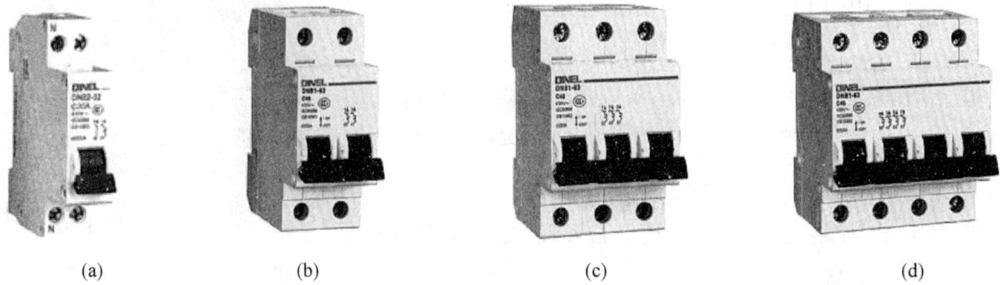

图 2-36 微型断路器外形图

(a) 单极；(b) 两极；(c) 三极；(d) 四极

微型断路器的动作特性曲线有 A、B、C、D 四种，需要根据不同的负荷选择具有不同动作特性曲线的断路器。A 特性曲线一般用于需要快速、无延时脱扣的使用场合，以限制允许通过短路电流值（额定电流 I_N 的 2～3 倍）和总的分断时间，可作为电子元器件的过电流保护及互感测量回路的保护；B 特性曲线一般用于需要快速脱扣且峰值电流不是很大的使用场合，其允许通过的峰值电流小于 $3I_N$，一般用于白炽灯、电加热器等电阻性负荷及住宅线路的保护；C 特性曲线允许通过的峰值电流小于 $5I_N$，一般用于荧光灯、高压气体放电灯、动力配电系统的线路保护；D 特性曲线一般适用于很高的峰值电流（小于 $10I_N$）的开关设备，用于控制变压器和局部照明变压器的一次线路和电磁阀的保护。

2. 低压断路器的结构原理

微课 23 低压断路器工作过程

（1）低压断路器的组成。低压断路器主要由三部分组成。

1）感知元件：负责接收电路中的不正常情况或操作人员、继电保护系统发出的信号，通过传递元件使执行元件动作，如脱扣器等。断路器的脱扣器有欠电压脱扣器、过电流脱扣器、分励脱扣器等。过电流脱扣器还可分为过载脱扣器和短路脱扣器。

2）传递元件：负责力的传递、变换，包括操动机构、传动机构、自由脱扣机构、主轴等。

3）执行元件：包括低压断路器的触头及灭弧系统，主要承担电路的接通、分断任务。

（2）低压断路器的工作原理（见图 2-37）。当线路上出现短路故障时，其短路脱扣器动作，使低压断路器跳闸。如出现过负荷时，其串联在一次线路上的电阻发热，使双金属片弯曲，经过一段时间后，其过电流脱扣器动作，使断路器跳闸。当电网电压降低至 70%～35%额定电压或电网发生故障时，欠电压脱扣器动作，使断路器跳闸。带延时动作的欠电压脱扣器，可防止因负荷陡升引起的电压波动造成断路器不适当地分断，延时时间可为 1、3s 和 5s。分励脱扣器用于远距离遥控分断断路器。一般断路器还具有短路锁定功能，用来防止断路器因短路故障分断后，故障未排除前再合闸。

低压断路器内设有脱扣器，它是一套连杆装置。当主触头通过操动机构闭合后，就被锁钩锁在合闸的位置。如果电路中发生故障，则相关的脱扣器将发挥作用，使脱扣机构中的锁钩脱开，于是主触头在释放弹簧的作用下迅速分断。

当线路发生短路或严重过电流时，短路电流超过瞬时脱扣整定电流值，电磁脱扣器产生足够大的吸力，将衔铁吸合并撞击杠杆，使搭钩绕转轴座向上转动与锁扣脱开，锁扣在反力弹簧的作用下将三副主触头分断，切断电源。

当线路发生一般性过载时，过载电流虽不能使电磁脱扣器动作，但能使热元件产生一定热量，促使双金属片受热向上弯曲，推动杠杆使搭钩与锁扣脱开，将主触头分断，切断电源。

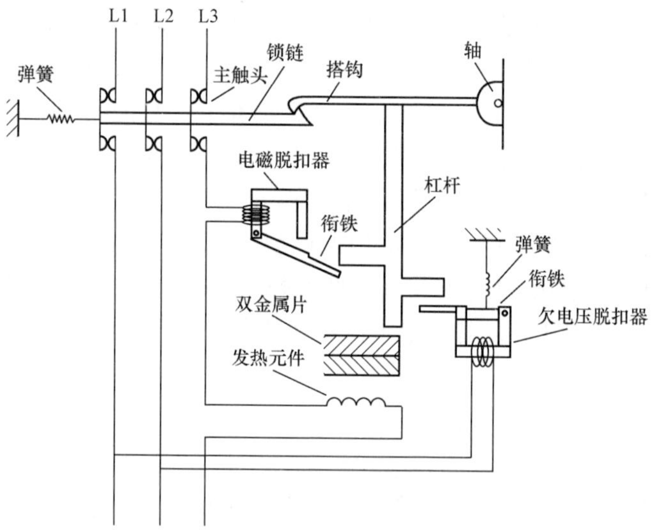

图 2 - 37　低压断路器的工作原理图

在正常情况下，电磁脱扣器的衔铁是释放着的；一旦发生严重过载或短路故障时，与主电路串联的线圈就将产生较强的电磁吸力把衔铁往下吸引而顶开锁钩，使主触点断开。欠压脱扣器的工作恰恰相反，在电压正常时，电磁吸力吸住衔铁，主触头才得以闭合。一旦电压严重下降或断电时，衔铁就被释放而使主触点断开。当电源电压恢复正常时，必须重新合闸后才能工作，实现了欠电压保会或失压保护。

5.2　交流接触器

1. 认识接触器

接触器是用来远距离接通或开断负荷电流，并适用于频繁起动及控制电动机的低压开关。根据产品的容量等级，能短时接通和分断超过数倍额定电流的过负荷。由于它功能较多，具有使用安全、维护检修方便以及价格较低廉等优点，故大量用于工矿企业、交通运输中。由于接触器的灭弧能力比较差，它不能切断短路电流和过载电流。

按控制电源种类不同，接触器可分为交流接触器（见图 2 - 38）和直流接触器（见图 2 - 39）。交流接触器主要是用于工频 50Hz 和 60Hz 电路。

图2 - 38　交流接触器

图 2 - 39　直流接触器

接触器按操作方式不同，可分为电磁式、电磁—气动式等；按灭弧介质不同，可分为空气式（有灭弧室或隔弧板的）、油浸式、真空式等。通常使用的是空气电磁式接触器。

目前国产接触器的基本系列是 CJ10、CJ12、CJ20、B 系列交流接触器和 CZ0 系列直流接触器。

微课 24 认识交流接触器

2. 交流接触器的基本结构与工作原理

交流接触器的基本结构由触头系统、电磁系统和灭弧装置等部分组成，如图 2-40 所示。

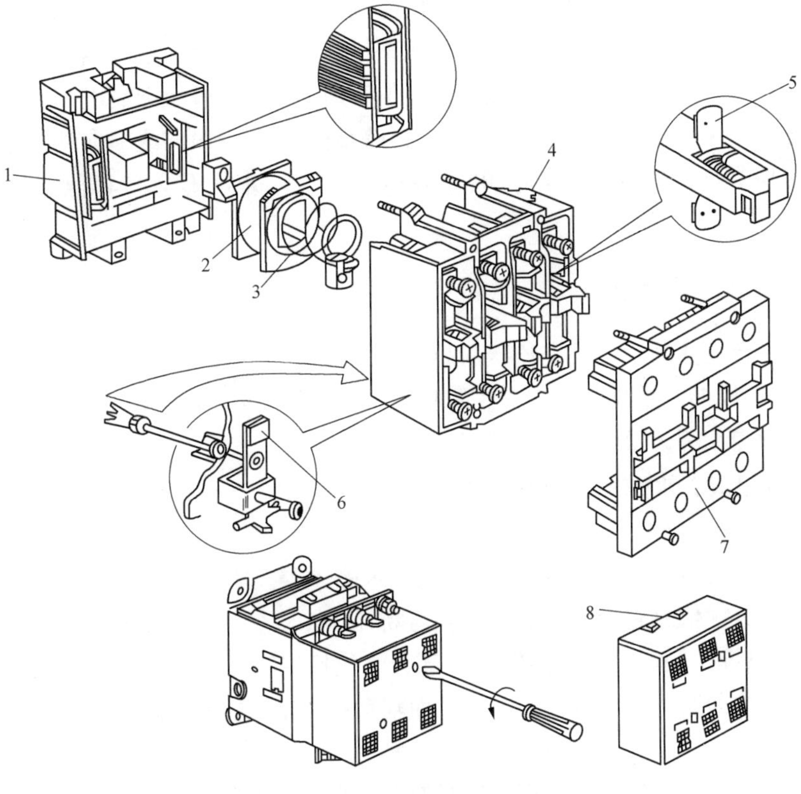

图 2-40 交流接触器的基本结构

1—底座；2—线圈；3—反作用力弹簧；4—中间部分；5—动触点；6—静触点；7—面盖；8—灭弧罩

触头系统有主触点和辅助触点两部分。

主触点由动、静触点和触点弹簧支持件、导电板和固定连接用螺钉等组成，是用来接通和断开负荷电流的触点，因为它通断的电流较大（可达上千安），所以放在灭弧罩内。

辅助触点是用来接通和断开控制、信号电路电流的触点，其额定电流较小，一般为 5A。辅助触头通常由两对以上动合触点（接触器不带电时是断开状态）和两对以上动断触点（接触器不带电时是闭合状态），主要用于自保持（即起动按钮断开后，由并联一对动合辅助触点来代替按钮闭合控制回路，使线圈保持带电）、发送信号或与其他电器联锁等。

辅助触点与主触点是联动的，同时在接触顺序上要求主触点闭合前辅助动合触点应提前闭合；辅助动断触点应滞后分断。主触点分断时，辅助动合触点应同时或提前分断；辅助动断触点应同时或稍滞后闭合。辅助触点与灭弧系统通常在产品上要分开安装，防止电弧弧焰的危害。

电磁系统由电磁线圈（又称吸引线圈）和铁心组成。铁心又分为静铁心和动铁心（又称衔铁）。它是完成接触器接通、分断操作功能的主要部件，兼有失电压保护作用。

灭弧装置主要是指带有起熄灭电弧作用的金属栅片（通常为钢板镀铜或镀锌制成）及起冷却电弧限制弧焰范围作用的陶土，或塑料制成的灭弧罩，也包括串接在主触点回路的、位于主触点区域的磁吹线圈磁铁或其他有助于熄灭电弧、限制电弧弧焰范围的装置。其功能都是保证可靠分断电路，使电路分断瞬间，实现纵向或横向切割电弧，并将电弧产生的高温热量传导出去，使电弧能迅速熄灭，并且不会与其他金属或带电体接触。

3. 永磁式交流接触器

世界第一台成熟的永磁式交流接触器于 1995 年由我国河南松峰电气生产，是国家“九五”计划的成果，是我国民族工业的骄傲。它克服了传统的交流接触器的一些缺点，如能耗高、噪声大等，得到了广泛采用。

（1）结构组成。永磁式交流接触器主要由驱动系统、触点系统、灭弧系统等部分组成。

1）驱动系统：包括电子模块、软磁铁、永磁体等。驱动系统是永磁式交流接触器的重要组成部分，依靠它带动触点的闭合与断开。

2）触点系统：触点是接触器的执行部分，包括主触点和辅助触点。主触点的作用是接通和分断主回路，控制较大的电流；而辅助触点是在控制回路中，以满足各种控制方式的要求。

3）灭弧系统：用来保证触点断开电路时，产生的电弧能可靠熄灭，减少电弧对触点的损伤。为了迅速熄灭断开时的电弧，通常接触器都装有灭弧装置，一般采用半封式纵缝陶土灭弧罩，并配有强磁吹弧回路。

除以上主要组成部分外，还有绝缘外壳、弹簧、传动机构等。

（2）工作原理。永磁式交流接触器是利用磁极的同性相斥、异性相吸的原理，用永磁驱动机构取代传统的电磁铁驱动机构而形成的一种微功耗接触器。安装在接触器联动机构上极性固定不变的永磁铁上，与固化在接触器底座上的可变极性软磁铁相互作用，从而达到吸合、保持与释放的目的。软磁铁的可变极性是通过与其固化在一起的电子模块产生十几毫秒到二十几毫秒的正反向脉冲电流，而使其产生不同的极性。根据现场需要，用控制电子模块来控制设定的释放电压值，也可延迟一段时间再发出反向脉冲电流，以达到低电压延时释放或断电延时释放的目的，使其控制的电机免受电网晃电而跳停，从而保持生产系统的稳定。

(3) 特点。永磁式交流接触器的革新技术点是用永磁式驱动机构取代了传统的电磁铁驱动机构，即利用永久磁铁与微电子模块组成的控制装置，置换了传统产品中的电磁装置，运行中无工作电流，仅有微弱信号电流（0.8～1.5mA）。

1）节能。传统接触器的合闸保持是靠合闸线圈通电产生电磁力来克服分闸弹簧来实现的，一旦电流变小，产生的电磁力不足以克服弹簧的反作用力，接触器就不能保持合闸状态，所以传统交流接触器的合闸保持是必须靠线圈持续不断的通电来维持的，这个电流从数十毫安到数千毫安。永磁式交流接触器合闸保持依靠的是永磁力，而不需要线圈通过电流产生电磁力来进行合闸保持，只有电子模块的 0.8～1.5mA 的工作电流，因而能最大限度地节约电能，节电率高达 99.8%。

2）无噪声。传统交流接触器合闸保持是靠线圈通电使硅钢片产生电磁力，使动静硅钢片吸合，当电网电压不足或动静硅钢片表面不平整或有灰尘、异物等时，就会有噪声产生。永磁式交流接触器合闸保持是依靠永磁力来保持的，因而不会有噪声产生。

3）无温升。传统接触器依靠线圈通电产生足够的电磁力来保持吸合，线圈是由电阻和电感组成的，长期通以电流必然会发热，另外，铁心中的磁通穿过也会产生热量，这两种热量在接触器腔内共同作用，常使接触器线圈烧坏，同时，发热降低主触点容量。永磁式交流接触器是依靠永磁力来保持的，没有维持线圈，自然也就没有温升。

4）触点不振颤。传统交流接触器的吸持是靠线圈通电来实现的，吸持力量跟电流、磁隙有关，当电压在合闸与分闸临界状态波动时，接触器处于似合似分状态，便会不断地振颤，造成触点熔焊或烧毁，甚至烧坏电机。永磁式交流接触器的吸持，完全依靠永磁力来实现，一次完成吸合，电压波动不会对永磁力产生影响，要么处于吸合状态，要么处于分闸状态，不会处于中间状态，所以不会因振颤而烧毁主触点，烧坏电机的可能性大大降低。

5）寿命长，可靠性高。接触器寿命和可靠性主要是由线圈和触点寿命决定的。传统交流接触器由于它工作时线圈和铁心会发热，特别是电压、电流、磁隙增大时容易导致发热而将线圈烧毁，而永磁式交流接触器不存在烧毁线圈的可能。触点烧蚀主要是由分闸、合闸时产生的电弧造成的。与传统接触器相比，永磁式交流接触器在合闸时，除同样有电磁力作用外，还具有永磁力的作用，因而合闸速度较传统交流接触器快很多，经检测，永磁式交流接触器合闸时间一般小于 20ms，而传统接触器合闸时间一般在 60ms 左右。分闸时，永磁式交流接触器除分闸弹簧的作用外，还具有磁极相斥力的作用，这两种作用使分闸的速度较传统接触器快很多。经检测，永磁式交流接触器分闸时间一般小于 25ms，而传统接触器分闸时间一般在 80ms 以上。此外，线圈和铁心的发热会降低主触头容量，电压波动导致的吸力不够或振颤会使传统接触器主触头发热、拉弧甚至熔焊。永磁式交流接触器触头寿命与传统交流接触器触头相比，在同等条件下寿命提高 3～5 倍。

6）防电磁干扰。永磁式交流接触器使用的永磁体磁路是完全密封的，在使用过程中不会受到外界电磁干扰，也不会对外界产生电磁干扰。

5.3 低压开关的运行与维护

岗位技能1 低压断路器的运行与维护

运行中的低压断路器应定期检查，检查周期应视具体的工作条件而定。检查的项目如下：

（1）检查最大负荷电流是否超过断路器的额定值。

（2）检查触点系统和连接点处有无过热现象。

（3）检查分、合闸状态是否与辅助触头所串接的指示灯信号相符合。

（4）监听断路器在运行中有无异常声响。

（5）检查传动机构有无变形、锈蚀、销钉松脱等异常现象。

（6）检查绝缘有无裂痕、表面剥落和放电现象。

（7）检查脱扣器工作状态，如整定值指示位置是否变动，电磁铁表面及间隙是否清洁正常，弹簧的外观有无锈蚀，线圈有无过热现象及异常声响等。

（8）检查灭弧罩的工作位置有无移动，外观是否完整，有无喷弧痕迹和受潮情况。

（9）如有较长时间的负荷变动（增加或减少较大），则需要相应调节过电流脱扣器的整定值，必要时应更换设备或附件。

（10）低压断路器发生短路故障跳闸或遇有喷弧现象时，除将故障排除外，还应对低压断路器解体检修，重点是触点系统和灭弧罩。遇有灭弧罩损坏，不论是多相或一相，均需停止使用，必须修配好才准许投入运行，以免断路器断开时发生飞弧现象而扩大事故。

岗位技能2 交流接触器的运行与维护

运行中的交流接触器应定期检查，检查周期应视具体的工作条件而定。检查的项目如下：

（1）检查最大负荷电流是否超过交流接触器的额定值。

（2）检查交流接触器的分、合闸信号是否与电路状态相符。

（3）监听接触器内有无放电声以及电磁系统有无过大的噪声和过热现象。

（4）检查触点系统和连接点有无过热现象，辅助触点有无烧蚀现象；检修触点系统时，要用细挫或纫纱布打光接触面，保持触点原有形状，调整接触面及接触压力（压簧失效者应更换），以保持三相同时接触，触点过度烧损的应更换。

（5）检查灭弧罩有无松动或裂损现象，如有损坏应立即更换或修复。

（6）检查吸合铁心的接触表面是否光洁，短路环是否断裂或过度氧化，吸引线圈有无过热现象。

（7）接触器周围的环境有无变化，有无不利于正常运行的情况，如有无导电尘埃、有无过大的震动、有无通风不良等。

项目6 选择开关电器

学习目标

(1) 掌握电气设备选择的一般原则。

(2) 掌握各类设备选择与校验的方法。

电气设备的选择是根据环境条件和供电要求确定其型式和参数，正确地选择设备是使电气主接线和配电装置达到安全、经济运行的重要条件。在进行设备选择时，应根据工程实际情况，在保证安全、可靠的前提下，积极而稳妥地采用新技术，并注意节约投资，选择合适的电气设备。

尽管电力系统中各种电气设备的作用和工作条件并不一样，具体选择方法也不完全相同，但对它们的基本要求却是相同的。电气设备要能可靠地工作，必须按正常工作条件进行选择，并按短路状态来校验其热稳定和动稳定。

6.1 了解电气设备选择的相关知识

1. 短路电流的效应

(1) 短路电流的热效应。在线路发生短路时，由于短路后线路的保护装置很快动作，切除短路故障，所以短路电流通过导体的时间不长，通常不会超过 2～3s。但由于短路电流骤增很大，发出的热量来不及向周围介质散失，因此散失的热量可以不计，基本上看作是一个绝热过程。即导体通过短路电流时所产生的热量，全部用于使导体温度升高。

图 2-41 所示为短路前后导体的温度变化情况，导体在短路前正常负荷时的温度为 θ_1。设在 t_1 时发生短路，导体温度按指数规律迅速升高，而在 t_2 时电路的保护装置切除了短路故障，这时导体的温度已达到 θ_k。短路被切除后，线路断电，导体不再产生热量，而只按指数规律向周围介质散热，直到导体温度等于周围介质温度 θ_0 为止。

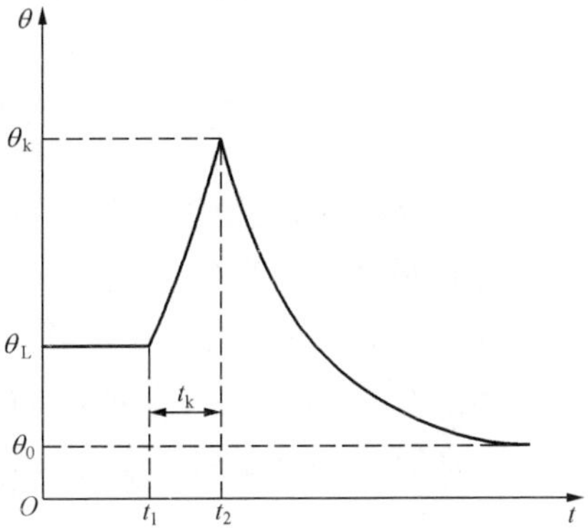

图 2-41 短路前后导体的温度变化

短路时导体（或电气设备）的最高温度小于或等于导体（或电气设备）的最高允许温度，才能保证导体（或电气设备）不被损坏，这就是导体（或电气设备）的热稳定。

短路电流在持续时间内对导体造成的热效应大小为

$$Q_k = \int_0^t i_{k.t}^2 R\mathrm{d}t \approx \int_0^t i_{p.t}^2 R\mathrm{d}t + \int_0^t i_{np.t}^2 R\mathrm{d}t = Q_p + Q_{np} \tag{2-1}$$

式中 $i_{k.t}$——短路全电流，$i_{k.t}=i_{p.t}+i_{np.t}$；

$i_{p.t}$、$i_{np.t}$——短路电流的周期分量和非周期分量；

R——导体电阻，Ω；

Q_p——周期分量电流的热效应，J；

Q_{np}——非周期分量电流的热效应，J。

由式（2-1）可知，短路电流的热效应 Q_k 等于周期分量电流的热效应与非周期分量电流的热效应之和。

对热效应的计算，可以采用假想时间法，现在广泛采用实用计算法来计算，下面介绍具体计算方法。

周期分量热效应 Q_p 的计算式为

$$Q_p = \frac{I''^2 + 10I_{p.t/2}^2 + I_{p.t}^2}{12}Rt \quad (\mathrm{kA^2 \cdot s}) \tag{2-2}$$

式中 I''——次暂态短路电流，kA；

$I_{p.t/2}$——$t/2$(s) 时刻周期分量有效值，kA；

$I_{p.t}$——t(s) 时刻周期分量有效值，kA；

t——短路的持续时间，s。

非周期分量热效应 Q_{np} 的计算式为

$$Q_{np} = I''^2 RT \quad (\mathrm{kA^2 \cdot s}) \tag{2-3}$$

式中 T——非周期分量的等效时间，s。

表 2-3　　非周期分量等效时间

短路点	T (s)	
	$t<0.1$	$t>0.1$
发电机出口及母线	0.15	0.2
发电机升高电压母线及出线，发电机电压出线电抗器后	0.08	0.1
变电站各级电压母线及出线	0.05	

如果短路持续时间 $t>1$s 时，导体的发热主要由周期分量热效应决定，这时可不计非周期分量热效应，即 $Q_k=Q_p$。

根据短路电流的热效应 Q_k，可计算出导体在短路后所达到的最高温度，但这种计算不仅相当繁琐，而且涉及一些难以准确确定的系数，包括导体的电导率（它在短路过程中不是一个常数），因此最后计算的结果往往与实际差别很大。因此在工程计算中，一般是利用图 2-42 所示曲线来确定。例如，在图 2-43 中，由 θ_1 求得 θ_k 的具体步骤如下：

1）在纵坐标轴上找出导体正常工作温度 θ_L；

2）由 θ_L 查得相应曲线上点 a；

3）由点 a 查得横坐标轴上的 K_L；

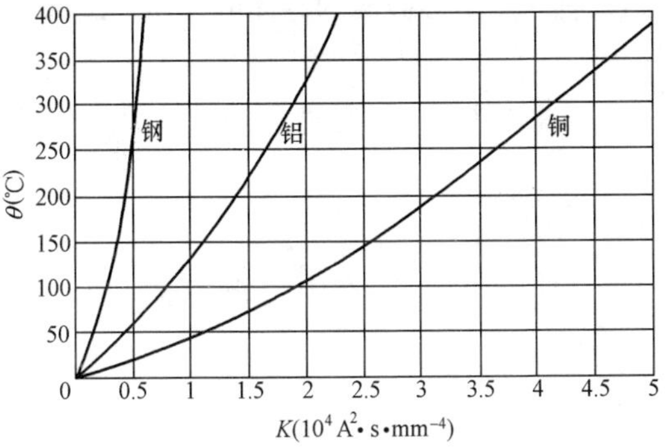

图 2-42 确定 θ_k 的曲线

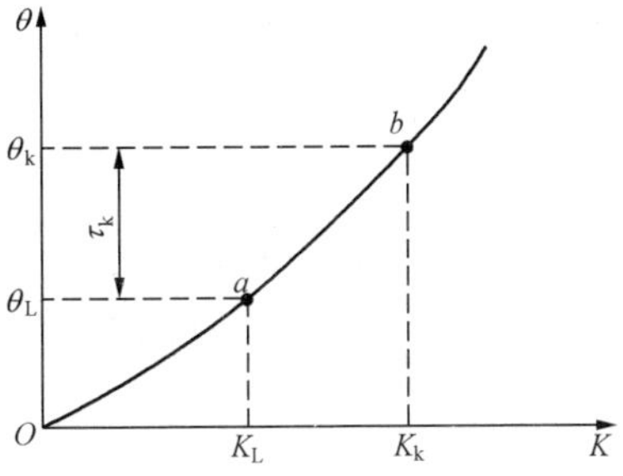

图 2-43 由 θ_1 查 θ_k 曲线

4）计算 K_k

$$K_k = K_L + \frac{Q_k}{S^2} \quad (S\text{ 为导体的截面积}) \tag{2-4}$$

5）在横坐标轴上找出 K_k；

6）出 K_k 查得相应曲线上的点 b；

7）由点 b 查得纵坐标轴上的 θ_k 值。

如果所得的 θ_k 值不超过最高允许温度，则表明载流导体能满足短路电流热稳定性的要求。要求铜材料不超过 300℃，硬铝不超过 200℃。

（2）短路电流的电动效应。供电系统短路时，短路电流特别是短路冲击电流，将使相邻导体之间产生很大的电动力，有可能造成电器和载流部分产生变形或永久性变形等机械性损坏。因此，电气设备必须具有足够的机械强度，以承受短路时最大电动力的作用，避免遭受严重的机械性损坏。

通常将电气设备承受短路电流的电动力而不至于造成机械性损坏的能力，称为电气设备具有足够的电动稳定度。

当处在空气中的任意截面的两根平行导体分别通以电流 i_1、i_2（单位为 A）时，两导体间的电磁相互作用力即电动力（单位为 N）为

$$F = \mu_0 K_S i_1 i_2 L / 2\pi a = 2K_S i_1 i_2 L \times 10^{-7} / a \tag{2-5}$$

式中 a——两导体的轴线间距离；

L——导体的两相邻支持点间距离，即档距；

μ_0——真空和空气的磁导率，$\mu_0 = 4\times10^{-7}(\text{N/A}^2)$；

K_S——形状系数。

作用在导体上的作用力 F 的方向是当电流同向时相互吸引、反向时相互排斥。作用力实际上是沿长度 L 均匀分布，作用力 F 是指作用于长度中点的合力。

形状系数 K_S 与截面形状及相互位置有关，只有当导体截面非常小、长度 L 比导体间距离 a 大得多，并且假定全部电流集中在导体轴线时，才等于 1。但在实际计算中，对于圆截面和矩形截面导体，当导体间距离足够大时，可以认为 $K_S=1$。在其他情况下，$K_S\neq1$（如大工作电流的配电装置中各相母线有多条时，条间距离很小），因此，对

于导体间的净空距离大于导体截面周长且每相只有一条矩形截面的导体的线路，$K_S=1$ 是适用的。

如果三相线路中发生两相短路，则两相短路冲击电流 $i_{ch}^{(2)}$ 通过两相导体时产生的电动力最大，其值为

$$F^{(2)} = 2i_{ch}^{(2)}L \times 10^{-7}/a \tag{2-6}$$

如果三相线路中发生三相短路，则三相短路冲击电流 $i_{ch}^{(3)}$ 在中间相（水平放置或垂直放置）产生的电动力最大，其值为

$$F^{(3)} \approx \sqrt{3}[i_{ch}^{(3)}]^2 L \times 10^{-7}/a \tag{2-7}$$

显然，三相短路时 $i_{ch}^{(3)}$ 在导体中间相产生的电动力 $F^{(3)}$ 最大。因此，校验电器和载流部分的动稳定度，一般应采用三相短路冲击电流 $i_{ch}^{(3)}$［但实际上各相短路冲击电流 $i_{ch}^{(3)}$ 并不是同时出现，式（2-7）为近似计算，较实际电动力大］或短路后第一个周期的三相短路全电流有效值 $I_{ch}^{(3)}$。

2. 短路电流计算条件

微课 25　短路计算点的选择方法

为使所选导体和电器具有足够的可靠性、经济性和合理性，并在一定时期内适应系统发展需要，作验算用的短路电流应按下列条件确定。

（1）容量和接线。按工程设计的最终容量计算，并考虑电力系统远景发展规划（一般为本期工程建成后 5～10 年）；其接线应采用可能发生最大短路电流的正常接线方式，但不考虑在切换过程中可能并列运行的接线方式（如切换厂用变压器并列）。

（2）短路种类。一般按三相短路验算，若其他种类短路较三相短路严重时，则应按最严重情况验算。

（3）计算短路点。选择通过导体和电器的短路电流是最大的那些点为短路计算点。

现以图 2-44 为例，将短路计算点的选择方法说明如下：

1）若选择发电机出口回路的断路器 QF1，则应比较断路器前或后短路时（即 k1 和 k2）通过断路器的电流值，择其较大者为短路计算点。分析如下：当 k1 点短路时，流过 QF1 的电流为 I_{G1}；当 k2 点短路时，流过 QF1 的电流为 $I_{G2}+I_T$，若两台发电机容量相等，则 $I_{G2}+I_T>I_{G1}$，故应选 k2 点为 QF1 的短路计算点。

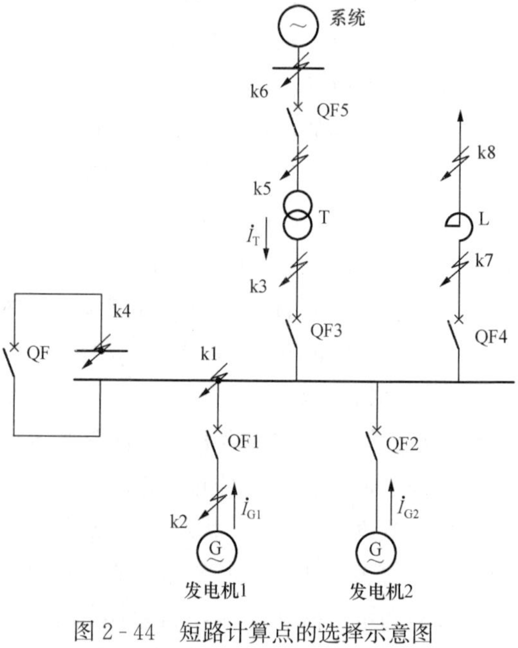

图 2-44　短路计算点的选择示意图

2）若选择变压器回路断路器 QF5，则需比较 k5 和 k6 两点短路时的短路电流值，谁大就取谁的短路电流值进行选择。

3）若选择母联断路器 QF，应考虑当母联断路器向备用母线充电时，备用母线故障，即 k4 点短路，此时，全部短路电流$I_{G1}+I_{G2}+I_T$流过母联断路器 QF 及汇流母线。

4）若选择带电抗器的出线回路断路器 QF5，一般按 k8 点短路选择，这是因为干式电抗器工作可靠性较高，且电器间的连线都很短，故障概率小，这样出线可选用轻型断路器，节约投资。在母线和母线隔离开关隔板前的母线引线及套管，应按电抗器前 k7 点短路选择。

问题讨论 若选择变压器回路断路器 QF3，应如何考虑？和选择同是变压器回路断路器QF5 有何异同？

3. 短路计算时间的确定

校验短路热稳定和开断电流时，还必须合理地确定短路计算时间。验算热稳定的短路计算时间 t_r 为继电保护动作时间 t_b 和相应断路器的全开断时间 t_{kd}之和，即

$$t_r = t_b + t_{kd} \tag{2-8}$$

式中 t_{kd}——断路器全开断时间，为固有分闸时间与燃弧时间之和。

当验算裸导体及 110kV 以下电缆短路热稳定时，一般采用主保护动作时间。如主保护有死区时，则应采用能保护该死区的后备保护动作时间，并采用相应处的短路电流值。如验算电器和 110kV 及以上充油电缆的热稳定时，为了可靠，一般采用后备保护动作时间。

开断电器应能在最严重的情况下开断短路电流，故电器的开断计算时间 t_{off}应为主保护时间 t_b 和断路器固有分闸时间 t_{gf}之和，即

$$t_{off} = t_b + t_{gf} \tag{2-9}$$

6.2 电气设备选择的一般原则

电气设备选择的一般原则是，按正常工作条件选择，按短路状态进行校验。

1. 按正常工作条件选择

(1) 环境条件。电气设备在制作上分户内、户外两大类。户外设备的工作条件比较恶劣，故各方面要求较高，成本也高。户内设备不能用于户外；户外设备虽可以用于户内，但不经济。此外，选择电气设备时，还应根据不同环境条件考虑防水、防火、防尘、防爆以及海拔等方面的要求。

(2) 额定电压。按电气设备和载流导体的额定电压 U_N 不小于装设地点的电网额定电压 U_{NS}选择，即

$$U_N \geqslant U_{NS} \tag{2-10}$$

但是限流式熔断器只能用在与其额定电压相同的电网中，若使用降压的话，熔断时

产生的过电压将对电网和设备的绝缘造成危害。

（3）额定电流。所选电气设备的额定电流 I_N，或载流体的长期允许电流 I_{al}（经温度或其他条件修正后得到的电流值），不得小于装设回路的最大持续工作电流 I_{max}，即

$$I_N(或\ I_{al}) \geqslant I_{max} \tag{2-11}$$

由于发电机和变压器在电压降低 5%时，输出功率保持不变，故其相应回路的 I_{max} 应为发电机和变压器的额定电流的 1.05 倍；若变压器有可能过负荷运行时，应按过负荷确定（1.3～2 倍变压器额定电流）；母联断路器回路一般可取母线上最大一台发电机或变压器的 I_{max}；母线分段电抗器 I_{max} 应为母线上最大一台发电机跳闸时，保证该段母线负荷所需的电流，或最大一台发电机额定电流的 50%～80%；出线回路的 I_{max} 除考虑正常负荷电流外，还应考虑事故时由其他回路转移过来的负荷。

我国目前生产的电气设备使用的额定环境温度为+40℃。当安装地点的环境温度高于+40℃ 而低于+60℃时，每增高 1℃，额定电流减少 1.8%进行修正；当低于+40℃，每降低 1℃，建议额定电流增加 0.5%，但总的增加值不得超过额定电流的 20%。

2. 按短路状态进行校验

当电气设备和载流导体通过短路电流时，会同时产生电动力和发热两种效应，一方面使电气设备和载流导体受到很大的电动力作用，同时又使它们的温度急骤升高，这可能使电气设备和载流导体的绝缘损坏。为此，在进行电气设备和载流导体的选择时，必须对短路电流进行电动力和发热计算，以验算动稳定和热稳定。

（1）热稳定的校验。对于一般电器，校验公式为

$$I_t^2 t \geqslant I_{\infty}^{(3)^2} t_{min} \tag{2-12}$$

式中 I_t——电器的热稳定试验电流（有效值）；

t——电器的热稳定试验时间；

t_{min}——短路电流持续时间。

对于母线及绝缘导线和电缆等导体，校验公式为

$$S \geqslant S_{min} = \frac{I_{\infty}^{(3)}}{C}\sqrt{t_{min}} \tag{2-13}$$

式中 C——导体的短路热稳定系数，见表 2-4；

S_{min}——导体的最小热稳定试验时间截面积。

表 2-4　硬裸导线短路热稳定系数 C 值（短路前导体温度 70℃）

导体材料		短路时最高允许温度（℃）	C 值
铜		300	171
铝		200	87
钢	不直接与设备连接	400	67
	直接与设备连接	300	60

（2）动稳定的校验。电器和导体的动稳定的校验，需根据校验对象不同而采用不同

的校验条件。

对于一般电器，校验公式为

$$i_{max} \geqslant i_{ch}^{(3)} \quad 或 \quad I_{max} \geqslant I_{ch}^{(3)} \tag{2-14}$$

式中 i_{max}、I_{max}——电器极限通过电流的峰值和有效值，可由有关手册或产品样本查得。

对于绝缘子，校验公式为

$$F_{al} \geqslant F_{c}^{(3)} \tag{2-15}$$

式中 F_{al}——绝缘子的最大允许载荷，可由有关手册或产品样本查得；

$F_{c}^{(3)}$——短路时作用于绝缘子上的计算力。母线在绝缘子上平放，则 $F_{c}^{(3)}=F^{(3)}$；母线在绝缘子上竖放，则 $F_{c}^{(3)}=1.4F^{(3)}$。

对于母线等硬导体，校验公式为

$$\sigma_{al} \geqslant \sigma_{c} \tag{2-16}$$

式中 σ_{al}——母线材料的最大允许应力，单位为Pa；硬铜母线为140MPa，硬铝母线为70MPa。

σ_{c}——母线通过 $i_{ch}^{(3)}$ 所受到的最大应力，即 $\sigma_{c}=M/W$；其中 M 为母线通过三相短路冲击电流时所受到的弯曲力矩，单位为N·m（当母线的档数≤2时，$M=F^{(3)}L/8$；当档数≥2时，$M=F^{(3)}L/10$，其中 L 为导线的档距，单位为m）；W 为母线截面系数，单位为 m^3，计算式为 $W=b^2h/6$。

特别提示

下列几种情况可不校验热稳定或动稳定：

(1) 用熔断器保护的电气设备，其热稳定由熔体的熔断时间保证，故可不校验热稳定。

(2) 采用限流熔断器保护的设备可不校验动稳定。

(3) 装设在电压互感器回路中的裸导体和电气设备可不校验动、热稳定。

(4) 电缆因机械强度较高，可不必校验其短路动稳定度。

6.3 主要开关电器的选择

1. 高压断路器的选择

选择高压断路器时，除按电气设备一般原则选择外，由于断路器还要切断短路电流，因此必须校验断流容量（或开断电流）、热稳定及动稳定等各项指标。

(1) 种类和型式的选择。选择断路器型式时，除了满足各项技术条件和环境条件外，还应考虑安装调试和运行维护的方便。一般35kV以下选用真空断路器，35～500kV选用 SF_6 断路器。

(2) 额定电压选择。断路器的额定电压 U_N 不应小于安装地点电网的额定电压 U_{NS}，即

$$U_N \geqslant U_{NS} \tag{2-17}$$

(3) 额定电流选择。断路器的额定电流 I_N 不应小于通过断路器的长期最大负荷电流 I_{max}，即

$$I_V \geqslant I_{max} \tag{2-18}$$

(4) 额定开断电流选择。断路器的额定开断电流 I_{Nbr}不应小于实际开断瞬间的短路电流周期分量有效值 I_P，即

$$I_{Nbr} \geqslant I_P \quad (或\ I'') \tag{2-19}$$

(5) 额定关合电流选择。在断路器合闸之前，若线路上已存在短路故障，则在断路器合闸过程中，触头间在未接触时就有很大的短路电流通过（预击穿），更易发生触头熔焊和遭受电动力的破坏。且断路器在关合短路电流时，不可避免地在接通后又自动跳闸，此时要求能切断短路电流。为了保证断路器在关合短路电流时的安全，断路器的额定短路关合电流 i_{Ncl}应不小于短路冲击电流幅值，即

$$i_{Ncl} \geqslant i_{ch}^{(3)} \tag{2-20}$$

(6) 热稳定校验。根据断路器 t 秒钟热稳定电流 I_t 算出的允许热效应不应小于通过断路器的短路电流热效应 Q_k，即

$$I_t^2 t \geqslant Q_k \tag{2-21}$$

(7) 动稳定校验。要求断路器允许的动稳定电流幅值 i_{es}不应小于流过断路器的三相短路冲击电流 i_{ch}，即

$$i_{es} \geqslant i_{ch}^{(3)} \tag{2-22}$$

常见真空断路器和六氟化硫断路器的主要技术参数见附录中附表 3。

微课 26　同一回路断路器及隔离开关的选择方法

2. 高压隔离开关的选择

隔离开关选型时，应根据配电装置的特点和使用要求以及技术经济条件来确定。额定电压、额定电流的选择以及动、热稳定校验的方法与断路器相同，不再重复。由于隔离开关不用来接通和开断短路电流，因此不需要进行开断电流的校验。

【例 2-1】 请选择图 2-45 中 1 号发电机的断路器 1QF 和隔离开关 1QS。

已知：发电机参数和系统参数如图 2-45 中所示；当发电机出口母线发生三相短路时，1 号发电机提供的短路电流是：$I''=26.4\text{kA}$、$I_{\infty}^{(3)}=21.5\text{kA}$；短路电流计算时间 $t_r=4\text{s}$；10kV 断路器等设备均布置在户内高压开关柜内。

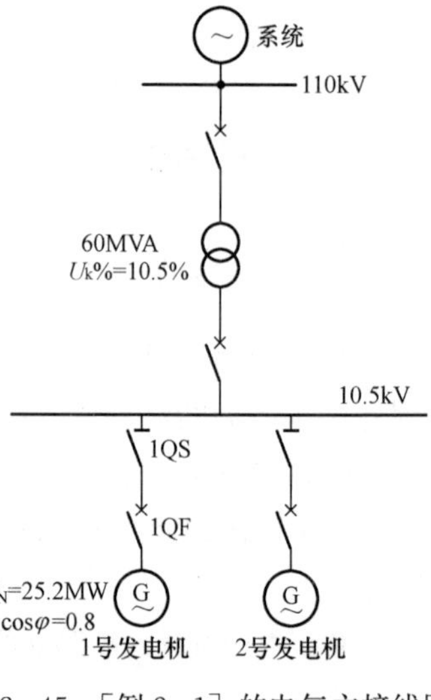

图 2-45 ［例 2-1］的电气主接线图

解　先计算出发电机回路最大持续工作电流，即

$$\begin{aligned} I_{max} &= 1.05 I_N = 1.05 \times [P_N/(\sqrt{3} U_N \cos\varphi)] \\ &= 1.05 \times [25.2 \times 10^3/(\sqrt{3} \times 10.5 \times 0.8)] \\ &= 1819\ (\text{A}) \end{aligned}$$

选择断路器和隔离开关时，应首先按正常运行条件选择，满足

$$\begin{cases} U_N \geqslant 10.5\text{kV} \\ I_N \geqslant I_{max} = 1819\text{A} \end{cases}$$

因为发电机断路器设在10kV户内高压开关柜内，可选用VB12-20-40G型真空断路器，其主要参数见表2-5。其固有分闸时间为0.06s，全开断时间为0.1s；断路器配用CD10-Ⅲ型操动机构。

同理，可选用GN2-10/2000型隔离开关。

断路器和隔离开关选择结果和短路校验情况，见表2-5。

表2-5　　断路器和隔离开关选择结果表

项目名称	计算数据	1QF选用VB12-20-40G	1QS选用GN2-10/2000
额定电压	$U=10\text{kV}$	$U_N=12\text{kV}$	$U_N=10\text{kV}$
额定电流	$I_{max}=1819\text{A}$	$I_N=2000\text{A}$	$I_N=2000\text{A}$
开断电流校验	$I''=26.4\text{kA}$	$I_{Nbr}=40\text{kA}$	—
关合电流校验	$i_{ch}=1.9\times\sqrt{2}\times26.4=70.94(\text{kA})$	$i_{Ncl}=100\text{kA}$	—
热稳定校验	$Q_k=21.5^2\times4=1849(\text{kA}^2\cdot\text{s})$	$I_t^2t=40^2\times3=4800(\text{kA}^2\cdot\text{s})$	$I_t^2t=36^2\times5=6480(\text{kA}^2\cdot\text{s})$
动稳定校验	$i_{ch}=1.9\times\sqrt{2}\times26.4=70.94$ (kA)	$i_{es}=100\text{kA}$	$i_{es}=85\text{kA}$

3. 高压熔断器的选择

(1) 型式选择。按安装条件和用途选择高压熔断器的型式。10kV及以下的户内配电装置常选用RN系列熔断器，10kV及以上的户外配电装置常选用RW系列熔断器。

(2) 额定电压选择。对于一般的高压熔断器，其额定电压 U_N 必须不小于电网额定电压 U_{Ns}，即

$$U_N \geqslant U_{Ns} \tag{2-23}$$

但是对于具有限流作用的限流式熔断器，则不宜使用在低于熔断器额定电压的电网中。这是因为限流式熔断器灭弧能力很强，熔体熔断时因截流而产生过电压。过电压的倍数与电路的参数及熔体长度有关，一般在 $U_N=U_{Ns}$ 的电网中，过电压倍数为2.0～2.5倍，不会超过电网中电气设备的绝缘水平，但如果在 $U_{Ns}<U_N$，由于熔体较长，过电压值约3.5～4倍相电压，以致损害电网中的电气设备。

(3) 额定电流选择。熔断器选择的主要指标是选择熔体和熔管的额定电流，熔断器熔管额定电流 I_{Nft} 应不小于熔体额定电流 I_{Nfs}，即

$$I_{Nft} \geqslant I_{Nfs} \tag{2-24}$$

为了防止熔体在通过变压器励磁涌流和保护范围以外的短路以及电动机自起动等冲击电流时误动作，保护35kV及以下电力变压器的高压熔断器，其熔体的额定电流可按下式选择

$$I_{Nfs} = K_{rel} I_{max} \tag{2-25}$$

式中 K_{rel}——可靠系数，不计电动机自起动时取 1.1～1.3，考虑电动机自起动时取 1.5～2.0；

I_{max}——电力变压器回路最大工作电流。

用于保护电力电容器的高压熔断器，当系统电压升高或波形畸变引起回路电流增大或运行过程中产生涌流时不应误动作，其熔体额定电流可按下式选择

$$I_{Nfs} = K_{rel} I_{NC} \tag{2-26}$$

式中 K_{rel}——可靠系数，对限流式高压熔断器，当一台电力电容器时 $K=1.5～2.0$，当一组电力电容器时 $K=1.3～1.8$；

I_{NC}——电力电容器回路的额定电流，A。

(4) 开断电流校验。校验式为

$$I_{Nbr} \geqslant I_{ch} \quad (或\ I'') \tag{2-27}$$

对于没有限流作用的熔断器，选择时用冲击电流有效值 I_{ch}进行校验，对于有限流作用的熔断器，在电流达最大值之前已截断，故可不计非周期分量影响，而采用 I''进行校验。

(5) 熔断器选择性校验。为了保证前后两级熔断器之间或熔断器与电源（或负荷）保护装置之间动作的选择性，应进行熔断器选择性校验。各种型号熔断器的熔体熔断时间可由制造厂提供的安秒特性曲线上查出。

对于保护电压互感器的高压熔断器，只需按额定电压及断流容量两项来选择。

4. 低压断路器的选择

低压断路器的选择除了满足电压、电流、频率和环境等要求外，还需进行以下的选择和整定。

(1) 过电流脱扣器额定电流的选择。低压断路器过电流脱扣器的额定电流 $I_{N.OR}$不小于线路在环境温度为 30℃时的计算电流 I_{30}，即

$$I_{N.OR} \geqslant I_{30} \tag{2-28}$$

(2) 过电流脱扣器动作电流的整定。

1) 瞬时过电流脱扣器动作电流的整定：瞬时过电流脱扣器的动作电流 $I_{op(0)}$ 必须躲过线路的尖峰电流 I_{pk}，即

$$I_{op(0)} \geqslant K_{rel} I_{pk} \tag{2-29}$$

式中 K_{rel}——可靠系数。对万能式断路器取 $K_{rel}=1.35$，对塑壳式断路器取 $K_{rel}=2～2.5$。

2) 短延时过电流脱扣器动作电流的整定：短延时过电流脱扣器的动作电流 $I_{op(s)}$，也应躲过线路的尖峰电流 I_{pk}，即

$$I_{op(s)} \geqslant K_{rel} I_{pk} \tag{2-30}$$

式中 K_{rel}——可靠系数，一般取 $K_{rel}=1.2$。

长延时过电流脱扣器动作电流的整定：长延时过电流脱扣器是反时限热保护，主要是用来保护过负荷，因此其动作电流 $I_{op(l)}$需要躲过线路的计算电流 I_{30}，即

$$I_{op(l)} \geqslant K_{rel} I_{30} \tag{2-31}$$

式中 K_{rel}——可靠系数，一般取 $K_{rel}=1.05\sim1.1$。

过电流脱扣器的动作电流与被保护线路的配合要求：为了不致线路因出现过负荷或短路引起绝缘线缆过热受损甚至失火，而其低压断路器不跳闸事故的发生，低压断路器过电流脱扣器的动作电流 I_{op}应满足

$$I_{op}\leqslant K_{ol}I_{al} \tag{2-32}$$

式中 I_{al}——绝缘线缆的允许载流量；

K_{ol}——绝缘线缆的允许短时过负荷系数，瞬时和短延时过电流脱扣器，一般取 4.5；对长延时过电流脱扣器，做短路保护时取 1.1，只做过载保护时取 1。

(3) 热脱扣器动作电流整定。热脱扣器用来保护过负荷，因此其动作电流 $I_{op.TR}$需要躲过线路的计算电流 I_{30}，即

$$I_{op.TR}\geqslant K_{rel}I_{30} \tag{2-33}$$

式中 K_{rel}——可靠系数，一般取 $K_{rel}=1.05\sim1.1$。

(4) 低压断路器动作的灵敏性校验。为使低压断路器可靠地切断接地故障，通常按下式校验断路器脱扣器动作的灵敏性，即

$$S_p=\frac{I_{kmin}}{I_{op}} \tag{2-34}$$

式中 I_{op}——断路器瞬时或短延时的脱扣器整定动作电流；

I_{kmin}——被保护线路末端最小短路电流，一般取为单相接地短路电流；灵敏度要求不小于 1.2～1.3。

(5) 保证选择性整定要求。上一级断路器的瞬时过电流脱扣器整定电流一般不得小于下一级断路器出线端的最大三相短路电流的 1.1 倍。

如果下一级是非选择性断路器，为防止这一级瞬时动作灵敏度不够，而失去选择性动作，要求上一级断路器的短延时过电流脱扣器的整定电流不小于下一级瞬时过电流脱扣器的 1.2 倍。

如果下一级也是选择性断路器，为保证选择性动作，要求上一级断路器的短延时动作时间至少比下一级断路器的短延时动作时间长 0.1s。

一般来说，要保证上下两级低压断路器之间选择性动作，上一级断路器宜选择带短延时的过电流脱扣器，而且其动作电流要大于下一级过电流脱扣器动作电流一级以上，至少上一级的动作电流不小于下一级动作电流的 1.2 倍。

【例 2-2】 某 380V 动力线路，采用 DW16 型低压断路器保护，已知线路采用 BLV 型三芯绝缘导线穿塑料管敷设，当地环境温度为 30℃，线路允许载流量为 121A，线路的计算电流为 53A，尖峰电流为 180A，线路首端的最大短路电流为 22kA，试选择低压断路器及其过电流脱扣器的规格。

解 (1) 选择低压断路器的规格。查附录附表 4 得，DW16—630 的过电流脱扣器额定电流 $I_{N.OR}=100A$ 时满足 $I_{N.OR}\geqslant I_{30}$的要求，故选取 DW16—630 型断路器，其 $I_{N.OR}=100A$。

设瞬时脱扣电流整定为 3 倍，则动作整定电流为 $I_{op(0)}=3\times100=300(A)$。

而 $K_{rel}I_{pk}=1.35\times180=243(A)$，满足 $I_{op(0)}\geqslant K_{rel}I_{pk}$的要求。

(2) 校验断流能力。由附表 4 查得，其最大分断电流 $I_{br}=30kA$，$I_{br}=30kA>I_k^{(3)}=22kA$，断流能力满足要求。

(3) 校验导线与低压断路器保护的配合。导线与低压断路器保护的配合要求是 $I_{op(0)}\leqslant4.5I_{al}$，由于瞬时过电流脱扣电流整定为 $I_{op(0)}=300A$，而 $4.5I_{al}=4.5\times121=544.5(A)$，满足配合要求。

5. 低压熔断器的选择

(1) 熔断器熔体电流 I_{Nfs}选择。为保证正常工作时熔体不熔断，要求熔体电流不小于计算电流，即

$$I_{Nfs}\geqslant I_{30} \tag{2-35}$$

为保证电动机等设备起动时熔体不熔断，要求熔体电流不小于尖峰电流，即

$$I_{Nfs}\geqslant K_{rel}I_{pk} \tag{2-36}$$

式中 K_{rel}——可靠系数。对于不经常起动或起动时间不长的电动机，取 0.3～0.4，对于起动频繁或起动时间较长的电动机，取 0.5～0.625。

为了防止导线或电缆燃烧而熔断器不熔断的情况发生，熔体的选择要与被保护的线路配合，即

$$I_{Nfs}\geqslant K_{ol}I_{al} \tag{2-37}$$

式中 K_{ol}——导线允许的过载系数；

I_{al}——导线允许载流量。

当熔断器只作短路保护时，对于明敷绝缘线，取 $K_{ol}=1.5$；对于电缆和穿管绝缘线，取 $K_{ol}=2.5$。当熔断器作过载保护时，取 $K_{ol}=1$；对于周围有易燃易爆的场所，取 $K_{ol}=0.8$。

(2) 在上下级均有熔断器保护的环境下，要满足熔体的上、下级匹配。

上级熔断器熔体的额定电流与下级熔断器熔体额定电流之比不低于 2。

熔体的熔断时间匹配

$$t_1\geqslant3t_2 \tag{2-38}$$

式中 t_1——对应于故障电流上级熔断器的熔断时间；

t_2——同样故障电流下级熔断器的熔断时间。

【例 2-3】 已知一低压 380V 线路，采用 BLV 型铝芯塑料线三芯穿钢管敷设，当地环境温度为 30℃，导线截面积为 $10mm^2$，线路的计算电流为 55A，最大负荷电流为 260A，最大短路电流为 17.6kA，采用 RT0 型熔断器作短路保护，试选择熔断器及熔体的额定电流，并进行校验。

解 选择熔体及熔断器的额定电流

$$I_{Nfs}\geqslant I_{30}=55A$$

$$I_{Nfs}\geqslant KI_{pk}=0.3\times260=78(A)$$

由附表5，选 RT0－100 型熔断器，其熔体额定电流为 80A，熔断器额定电流为 100A，最大分断电流为 50kA。

校验熔断器的断流能力：由查表得，其最大分断电流 $I_{br}=50kA$，$I_{br}=50kA>I_k^{(3)}=17.6kA$，断流能力满足要求。

校验导线与熔断器保护的配合：熔断器只作短路保护，对于穿管绝缘导线，导线与熔断器保护的配合要求是 $I_{Nfs}\leqslant 2.5I_{al}$。

查表得 $I_{al}=41A$，$I_{Nfs}=80A<2.5\times 41=102.5A$，满足配合要求。

课后思考及练习

1. 按照灭弧介质不同，断路器有哪些类型？

2. 真空断路器的特点有哪些？

3. SF_6 断路器的特点有哪些？

4. 同一回路的断路器和隔离开关在合闸和分闸时的操作顺序是怎样的？为什么？

5. 隔离开关不能带负荷操作的理由是什么？

6. 熔断器的基本结构是什么？有哪些基本参数？熔断器与熔体的额定电流有何区别？

7. 熔断器的保护特性是什么？与哪些因素有关？

8. 调查国内的高低压负荷开关系列产品的型号及参数，并提交调查报告。报告内容必须包括：负荷开关的技术参数，不同型号负荷开关的适用范围。

9. 低压断路器有哪些功能？试分析其结构原理。对运行中的低压断路器检查项目有哪些？

10. 交流接触器由哪几部分组成？试分析其结构原理。对运行中的交流接触器检查项目有哪些？

11. 电气设备选择的一般原则是什么？

12. 选择电气设备时，短路计算点应如何选择？

13. 试说明选择母线分段断路器时，其最大持续工作电流和短路计算点应如何确定？

14. 某 10kV 线路计算电流为 160A，三相短路电流为 9kA，冲击电流为 23kA，短路计算时间为 1.2s，试选择断路器、隔离开关，并校验它们的热稳定和动稳定。

学习情境 3

互感器及载流导体的运行与维护

项目1 电流互感器

学习目标

(1) 了解互感器在电力系统中的作用。

(2) 了解电流互感器的结构、类型和主要技术参数。

(3) 掌握电流互感器的工作特性和接线方式。

(4) 熟悉电流互感器的运行维护内容。

1.1 认识电流互感器

1. 互感器与电力系统的连接方式

互感器包括电流互感器和电压互感器，是电力系统中测量和保护的重要的一次设备。互感器是一次系统和二次系统间的联络元件，用以分别向测量仪表、继电器的电流线圈和电压线圈供电，对线路的电压、电流、电能进行测量，同时对系统和电气设备进行过电压、过电流和单相接地等保护，以便正确反映电气设备的正常运行和故障情况。

互感器的一、二次绕组与电力系统的连接方式如图 3-1 所示，图中 TA 为电流互感器，TV 为电压互感器。电压互感器一次绕组并接于电网，二次绕组与测量仪表或继电

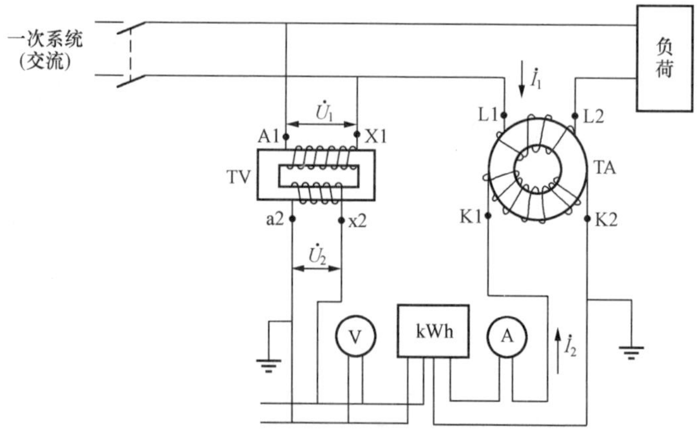

图 3-1　互感器与电力系统的连接方式图

器电压线圈并联；电流互感器一次绕组串接于电网（与支路负荷串联），二次绕组与测量仪表或继电器的电流线圈相串联。在安装接线时同名端子不可接错，否则会造成这些装置运行中的故障，因此，正确测定互感器的同名端并正确接入仪表装置十分重要。

目前，互感器常用电磁式和电容式，随着电力系统容量的增大和电压等级的提高，光电式、无线电式互感器应运而生，应用于电力生产中。

2. 电流互感器的功能

(1) 降低电流值。电流互感器（见图 3-2）将高压系统中的电流或低压系统中的大电流改变为低压的标准小电流（5A 或 1A）。这样，既利于运行人员的人身安全，又可使二次侧连接的测量仪表和保护装置实现标准化和小型化，使其结构轻巧、价格便宜、便于屏内安装。

微课 27 认识电流互感器

图 3-2 电流互感器

(2) 隔离二次与一次。电流互感器的结构与变压器相似，一次绕组和二次绕组之间只有磁的联系，没有电的联系，这样，二次设备可与一次高电压部分隔离。同时，要求电流互感器二次侧接地，其目的是保证设备和人身的安全。由于互感器一、二次绕组除了接地点外无其他电路上的联系，因此二次系统的对地电位与一次系统无关，只依赖于接地点与二次绕组其他各点的电位差，在正常运行情况下处于低压（小于 100V）的状态，方便于维护、检修与调试。

特别提示

互感器属于一次设备。

理由是：虽然互感器与二次设备相连，但它的一次绕组直接与一次系统相连（电流互感器串联、电压互感器并联）。

3. 电流互感器的工作原理

目前电力系统中广泛采用的是电磁式电流互感器，它的工作原理和变压器相似，是按电磁感应原理工作的，其原理接线图如图 3-3 所示。

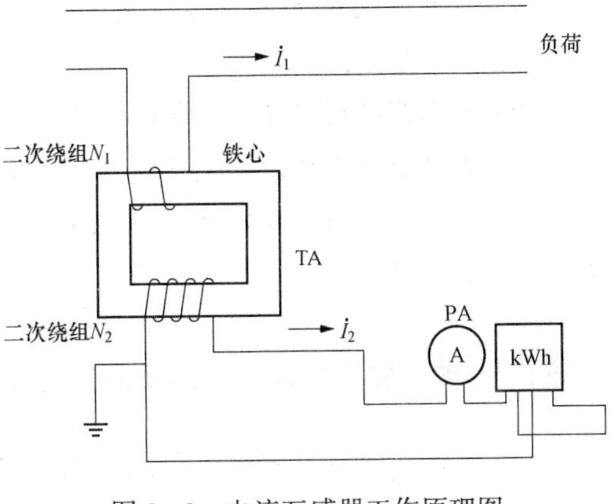

图 3-3 电流互感器工作原理图

电流互感器的一次和二次之间满足能量守恒定律，即

$$\dot{I}_1 N_1 + \dot{I}_2 N_2 = \dot{I}_0 N_1$$

在理想的电流互感器中，如果假定空载电流 $I_0=0$，总磁动势 $\dot{I}_0 N_1=0$，根

据能量守恒定律，一次绕组磁动势等于二次绕组磁动势，即

$$\dot{I}_1 N_1 = -\dot{I}_2 N_2$$

由此可知，电流互感器的电流与它的匝数成反比。一次电流对二次电流的比值 I_1/I_2 称为电流互感器的电流比，一般用 K_i 来表示。当知道二次电流时，乘上电流比就可以求出一次电流，这时二次电流的相量与一次电流的相量相差 180°。

4. 电流互感器有关参数

(1) 电流比。电流互感器的一、二次额定电流比，称为电流互感器的额定变流比 K_i，近似等于电流互感器一、二次绕组的匝数比，即

$$K_i = \frac{I_{1N}}{I_{2N}} \approx \frac{N_2}{N_1} \tag{3-1}$$

式中 N_1、N_2——一、二次绕组的匝数。

(2) 误差与准确度等级。电流互感器的误差分两种：一种是电流误差（又称比值差），另一种为角误差（又称角差）。

电流误差的计算式为

$$\Delta I\% = \frac{K_i I_2 - I_1}{I_1} \times 100(\%) \tag{3-2}$$

式中 K_i——电流互感器的电流比；

I_1——电流互感器一次实际电流；

I_2——电流互感器二次实际电流。

电流互感器的角误差，是指二次电流相量 $\dot{I}_2$ 旋转 180°后与一次电流相量 $\dot{I}_1$ 间的夹角 δ，角误差的单位为“分”。当二次电流相量旋转 180°后超前于一次侧电流相量时，δ 取正值，反之 δ 取负值。正常运行时的电流互感器角误差很小，一般都在 2°以下。

特别提示

电流互感器的两种误差与下列因素有关：

(1) 与电流互感器一次电流的大小有关，当一次电流为额定电流的 100%～120%时，误差最小；

(2) 与励磁安匝数 $I_0 N_1$ 的大小有关，安匝数增大，误差变大；

(3) 与二次负荷阻抗的大小有关，阻抗增大，则误差变大；

(4) 与二次负荷感抗有关，感抗增大（即 $\cos\varphi_2$ 减小），电流误差将变大，而角误差将相对变小。

知识延伸 减小电流互感器误差的措施有哪些?

(1) 在制造电流互感器时，采用高磁导率的铁心，并且尽量增加其截面积和减小磁路长度，还应适当增加二次绕组的匝数。

(2) 在使用方面，要根据一次电路的电流，合理选用电流互感器，以满足测量准确

度等级和保护准确度等级的要求。在测量电路中，应控制一次电路 I_1 的变化范围，使其不超过表 3-1 规定的值。接在电流互感器二次总负荷的阻抗值应小于额定值。在一次电流较小的电路中，应尽量选用多匝式电流互感器。

(3) 测量用电流互感器，可采用匝数补偿。匝数补偿能减小电流误差，不能减小角误差。此外，匝数补偿不能提高 10%误差倍数，因此保护型电流互感器不采用此法。

在不同的使用场合，对电流互感器的误差有不同的要求，因此根据电流互感器测量时误差的大小划分为不同的准确度等级。测量用电流互感器的准确度等级有 0.1、0.2、0.5、1.0、3、5 级，保护用电流互感器有 5P、10P 级。

电流互感器的准确度等级是以电流互感器最大电流误差和角误差来区分的，是指在二次负荷允许变化的范围内，一次电流等于额定电流时允许的最大误差限值。测量用及保护用电流互感器的准确度等级和误差限值见表 3-1。

表 3-1　　电流互感器准确度等级和误差限值

标准准确度等级	在下列额定电流时（100%）	误差极限		使用条件
		电流误差（+%）	相位误差（±′）	
0.1	120 100 20 5	0.1 0.1 0.2 0.4	5 5 8 15	(25%～100%)S_{2N}
0.2	120 100 20 5	0.2 0.2 0.35 0.75	10 10 15 30	
0.5	120 100 20 5	0.5 0.5 0.75 1.5	30 30 45 90	
1	120 100 20 5	1.0 1.0 1.5 3.0	60 60 90 180	
3	120 50	3.0 3.0	无规定	(50%～100%)S_{2N}
5	120 50	5.0 5.0	无规定	
5P	50 120	1.0 1.0	60 60	S_{2N}
10P	50 120	3.0 3.0	60 60	S_{2N}

注　表中 S_{2N} 为电流互感器的额定容量。

(3) 10%误差曲线。电流互感器根据测量时误差的大小而划分为不同的准确度等级。电流互感器保护与测量的准确度等级要求有所不同，对于测量电流互感器的要求是在正常工作范围内有较高的准确度，而保护电流互感器主要是在系统短路时工作，一般

只要求 3～10 级，但在短路情况下，保护的电流误差$|f_i|$不应大于 10%。

1）当短路电流 $I_1=nI_{1N}$时，$|f_i|$达 10%，则称 n 为 10%额定一次电流倍数，简称 10%电流倍数。

2）n 的数值与二次负荷阻抗 Z_{2L}的大小有关，二者之间的关系曲线 $n=f(Z_{2L})$，称为电流互感器的 10%误差曲线，如图 3-4 所示，此曲线由电流互感器制造厂家提供。

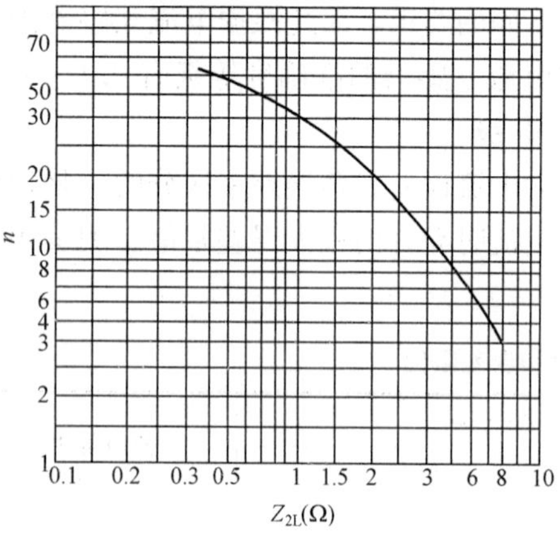

图 3-4　10%误差曲线

3）使用时，由 $n=I_1/I_{1N}$从曲线上查出相应的 Z_{2L}，只要实际负荷阻抗小于查出的 Z_{2L}，就能保证误差在 10%范围内。

（4）额定容量。电流互感器的额定容量 S_{2N}是指在额定二次电流 I_{2N}和额定二次负荷阻抗 Z_{2N}下运行时，二次绕组所输出的容量，即

$$S_{2N}=I_{2N}^2Z_{2N} \tag{3-3}$$

电流互感器的二次电流为标准值（5A 或 1A），故其容量也常用额定二次阻抗来表示。

对于同一台电流互感器来说，不同准确度等级具有不同的额定容量。例如，LMZ1—10—3000/5 型电流互感器在 0.5 级工作时，$Z_{2N}=1.6\Omega$（40VA）；在 1 级工作时，$Z_{2N}=2.4\Omega$（60VA），当 $Z_{2L}>Z_{2N}$时，TA 的准确度等级将下降。

（5）热稳定及动稳定倍数。电流互感器的热稳定及动稳定倍数，是表示电流互感器承受短路电流的热作用和电动力（机械力）作用的能力。

1）热稳定电流，是指电流互感器承受短路电流在 1s 内无损坏时，一次电流的有效值。

2）热稳定倍数，是指电流互感器热稳定电流与一次额定电流的比值。

3）动稳定电流，是指一次线路发生短路时，电流互感器承受电动力作用无机械损坏时，最大一次电流的峰值。一般动稳定电流为热稳定电流的 2.55 倍。

4）动稳定倍数，是指电流互感器动稳定电流与一次额定电流的比值。

5. 电流互感器的工作特性

（1）电流互感器一次电流的大小取决于一次系统的负荷电流，与二次负荷无关。

电流互感器的一次绕组串联在一次电路中，匝数很少，最少为一匝，一次电流的大小由一次系统决定，与二次电流大小无关，即一次电流值不因二次电路运行状态的变化而改变。

（2）电流互感器正常运行时，二次绕组近似于短路工作状态。电流互感器的二次绕组匝数较多，串联在二次电路中，所接仪表、继电器等二次设备的电流线圈阻抗均很小，所以，在正常情况下，电流互感器在近于短路的状态下运行。

（3）运行中的电流互感器二次回路不允许开路。运行中的电流互感器二次回路一旦

开路，会在开路的两端产生高电压危及人身安全或使电流互感器发热损坏。具体分析如下：

二次回路开路时，电流互感器由正常短路工作状态转变为开路工作状态，$Z_{2f}=\infty$，$I_2=0$，励磁磁动势由正常为数甚小的 $\dot{I}_0N_1$ 骤增为 $\dot{I}_1N_1$。由于二次绕组感应电动势是与磁通的变化率 $\frac{d\Phi}{dt}$ 成正比的，因此，二次绕组将在磁通过零时，感应产生很高的尖顶波电动势，其值可达数千甚至上万伏，危及工作人员安全和仪表、继电器绝缘。由于磁感应强度骤增，会引起铁心和绕组过热。此外，在铁心中还会产生剩磁，使互感器特性变坏。因此，当电流互感器一次绕组通有或可能出现电流时，二次绕组是不允许开路的。

特别提示

防范电流互感器二次绕组开路的措施如下：

(1) 如果需要接入仪表测试电流或功率，或更换表计及继电器等，应先将电流回路进线一侧短路或就地造成并联支路，确保作业过程中无瞬间开路。

(2) 二次回路不得装设熔断器或其他开关设备。

(3) 二次回路连接所用导线或电缆芯线不能太细，必须是截面积大于 $2.5mm^2$ 的铜线，以保证必要的机械强度和可靠性。

(4) 电流互感器二次绕组一端及铁心必须可靠接地。电流互感器二次侧有一端必须接地，以防止一、二次绕组绝缘击穿时，一次侧的高压窜入二次侧，危及人身和设备的安全。

(5) 电流互感器结构应满足热稳定和动稳定的要求。

1.2 电流互感器的运行与维护

运行中，电流互感器二次回路可能因振动引起端子螺栓自行脱开等原因，造成二次回路开路，其现象为：在开路处有放电的火花和由于电磁振动发出的“嗡嗡”声。

若测量用电流互感器开路，开路相电流表指示为零，电能表转速下降，示值降低。

若保护用电流互感器开路，零序、负序保护及差动保护可能误动，此时应先对电流互感器所带的负荷回路进行检查，将其所带的零序、负序保护或差动保护退出运行。

如果是电流互感器外部开路，则应做好安全措施。运行值班人员应穿绝缘鞋和戴绝缘手套，先将其二次侧接地短路，然后将断线或松脱处理好，再取下接地短路线，使其恢复正常运行；如果是内部开路，则应停电处理，在电流互感器开路运行期间应适当减小一次电流并及时处理。

电流互感器如果出现发热温度过高、内部有放电声、严重漏油等，则需立即停电。

在运行中，若发现电流互感器内部冒烟或着火，则应用断路器将其切除，并用二氧化碳等灭火器灭火。

岗位技能1 电流互感器运行前的检查项目

检查套管，看有无裂纹、破损现象；
检查充油电流互感器，其外观应清洁，油量充足，无渗漏油现象；
检查引线和线卡子及二次回路各连接部分，应接触良好，不得松弛；
检查外壳及一、二次绕组接地情况，应接地正确、良好，接地线应坚固可靠；
按电气试验规程，进行全面试验并应合格。

岗位技能2 电流互感器的巡视检查项目

检查瓷套管是否清洁，有无缺损、裂纹和放电现象，声音是否正常；
检查充油电流互感器油位是否正常，有无渗漏现象；
检查各接头有无过热及打火现象，螺栓有无松动，有无异常气味；
检查二次绕组有无开路，接地线是否良好，有无松动和断裂现象；
检查电流表的三相指示是否在允许范围之内，电流互感器有无过载运行。

1.3 电流互感器的接线方式

电流互感器的接线首先要注意其极性，若极性接错，会导致功率表和电能表不能正确测量，某些保护继电器会发生误动作。电流互感器的一次绕组首、尾两端标志有 L1、L2 字样，分别与二次绕组的 K1、K2 端子同极性。若一次电流由 L1 流向 L2，则相同相位的二次电流由绕组 K1 端流出至外接回路，再从 K2 端流入绕组。

电流互感器常用的几种接线方式如图 3-5 所示。

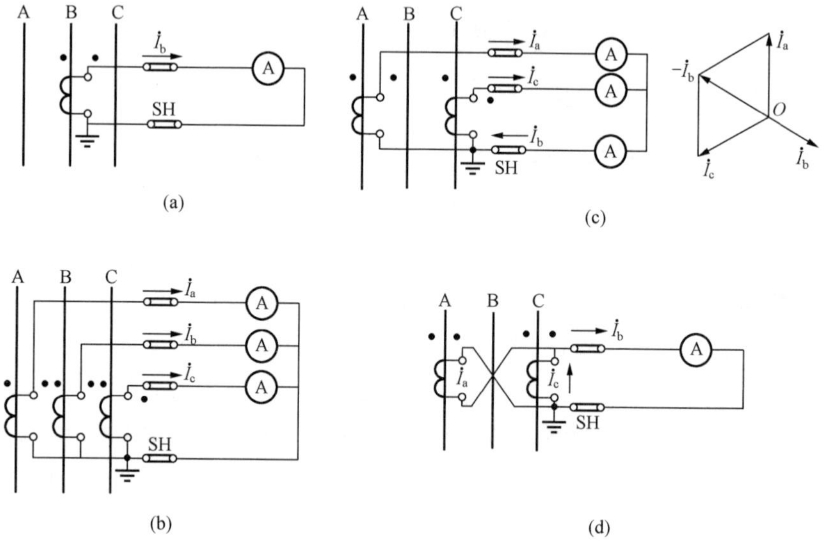

图 3-5 电流互感器的接线方式

(a) 单相接线；(b) 完全星形接线；(c) 不完全星形接线；(d) 两相电流差接线

图 3 - 5（a）为单相接线，这种接线通常用在三相负荷平衡的电路中，供测量电流或接过载保护装置之用。

图 3 - 5（b）为完全星形接线，用于 110kV 及以上的三相电路和低压三相四线制电路的测量，以及某些继电保护回路。

图 3 - 5（c）为不完全星形接线，用于 35kV 及以下小电流接地系统的三相测量回路，以及除差动保护外的保护回路。通常两只电流互感器装于 A、C 两相，其二次侧公共回线上的电流正好等于 B 相电流，即 $\dot{I}_a+\dot{I}_c=-\dot{I}_b$，故两只电流互感器同样可反映出中性点不接地系统（满足 $\dot{I}_A+\dot{I}_B+\dot{I}_C=0$）的三相电流。

图 3 - 5（d）为 A、C 两相电流差接线方式，这种接线适用于中性点不接地的三相三线制电路中的过电流保护之用，二次侧公共线上的电流为 $\dot{I}_a-\dot{I}_c$，其有效值为相电流的$\sqrt{3}$倍。

以上各种接线方式均须有一点保护接地，并在回路中的适当位置接入试验盒 SH，以保证在二次回路测试作业时，电流互感器的二次侧不致发生开路。

1.4 常用电流互感器介绍

1. 电流互感器的分类

(1) 按作用可分为测量用电流互感器和保护用电流互感器。测量用电流互感器和保护用电流互感器的标准准确度不同：标准仪表 0.2 级、计量仪表 0.5 级、一般测量仪表 1～3 级，保护用 0.2、0.5 级。

(2) 按安装地点可分为户内式和户外式。20kV 及以下制成户内式；35kV 及以上多制成户外式。

(3) 按安装方式可分为穿墙式、瓷箱式和装入式。穿墙式装在墙壁或金属结构的孔中，可节约穿墙套管；瓷箱式则安装在平面或支柱上；装入式是套在 35kV 及以上变压器的套管上，故也称为套管式。

(4) 按绝缘可分为干式、浇注式、油浸式等。干式用绝缘胶浸渍，适用于低压户内的电流互感器；浇注式利用环氧树脂作绝缘，目前仅用于 35kV 及以下的电流互感器；油浸式多为户外型。

(5) 按一次绕组匝数可分为单匝式和多匝式。电流互感器的型号含义如图 3 - 6 所示。

例如 LQJ - 10，表示额定电压为 10kV 的绕组式树脂浇注绝缘的电流互感器。

2. 电流互感器的结构

电流互感器的结构原理如图 3 - 7 所示。

单匝式结构有贯穿式（一次绕组为单根铜管或铜杆）和母线式（以母线穿过互感器作为一次绕组）。单匝式电流互感器结构简单、尺寸小、价格低，其内部电动力不大，热稳定也容易借选择原电路的导体截面来保证。缺点是一次电流较小时，一次绕组安匝 I_1N_1 与励磁绕组安匝 I_0N_1 相差不大，故误差较大，因此额定电流在 400A 以下采用多匝式。

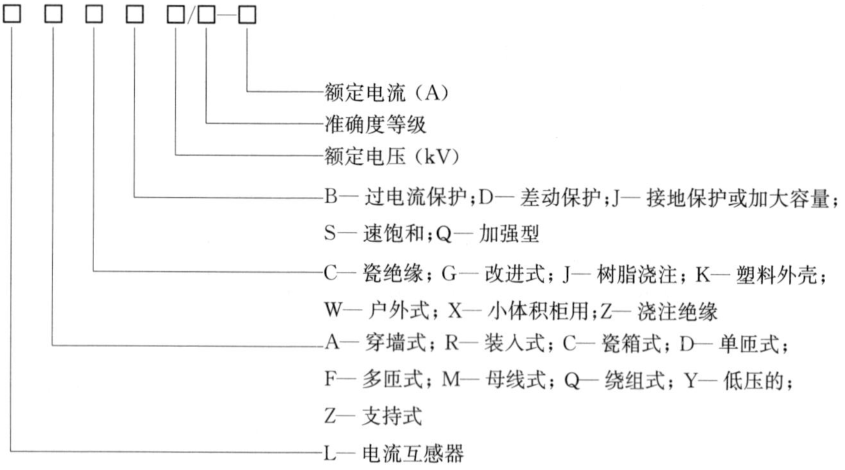

图 3-6　电流互感器型号含义

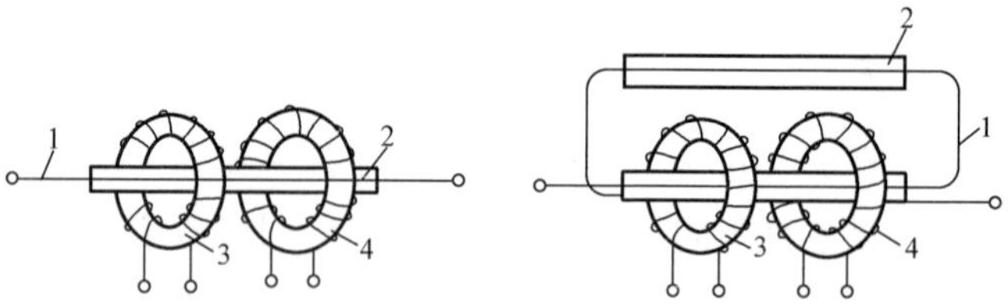

(a)　　(b)

图 3-7　电流互感器的结构原理图

(a) 单匝式；(b) 多匝式

1—一次绕组；2—绝缘套管；3—铁心；4—二次绕组

多匝式按结构可分为绕组式、“8”字形和“U”字形。“8”字形绕组结构的电流互感器的一次绕组为圆形，并套住带环形铁心的二次绕组，构成两个互相套着的环，形如“8”字。由于“8”字形绕组电场不均匀，故只用于 35～110kV 电压级。

图 3-8 是户内低压 LMZJ-0.5 型电流互感器，它利用穿过其铁心的一次电路作为一次绕组（相当于 1 匝），主要用于 500V 及以下的配电装置中。图 3-9 是 LQJ-10 型电流互感器，它有不同准确度等级的两个铁心和两个二次绕组，分别是 0.5 级和 3 级，0.5 级用于测量，3 级用于保护，以满足测量和保护的不同要求。

以上两种电流互感器都是由环氧树脂或不饱和树脂浇注绝缘的，与老式油浸式或干式电流互感器相比，它们具有尺寸小、性能好、安全可靠等优点，因此目前被广泛应用于高低压成套配电装置中。

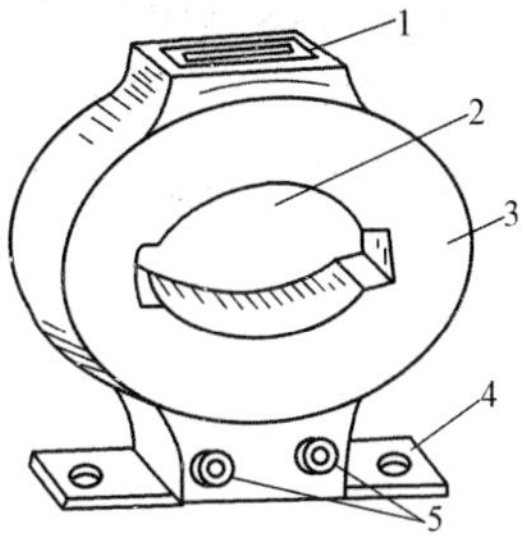

图 3-8 LMZJ-0.5 型电流互感器

1—铭牌；2—一次母线穿孔；3—铁心；
4—安装板；5—二次接线端子

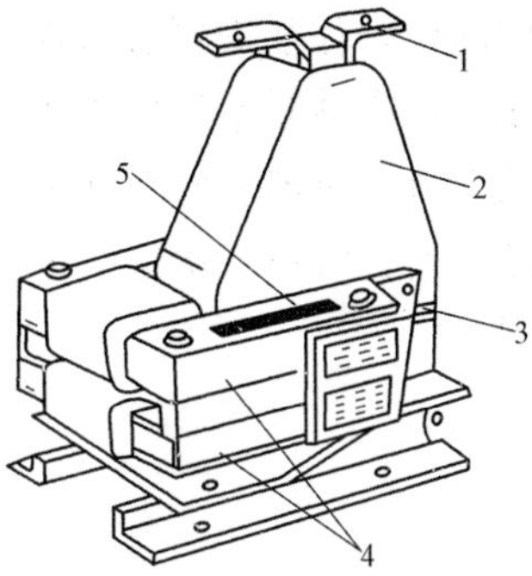

图 3-9 LQJ-10 型电流互感器

1—一次接线端子；2—一次绕组；
3—二次接线端子；4—铁心；5—二次绕组

图 3-10 为 220kV “U” 字形绕组电流互感器。一次绕组呈 “U” 形，主绝缘全部包在一次绕组上，绝缘共分 10 层，层间有电容屏（金属箔），外屏接地，形成圆筒式电容串结构。由于其电场分布均匀和便于实现机械化包扎绝缘，目前在 110kV 及以上的高压电流互感器中得到广泛的应用。

图 3-11 为硅橡胶复合套管 SF_6 气体绝缘电流互感器。这类互感器采用新型复合套管及绝缘性能极好的 SF_6 气体作为绝缘，不仅性能可靠，维护简单，而且易向更高电压等级发展。

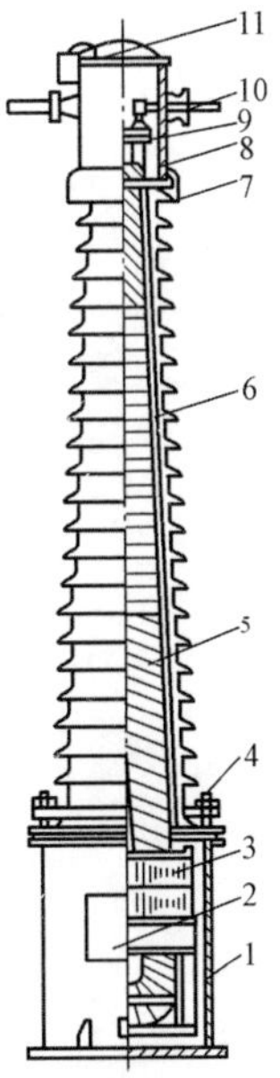

图 3-10 220kV “U” 字形绕组电流互感器

1—油箱；2—二次接线盒；3—环形铁心及二次绕组；4—压圈式卡接装置；5—U 字形一次绕组；6—瓷套；7—均压护罩；8—储油柜；9—一次绕组切换装置；10—一次出线端子；11—呼吸器

图 3-11 硅橡胶复合套管 SF_6 气体绝缘电流互感器

在同一回路中，往往需要数量很多的电流互感器，为了节约材料和投资，高压电流互感器常由多个设有磁联系的独立铁心和二次绕组与共用的一次绕组组成同一电流比、多二次绕组的电流互感器。对于 110kV 及以上的电流互感器，为了适应一次电流的变化和减少产品规格，常将一次绕组分成几组，通过切换来改变绕组的串、并联，以获得 2～3 种电流比。

项目2 电压互感器

学习目标

(1) 了解电压互感器的功能和工作特性。

(2) 熟悉电压互感器的运行维护内容。

(3) 了解各类型电压互感器的结构特点。

2.1 认识电压互感器

1. 电压互感器的功能

电压互感器（见图 3-12），是一种传递电力一次系统中电压信号的重要元件。其一次绕组与一次系统并联，二次绕组与二次设备并联，主要功能如下：

(1) 降低电压值。电压互感器将一次系统中的高电压改变为二次系统的标准低压（100 V）。这样，既利于运行人员的人身安全，又可使二次侧连接的测量仪表和保护装置实现标准化和小型化，使其结构轻巧、价格便宜，便于屏内安装。

微课 28 认识电压互感器

(2) 隔离二次与一次。电压互感器一次绕组和二次绕组之间只有磁的联系，没有电的联系，以保证二次设备与一次高电压部分隔离，要求电压互感器的二次侧接地，以达到保证设备和人身安全的目的。由于电压互感器一、二次绕组除了接地点外无其他电路上的联系，因此二次系统的对地电位与一次系统无关，只依赖于接地点与二次绕组其他各点的电位差，在正常运行情况下处于低压（小于 100V）的状态，便于维护、检修与调试。

2. 电压互感器的工作原理

电压互感器的工作原理有两种，即电磁感应原理和电容分压原理（在 220kV 以上系统中使用）。常用的电压互感器是利用电磁感应原理工作的，它的基本构造与普通变压器相同，主要由铁心、一次绕组、二次绕组组成（见图 3-12）。电压互感器一次绕组匝数较多，二次绕组匝数较少，使用时一次绕组与被测量电路并联，二次绕组与测量仪表、继电器等电压线圈并联。由于测量仪表、继电器等电压绕组的阻抗很大，因此电压互感器在正常运行中相当于一个空载运行的降压变压器，它的二次电压基本上等于二次电动势值，且取决于恒定的一次电压值，所以电压互感器在准确度所允许的

图 3-12 电压互感器

负荷范围内，能够精确地测量一次电压。

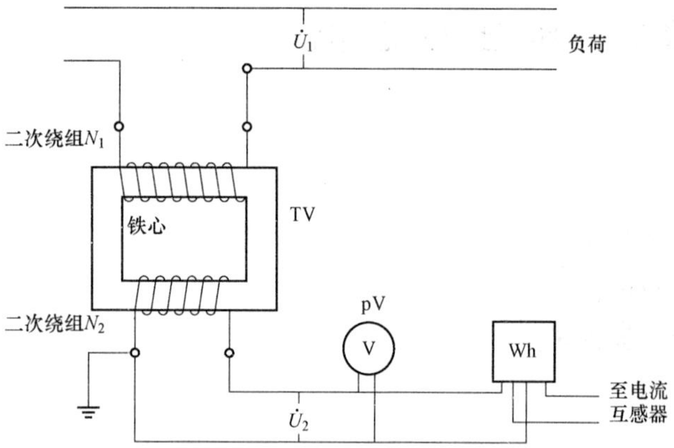

图 3-13　电压互感器原理接线图

电压互感器的额定电压比为一次绕组和二次绕组的额定电压比，即

$$K_u=\frac{U_{1N}}{U_{2N}}\approx\frac{N_1}{N_2}\quad(3-4)$$

3. 电压互感器的参数

(1) 电压比。电压互感器的一、二次额定电压比，称为电压互感器的额定电压（简称变比）K_u，近似等于电压互感器一、二次绕组的匝数比，即

$$K_u=\frac{U_{1N}}{U_{2N}}\approx\frac{N_1}{N_2}\quad(3-5)$$

式中　N_1、N_2——一、二次绕组的匝数。

电压互感器二次额定电压通常为100V（或$100/\sqrt{3}$V），一次额定电压就是电源电压，且已经标准化，如0.4、10、35、66、110、220kV和500kV等。

(2) 误差和准确度等级。电压互感器的误差分为两种，一种是电压误差（变压误差），另一种是角误差。理想的电压互感器电压比应完全等于一、二次绕组匝数之比，一、二次侧电压的相位应正好相差180°。但是在实际电压互感器中，由于励磁电流的存在和线圈阻抗的影响，均会产生电压数值误差和相位角的误差（简称角误差）。

电压互感器的电压误差$\Delta U\%$为

$$\Delta U\%=\frac{K_uU_2-U_1}{U_1}\times100(\%)$$

角误差是指二次电压相量$\dot{U}_2$旋转180°后与一次电压相量$\dot{U}_1$之间的夹角，用δ表示，单位为度。规定$-\dot{U}_2$超前$\dot{U}_1$时，δ为正；反之，δ为负。

特别提示

电压互感器的电压误差和角误差，都与互感器一、二次绕组的漏阻抗Z_1和Z_2有关，还与空载电流I_0、二次负荷电流I_2及二次负荷功率因数$\cos\varphi_2$有关。当I_0、I_2、Z_1、Z_2增大时，误差增大；反之，减小。当$\cos\varphi_2$过大或过小时，不仅电压误差增大，角误差也增大。

知识延伸　减小电压互感器误差的措施有哪些?

1) 应合理选用线圈结构并设法减少漏磁通，从而减小一、二次绕组的电阻和漏电抗。

2）采用高磁导率的材料（如冷轧硅钢片）做铁心，并增大铁心的截面、减小磁路的长度和气隙，以减小 I_0。

3）电压互感器在使用时应使一次电压、二次负荷阻抗及 $\cos\varphi_2$ 在规定范围内。

电压互感器的准确度等级是指在规定的一次电压和二次负荷变化的范围内，负荷功率因数为额定值时，误差的最大限值。测量用电压互感器的准确度等级分为四级，即 0.2、0.5、1 和 3 级。0.2 级用于实验室的精密测量，0.5～1 级用于发电厂及变电站的盘式仪表，3 级用于一般的测量仪表和某些继电保护装置。对于电能计量的电能表，应采用准确度不低于 0.5 级的电压互感器。保护用电压互感器准确度等级有 3P 和 6P 两种。

电压互感器的准确度等级和误差限值见表 3-2。

表 3-2　　电压互感器准确度等级和误差限值

标准准确度等级	误差极限		一次电压变化范围	频率、功率因数及二次负荷变化范围
	电压误差（±%）	相位误差（±′）		
0.2 0.5 1 3	0.2 0.5 1.0 3.0	10 20 40 不规定	$(0.8\%\sim1.2\%)U_{1N}$	$(0.25\sim1)S_{2N}$ $\cos\varphi_2=0.8$ $f=f_N$
3P 6P	3.0 6.0	120 240	$(0.05\%\sim1\%)U_{1N}$	

（3）额定容量 S_{2N}。电压互感器的额定容量是指对应于最高准确度等级时的容量。电压互感器在这个负荷容量下工作时，所产生的误差不会超过这一准确度等级所规定的允许值。由于电压互感器的误差随负荷而变化，在使用中，当负荷超过该准确度等级所规定的容量时，准确度等级就会下降。与电流互感器相似，同一台电压互感器在不同的准确度等级下工作时，其额定容量是不同的。通常，在电压互感器的铭牌上标有在不同准确度等级下对应的额定容量 S_{2N}，在选用电压互感器时应根据所要求的准确度等级，确定负荷容量 S_2，并应使 $S_2<S_{2N}$。

此外，根据在最高工作电压下的长期允许发热条件，对电压互感器还规定了最大容量，但是，一般都不会使负荷达到此最大容量。

4. 电压互感器的工作特性

（1）电压互感器一次电压的大小取决于一次系统的负荷电流，与二次负荷无关。

电压互感器的一次绕组并联在一次系统中，匝数多于二次绕组匝数，一次电压的大小由一次系统决定，与二次电压大小无关，即一次电压值不因二次回路运行状态的变化而改变。

（2）电压互感器正常运行时，二次绕组近似于开路工作状态。电压互感器二次侧并联接入测量仪表和继电器等的电压绕组，其阻抗都非常大，故所带负荷很小且恒定不变，致使电压互感器正常工作在接近变压器的空载状态。

（3）运行中的电压互感器二次回路不允许短路。和普通变压器一样，电压互感器的二次侧负荷不允许短路，否则就有被烧毁的危险，故一般在其二次侧装设熔断器或低压断路器作短路保护。为了防止互感器本身出现故障而影响电网的正常运行，其一次侧一般也需装设熔断器和隔离开关。

(4) 电压互感器二次绕组一端及铁心必须可靠接地。电压互感器二次侧有一端必须接地，以防止一、二次绕组绝缘击穿时，一次侧的高压窜入二次侧，危及人身和设备的安全。

(5) 电压互感器结构应满足热稳定和动稳定的要求。

2.2 电压互感器的运行与维护

运行中的电压互感器出现下列故障之一时，应立即退出运行。

(1) 瓷套管破裂、严重放电。

(2) 高压线圈的绝缘击穿、冒烟，发出焦臭味。

(3) 电压互感器内部有放电声及其他噪声，线圈与外壳之间或引线与外壳之间有火花放电现象。

(4) 漏油严重，油标管中看不见油面。

(5) 外壳温度超过允许温升，并继续上升。

(6) 高压熔体连续两次熔断。

岗位技能1 电压互感器运行前的检查项目

检查套管，看有无裂纹、破损现象；

检查充油电压互感器，其外观应清洁，油量充足，无渗漏油现象；

检查引线和线卡子及二次回路各连接部分，应接触良好，不得松弛；

检查外壳及一、二次绕组接地情况，应接地正确、良好，接地线应坚固可靠；

按电气试验规程，进行全面试验并应合格。

岗位技能2 电压互感器的巡视检查项目

检查瓷套管是否清洁，有无缺损、裂纹和放电现象，声音是否正常；

检查充油电压互感器油位是否正常，有无渗漏现象；

检查各接头有无过热及打火现象，螺栓有无松动，有无异常气味；

检查二次绕组有无开路，接地线是否良好，有无松动和断裂现象；

检查电流表的三相指示是否在允许范围之内，电压互感器有无过载运行。

2.3 电压互感器的接线方式

电压互感器的接线方式很多，下面介绍常见的接线方式。

(1) 单相接线。一台单相电压互感器的接线，如图 3-14 (a) 所示。这种接线在三相线路上，只能测量某两相之间的线电压，用于连接电压表、频率表及电压继电器等。为安全起见，二次绕组有一端（通常取 X 端）接地。

（2）V—V接线。两台单相电压互感器接成V—V形，又称不完全星形接线，如图3-14（b）所示。这种接线广泛应用于中性点不接地系统或经消弧线圈接地系统，可以用来测量三个线电压，用于连接线电压表、三相电能表和电压继电器等。由于一次绕组没有接地点，减少系统中的对地励磁电流，避免产生内过电压。但这种接线只能得到线电压或相对于系统中性点的相电压，因此，使用有局限性，不能测量相对地电压，不能起绝缘监察作用和作接地保护用。为安全起见，通常将V—V接线中的二次绕组V点接地。

（3）Y0—Y0接线。三台单相电压互感器的Y0—Y0形，又称完全星形接线，如图3-14（c）所示。这种接线方式能满足仪表和继电保护装置取用相电压和线电压的要求。由于小接地电流系统在一次侧发生单相接地时，另两相电压要升高到线电压，所以绝缘监视电压表应按线电压选择量程，否则在发生单相接地时，电压表可能损坏。

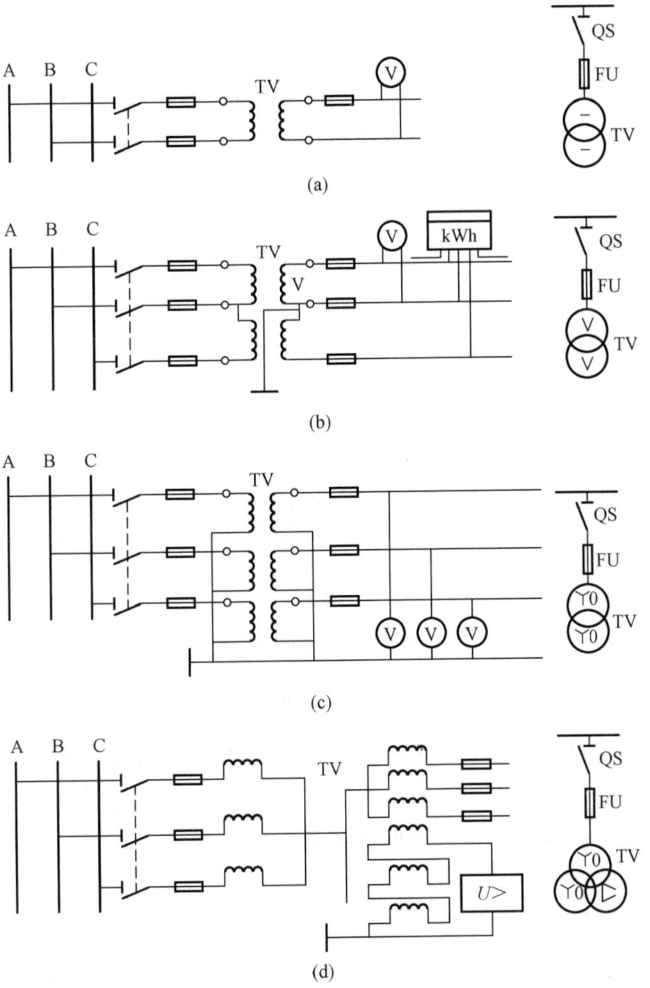

图3-14 电压互感器的接线方式

（a）单相接线；（b）V—V接线；（c）Y0—Y0接线；（d）Y0—Y0—⊳接线

(4) Y_0—Y_0—▷接线。三台单相三绕组电压互感器或一台三相五柱式电压互感器接成Y_0—Y_0—▷形，又称万能接线，如图 3-14（d）所示。这种互感器接线方式，在 10kV 中性点不接地系统中应用广泛，它既能测量线电压、相电压并能测量零序电压。两套二次绕组中，Y_0形接线的二次绕组称为基本二次绕组，用来连接仪表、继电器及绝缘监察电压表，开口三角形（▷）接线的二次绕组，称为辅助二次绕组，用来连接监察绝缘用的电压继电器，组成绝缘监察装置和供单相接地保护用。在系统正常运行时，开口三角形两端的电压接近于零，当系统发生单相接地故障时，开口三角形两端出现近 100V 零序电压，使电压继电器动作，发出接地预警信号。

2.4 常用电压互感器介绍

1. 电压互感器的分类

(1) 按安装地点可分为户内式（35kV 及以下）和户外式（多为 110kV 及以上）。

(2) 按相数可分为单相式（任何电压级）和三相式（20kV 及以下）。

(3) 按绕组数可分为双绕组（35kV 及以下）和三绕组（任何电压级）。

(4) 按绝缘方式可分为干式（用绝缘胶浸渍，多用于户内低压）、浇注式（用于 3～35kV 的户内式）、油浸式（多用于 110kV 及以上的户外式）和瓷箱式（110kV 及以上）。

电压互感器型号含义如图 3-15 所示。

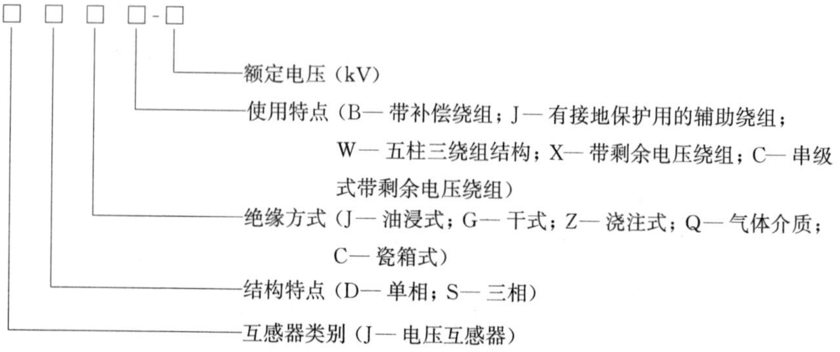

图 3-15 电压互感器型号说明

例如：JSJW-10 表示为 10kV 的三相三绕组五芯柱油浸式电压互感器。其中三相电压互感器只限于制成 10kV 及以下电压等级；三绕组电压互感器的第三绕组接成开口三角形，主要供给监视电网绝缘和接地保护装置。

2. 电压互感器的结构

(1) 浇注式电压互感器。该类产品均做成单相户内式，广泛应用于 3～20kV 户内配电装置。图 3-16 所示为 JDZ-6 型电压互感器。其铁心用优质硅钢片叠装成方形。一次绕组和两个二次绕组绕制成同芯柱体，连同一次绕组的引出线一起用环氧树脂浇注成型，然后装上铁心。因铁心外露，称为半浇注式。浇注体下面涂有半导体漆，并与金属底板和铁心相连，还在一次绕组的两端设置屏蔽层，以改善电场的不均匀性，防止在冲击电压作用下发生局部放电。

（2）油浸式电压互感器。油浸式电压互感器的绝缘性能好，使用电压范围宽，从3～110kV及以上各级电压均有其产品系列，品种很多。总的可分为：35kV 及以下的普通油浸式电压互感器，110kV 及以上的串励式电压互感器，以及 10～35kV 的电压电流组合型油浸式互感器等。图 3-17 所示为 JDJ-10 型油浸式电压互感器，图 3-18 所示为 JSJ-10 型油浸式电压互感器，图 3-19 所示为 JDCF-110 型油浸式电压互感器。

图 3-16 JDZ-6 型电压互感器

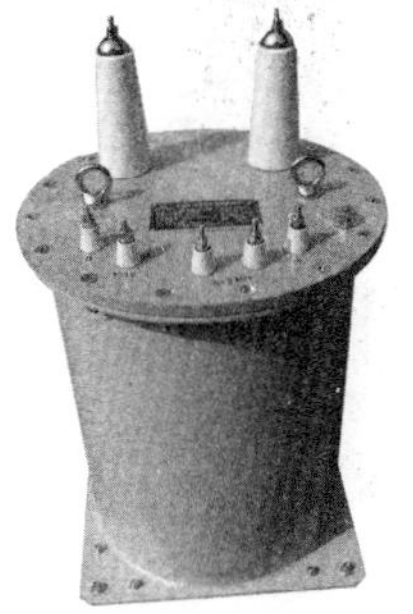

图 3-17 JDJ-10 型油浸式电压互感器

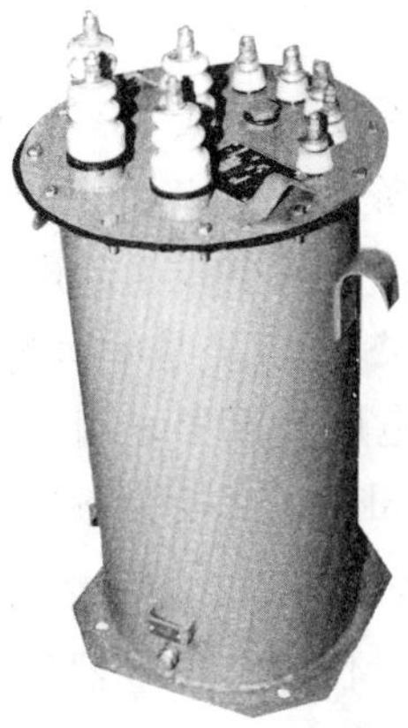

图 3-18 JSJ-10 型油浸式电压互感器

图 3-19 JDCF-110 型油浸式电压互感器

JDJ2-35 型油浸式电压互感器为户外式，该互感器油箱设有较完善的储油柜、油标和呼吸器等。其户外式瓷套管内腔也基本充满油，可消除内部空气放电。其储油柜直接分设在两瓷套管顶部，结构更简化。

（3）SF_6 式电压互感器。图 3-20 所示为 JDQXF-110 型 SF_6 式电压互感器，其采用绝缘性能良好的 SF_6 气体作为绝缘，不仅维护简单，具有更高的可靠性，而且更适合高的电压等级。

（4）电容式电压互感器。随着电力系统输电电压的增高，电磁式电压互感器的体积和质量越来越大，成本也随之增加。电容式电压互感器与电磁式电压互感器相比，具有结构简单、体积小、质量轻、占地少、成本低的优点，且电压越高效果越显著。电容式电压互感器的运行维护也较方便，且其中的分压电容还可兼作载波通信的耦合电容，因此广泛用于 110～500kV 中性点直接接地系统中。图 3 - 21 所示为 TYD - 110 型电容式电压互感器。

图 3 - 20　JDQXF - 110 型 SF_6 式电压互感器

图 3 - 21　TYD - 110 型电容式电压互感器

电容式电压互感器原理很简单，它是利用串联电容器分压原理按比例获取电网电压的。原理接线图如图 3 - 22 所示。

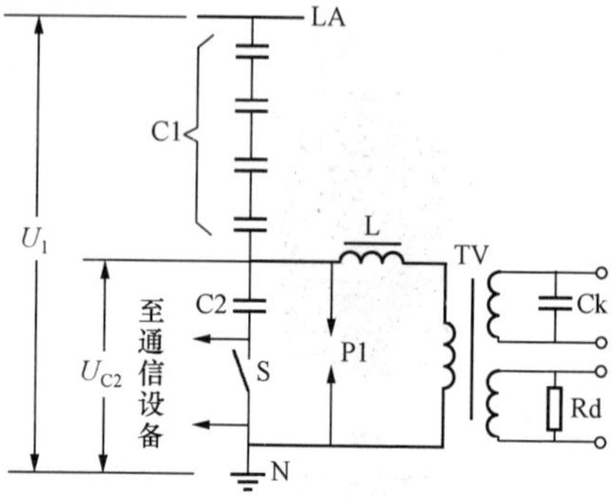

图 3 - 22　电容式电压互感器原理接线图

电压互感器接于相线 LA 与地 N 之间，如果不接通信设备，开关 S 将是闭合的；L 是串联补偿电抗，用于减小或消除电容输出的内阻抗，从而减小误差；TV 是中间变压器，实际上是一台电磁式电压互感器，用于将较高的电压 U_{C2}（通常为 13kV）变换为额定二次电压，基本二次绕组为 $100/\sqrt{3}$ V，辅助二次绕组为 100V，供给测量仪表和继电器使用；阻尼绕组 Rd 用来消除可能产生的铁磁谐振过电压；P1 是放电间隙，当分压电容 C2 上出现异常过电压时，P1 先击穿，以保护补偿电抗器、分压电容器和中间变压器；补偿电容 Ck 可以补偿中间变压器的励磁电流和负荷电流中的电感分量，提高二次侧负荷的功率因数，从而减小测量误差。

电容式电压互感器的主要缺点是输出容量较小，影响误差的因素较多，误差特性比电磁式电压互感器差。

微课 29　认识 220kV 电压互感器

项目3 母　　线

学习目标

(1) 了解母线的作用、分类和特点。

(2) 了解母线在系统中的布置方式。

3.1 认识母线

1. 母线的作用

在发电厂和变电站的各级电压配电装置中，将发电机、变压器等大型电气设备与各种电器之间连接的导线称为母线。母线的作用是汇集、分配和传送电能。母线是构成电气主接线的主要设备。由于母线在正常运行时通过的功率大，在发生短路故障时承受很大的电动力和热效应，因此，应合理地选择母线材料、截面形状及布置方式，正确安装，以确保母线安全、可靠、经济运行。

2. 母线的分类及特点

微课30 母线的作用及分类

(1) 母线按结构可分软母线和硬母线。

1) 软母线（见图3-23）一般采用钢芯铝绞线，用悬式绝缘子将其两端拉紧固定，软母线在拉紧时存在适当的弛度，工作时会产生横向摆动，故软母线的线间距离要大，常用于户外配电装置。

图3-23 软母线

2) 硬母线采用矩形、槽形或管形截面的导体，用支柱绝缘子固定，多数只作横向约束，而沿纵向则可以伸缩，主要承受弯曲和剪切应力，硬母线的相间距离小，广泛用于户内外配电装置。

(2) 母线按所使用的材料可分为铜母线、铝母线和钢母线。不同材料制作的母线具有各自不同的特点和适用范围。

1) 铜母线。铜的电阻率低，机械强度高，抗腐蚀性强，便于接触连接，是很好的母线材料。但它在工业上有很多重要用途，而且储量不多，是一种贵重金属，因此一般应用于含有腐蚀性气体、有强烈振动的地区（如靠近化工厂或海岸等），或者有大电流接触连接的场所。

2) 铝母线。铝的电阻率为铜的1.7～2倍，但密度只有铜的30%，所以在长度和电阻相同的情况下，铝母线的质量仅为铜母线的一半。而且铝的储量较多，价格也较低。总的来说，用铝母线比用铜母线经济。因此目前我国在户内外配电装置中都广泛采用铝母线。但铝的机械强度和抗腐蚀性能较低，接触连接性能较差，焊接技术又较复杂。

3）钢母线。钢的优点是机械强度高，价格便宜。但钢的电阻率很大，为铜的6～8倍，用于交流时会产生很强烈的集肤效应，并造成很大的磁滞损耗和涡流损耗，因此仅用在高压小容量电路（如电压互感器回路以及小容量厂用、站用变压器的高压侧）、工作电流不大于200A的低压电路、直流电路以及接地装置回路中。

（3）母线按截面形状可分为矩形、圆形、槽形和管形等。母线的截面形状应保证集肤效应系数尽可能小，同时使散热条件好，机械强度高。

1）矩形截面。矩形截面母线（见图3-24）常用在35kV及以下的户内配电装置中。矩形母线的优点（与相同截面的圆形母线比较）是散热条件好，集肤效应小，安装简单，连接方便。在相同的截面积下，矩形母线比圆形母线具有更长的周长和更大的散热面，因而散热条件好。在相同的截面和相同的容许发热温度下，矩形截面母线要比圆形母线的容许工作电流大。

图3-24　矩形截面

为增强散热条件和减小集肤效应的影响，同时兼顾机械强度，矩形截面母线的边长比通常为1∶12～1∶5。单条母线的截面积不应大于$10\times120=1200mm^2$。当工作电流超过单条矩形母线最大允许电流时，可以采用两条或三条矩形母线一起固定在支柱绝缘子上，每条间的距离应等于一条的厚度，以保证较好的散热。但每相条数增加时，其允许电流并不成正比地增加，而是随条数的增加而增加得较少。当每相有三条时，中间一条电流约为总电流的20%，两边的两条各占40%。每相矩形母线的条数不宜超过三条。

2）圆形截面。在35kV以上的户外配电装置中，为了防止产生电晕，大多采用圆形截面母线。一般情况下，母线表面的曲率半径越小，则电场强度越大。因此，矩形截面的四角处在电压等级较高时，易引起电晕现象，而圆形截面上不会出现电场集中的情况。因此，在110kV及以上电压的户外配电装置中，一般都采用钢芯铝绞线或管形母线。

3）槽形截面。槽形母线（见图3-25）的电流分布较均匀，与同截面的矩形母线相比，具有集肤效应小、冷却条件好、金属材料的利用率高、机械强度高等优点。当母线的工作电流很大，每相需要三条以上的矩形母线才能满足要求时，一般采用槽形母线。

4）管形截面。管形母线（见图3-26）是空芯导体，集肤效应小，且电晕放电电压高。在35kV以上的户外配电装置中多采用管形母线。

图3-25　槽形截面

图3-26　管形母线

在电网的改造和建设过程中，我国大量采用矩形母线作为电气设备连接的主要设施，但是矩形母线存在明显的缺点：集肤效应明显，涡流损耗严重，约占整个线路损耗的80%，占整个变电站系统损耗的20%。从全国来看，由于线路损耗而损失的电量是非常大的。鉴于此，国家电网公司从2000年起逐渐采用铜或铝金属管状裸母线替代矩形母线。但因为都是裸母线，其供电安全性并没有得到改善，仍会有异物搭接、动物短接、气候温变凝露及人为触电等事故的发生。

新型复合绝缘管形母线是为了适应变电站容量不断扩大，低压侧出线电流不断加大而开发的新型产品，其不仅为电站的扩建和增容提供了有力的支持和保证，给电气设备的敷设辅以安全和环保的新概念，同时又可节约大量宝贵的金属资源，是输配电行业未来发展的方向。新型复合绝缘管形母线是采用空心管状铜管或铝管作导体，用三层共挤的新技术在铜管外表面包覆三层特殊的高分子材料，即内屏蔽层、绝缘层、外屏蔽层，实现母线的屏蔽绝缘作用。与传统的矩形铜排母线相比，复合绝缘管形母线具有载流量大、集肤效应低、功率损耗小、散热条件好、温升低、电气绝缘性能强等特点。

3.2　母线的布置方式

母线的散热条件和机械强度与母线的布置方式有关。以矩形母线为例，最为常见的布置方式有两种，即水平布置和垂直布置。

1. 水平布置

如图3-27（a）、（b）所示，三相母线固定在支柱绝缘子上，具有同一高度。各条母线之间既可以竖放，也可以平放。竖放式水平布置的母线散热条件好，母线的额定允许电流较其他放置方式要大，但机械强度不是很好。对于载流量要求不大，但机械强度有较高要求的场合可采用平放式水平布置的结构。

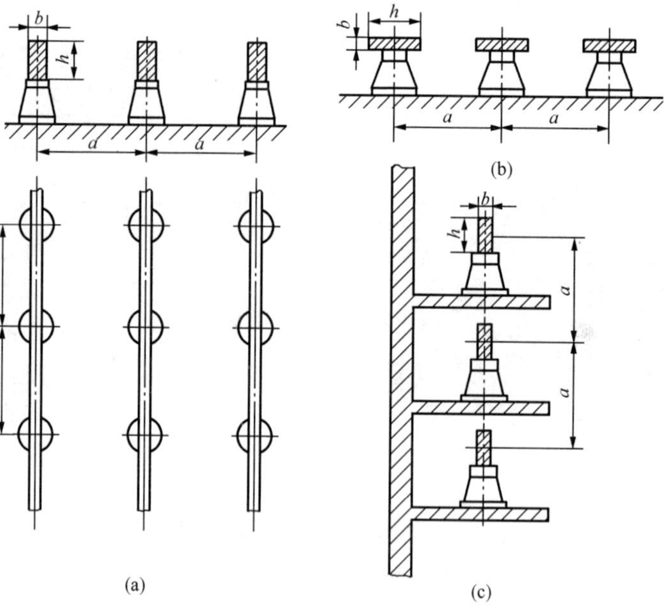

图 3-27　母线布置方式
(a) 竖放式水平布置；(b) 平放式水平布置；(c) 垂直布置

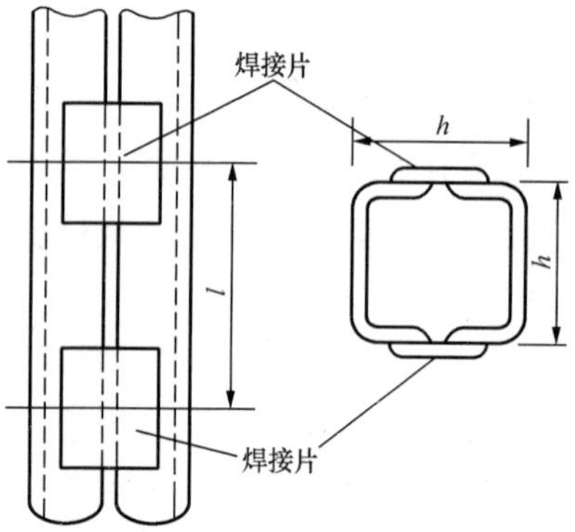

图 3-28　槽形母线布置断面图

2. 垂直布置

垂直布置方式的特点是三相母线分层安装，如图 3-27 (c) 所示，图中母线采用竖放式垂直布置。这种布置方式不但散热性强，而且机械强度和绝缘能力都很高，克服了水平布置存在的不足之处。然而垂直布置增加了配电装置的高度，需要更大的投资。

槽形母线布置方式与矩形母线是相似的，这里不再重述。应当指出的是，槽形母线的每相均由两条组成一个整体，构成所谓的双槽式，如图 3-28 所示，整个断面接近正方形，槽形母线均采用竖放式，两条同相母线之间每隔一定距离，用焊接片进行连接，构成一个整体。这种结构形式的母线机械性能非常好，而且能节约金属材料。

3.3　母线在绝缘子上的固定和着色

1. 母线的固定

在绝缘子上固定矩形母线和槽形母线，都是通过衬垫安置在支柱绝缘子上，并利用金具进行固定，如图 3-29 所示。

在交流装置中由于铁耗等原因，会造成母线金具的发热。为减小发热程度，在

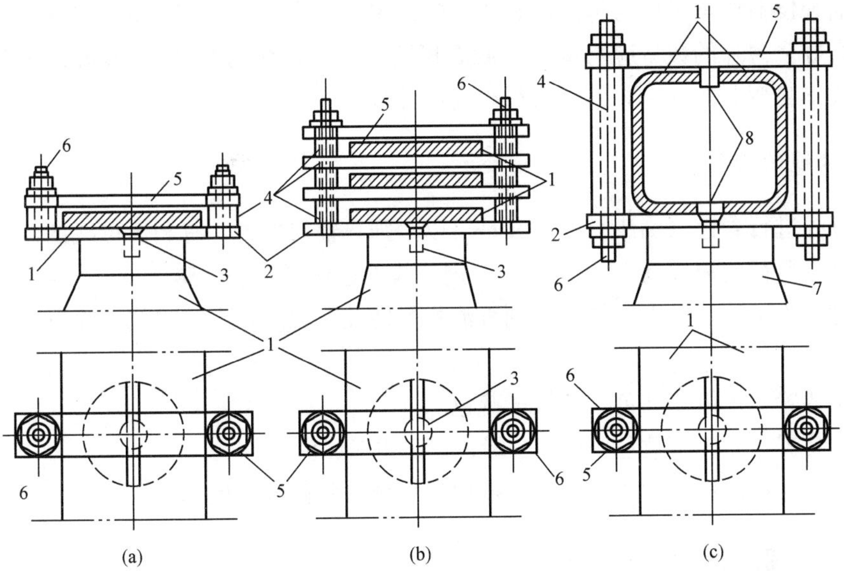

图 3-29 母线在支柱绝缘子上的固定

(a) 单条矩形母线；(b) 三条矩形母线；(c) 槽形母线

1—母线；2—钢板；3—螺栓；4—间隔钢管；5—铁板；6—拧入钢板 2 的螺栓；7—绝缘子；8—撑杆

1000A 以上的大工作电流装置中，通常母线金具上的夹板用非磁性材料铝制成，而其他零件采用镀锌铁。

母线用金具固定在支柱绝缘子上，必须考虑母线热效应而产生的纵向自由伸缩，以免支柱绝缘子受到很大的应力。为此，在固定铝板的螺栓上套以间隔钢管，使母线与铁板之间保持一定的空隙。

圆形母线是利用卡板固定在支柱绝缘子上，多股绞线则利用专门的线夹固定在悬式绝缘子串上。

当矩形截面母线的长度大于 20m 时，一般在母线上装设伸缩补偿器，如图 3-30 所示。图中盖板上有圆孔，以供螺栓之用。根据螺栓直径的大小，在母线上也凿有长圆孔，以保证螺栓在其中自由伸缩。为便于母线自身的自由伸缩，一般都不允许将螺栓拧太紧。

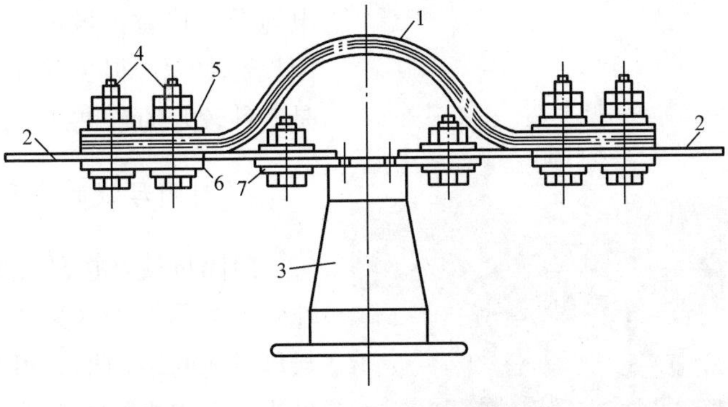

图 3-30 半圆形母线伸缩补偿器

1—补偿器；2—母线；3—支柱绝缘子；4—螺栓；5—垫圈；6—衬垫；7—盖板

伸缩补偿器通常是用与母线材料相同的许多厚度为0.2～0.5mm的薄片叠成，以薄铜片为最好，薄片的数量应与母线的截面相适应。当母线的厚度在8mm以下时，也可以用母线本身弯曲的办法，使母线得以自由伸缩。

2. 母线的着色

对母线进行着色（刷漆）的意义是可以增强热辐射能力，有利于母线的散热，母线着色后允许负荷电流提高12%～15%。钢母线着色还可防止生锈。

同时，为了使工作人员便于识别直流的极性及交流的相别，母线可涂以不同的颜色标志。

直流装置：正极—红色；负极—蓝色。

交流装置：A相—黄色；B相—绿色；C相—红色。

中性线：不接地中性线—白色；接地中性线—紫色带黑色条纹。

特别提示

在焊缝螺栓连接处、设备引线端等都不宜着相色漆，以便在运行中监察接头情况。最好在母线接头的显著位置涂刷温度变色漆或粘贴温度变色带。

软母线的各股绞线常有相对扭动，也不宜着相色漆。

3.4 封闭母线

1. 概述

封闭母线是用金属外壳将导体连同绝缘等封闭起来的母线。

通常发电机至变压器的连接母线采用敞露式母线，存在的主要缺点是：绝缘子表面容易被灰尘污染，尤其是母线布置在户外时，受气候变化影响及污染更为严重，很容易造成绝缘子闪络及由于外物所致造成母线短路故障。随着单机容量的增大，对发电机出口母线运行的可靠性提出了更高的要求。同时，母线容量增大后，母线短路电动力和母线附近钢构件的发热大大增加。若采用电缆母线代替，虽可缓解上述问题，但因投资太大，很少采用。采用封闭母线是一种较好的解决办法。

图3-31 金属外壳的封闭母线

2. 封闭母线的分类

封闭母线，按外壳材料可分为塑料外壳和金属外壳（见图3-31）；按外壳与母线间的结构形式可分为共箱式封闭母线、离相式封闭母线和分相封闭母线。

（1）共箱式封闭母线。共箱式封闭

母线包括不隔相共箱式封闭母线［见图3-32（a)］、隔相共箱式封闭母线［见图3-32（b)］及交直流励磁共箱母线，广泛用于100MW以下发电机引出线与主变压器低压侧之间或75MW及以上机组厂用变压器低压侧与高压配电装置之间的电流传输。共箱式封闭母线也可用于发电机交直流励磁回路、变电站用电引入母线或其他工业民用设施的电源引线。

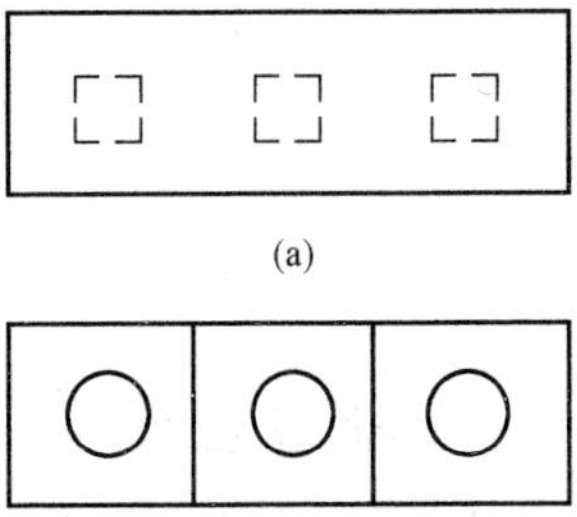

图3-32 共箱式封闭母线
(a) 不隔相；(b) 隔相

(2) 离相式封闭母线。离相式封闭母线的三相导体布置在相间有金属（或绝缘）隔板的金属外壳内。离相式封闭母线是广泛应用于50MW及以上发电机引出线回路及厂用分支回路的一种大电流传输装置。

离相式封闭母线导体和外壳均采用铝板卷制焊接而成。

(3) 分相式封闭母线。分相式封闭母线的各相导体分别用单独的铝制圆形外壳封闭。分相式封闭母线在大型发电厂中的使用范围为：从发电机出线端子开始，到主变压器低压侧引出端子的主回路母线，自主回路母线引出至厂用高压变压器和电压互感器、避雷器等设备柜的各分支线。

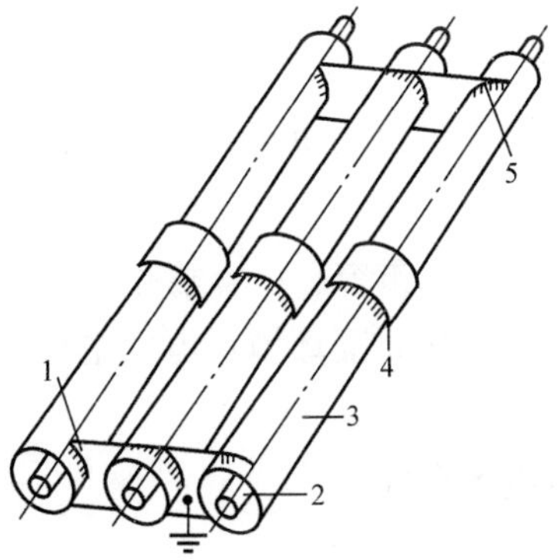

图3-33 全连式分相封闭母线
1—短路板；2—导体；3—外壳；4、5—焊接连接

分相式封闭母线按与外壳电气连接方式的不同，可分为分段绝缘式、全连式和带限流电抗器的全连式三种。其中第三种在我国尚未采用。

目前对于单机容量在200MW以上的大型发电机组，发电机与变压器之间的连接线以及厂用电源和电压互感器等分支线，均采用全连式分相封闭母线，如图3-33所示。全连式分相封闭母线的特点是，沿母线全长度方向的外壳在同一相内（包括各分支回路），全部各段间通过焊接连通。在封闭母线的各终端，通过短路板将各相的外壳连接成电气通路。

项目4 电 力 电 缆

学习目标

(1) 了解电力电缆在电力系统中的作用。

(2) 了解各类型电力电缆的结构和运行维护内容。

(3) 掌握电力电缆和架空线之间的不同之处。

4.1 认识电力电缆

微课31 认识电力电缆

电缆通常由几根或几组导线绞合而成，并在其外表面覆盖一定厚度的绝缘材料，实现各相导体之间以及导体与大地之间的可靠绝缘。用于传输和分配电能的电缆称为电力电缆。

电力电缆常用于城市地下电网、发电厂的引出线路、工矿企业的内部供电及过江、过海的水下输电线路。在电力线路中，电力电缆所占的比重正逐渐增加。

电力电缆与架空线相比，具有以下突出优点：

(1) 电力电缆敷设在地下，不占地面、空间，同一地下电力电缆通道，可以容纳多回线路。

(2) 在城市道路和大型工厂，用电力电缆供电，有利于市容、厂容整齐美观。

(3) 自然气象条件（如雷电、风雨、盐雾、污秽等）和周围环境对电力电缆的影响很小。

(4) 电力电缆隐蔽在地下，对人身比较安全，供电可靠性高。

(5) 电力电缆线路的运行维护费用比较小。

电力电缆与架空线相比，具有以下缺点：

(1) 电力电缆线路建设投资费用较高，是架空线的几倍。

(2) 电力电缆故障隐蔽，测试较难。

(3) 电力电缆损坏后，修复时间较长。

(4) 电力电缆不容易分支。

1. 电力电缆的分类

电力电缆，按电压等级可分为中、低压电力电缆（35kV及以下），高压电力电缆（110kV以上），超高压电力电缆（275～800kV）以及特高压电力电缆（1000kV及以上）；按绝缘材料可分为聚氯乙烯绝缘电力电缆、交联聚乙烯绝缘电力电缆、橡皮绝缘电力电缆、充油及纸绝缘电力电缆；按工作类型和性质可分为一般普通电力电缆、架空用电力电缆、矿山井下用电力电缆、海底用电力电缆等类型。此外，还可按电流分为交流电力电缆和直流电力电缆。

2. 电力电缆型号

我国电力电缆型号，以字母和数字为代号组合表示。完整的电力电缆型号由产品系列代号和各组成部分代号构成，并加上电力电缆额定电压、芯数、标称截面及标准号。电力电缆型号的组合结构如图 3-34 所示。

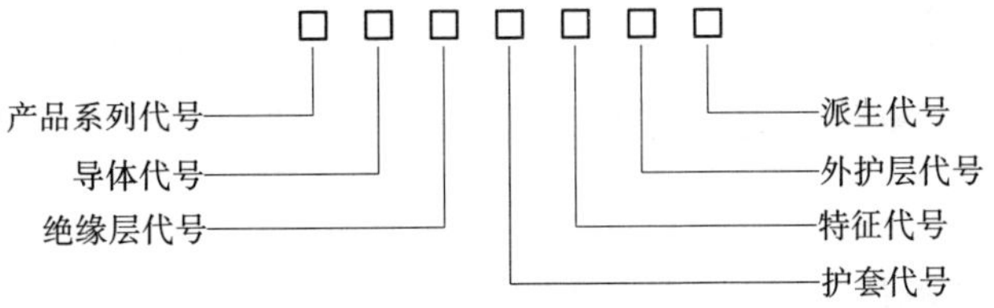

图 3-34 电力电缆型号含义

(1) 产品系列代号含义见表 3-3。

表 3-3 产品系列代号含义

产品系列名称	纸绝缘电力电缆	自容式充油电力电缆	聚乙烯电力电缆	交联聚乙烯电力电缆	聚氯乙烯电力电缆	控制电力电缆	橡胶电力电缆	丁基橡胶电力电缆	阻燃电力电缆	耐火电力电缆	导引电力电缆	光缆
代号	Z	CY	Y	YJ	V	K	X	XD	ZR	NH	D	G

(2) 导体代号：以 L 作为铝导体代号，铜导体代号 T 可省略。

(3) 绝缘层代号：绝缘层代号与产品类别代号相同时，可以省略。

(4) 护套代号含义见表 3-4。

表 3-4 护套代号含义

护套名称	铅护套	铝护套	皱纹铝护套	铅带聚乙烯组合护套	聚氯乙烯护套	聚乙烯护套	橡套	非燃性橡套
代号	Q	L	LW	A	V	Y	H	HF

(5) 特征代号：表示电力电缆产品某一结构特性。例如，直流电力电缆以 Z 表示。

(6) 外护层代号。内衬层结构基本相同，在型号中不予表示。外护层按铠装层和外被层结构顺序，以两个数字表示，每一个数字表示所采用的主要材料，见表 3-5。

表 3-5 外护层代号含义

代号	0	1	2	3	4	5	6
铠装层	无	联锁钢带	双钢带	细圆钢丝	粗圆钢丝	波纹钢带	双铝带或铝合金带
外被层		纤维外被	聚氯乙烯外套	聚乙烯外套			

充油电力电缆外护层按加强层、铠装层和外被层结构顺序，以三个数字表示。每一

数字表示所采用的主要材料，见表 3-6。

表 3-6　　充油电力电缆外护层代号含义

代号	0	1	2	3	4	5	6
加强层		径向钢带	径向不锈钢带	径、纵向钢带	径、纵向不锈钢带		
铠装层	无	联锁钢带	双钢带	细圆钢丝	粗圆钢丝	波纹钢带	双铝带或铝合金带
外被层		纤维外被	聚氯乙烯外套	聚乙烯外套			

(7) 派生代号：表示电力电缆产品具有的某种特性。例如，纵向阻水结构以 Z 表示。

3. 电力电缆的附件

电力电缆终端和电力电缆接头统称为电力电缆附件，它们是电力电缆线路中必不可少的组成部分。

电力电缆终端（简称电缆终端）是安装在电力电缆线路末端，具有一定绝缘和密封性能，用以将电缆与其他电气设备相连接的电力电缆附件。按使用场所不同，电力电缆终端可分为以下类型：

(1) 户内终端：用于不受阳光直射和淋雨的室内环境。

(2) 户外终端：用于受阳光直射和风吹雨打的室外环境。

(3) 设备终端：被连接的电气设备上带有与电力电缆相连接的相应结构或部件，以使电缆导体与设备的连接处于全绝缘状态。

(4) GIS 终端：用于 SF_6 气体绝缘、金属封闭组合电器中的电缆终端。

电力电缆接头（简称电缆接头）是安装在电缆与电缆之间，使两根及以上电力电缆导体连通，并具有一定绝缘、密封性能的附件。按其功能不同可分为以下类型：

(1) 直通接头：将两侧电力电缆各层结构连通。

(2) 绝缘接头：将两侧电力电缆除金属护套外各层结构连通，两侧金属护套在轴向绝缘。

(3) 塞止接头：将连接的电力电缆油道在接头处隔断，使其不能相互流通。

(4) 分支接头：用于将三根或四根电力电缆相互连接的接头。

(5) 过渡接头：用于两种不同绝缘材料的电力电缆的相互连接。

(6) 转换接头：用于一根多芯和多根单芯电力电缆相互连接的接头。

(7) 软接头：可以弯曲的电缆接头。

4. 电力电缆附件型号

(1) 字母标注法。电力电缆附件型号采用字母标注法说明见图 3-35，其代号含义见表 3-7。

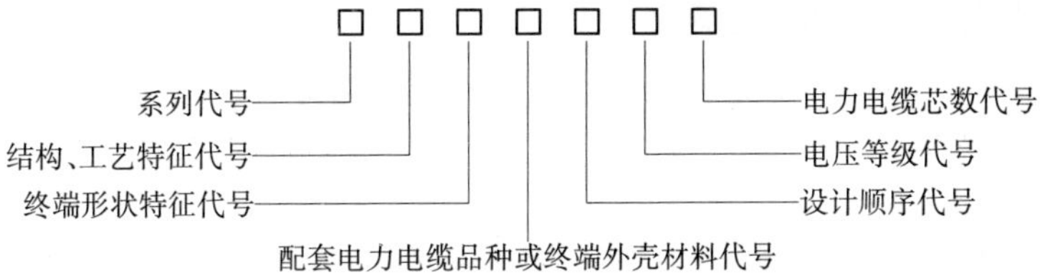

图 3-35 电力电缆附件型号字母标注法说明

表 3-7 电力电缆附件型号字母代号含义

顺序	类别	名称	代号	备注
1	系列	户内型终端	N	
		户外型终端	W	
		直通型终端	J	
2	结构、工艺特征	瓷套式	C	
		绕包式	RB	
		热收缩式	RS	
		预制件装配式	YZ	
		环氧树脂浇注	H	
		聚氨酯浇注	A	
3	终端形状特征	套管形	T	电缆接头无此代号
		圆形	Y	
		扇形	S	
		倒挂	G	
4	配套电缆	油浸纸绝缘电力电缆	Z	瓷套式省略
		挤包绝缘电力电缆	J	热收缩及浇注省略
	终端外壳材料	铸铁	Z	
		钢	G	
		铝合金	L	
		玻璃钢	B	
		电瓷	C	

（2）数字标注法。电力电缆附件型号采用数字标注法说明见图 3-36，其代号含义见表 3-8～表 3-12。

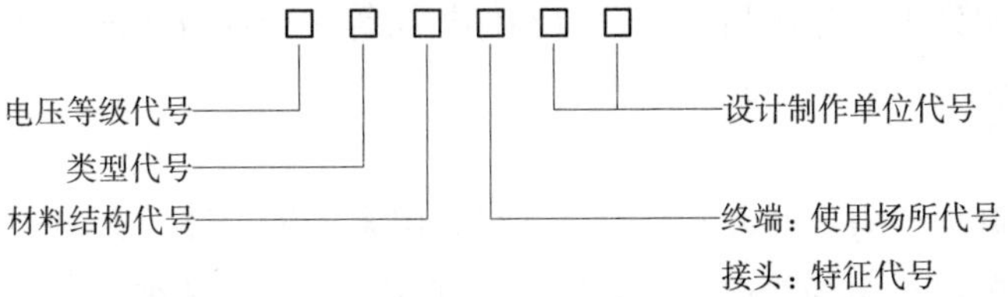

图 3-36 电力电缆附件型号数字标注法说明

电力电缆附件电压等级代号含义见表 3-8。

表 3-8　　电力电缆附件电压等级代号含义

代号	1	2	3	5	7	8
电压等级（kV）	1	6～10	20	35	110	220

电力电缆附件类型代号含义见表 3-9。

表 3-9　　电力电缆附件类型代号含义

代号	0～4	5～9
类型	电缆接头	电缆终端

电力电缆附件材料、结构代号含义见表 3-10。

表 3-10　　电力电缆附件材料、结构代号含义

代号	0	1	2	3	4	5	6	7	9
材料、结构	沥青	塑料带	冷缩	预制	插入	模塑	油中	热缩	气体

电力电缆终端使用场所代号含义见表 3-11。

表 3-11　　电力电缆终端使用场所代号含义

代号	0	奇数	偶数
使用场所	变压器 GIS	户内	户外

电力电缆接头特征代号含义见表 3-12。

表 3-12　　电力电缆接头特征代号含义

代号	0	2	3	4	5	7	6，9
特征	软接头	转换	分支	塞止	过渡	绝缘	直通

电力电缆附件设计、制作单位代号：例如，沈阳电缆厂为 SY。

4.2　电力电缆的结构

电力电缆种类和规格众多，中低压电力电缆和高压电力电缆的结构及样式不同，但基本结构均由导电线芯、绝缘层、屏蔽层和保护层等主要部分组成，如图 3-37 所示。

1. 导电线芯

(1) 线芯材料及结构。电力电缆的导电线芯用来传输电流，是电力电缆的主要组成部分。目前常用的电力电缆导电线芯有铝芯和铜芯，因为这两种金属导电系数较高，均易于进行压延、拉丝和焊接等加工。

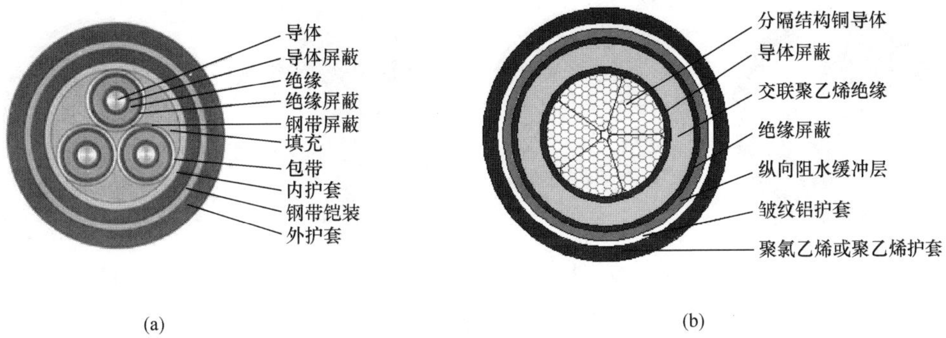

图3-37　电力电缆结构图

(a) 常用中低压电力电缆；(b) 高压电力电缆

按电压等级及使用要求不同，电力电缆线芯有单芯、双芯、三芯和四芯等不同形式，如图3-38所示，双芯及以上电缆又称为多芯电缆。其中多芯电缆常用于中低压电力线路；为满足绝缘强度要求，高压及超高压线路常使用单芯电缆。

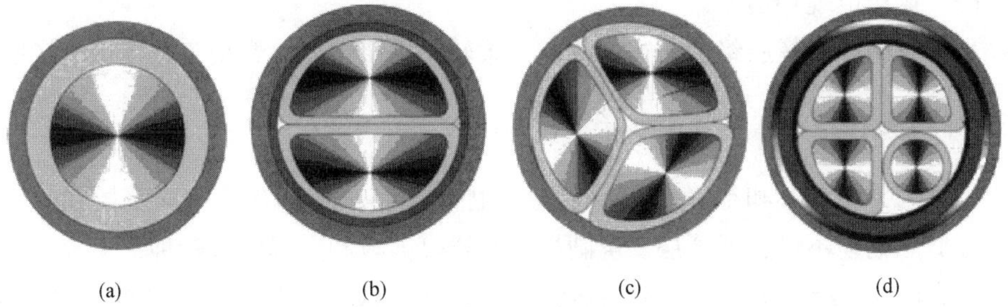

图3-38　单芯及多芯电缆

(a) 单芯；(b) 双芯；(c) 三芯；(d) 四芯

(2) 线芯截面形式。小截面导电线芯由单根导线制成，较大截面的导电线芯由多根导线分数层绞制而成。绞制成的导体结构是为了便于弯曲，满足导电线芯柔软性和可曲性要求；同时为了避免线芯松散变形，要求线芯的结构稳定，因此导电线芯一般由多根经过退火处理的细单线绞合而成。

绞合电缆线芯的截面形状有圆形、扇形、腰圆形和中空圆形等，如图3-39所示。圆形绞合导体几何形状固定，稳定性好，表面电场比较均匀；采用扇形和腰圆形的目的是减少电缆外径，同时也减少绝缘和保护层的材料消耗；中空圆形多用于高压充油电缆。中高压电力电缆线芯截面一般采用圆形绞合导体结构。

大截面单芯电缆为充分发挥其载流性能，减小其集肤效应，通常将单芯导电截面分割成多个扇形结构，各分割单元用绝缘材料隔开。

2. 绝缘层

电缆绝缘层的作用是将多芯导体间以及线芯与大地在电气上相互隔离，并保证一定的电气耐压强度，以保证电能正常输送。常用绝缘材料有聚氯乙烯绝缘、交联聚乙烯绝

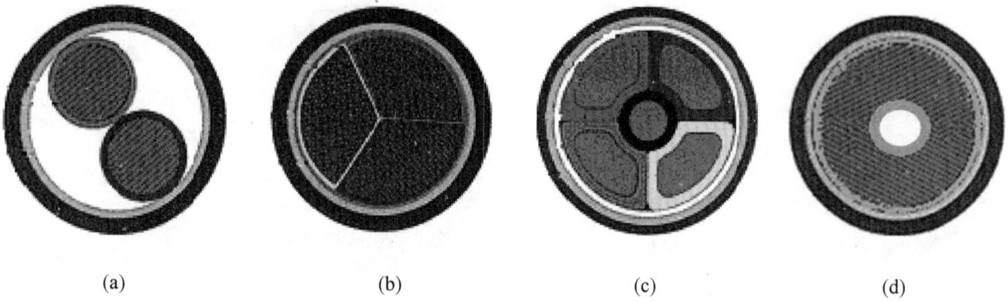

图 3－39　不同截面形式线芯
(a) 圆形；(b) 扇形；(c) 腰圆形；(d) 中空圆形

缘、橡胶绝缘等。

(1) 聚氯乙烯绝缘。聚氯乙烯绝缘是一种热塑性材料，电缆最高运行温度只有70℃，常用于低压电缆。

(2) 交联聚乙烯绝缘。交联聚乙烯绝缘是一种热固性材料，电缆最高运行温度达90℃，高、低压电缆均适用。

(3) 橡胶绝缘。橡胶绝缘的突出优点是柔软，可绕性好，常用于移动用电场所。

3. 屏蔽层

为了均匀导电线芯和绝缘电场，中高压电力电缆一般都有导体屏蔽层和绝缘屏蔽层，部分低压电缆不设置屏蔽层。屏蔽层有半导电屏蔽和金属屏蔽两种。

(1) 半导电屏蔽。半导电屏蔽层通常设置在导电线芯的外表面和绝缘层的外表面，分别称为内半导电屏蔽层和外半导电屏蔽层。半导电屏蔽层是由电阻率很低且厚度较薄的半导电材料构成。内半导电屏蔽层是为了均匀线芯外表面电场，避免因导体表面不光滑以及线芯绞合产生的气隙而造成导体和绝缘发生局部放电。外半导电屏蔽层与绝缘层外表面接触很好，且与金属护套等电位，避免因电缆绝缘表面裂纹等缺陷而与金属护套发生局部放电。

(2) 金属屏蔽。对于没有金属护套的中低压电力电缆，除了设置有半导电屏蔽层外，还要增加金属屏蔽层。金属屏蔽层通常由铜带或铜丝绕包而成，主要起到屏蔽电场的作用。

4. 电缆保护层

电缆保护层包覆在电缆绝缘层和屏蔽层外面，是电缆重要组成部分。其作用是使电缆免受一般机械外力损伤或各环境因素的影响，保证电缆正常运行。保护层结构包括内护层和外护层两部分。

(1) 内护层。内护层通常是指电缆护套，护套包覆在绝缘层外面，将绝缘层和线芯全部密封，使其不漏油、不吸气、不进水、不受潮，并且使电缆具有一定的机械强度。护套按材料分为金属护套、非金属护套和组合护套三种。金属护套一般有铅、铝和钢，非金属护套材料主要有塑料和橡胶等，组合护套通常由金属带黏结剂以及橡胶等组合而成。具有密封护套是电缆区别于绝缘导线的标志。

中低压多芯电缆可以是分相护套，即每个线芯绝缘外单独设置护套，如图 3-40 所示；也可以是多芯共用护套。

高压用单芯电缆目前多使用金属铝制波纹护套，如图 3-41 所示。虽然铅护套是最早使用的金属护套，但铝护套与其相比，具有密度小、机械强度高、价格便宜、导电导热和屏蔽性能好、耐震等优点。

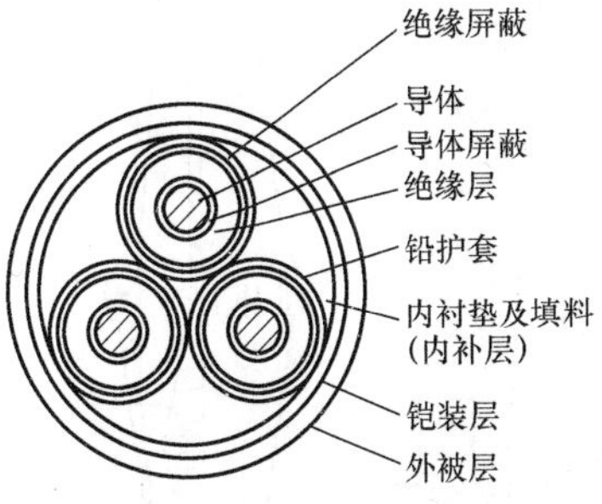

图 3-40 分相铅护套

图 3-41 高压电缆金属铝制波纹护套和外护层

(2) 外护层。外护层为了保护密封护套不受外界因素（包括外力、外电流、腐蚀环境等）的损伤，并使电缆具有必要的机械强度，一般设置在内护套外面。

中低压电力电缆外护层一般由内衬层、铠装层和外被层组成，如图 3-40 所示。外护层主体一般是钢带铠装，它由钢带或钢丝叠绕而成。钢带铠装内侧有内衬垫层，其作用是保护金属护套不受钢铠的机械损伤，并且在电缆弯曲时使护套和铠装之间便于相对滑动。为了保护铠装层在空气中不被氧化，铠装层内外浸有沥青防腐层。对于直接埋入地下的电缆，铠装层外还包绕防水外被层。它由两层浸渍沥青的电缆麻反方向绕叠而成，有的则用塑料做成外被层。前者在空气中防火性能较差，后者在阳光中易老化。由于外力和外电流的普遍存在，无外护层的裸铅（铝）包电缆不易使用。

高压电缆外护层直接包覆在金属护套外面（见图 3-41），通常由单层同种材料如聚氯乙烯或聚乙烯采用挤包的方式制成。聚氯乙烯外护层又称 PVC 护层，聚乙烯外护层又称 PE 护层。聚氯乙烯材料具有不易燃、机械强度大、耐气候变化性以及优良的几何稳定性；高密度聚乙烯具有刚性、硬度和机械强度大的特性。因此 PVC 外护层电缆常用于耐火要求高的场所，PE 外护层电缆多用于受外界重压如直埋和路口等场所。

4.3 电力电缆附件的结构

1. 纸绝缘电缆终端和接头

(1) 纸绝缘电缆终端结构。纸绝缘电缆终端常用于 35kV 及以下电压等级，其结构形式多样，主要有传统的灌胶式和比较新型的热缩式及环氧树脂浇注式等。

1）灌胶式。图3-42是几种典型的灌胶式电缆终端，这类终端具有金属外壳加瓷套管或者塑料外壳，内灌注绝缘胶，其中，塑料外壳终端只用于户外环境。

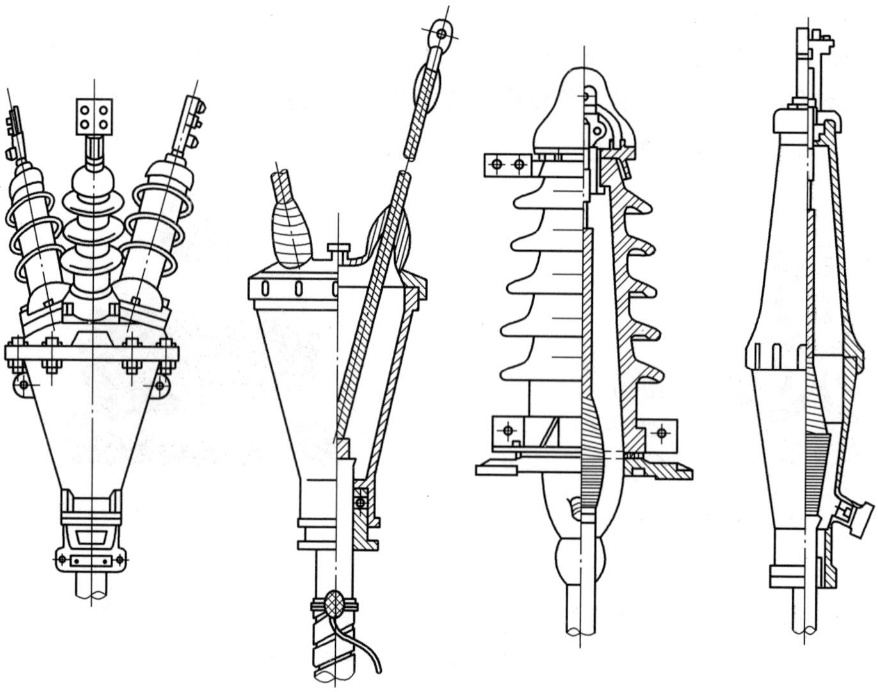

(a)　(b)　(c)　(d)

图3-42　灌胶式电缆终端

(a) 鼎足式；(b) 尼龙终端；(c) 558乙型；(d) 聚丙烯终端

户外灌胶式电缆终端结构有出线金具、瓷套管、壳体和进线套四个主要部件。瓷套管为终端的外绝缘，35kV户外终端的瓷套管兼有壳体的作用。

灌胶式电缆终端的主要部件应能通过密封性能试验，试验标准为施加0.3MPa、5min的气密试验，或施加0.8MPa、1min的液压强度试验。

2）热缩式。采用热收缩部件制成的电缆终端称为热缩式终端，这种电缆终端与灌胶式相比，具有体积小、质量轻、安装方便等特点。热缩式终端适用于10kV不滴流油纸绝缘电力电缆，具有热收缩的热缩终端，可用于户外装置。

3）浇注式。以具有绝缘和密封双重作用的热固性树脂，在现场浇注成形的终端为浇注式终端。1～10kV纸绝缘电力电缆浇注式终端的结构是以聚丙烯、尼龙或预制成形的环氧树脂为外壳，其中浇注环氧树脂复合物。环氧树脂复合物可用环氧树脂、石英粉、稀释剂和固化剂在现场配置，也可用冷浇注环氧树脂。10kV户外用环氧树脂终端应有雨罩。

(2) 纸绝缘电缆接头结构。纸绝缘电缆接头根据结构不同有绕包式、热收缩式和浇注式等。

1）绕包式接头。这种接头是35kV及以下纸绝缘电缆接头的传统形式，它以99.9%的工业用纯铅经挤压而成的铅管为盒体，采用油浸沥青醇酸玻璃丝漆布带半搭盖绕包，内灌沥青绝缘剂。或采用聚四氟乙烯带半搭盖绕包，层间涂硅油。10kV接头内应灌沥青绝缘剂，35kV接头内应灌低压电缆油。

铅套管的内径和长度，根据电力电缆的电压等级、选用的绝缘带种类和导体截面而定。铅套管的厚度一般为4mm。套管的内径不宜大于150mm时，应采用1.5mm厚紫铜板制成的铜套管。

2）热缩式接头。与热缩式终端相同，热缩式接头是采用热收缩部件制成的，适用于10kV纸绝缘电力电缆，其中密封和堵油靠热收缩部件加热熔胶和耐油填充胶。图3-43所示为10kV纸绝缘电缆热缩式接头线芯连接处结构。

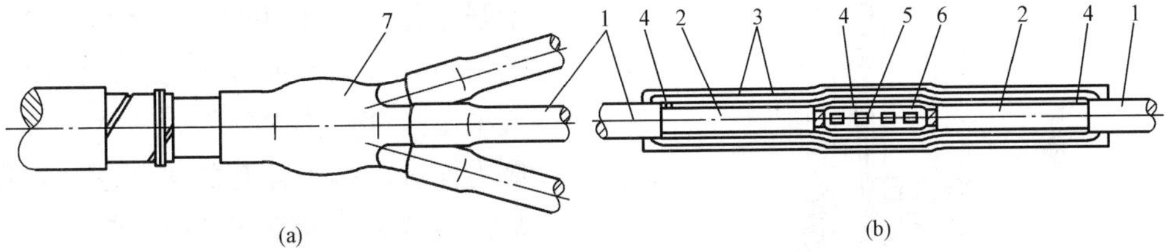

图3-43　10kV纸绝缘电缆热缩式接头线芯连接处

（a）外形图；（b）内部结构图

1—半导电管；2—耐油管；3—绝缘管；4—填充胶；5—连接管；6—半导电带；7—半导电分支套

纸绝缘电缆热缩式接头中起密封作用的热收缩部件必须具有耐油性能。这种接头的关键部位是电缆线芯分叉处，一般采用耐油绝缘分支管进行密封，并加耐油管和耐油填充胶等。

3）浇注式接头。应用热固性树脂现场浇注在电缆接头盒或接头模具内而形成的电缆接头称为浇注式接头，常用热固性树脂为环氧树脂和聚氨酯树脂两种。浇注式接头用的树脂可以现场配置，也可采用常温浇注的冷浇注环氧树脂配套材料。浇注式接头的堵油层有硅橡胶带和涂环氧树脂的玻璃丝带两种材料，在三岔口处应交叉包扎，填实压紧。

2. 充油电缆终端和接头结构

（1）充油电缆终端结构。110kV及以上自容式充油电力电缆终端，在结构上主要由以下几部分组成：内绝缘、内外绝缘隔离层、屏蔽帽、密封结构、出线和固定金具组成。

内绝缘，起到改善终端电场分布的作用，有增强式和电容式两种结构。

内外绝缘隔离层，一般为瓷套管或环氧树脂套管，其作用是保护电缆绝缘不受外界媒质的影响。

屏蔽帽，其作用是防止顶部尖端放电。

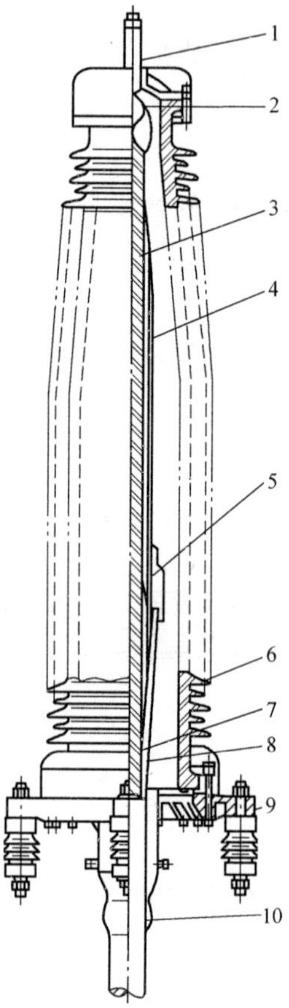

图 3 - 44　220kV 充油电缆环氧增强式终端

1—出线杆；2—钢衬心；3—电缆绝缘；4—增绕绝缘；5—应力锥；6—瓷套管；7—接地屏蔽；8—环氧支撑架；9—底板；10—封铅

充油电缆终端有敞开式终端、封闭式终端和象鼻式终端。

1）敞开式终端。敞开式终端适用于电缆与架空线或其他电气设备相连，以瓷套管为内外绝缘隔离。一般 110～220kV 级的内绝缘结构采用增强式，330kV 及以上多数采用电容式。

增强式终端的结构特点是，在电缆绝缘表面包绕绝缘层，以降低终端部分的径向场强和轴向场强。然后在增强绝缘外套上用环氧树脂浇注成形的增强件（应力锥），以提高终端内电气绝缘强度，使内绝缘距离大为缩短，应力锥可以高于瓷套的接地法兰屏蔽，从而改善瓷套表面电场分布，提高终端滑闪放电电压。增强式终端结构如图 3 - 44 所示。

电容式终端（见图 3 - 45）的结构特点是，在电缆绝缘表面附加电容元件，即采用电容锥的结构，以强制电缆终端轴向电场均匀分布，从而减小了终端的高度和直径。

2）封闭式终端。封闭式终端的基本特点是，处于高电压部位的金属导体不外露于空气中，主要有用于和 SF_6 气体绝缘、金属封闭组合电器直接相连的 GIS 终端。

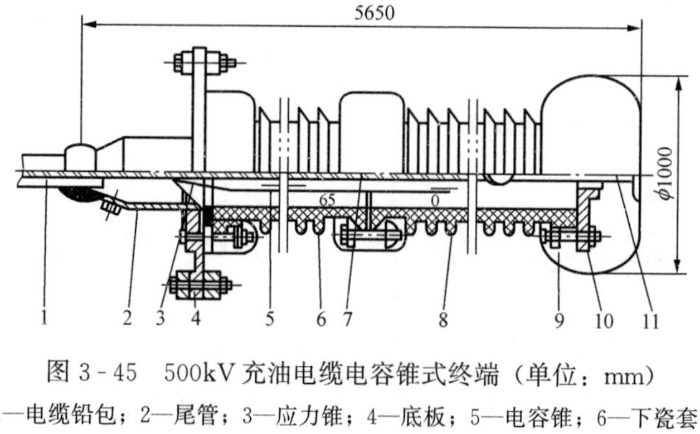

图 3 - 45　500kV 充油电缆电容锥式终端（单位：mm）

1—电缆铅包；2—尾管；3—应力锥；4—底板；5—电容锥；6—下瓷套；7—工厂绝缘；8—上瓷套；9—屏蔽帽；10—顶盖；11—出线杆

GIS终端结构紧凑，不受外界大气条件影响，在城市电网中得到越来越广泛的应用。220kV自容式充油电缆GIS终端如图3-46所示。

在GIS终端中，采用环氧套管隔离油纸绝缘和SF_6气体。由于接地外壳的存在，沿环氧套管表面的电场分布较为均匀，电场集中在高压屏蔽处，而不像敞开式终端那样集中在接地屏蔽处。GIS终端的内绝缘也有增强式和电容式两种。

图3-46中所示GIS终端的出线部位为全密封结构。全密封结构是采用浇注在环氧树脂内的金属连接件（梅花式插座）来连接电缆和GIS组合电器，从而使电缆油和SF_6气体能够彻底隔开，在SF_6气体压力高于电缆油压力状况下，对电缆和GIS组合电器的绝缘结构不会产生任何影响。因此，全密封结构的GIS终端不必要求油压大于气压。

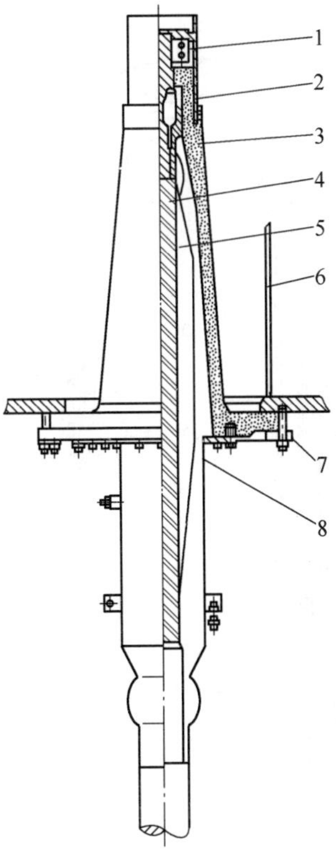

图3-46　220kV自容式充油电缆GIS终端
1—导电金具；2—屏蔽罩；3—环氧套管；
4—电缆绝缘；5—电容锥；6—筒体；
7—卡环；8—尾管

3）象鼻式终端。象鼻式终端是设备终端的一种，它用于和变压器出线端相连，使电缆直接进入变压器。象鼻式终端又称为油中终端，图3-47所示为110kV充油电缆象鼻式终端。

象鼻式终端的结构分为以下三部分：

a）电缆终端，这是电缆入口处，一般采用电容式结构。

b）变压器终端，这部分伸入变压器内，一般采用瓷套管隔离，内绝缘为电容锥结构。

c）绝缘连臂，处于弯曲处，把电缆终端和变压器终端相连。它是以铜管为外壳，以皱纹绝缘纸绕包的连接部件。

（2）充油电缆接头结构。110kV及以上自容式充油电缆接头，按用途不同有直通接头、绝缘接头和塞止接头三种形式。

3. 交联聚乙烯电缆终端和接头结构

（1）交联聚乙烯电缆终端结构。按使用环境不同，交联聚乙烯电缆终端有敞开式和封闭式之分。常用的结构形式有敞开式（瓷套管）终端、GIS终端和象鼻式终端（见图3-48）等。

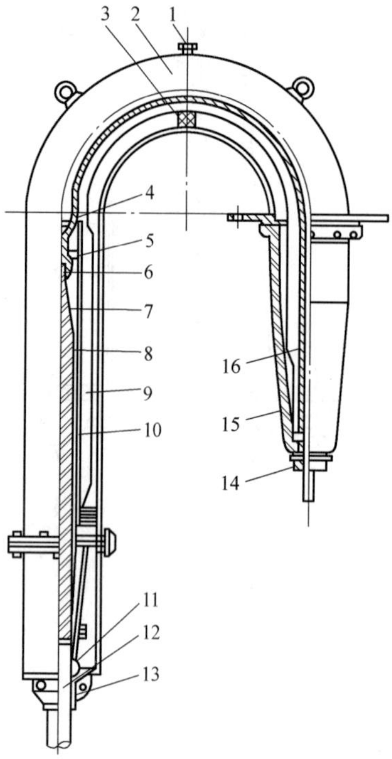

图 3-47 110kV 充油电缆象鼻式终端

1—油嘴；2—壳体；3—衬垫；4—电缆连接触头；5—电缆连接头；6—电缆导体；7—增绕绝缘；8—电缆绝缘；9—终端主绝缘；10—胶木筒；11—铅封；12—铅包；13—防振管；14—套管引出触头；15—瓷套；16—导电杆

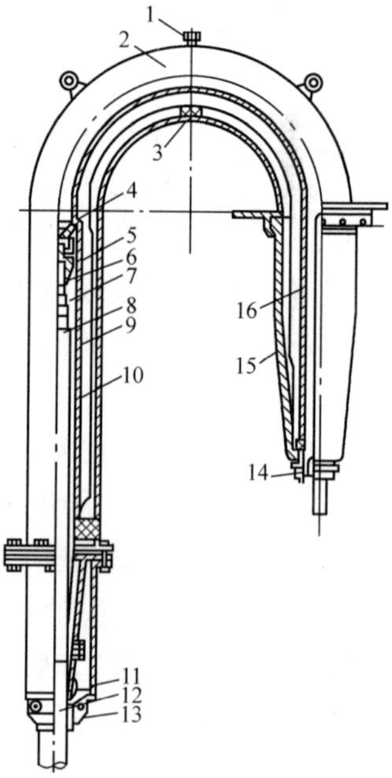

图 3-48 110kV 交联聚乙烯电缆象鼻式终端

1—油嘴；2—壳体；3—衬垫；4—电缆连接触头；5—电缆连接头；6—电缆导线；7—增绕绝缘；8—线芯绝缘；9—主绝缘；10—胶木筒；11—铅封；12—铅包；13—防振罩；14—套管引出触头；15—瓷套；16—导电杆

交联聚乙烯电缆终端广泛使用乙丙橡胶或硅橡胶制成的预制增强件作为内绝缘结构。预制增强件底部应力锥与挤压半导电合成橡胶（接地屏蔽）完全黏合成整体。安装时，电缆绝缘表面及外半导电层经过打磨处理并擦拭干净后，把预制件套入。

为了确保预制增强件与电缆表面的接触压力以提高绝缘性能，敞开式终端一般在预制增强件上部有一个环氧套管，其底部与底板相连。预制增强件的下部有一套弹簧压缩金具，用螺栓调整压力。

在交联聚乙烯终端内，除干式 GIS 终端外，均需灌注硅油或聚异丁烯作为绝缘剂。为了消除绝缘剂热胀冷缩导致压力变化的影响，应装设绝缘剂压力补偿装置。

(2) 交联聚乙烯电缆接头结构。交联聚乙烯电缆接头常见结构形式有绕包式、整体预制式和预制组装式三种。

1) 绕包式接头。绕包式接头用于 110kV 交联聚乙烯电缆，图 3-49 所示是绕包式绝缘接头图。这种接头的结构有以下特点：采用了自黏性乙丙橡胶带为增绕绝缘，一般可以采用绕包机进行机械绕包；绕包式直通接头的外半导电屏蔽层应全部连通，绝缘接头的两侧外半导电屏蔽层必须断开；绕包式接头以铜套管为外壳，铜套管外壳和电缆金属护套之间采用绕包玻璃丝带加环氧树脂涂层方式密封。铜保护盒内应灌注环氧树脂复合物，作为整体防水密封；安装钢保护盒，并灌注沥青。

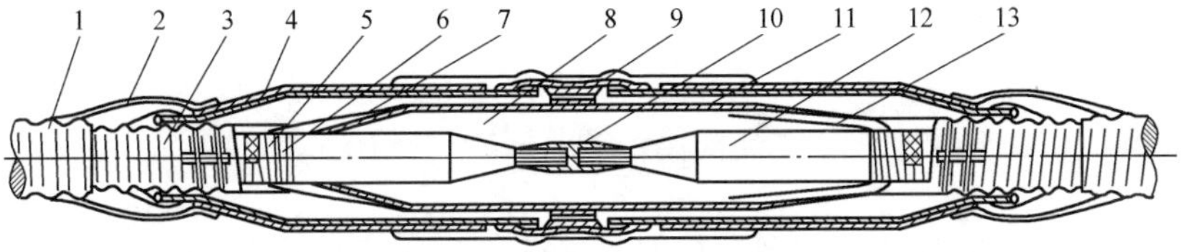

图 3-49　110kV 交联聚乙烯电缆绕包式绝缘接头

1—塑料护套；2—接头密封；3—波纹铝护套；4—铜保护盒；5—铜屏蔽；6—半导电层；7—接地屏蔽带；8—增绕绝缘；9—铜盒接口；10—连接管；11—半导电带；12—电缆绝缘；13—半导电层

2）整体预制式接头。整体预制式接头是高压交联聚乙烯电缆接头的主要品种，具有体积小、安装时间短、产品质量稳定等优点。

整体预制式接头的主要部件是橡胶绝缘件，交联电缆绝缘外径与橡胶绝缘预制件内径有较大的过盈配合，以保持橡胶绝缘件和交联电缆绝缘界面有足够的压力。要求橡胶绝缘件具有较大的断裂伸长率和较低的应力松弛，以满足安装和运行的需要。

3）预制组装式接头。预制组装式接头的结构特点是：由预制橡胶应力锥和预制环氧绝缘件组成增强绝缘件，并在现场经组装而成。为了使预制橡胶应力锥和电缆绝缘界面及预制环氧绝缘件界面之间达到一定压力，以确保界面电气绝缘强度，在接头两侧设有弹簧压紧装置。

预制组装式接头的保护铜套管与电缆金属护套采用搪铅密封，外用防水保护盒，其中灌注防水胶。

微课 32　电力电缆的敷设及故障处理

4.4　电力电缆的运行与维护

岗位技能 1 电力电缆的敷设

(1) 敷设电力电缆前，应熟悉电缆走廊，根据槽盒、明坑、穿管、桥梁、隧道等不同的情况制订敷设方案。

(2) 根据现场不同的敷设形式，计算电缆的转弯半径、侧压力。

(3) 根据不同的计算结果，在合适的地方布置拉力车、卷扬机、电缆输送机、电缆导向架、直线输送轮、转弯输送轮等敷设机具。

(4) 对护层绝缘有要求的电缆，敷设完成后，按照试验规程，对电缆外护层进行试验。如果电缆护层绝缘不合格，则需要对受损地方进行修补，直至试验合格为止。

岗位技能 2 电力电缆附件的安装

(1) 电力电缆附件安装前，必须对附件施工工艺及图纸研究透彻，并熟悉电缆附件的各个配件。

（2）电力电缆附件的安装必须做好防尘、防水、防火措施，例如搭建施工棚架，在施工点摆放灭火设施等措施。

（3）电力电缆附件的安装必须满足四要素，即绝缘性能、导电性能、密封性能、机械性能。

岗位技能 3 电力电缆的试验与故障测寻

（1）电力电缆及附件从出厂到运行需要进行三个阶段的试验。第一阶段，电缆及附件在出厂前，由生产厂家进行出厂试验；第二阶段，在电缆及附件安装完成后，由施工单位进行竣工试验；第三阶段，运行中的电缆及附件，由运行单位对其进行预防性试验。

（2）由于电缆大部分情况都是埋在地下，因此当电缆出现故障时，需要对电缆进行故障测寻才能确定故障点。

（3）常用的故障定位方法有电桥法、波反射法、声磁同步法、跨步电压法等。其中波反射法、声磁同步法主要用于主绝缘故障测寻，跨步电压法主要用于护层故障测寻。

（4）进行试验及故障测寻，必须做好围闭措施及监护工作，防止他人进入带电区域造成人员及设备的伤害。

项目5 绝 缘 子

5.1 认识绝缘子

1. 绝缘子的作用

微课33 认识绝缘子

绝缘子被广泛用于户内外配电装置、变压器、开关电器及输配电线路中，用来支持和固定带电导体，并与地绝缘，或作为带电导体之间的绝缘。因此，它必须具有足够的机械强度和电气强度，并能在恶劣环境（高温、潮湿、多尘埃、污秽等）下安全运行。

2. 绝缘子的分类

绝缘子按装设地点可分为户内式和户外式两种。户外式绝缘子有较大的伞裙，用以增长表面爬电距离，并阻断雨水，使绝缘子能在恶劣的户外气候环境中可靠地工作。在多尘埃、盐雾、腐蚀性气体的污秽环境中，还需使用防污型户外绝缘子。户内绝缘子无伞裙结构，也无防污型。

绝缘子按材料可分为瓷绝缘子、玻璃绝缘子和复合绝缘子。

绝缘子按用途可分为电站绝缘子、电器绝缘子和线路绝缘子等。

图3-50 电站绝缘子

(1) 电站绝缘子如图3-50所示。电站绝缘子的用途是支持和固定户内外配电装置的硬母线，并使母线与地绝缘。电站绝缘子又分为支柱绝缘子和套管绝缘子，支柱绝缘子被广泛使用在母线和开关电器中，套管绝缘子用于母线穿过墙壁和天花板，以及从户内向户外引出之处。

为了将绝缘子固定在接地的支架上和将硬母线安装到绝缘子上，需要在绝缘体上牢固地胶结金属配件。电站绝缘子与支架固定的金属配件称为底座或法兰，与母线连接的金属配件称为顶帽。底座和顶帽均作镀锌处理，以防锈蚀。

套管绝缘子简称套管，这里介绍穿墙套管。在高压母线穿过墙壁、楼板配电装置隔板处，用它支持固定母线并保持对地绝缘，同时保持穿过母线处的墙、板的封闭性。

套管绝缘子（见图3-51）基本上由瓷套、中部金属法兰盘及导电体三部分组成。瓷套采用纯瓷空心绝缘结构；中部法兰盘与瓷套用水泥胶合，用来安置固定套管绝缘子；瓷套内设置导电体，其两端直接与母线连接传送电能。导电体有矩形截面、圆形截面两种形式。圆形截面导体采用铜材，其两端制成细牙螺杆与铜母线（或经铝铜转换）

图 3-51　套管绝缘子

作接触连接。矩形截面导体的集肤效应小，材料利用率高，而且与矩形母线连接方便，但矩形截面导体易产生电晕，故在 10kV 及以下最适用。

(2) 电器绝缘子。电器绝缘子的用途是固定电气设备的载流部分，也分支柱绝缘子和套管绝缘子两种。支柱绝缘子用于固定没有封闭外壳的电气设备的载流部分，如隔离开关的动、静触头等。套管绝缘子用于具有封闭外壳的电气设备，如断路器、变压器等的载流部分引出外壳。此外，有些电器绝缘子还有特殊的形状，如牵引杆等形状。

(3) 线路绝缘子。线路绝缘子是用来固定架空输电导线和户外配电装置的软母线，并使它们与接地部分绝缘。它可分为针式绝缘子和悬式绝缘子两种。

知识延伸 零值绝缘子

线路导线的绝缘依赖于绝缘子串，由于制造缺陷或外界的作用，绝缘子的绝缘性能会不断劣化；当绝缘电阻降低或为零时，称为零值绝缘子。有资料显示，零值绝缘子的比例竟高达 9%左右，这是线路雷击跳闸率高的另一主要原因。

5.2　常用绝缘子的结构

各类绝缘子均由绝缘体和金属配件两部分构成。目前，高压绝缘子的绝缘体通常由电瓷、玻璃、玻璃钢或有机复合材料等制成，使用较多为电瓷。

1. 瓷绝缘子

瓷绝缘子俗称瓷瓶，如图 3-52 所示，其结构紧密，机械强度高，耐热和介电性能好；在表面涂硬质釉层以后，表面光滑美观，不吸水分，故瓷绝缘子具有良好的机械性能和电气性能。

微课 34　玻璃绝缘子的作用及结构特点

2. 玻璃绝缘子

输配电线路多采用玻璃绝缘子（见图 3-53），主要由铁帽、钢化玻璃、钢脚组成，并且用水泥胶合剂胶为一体。

图 3-52　瓷绝缘子

图 3-53　玻璃绝缘子

玻璃绝缘子与瓷绝缘子相比较，具有如下优点：

(1) 由于玻璃绝缘子表层的机械强度高，表面不易发生裂缝。玻璃的电气强度一般在整个运行期间保持不变，并且其老化过程比瓷要缓慢得多。

(2) 采用玻璃绝缘子，可以取消在运行过程中对绝缘子进行的带电定期预防性试验。这是因为钢化玻璃的每种损坏很容易被运行人员在巡线时发现。当绝缘子损坏时，钢帽和铁脚附近的玻璃碎片被卡住，绝缘子剩余部分的机械强度足以防止绝缘子串断脱。

(3) 由于玻璃的透明性，在外形检验时容易发现细小裂缝以及各种内部缺陷和损伤。

(4) 钢化玻璃的机电性能比瓷的高得多，制造同等类型的绝缘子，而其尺寸和质量比瓷绝缘子要小得多。

3. 复合绝缘子

目前有机复合材料的绝缘子（见图3-54）的应用范围也不断扩大，其绝缘件由玻璃纤维树脂心棒、合成材料护套、伞裙和两端的连接金具组成。其结构特点如下：采用心棒与金具粘接或压接连接的构造方式，通过硅橡胶整体注射硫化成形，加大了外绝缘爬电比距；硅橡胶良好的憎水性，大大降低了绝缘子污闪的发生；采用大小伞相间的伞形，提高了大伞间距，改善了伞间放电特性，提高了绝缘子的耐污性能以及湿耐受性能；强度高、外形美观、体积小、质量轻等。可见，复合绝缘子优点突出，是传统瓷绝缘子的理想替代品。

图3-54 复合绝缘子

5.3 绝缘子的运行与维护

岗位技能 清扫绝缘子

在潮湿天气情况下，脏污的绝缘子易发生闪络放电，所以必须清扫干净，恢复原有绝缘水平。绝缘子表面清扫周期一般为一年，可根据污秽情况调整周期。

图3-55 用带电水冲洗绝缘子

(1) 停电清扫。停电清扫是指在线路停电以后工人登杆用抹布擦拭。如擦不净时，可用湿布擦，也可以用洗涤剂擦洗，如果还擦洗不净时，则应更换绝缘子。

(2) 不停电清扫。不停电清扫是利用装有毛刷或绑以棉纱的绝缘杆，在运行的线路上擦拭绝缘子。所使用绝缘杆的电气性能及有效长度、人与带电部分的距离，都应符合相应电压等级的规定，操作时必须有专人监护。

(3) 带电水冲洗（见图3-55）。带电水冲洗分大水冲和小水冲两种方法。冲洗用水、操作杆有效长度、人与带电部分的距离等必须符合规程要求。

课后思考及练习

1. 电流互感器有哪些功能？电流互感器在工作时其二次侧能否开路？为什么？
2. 电流互感器有哪些接线方式？适用于什么情况？
3. 电流互感器有哪些误差，影响因素有哪些？
4. 电压互感器有哪些功能？电压互感器在工作时其二次侧能否短路？为什么？
5. 电压互感器有哪些接线方式？适用于什么情况？
6. 电压互感器有哪些误差，影响因素有哪些？
7. 母线的分类有哪些？各有什么特点？
8. 封闭母线有哪几种类型？各有什么特点？
9. 如何清扫绝缘子？

学习情境 4

其他电气一次设备的运行与维护

项目1 电 容 器

学习目标

（1）了解并联电容器的分类和基本结构。

（2）了解各类并联电容器的性能及接线。

（3）掌握并联电容器的补偿方式、补偿容量的计算以及提高功率因数的意义。

（4）掌握并联电容器的控制、安装、运行与维护要求。

1.1 认识电容器

微课 35 认识电容器

电容器通常简称为电容，用字母C表示。电容器，顾名思义，是“装电的容器”，是一种容纳电荷的器件，任何两个彼此绝缘且相隔很近的导体间都构成一个电容器。

电容器是由两个电极及其间的介电材料构成的。介电材料是一种电介质，当被置于两块带有等量异性电荷的平行极板间的电场中时，由于极化而在介质表面产生极化电荷，使束缚在极板上的电荷相应增加，维持极板间的电位差不变。电容器中储存的电量 Q 等于电容量 C 与电极间的电位差 U 的乘积。电容量与极板面积和介电材料的介电常数 ε 成正比，与介电材料厚度（即极板间的距离）成反比。

微课 36 电容器的充电与放电

充电和放电是电容器的基本功能。

（1）使电容器带电（储存电荷和电能）的过程称为充电。这时电容器的两个极板总是一个极板带正电，另一个极板带等量的负电。把电容器的一个极板接电源（如电池组）的正极，另一个极板接电源的负极，两个极板就分别带上了等量的异种电荷。充电后电容器的两极板之间就有了电场，充电过程是把从电源获得的电能储存在电容器中的过程。

（2）使充电后的电容器失去电荷（释放电荷和电能）的过程称为放电。例如，用一根导线把电容器的两极接通，两极上的电荷互相中和，电容器就会放出电荷。放电后电容器的两极板之间的电场消失，电能转化为其他形式的能。在直流电路中，电容器是相当于断路的。电容器是一种能够储存电荷的元件，也是最常用的电子元件之一。

电力电容器分为串联电容器和并联电容器，它们可改善电力系统的电压质量和提高输电线路的输电能力，是电力系统的重要设备。

(1) 线路串联电容器的作用如下：

1) 提高线路末端电压。串接在线路中的电容器，利用其容抗 X_C 补偿线路的感抗 X_L，使线路的电压降落减少，从而提高线路末端（受电端）的电压，一般可将线路末端电压提高 10%～20%。

2) 降低受电端电压波动。当线路受电端接有变化很大的冲击负荷时，串联电容器能消除电压的剧烈波动。这是因为串联电容器在线路中对电压降落的补偿作用是随通过电容器的负荷而变化的，具有随负荷的变化而瞬时调节的性能，能自动维持负荷端（受电端）的电压值。

3) 提高线路输电能力。由于线路串入了电容器的补偿容抗 X_C，线路的电压降落和功率损耗减少，相应地提高了线路的输送容量。

4) 改善了系统潮流分布。在闭合网络中的某些线路上串接一些电容器，部分地改变了线路电抗，使电流按指定的线路流动，以达到功率经济分布的目的。

5) 提高系统的稳定性。线路串入电容器后，提高了线路的输电能力，这本身就提高了系统的静稳定。当线路故障被部分切除时（如双回路被切除一回、单回路单相接地切除一相），系统等效电抗急剧增加，此时串联电容器进行强行补偿，即短时强行改变电容器串、并联数量，临时增加容抗 X_C，使系统总的等效电抗减少，提高了输送的极限功率，从而提高系统的稳定性。

(2) 并联电容器并联在系统的母线上，类似于系统母线上的一个容性负荷，它吸收系统的容性无功功率，这相当于并联电容器向系统发出感性无功。因此，并联电容器能向系统提供感性无功功率，提高受电端母线的电压水平，同时，它减少了线路上感性无功的输送，减少了电压和功率损耗，因而提高了线路的输电能力。

(3) 补偿电容器基本运行要求。电容器的正常运行状态是指在额定条件下，在额定参数允许的范围内，电容器能连续运行，且无任何异常现象。电力系统中电容器补偿装置运行的基本要求是：

1) 三相电容器各相的容量应相等。

2) 电容器应在额定电压和额定电流下运行，其变化应在允许范围内。

3) 电容器室内应保持通风良好，运行温度不超过允许值。

4) 电容器不可带残留电荷合闸，如在运行中发生掉闸，若合闸一次未成，必须经过充分放电后，方可再次合闸；对有放电电压互感器的电容器，可在断开 5min 后进行合闸。运行中投切电容器组的间隔时间为 15min。

5) 并联电容器应在额定电压下运行，一般不宜超过额定电压的 1.05 倍，最高运行电压不宜超过额定电压的 1.1 倍。

1.2 并联电容器的基本结构

1. 普通型并联补偿电容器

(1) 油浸纸介质并联电容器。普通型油浸纸介质并联补偿电容器主要由芯子、外壳和出线三部分组成，如图 4 - 1 所示。其芯子通常由若干个电容器元件、绝缘件和紧固元件等经过压装并按规定的串并联法连接而成。电容器元件主要采用卷绕的形式，用铺有铝箔的电容器纸卷绕而成，先卷成圆柱状卷束，然后再压成扁平元件。电容元件极间介质的厚度一般为 30～80μm，由于纸质的不均匀和存在导电点，通常极板间纸的层数不少于三层。补偿电容器内的浸渍介质现都采用矿物油、烷基苯硅油或植物油等。外壳均采用薄钢板制成的金属外壳，金属外壳有利于散热，但其绝缘性能较差。

(2) 聚丙烯金属膜并联电容器。目前国内广泛采用聚丙烯金属膜电容器（又称自愈式电容器），其外形图如图 4 - 2 所示，其内部接线有单相接法和三相接法，三相接法又分三角形接法和星形接法如图 4 - 3 所示。

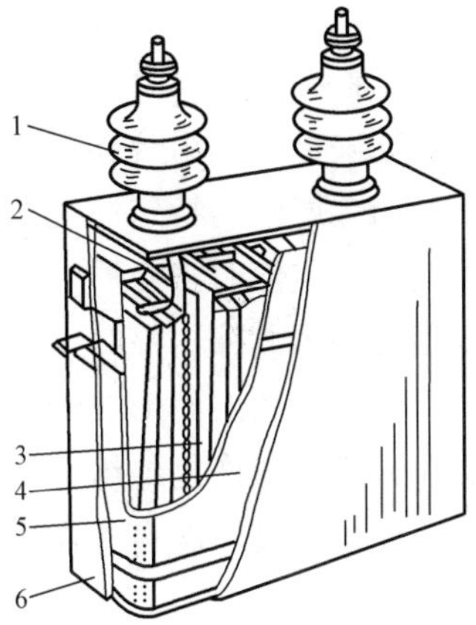

图 4 - 1　普通型并联补偿电容器结构

1—出线套管；2—出线连接片；3—绝缘件；4—包封件；5—连接夹板；6—外壳

图 4 - 2　自愈式电容器外形图

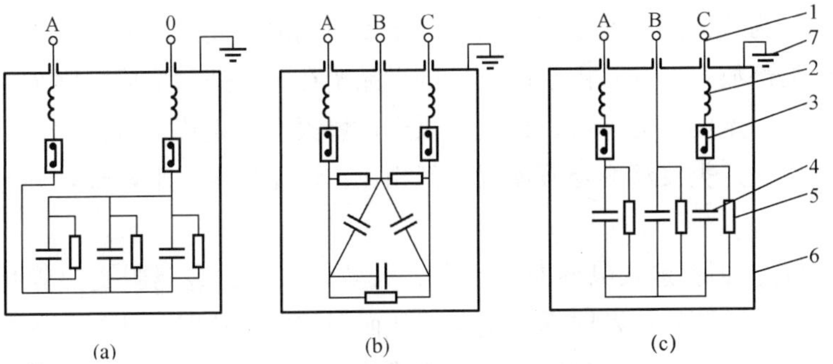

图 4 - 3　自愈式电容器内部接线图

(a) 单相（全并接法）；(b) 三相（三角形接法）；(c) 三相（星形接法）

1—线路端子；2—限涌流电抗器；3—压力开关保护；4—电容器单元；5—放电电阻；6—外壳；7—接地端子

这种电容器的各项电气性能大大优于旧型号油浸纸介质电力电容器，其最大特点是应用具有自愈性能的聚丙烯金属膜作为电容器元件的介质和极板，并具有高工作场强、低介质损耗以及体积小、容量大等特点。如国产 BCMJ、BZMJ、BGMJ 系列节能型电容器，它们的电容元件均采用聚丙烯薄膜作为介质，用直接沉积在薄膜表面的铝薄层作电极板，具有介质损耗低、寿命长、可靠性高等优点。其外壳采用高强度塑料制成，电容器的外部电气连接全部罩入绝缘罩盖之中，因此抗腐蚀力强、操作安全可靠；每个电容器元件内装有放电电阻，当电容器从电源断开后，可在很短时间内使电容器极间电压降至安全电压值以下，因此无需另设放电装置，安装使用比较方便；每个电容器元件内装有限流线圈，可有效地限制电容涌流；每个电容器元件内还装有过温保护装置，当该元件温度达到一定值时，可将电容器元件永久切除。

自愈式电容器主要是由芯子、浸渍剂、保险装置、自放电装置、外壳及安装支架等组成。

1）芯子。芯子是电容器的基本工作单元，由聚丙烯金属膜绕制而成，两端面的金属层通过喷金连接成电极，每台电容器由若干只芯子根据要求进行组合连接。三相低压补偿电容器，一般采用三角形连接。它的自愈性能是利用金属膜的特殊性能即在一定的温度下极易汽化挥发，当施加于电容器两极板的电压达到一定值时，介质中的某些电弱点被击穿。由于击穿电弱点时释放一定的能量，所以当元件因故障击穿时，击穿电流使击穿点周围的金属层受热而汽化挥发，电弱点附近由于失去金属层而形成绝缘区，使电容器自行恢复正常工作。这种因击穿汽化一层金属层而介质迅速恢复绝缘性能，使电容器能继续安全运行的现象称为电容器的自愈。显然，这样每通过一次自愈作用，电容器就剔除一批电弱点，电容器的耐压也就提高一个等级。

2）浸渍剂。浸渍剂是电容器内部的填充物，与油浸纸介质电容器不同的是，油浸纸介质电容器中的浸渍剂，直接浸入介质中间，而自愈式电容器由于膜的工作场强高，可以不必像纸那样靠浸渍剂来提高工作场强与降低损耗。浸渍剂的主要作用是解决芯子外表面的局部放电与提高电容器的自愈性能，以及改善散热条件。自愈式电容器选用一定配比的油蜡作为浸渍剂，通过真空浸渍，将浸渍剂灌注壳内。通过浸渍可以有效地解决芯子边缘的局部放电，并且由于固化后的微晶蜡在芯子外部形成一强大的应力区，当元件自愈时存在一定的应力，可以迫使电弧迅速熄灭，防止蒸发区扩大与自愈恶化而导致元件击穿放电。这类浸渍剂与液体浸渍剂相比，性能稳定且不燃烧，并有效地解决了漏油问题。

3）保险装置。当自愈式电容器由于自愈失效，内部的金属膜受热软化并气化而使电容器胀鼓时，保险装置能及时切断电源，从而保护整个装置。该保险装置集力学型和电学型保险为一体，具有双重保险功能，放置于电容器壳体内部，利用外壳的形变来启动保险机构，切断电源，万一保险失控，电气保险也立即启动，同样切断电源，因而保险装置动作可靠。

4）自放电装置。内部自放电装置能在断电后 3min 内将退出运行时的初始峰值电压降至 50V 以下。

5）外壳及其他。外壳由镀锡钢板冲制而成，耐腐蚀，外涂阻燃漆，外形美观。端子与上盖采用整体压铸，耐压强度可高达3500V，且密封性能好，长期在−45～+50℃环境中使用不会开裂，绝缘性能稳定。另外，还有接线桩头及安装支架等。

自愈式低压并联电容器的外形及尺寸如图4-4所示。

2. 10kV集合式并联电容器

10kV集合式并联电容器，又称密集型电容器，采用密集型结构，体积小，安装维护方便，可靠性高且运行费用低，适用于变电站集中补偿及城市电网改造等。目前主要有BFF、BGF、BFM、BAM型等品种。

(1) 集合式并联电容器的结构。集合式并联电容器有单相和三相两种，主要由内部单元电容器、框架、箱体和出线套管组成。图4-5所示为BFF11/$\sqrt{3}$-2500-1W×3集合式电容器一相接线。

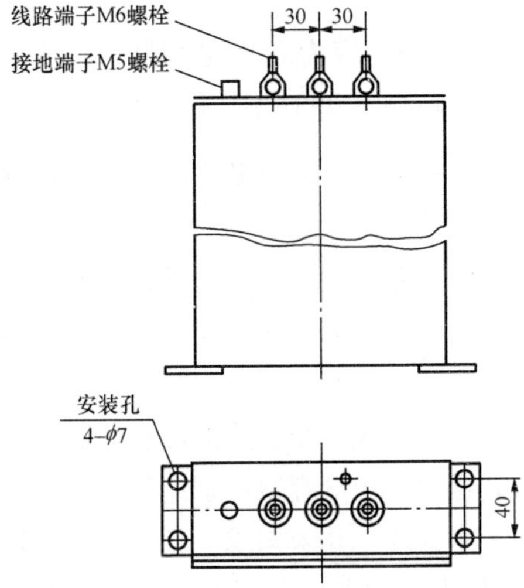

图4-4 自愈式并联低压电容器的外形及尺寸（单位：mm）

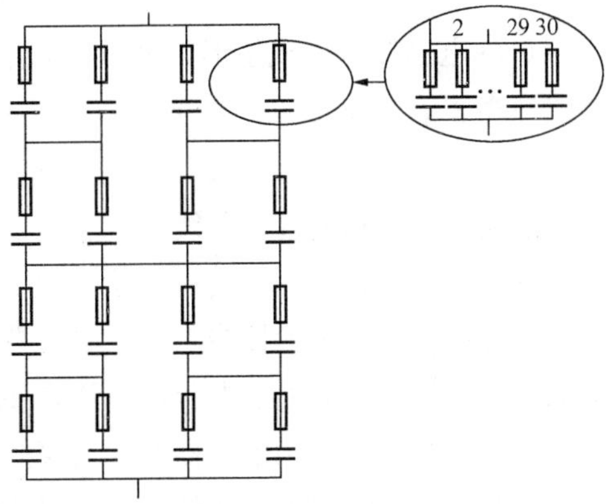

图4-5 BFF11/$\sqrt{3}$-2500-1W×3集合式电容器一相接线

由图4-5可见，一相分为两段，每段有两支路，每支路的两部分各由60个元件并联后，再串联。因此，一相电容器是由四个支路组成，2并2串。单元电容器内每个元件串有一熔断器，当某个元件击穿时，其他完好元件即对其放电，使熔断器在毫秒级的时间内迅速熔断，切除故障元件，从而使电容器能继续正常工作。单元电容器安装在框架上，根据不同的电压和容量作适当的电气连接。出线端子通过导线与箱盖上的套管相连，供进出线及放电线圈使用。箱体由钢板焊接而成，箱盖上装有套管、储油柜或金属膨胀器及压力释放阀。箱壁两侧有片式散热器、压力式温度指示控制器。

(2) 集合式并联电容器的特点。集合式并联电容器采用了小元件加熔断器的设计方案，延长了检修周期，提高了运行可靠性。集合式并联电容器容量大小、一次侧接线方式及继电保护形式可根据用户需要而定。该电容器体积小，可安装于室外，也可安装于高压开关柜内，安装、运行、维护较简便。

（3）集合式并联电容器损坏的过程及原因。在电容器的元件开始损坏及全部击穿的过程中，故障电流会导致电容器介质发热，产生气体，使铁壳鼓肚，壳内液面下降，出现空间，使露出液面的连线产生电弧或端子引线对铁壳放电。连线电弧的产生是出于元件击穿短路时，全部相邻健全元件向其放电，因放电电流过大而使连线熔断。这个电弧在壳内产生导电的气体，使健全元件芯子的端子引线很快地对铁壳放电，并烧穿一个小孔。

出现上述集合式并联电容器损坏的原因是并联元件数太多，导致一个元件击穿短路时故障电流偏大，发生电容器铁壳鼓肚、开裂、套管爆炸等现象。为避免这种现象的发生就要降低集合式并联电容器的故障电流，为此必须改用一相由多台电容器组成，其中每台电容器接线是 8 并 4 串或 10 并 4 串。

3. 并联电容器的接线

当电容器按承受三相线路的线电压 U 来制造时，三个电容为 C 的电容器可接成三角形，容量为 $Q_{C(\triangle)}=3\omega CU^2$；如果电容器按承受三相线路的相电压 U_{ph} 来制造，三个电容为 C 的电容器应接成星形，容量为 $Q_{C(Y)}=3\omega CU_{ph}^2$。可见，电容器电压升高$\sqrt{3}$倍，容量就升高 3 倍，即 $Q_{C(\triangle)}=3Q_{C(Y)}$。

电容器采用三角形接线，若任一电容器断线，三相线路仍能得到无功补偿；而采用星形接线，若一相电容器断线，线路断线相则将失去该电容器的无功补偿，而另外两相电容器及其他三相电容器仍可补偿，但由此造成三相负荷不平衡。

电容器采用三角形接线，任一电容器击穿短路时，将造成三相线路的两相短路，短路电流很大，有可能引起电容器爆炸，使事故扩大，这对高压电容器特别危险；而采用星形接线，在其中一相电容器发生击穿短路时，因无中性线，并未构成三相线路相间短路，因此该相电容器击穿短路时的电流仅为正常工作电流的 3 倍，因此运行就安全多了。所以 GB 50053—2013《10kV 及以下变电站设计规范》规定：高压电容器组宜接成中性点不接地星形，容量较小时（450 kvar 及以下）宜接成三角形。低压电容器组应接成三角形。

凡额定电压在 1kV 及以下的电容器称低压电容器，1kV 以上的则称为高压电容器。1kV 及以下的电容器都做成三相，三角形接线，内部元件并联，每个并联元件都有单独的熔断器；3.15kV 以上的都做成单相，星形或三角形接线，内部元件也并联。

1.3 并联电容器的无功补偿

1. 提高功率因数的意义及方法

（1）什么是功率因数。电力系统中的负荷功率，除有功功率 P 外，还有大量的感性无功功率 Q_L 和少量的容性无功功率 Q_C。而 $S=P+jQ$ 称为视在功率，其中 $Q=Q_L-Q_C$ 称为无功功率。有功功率与视在功率之比，称为功率因数 $\cos\varphi$，即

$$\cos\varphi=\frac{P}{S} \tag{4-1}$$

显然，功率因数是随负荷功率的变化而改变的。因此，利用负荷功率所求得的功率因数可理解为短时功率因数。

在年最大负荷（即计算负荷 P_{30}、Q_{30} 及 S_{30} 或 I_{30}）时的功率因数称为最大负荷时的功率因数，即

$$\cos\varphi=\frac{P_{30}}{S_{30}} \tag{4-2}$$

而累计某一时间段（如一个月）的平均功率因数称为加权平均功率因数，即

$$\cos\varphi=\frac{W_{\mathrm{p}}}{\sqrt{W_{\mathrm{p}}^2+W_{\mathrm{q}}^2}} \tag{4-3}$$

式中 W_{p}——某一时间段内消耗的有功电能，由有功电能表读出；

W_{q}——某一时间段内消耗的无功电能，由无功电能表读出。

(2) 功率因数标准。《供电营业规则》中规定：无功电力应就地平衡，用户应在提高自然功率因数的基础上，设计和装置无功补偿设备，并做到随负荷和电压变动及时投入或切除，防止无功电力倒送。用户在当地供电企业规定的电网高峰负荷时的功率因数应达到下列规定：100 kVA 及以上高压供电的用户，功率因数为 0.9 以上；其他电力用户和大中型电力排灌站、转售企业，功率因数为 0.85 以上；农业用电，功率因数为 0.80。凡功率因数不能达到上述规定的新用户，供电企业可拒绝接电。对已送电的用户，供电企业应督促和帮助用户采取措施，提高功率因数，对在规定期限内仍未采取措施达到上述要求的用户，供电企业可终止或限制供电。

为什么供电企业要规定用电企业在电网高峰负荷时的功率因数应达到功率因数标准值呢？这是因为在供电正常时段和低谷时段，提高功率因数即减少线路中的无功功率 Q，对供电企业而言，可以降低供电系统的功率损耗和电能损失；在供电高峰时段，可能出现局部供配电设备容量紧张或整个电力系统发电、供电设备容量不富裕，在此时段提高功率因数即减少线路中的无功功率 Q，不仅可以降低损耗，更主要的是提高了发电、供电设备输出的有功功率，避免了因低功率因数时在供电高峰时段不得不增设发电、供电设备的容量，也避免了在供电正常时段和低谷时段，更多的发电、供电设备容量的闲置，节约了发电、供电设备的投资，降低了发电、供电成本。

(3) 提高功率因数方法。提高功率因数，主要通过提高自然功率因数和人工进行无功补偿来实现。

1) 提高自然功率因数：提高自然功率因数是指不用任何补偿设备，采用降低各用电设备所需的无功功率来提高功率因数的方法，它不需增加投资，是最经济的提高功率因数的方法。具体方法如下：

a) 合理选择电动机型号、规格和容量，使其接近满载运行。

b) 提高异步电动机的检修质量。

c) 采用同步电动机或者异步电动机同步化。

d) 合理选择变压器容量，改善变压器运行方式，使其处于最经济运行状态。

e）根据国家绿色照明工程的要求，采用新型节能型照明灯具。

2）进行无功补偿：电力系统中的负荷中有大量的感应电动机、电焊机、电弧炉及气体放电灯等感性负荷，造成功率因数较低。根据《供电营业规则》对功率因数的要求，仅仅依靠提高自然功率因数的方法，一般是不能满足的，还需装设无功补偿装置，对功率因数进行人工补偿。

a）无功补偿的方法。可采用电力电容器、过励磁的同步电动机和同步调相机等进行补偿。同步电动机只适用于大功率拖动装置，电力电容器作为补偿装置，具有安装方便、造价低、运行维护简便、自身损耗小等优点，是当前广泛采用的补偿方式。

电力电容器补偿有串联补偿和并联补偿两种方法。串联补偿是把电容器串联在高压输电线路上，以改变输电线路参数，降低电压损失，提高输电能力，降低线路损耗，主要适用于远距离输电线路上。并联补偿是把电容器并接到被补偿设备的电路上，以提高功率因数，这种方法称为并联电容器补偿，普遍采用这种补偿方法。

b）无功补偿的基本原理。把具有容性无功功率负荷的装置并接在感性负荷的电路中，由于感性和容性两种负荷之间实现能量互相交换，因此感性负荷所应吸收的无功功率能就地从容性补偿设备输出的容性无功功率中获得。若 $Q_C=Q_L$，则电源不再通过线路输送无功功率。若 $Q_C<Q_L$，则电源需通过线路输送的无功功率为 $Q=Q_L-Q_C$。

图 4 - 6 所示为并联电力电容器补偿的原理示意图。由图 4 - 6 可见，电力电容器在图中所示位置进行无功补偿时，线路 L2 输送的无功功率仍为电力负荷（如电动机）的无功功率，即 $Q=Q_L$，而变压器输送的无功功率则为 $Q=Q_L-Q_C$，线路 L1 输送的无功功率则为 $Q=Q_L+Q_T-Q_C$。因此，电源（发电机）只需向电力负荷提供 $S=P+j(Q_L-Q_C)$ 的功率（为了简化说明问题，图中忽略了变压器的无功功率损耗 ΔQ_T 及输电线路的无功功率）。

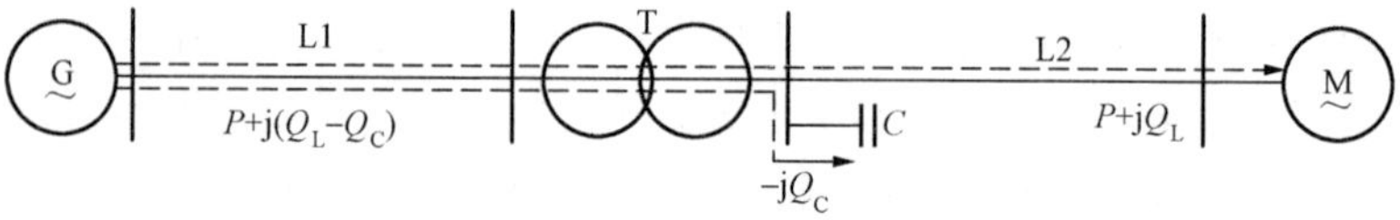

图 4 - 6　并联电力电容器补偿的原理示意图

通过以上原理分析可知，并联电力电容器进行无功补偿，不能改变电动机等电力负荷自身的功率因数，也不能补偿无电容电流通过的线路（如 L2），即没有改变通过线路的功率（或电流），只对既有感性无功功率又有容性无功功率通过的输电线路（如 L1）及变压器起补偿作用，即并联电力电容器后降低了通过输电线路及变压器的功率（或电流），同时也减少了对发电机发出无功功率的需求量。

c）无功补偿容量的计算。在负荷需用的有功功率 P_{30} 不变的条件下，并联容量为 Q_C 的电力电容器进行无功补偿后，无功功率将由 Q_{30} 减小到 Q'_{30}，视在功率将由 S_{30} 减小到 S'_{30}，功率因数将由 $\cos\varphi$ 提高到 $\cos\varphi'$。图 4 - 7 表示了无功功率和视在功率变化与功率因数变化的关系。

由图 4 - 7 可知，假设要使功率因数由 $\cos\varphi$ 提高到 $\cos\varphi'$，必须装设的无功补偿装置

容量为

$$Q_C = Q_{30} - Q'_{30} = P_{30}(\tan\varphi - \tan\varphi') = \Delta q_C P_{30} \quad (4-4)$$

式中 $\Delta q_C = \tan\varphi - \tan\varphi'$，称为无功补偿率。它表示要使 1kW 的有功功率由 $\cos\varphi$ 提高到 $\cos\varphi'$ 所需要的无功补偿容量千乏值。

在确定了总的补偿容量 Q_C 后，即可根据所选并联电容器的单个容量 q_C 来确定电容器的个数，即

$$n = \frac{Q_C}{q_C} \quad (4-5)$$

对于单相电容器来说，由式（4-5）计算所得的电容器个数 n，实际应取 n 为 3 的倍数，以便三相均衡分配。

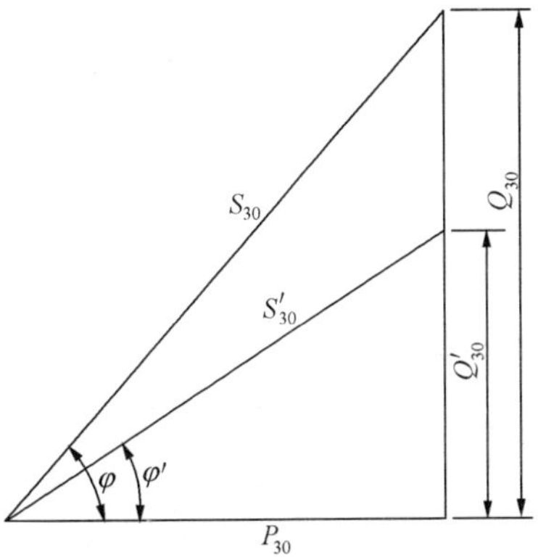

图 4-7　有功功率、无功功率和视在功率与功率因数的关系

并联电容器的单个容量 q_C 的选择，一般来说，没有严格的规定。但应与总的补偿容量 Q_C 及用于投切转换的每组电容器的容量有关，即投入或切除一组电容器，其容量变化引起的功率因数变化幅度不宜过大，以方便功率因数的调节。

在装设了无功补偿装置以后，补偿后总的视在计算负荷为

$$S'_{30} = \sqrt{P_{30}^2 + (Q_{30} - Q_C)^2} \quad (4-6)$$

（4）提高功率因数意义。提高功率因数 $\cos\varphi$ 对电力系统有着十分重大的意义，主要表现如下：

1）提高设备输出的有功功率。

2）降低功率损耗和电能损失。

3）减少电力设备的投资，节约运行费用。

4）减少电压损耗以改善电压质量。

综上所述，提高功率因数 $\cos\varphi$ 对整个电力系统在技术和经济上都大有好处，意义重大。

2. 并联电容器的补偿方式

电容器的补偿原则是就地平衡无功。在电力系统中，除了在供电负荷中心集中装设大中型电容器组以稳定电压质量之外，还应在用户的无功负荷附近装设中小型电容器组进行就地补偿。在工矿企业供电系统中，按并联电力电容器的装设位置可分为三种补偿方式：集中补偿、分散补偿和个别补偿，其中集中补偿又可分为高压集中补偿和低压集中补偿方式，如图 4-8 所示。

（1）集中补偿。集中补偿是把电容器组集中安装在变电站的一次或二次侧母线上，这种补偿方式，安装简便，运行可靠，利用率高，因此应用比较普遍。但必须装设自动控制设备，使之能随负荷的变化而自动投切，否则可能会造成过补偿，而破坏电压质量。

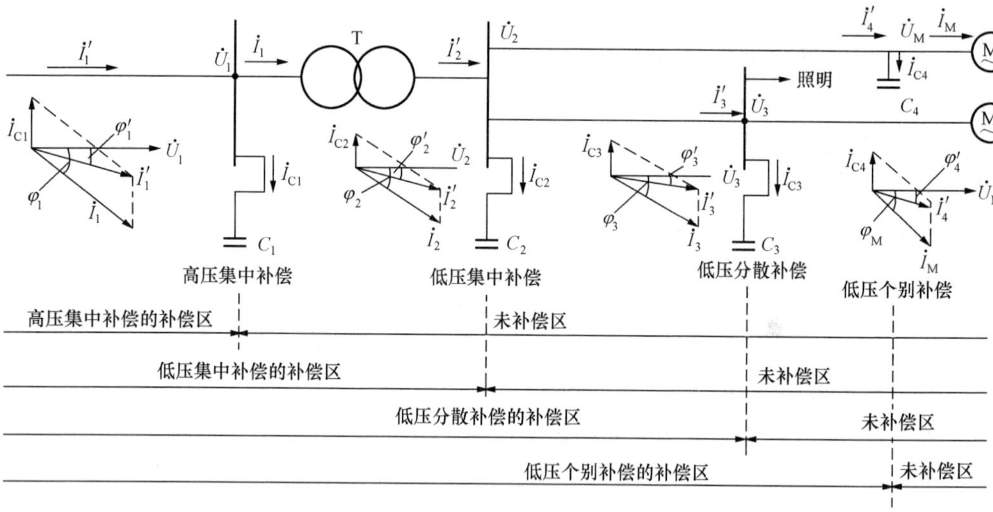

图 4-8　并联电容器在企业供电系统中的装设位置和补偿效果

1）高压集中补偿。高压集中补偿是将高压电容器组（如图 4-8 中 C_1）集中装设在工矿企业变配电站的 6～10kV 母线上。这种补偿方式的初投资较少，便于集中运行维护，而且能对变配电站高压侧的无功功率进行有效的补偿，以满足企业总功率因数的要求，所以这种补偿方式在一些大中型企业中应用比较普遍。但由图 4-8 可见，高压集中补偿的补偿区域较其他补偿方式小，即对 6～10kV 变压器及其二次侧没有补偿作用。而且按 GB 50053—2013《10kV 及以下变电站设计规范》规定，室内高压电容器装置宜设置在单独房间内。当电容器组容量较小时，可设置在高压配电室内，但与高压配电装置的距离不应小于 1.5m，安装费用高。

2）低压集中补偿。低压集中补偿是将低压电容器（如图 4-8 中 C_2）集中装设在变配电站或车间变电站的 220/380 V 低压母线上。这种补偿方式能补偿车间变电站低压母线前车间变压器和前面高压配电线路及电力系统的无功功率。由于这种补偿能使现有的变压器增加有功功率输出，或者说能使低压总视在功率减小从而可使车间变压器容量选得较小，即补偿范围较高压集中补偿扩大，因此比较经济。而且这种补偿的低压电容器柜一般可安装在低压配电室内（只在电容器柜比较多时才考虑单设一间电容器室），安装、运行、维护安全方便、费用较低，因此这种补偿方式在中小型企业中应用相当普遍。

3）集中补偿电容器组的接线。图 4-9 是接在变配电站 6～10kV 母线上集中补偿的并联电容器组接线图。图中电容器组采用三角形接线，装在成套的高压电容器柜内。为防止电容器击穿时引起相间短路，所以三角形接线的各边均接有高压熔断器 FU 作短路保护。图 4-10 是低压集中补偿的电容器组接线图。这种电容器组，都采用三角形接线。

由于电容器合闸涌流很大，特别是高压电容器，因此，在高压电容器回路中，宜采用串联电抗器加以限制；低压电容器可采用加大分组容量来降低合闸涌流，或采用专用

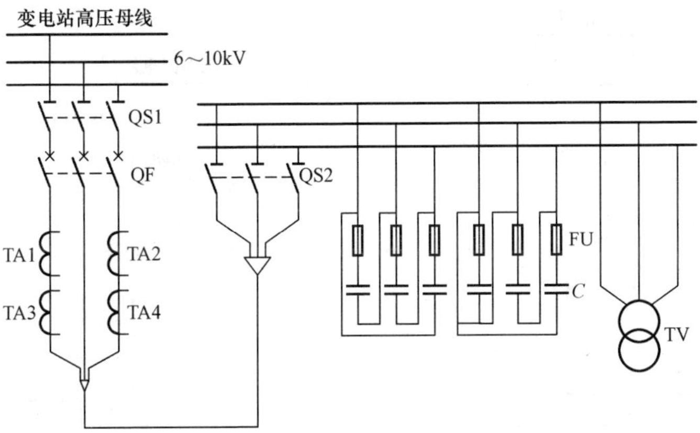

图 4-9 高压集中补偿的并联电容器组接线图

于电容器投切的接触器，如CJR型，每相串有1.5Ω电阻，待电容器充电到80%左右将电阻短接，使电容器正式投入运行。

由于从电网上切除下来的电容器有残余电压，且残余电压最高可达电网电压的峰值，这对人身是很危险的。对于高压电容器组，通常利用电压互感器（如图4-9中的TV）的一次绕组来放电。对于低压电容器组，一般利用220V、15～25W的白炽灯（如图4-10中的HL）的灯丝电阻来放电，这些放电白炽灯同时也作为电容器组正常运行的指示灯，或用专门的放电电阻来放电。为了确保可靠放电，高、低压电容器组的放电回路中不得装设熔断器或开关，以免放电回路断开，危及人身安全。

低压自愈式电容器内部具备自放电装置，安装时无需另装放电电阻。

(2) 分散补偿。分散补偿是将电容器组（如图4-8中C_3）分组安装在各分配电室或各分路出线上，它可随部分负荷的变动同时投入或切除。这种补偿方式补偿范围更大，效果比较好，但设备投资较大，利用率不高。一般适合容量小、数量多而分散、累计补偿容量相当大且是长期稳定运行的设备采用，如接有大量荧光灯照明线路、接有数量众多的小型感应电动机的低压配电分支母线均采用部分无功功率的补偿，即局部集中补偿。分散补偿电容器组采用与低压集中补偿的电容器组相同的接线图，参见图4-10。

(3) 个别补偿。个别补偿是把电容器（如图4-8中C_4）直接并接到单台用电设备的同一电气回路中，与设备同时投切。这种方式能就地平衡无功电流，因此其补偿范围最大，补偿效果最好，应予优先采用。但这种补偿方式总的投资较大，且电容器组在被补偿的用电设备停止工作时，也将一并被切除，因此电容器利用率较低。这种单独就地补偿特别适用于负荷平稳、经常运转而容量又大的设备，如大型高、低压感应电动机、高频电炉等。对于供电系统中高压侧和低压侧的基本无功功率的补偿，仍宜采用高压集中补偿和低压集中补偿的方式。

图4-11是直接接在感应电动机旁进行个别补偿的低压电容器组接线图。这种电容器组通常就利用用电设备本身的绕组来放电。

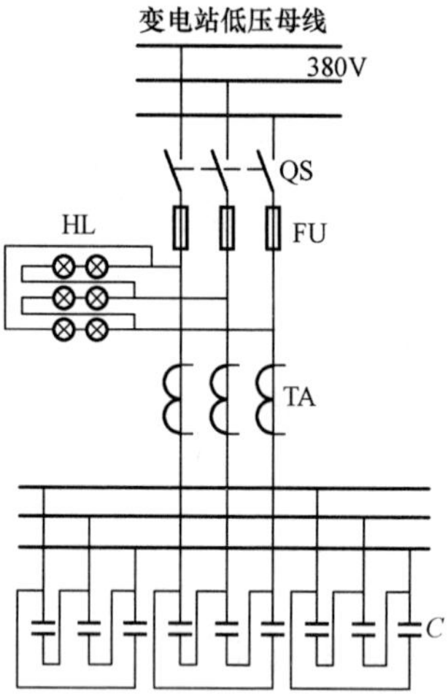

图 4-10　低压集中补偿的并联电容器组接线图

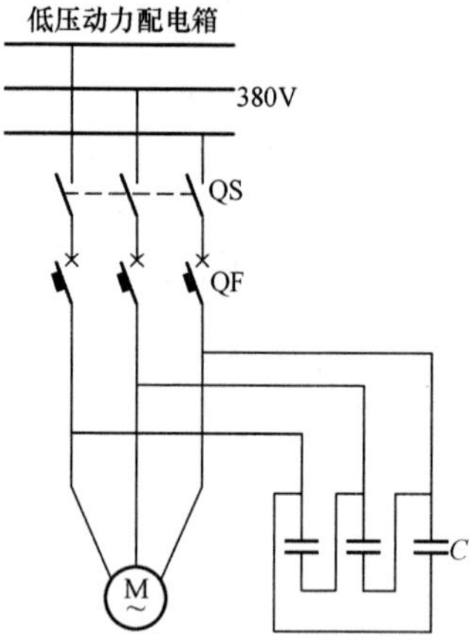

图 4-11　对感应电动机进行个别补偿的并联电容器组接线

上述三种补偿方式各有利弊，在实际选用时，应根据用电负荷的特点来选择，也可以综合采用，以提高补偿效果。最终目的是经济合理地达到总的无功补偿要求，使企业用户电源进线处在最大负荷时功率因数不低于规定值。

3. 并联电容器组的控制

为了保证并联电容器在系统中的安全运行，防止事故的发生与扩大，并联电容器组应合理选用控制装置。

岗位技能　并联电容器组的控制

并联电容器组控制方式有手动投切和自动调节两种。

(1) 手动投切的并联电容器组。采用手动投切，具有简单、经济、便于维护的优点，但调节功率因数不及时。具有下列情况之一时，宜采用手动投切的并联电容器组：

1) 补偿低压基本无功功率的电容器组。

2) 常年稳定的无功功率。

3) 长期投入运行的变压器或变配电站内投切次数较少的高压电动机及高压电容器组。

对于集中补偿的高压电容器组，如图 4-9 所示，利用高压断路器进行手动投切。

对于集中补偿的低压电容器组，可按补偿容量分组投切。图 4-12 (a) 是利用接触器进行分组投切的电容器组，图 4-12 (b) 是利用低压断路器进行分组投切的电容器组。

对于个别补偿的电容器组，如图 4-11 所示，利用控制用电设备的断路器或接触器进行手动投切。

(2) 自动调节的并联电容器。采用自动调节的并联补偿电容器（简称无功自动补偿装置)，可以自动调节无功补偿容量，及时实现较理想的功率因数要求，但投资较大且维修比较麻烦。因此，凡可不用或用之效果不大的地方，均不必装设自动补偿装置。若具有下列情况之一时，宜装设无功自动补偿装置：

1）为避免过补偿，而装设无功自动补偿装置在经济上合理时。

2）避免轻载时电压过高，造成某些用电设备损坏而装设无功自动补偿装置在经济上合理时。

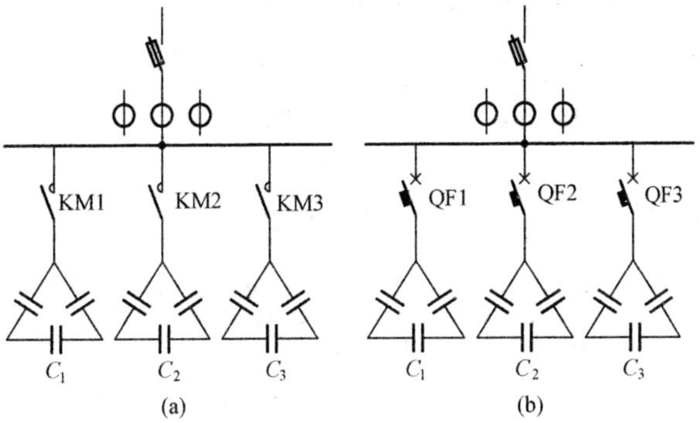

图 4-12 手动投切的低压电容器组

(a) 利用接触器分组投切；(b) 利用低压断路器分组投切

3）只有装设无功自动补偿装置，才能满足在各种运行负荷的情况下的电压偏差允许值时。

由于高压电容器采用自动补偿时对电容器组回路中的切换元件要求较高，价格较贵，而且维护检修比较困难，因此当补偿效果相同时，宜优先选用低压自动补偿装置。

低压自动补偿装置的原理电路如图 4-13 所示。为了保证并联电容器组补偿能够随电力负荷的变化而自动投切，防止因过补偿造成向电网倒送无功功率和产生自励过电压，或者因欠补偿造成功率因数偏低的现象，低压集中补偿应装设符合国家专业标准规定的低压无功自动补偿控制器。目前采用的定型产品主要有 ZKW 系列、KSC4 系列、JKL1 系列、JKG 系列等，规格（输出点数）有 4、6、8、10、12 五种。

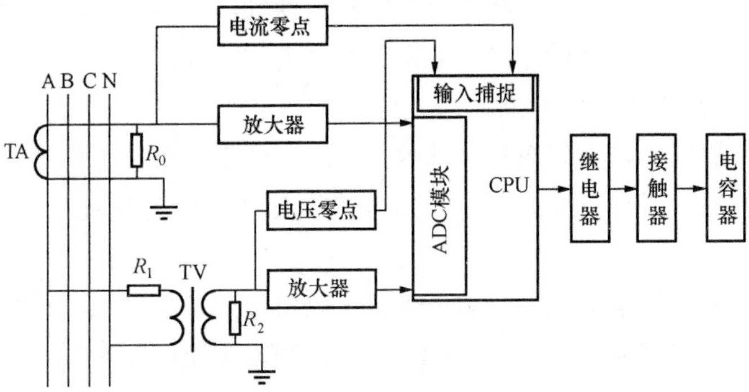

图 4-13 静态型低压无功功率补偿控制器原理框图

1.4 电容器的安装、运行与维护

电容器组运行时各参数应满足以下要求：

(1) 允许过电压。电容器组允许在其 1.1 倍额定电压下长期运行。在运行中，由于倒闸操作、电压调整、负荷变化等因素可能引起过电压，电容器组允许短时间的过电压。短时过电压值由过电压时间加以限定，见表 4-1。

（2）允许过电流。电容器组允许在其1.3倍额定电流下长期运行。允许超过额定电流的30%中，大约10%是由允许的工频过电压引起的，大约20%是由高次谐波电压引起的。

（3）允许温升。电容器的周围环境温度按制造厂的规定进行控制，若厂家无规定的，一般为－40～＋40℃，自愈式电容器为－45～＋50℃。如果运行温度过高，会影响其使用寿命，甚至引起介质击穿。

表4-1　电容器组允许的工频过电压

工频过电压	最长持续时间	说　　明
$1.10U_N$	连续	电容器运行中任何一段时间的最高平均值
$1.15U_N$	每24h中30min	系统电压的调整与波动
$1.20U_N$	5min	轻负荷时电压升高
$1.30U_N$	1min	

岗位技能1 并联电容器的安装

并联电容器安装的要求分三方面：一是对安装环境的要求，二是对电容器室的要求，三是对安装电容器的要求。

（1）安装环境应满足产品规定的技术要求，如下所述：

1）海拔不超过1000m的非湿热带地区，可采用符合GB 3983—1989《并联电容器》规定的定型产品。海拔1000～5000m的高原地区，应采用符合GB 6915—1986《高原电力电容器》规定的定型产品。海拔在1000m以下的热带地区，应采用符合GB/T 6916—2008《湿热带电力电容器》规定的定型产品。

2）周围环境不含有对金属和绝缘有害的腐蚀性气体和蒸汽，以及大量的尘埃。

3）周围环境无易燃、易爆危险，无剧烈的冲击和震动。

（2）对电容器室的要求如下：

1）电容器室最好为单独建筑物，其耐火等级不低于二级，并就近设置消防设施。

2）电容器室的通风应良好，使电容器因热损耗产生的热量能以对流和辐射方式而散出。

3）电容器室屋顶应采取隔热措施，进、出风口应有防雨雪和小动物进入的措施。

4）电容器室不应有窗户，门宜设在北侧或东侧，应能向左右外开90°以上。

（3）对安装电容器的要求如下：

1）电容器分层安装时，一般不超过三层，层间不应加隔板。电容器母线对上层构架的垂直距离不应小于20cm，下层电容器的底部距地面应大于30cm。

2）电容器构架间的水平距离不应小于0.5m，电容器之间的距离不应小于50 mm，电容器的铭牌应面向通道。

3）电容器的额定电压与低压电网的额定电压相同时，应将电容器的外壳和支架接地。当电容器的额定电压低于电网的额定电压时，应将每相电容器的支架绝缘，且绝缘等级应和电网的额定电压相匹配。

4）电容器应在适当位置设置温度计或贴示温蜡片，以便监视运行温度。

5）电容器应装设相间及电容器内部元件故障的保护装置或熔断器。低压电容器组的容量超过100kvar者，可装设低压断路器进行保护和控制。高压电容器组容量不大于100kvar时，可用跌落式熔断器保护和控制；100～300kvar时应采用负荷开关加熔断器保护和控制；大于300kvar时，应采用断路器控制及装设电流速断保护装置。

6）电容器应有合格的放电装置并按需要加装串联电抗器。

7）户外安装的电容器应尽量安装在台架上，台架底部距地不应小于3m。采用户外落地式安装的电容器组，应安装在变、配电站围墙内的混凝土地面上，底部距地不小于0.4m。同时，电容器组应安装高度不低于1.7m的固定遮栏，并采取防止小动物进入的措施。

8）总油量大于300kg的高压电容器组应设专用电容器室。低压电容器及总油量在300kg以下的高压电容器，可装设在厂房内，但应有单独间隔，通风良好。20台以下的电容器可装在配电室的单独间隔内，成套的电容器柜应靠在一侧安装。

9）高压电容器组和总容量为30kvar及以上的低压电容器组，每组应加装电流表。总容量为60kvar及以上的低压电容器组应加装电压表。

岗位技能2 并联电容器的运行和维护

（1）新装电容器组投入运行前的检查。

1）新装电容器组投入运行前应经过交接试验，并达到合格。

2）布置合理，各部分连接牢靠，接地符合要求。

3）接线正确，电压应与电网额定电压相符。

4）放电装置符合规程要求，并经试验合格。

5）电容器组的控制、保护和监视回路均应完善，温度计齐全，并试验合格，整定值正确。

6）与电容器组连接的电缆、断路器、熔断器等电气设备应试验合格。

7）三相间的容量保持平衡，误差值不应超过一相总容量的5%。

8）外观检查应良好，无渗漏油现象。

9）电容器室的建筑结构和通风措施均应符合规程要求。

（2）对运行中电容器组的巡视检查。对运行中的电容器组应进行日常巡视检查、定期检查以及特殊巡视检查。

1）日常巡视检查。日常巡视检查应由运行值班人员进行。有人值班时，每班检查一次，无人值班时，每周检查一次。检查时间，夏季在室温最高时进行，其他季节可在系统电压最高时进行。检查时主要观察电容器外壳有无膨胀、漏油痕迹，有无异常声响和火花，熔丝是否正常，放电指示灯是否熄灭，记录有关电压表、电流表、温度表的读数，对检查发现的缺陷应进行记录。为了便于检查，必要时可以短时停电。停电时，除电容器组自动放电外，还应进行人工充分放电，否则不得触及电容器。

2）定期停电检查。定期停电检查应每季进行一次，除检查日常巡视检查的项目外，还应检查各螺栓接点的松紧和接触情况，放电回路是否完好，风道有无积尘，并清扫电容器的外壳、绝缘子和支架等处的灰尘，检查外壳的保护接地线是否完好，继电保护、熔断器等保护装置是否完整可靠，断路器、馈电线等是否良好。按规程要求定期对电容器进行预防性试验，各项试验均要合格。

3）特殊巡视检查。在出现断路器跳闸、熔体熔断等情况后，应立即进行特殊巡视检查，有针对性地查找原因，必要时应对电容器进行试验，在未查出故障原因之前，不得再次合闸运行。

（3）电容器组的投入和退出运行。

1）正常情况下，电容器组的投入和退出应根据系统无功负荷潮流和负荷功率因数以及电压情况来决定。原则上应按供电部门对功率因数给定的指标决定是否投入电容器组，电压偏低时可投入电容器组。

当变电站进行全部停电的操作时，应先拉开电容器组开关，后拉开各路出线开关；当变电站全部恢复送电时，应先合上各路出线开关，后合上电容器组开关。

2）发生下列异常情况之一时，应立即断开电容器组开关，使其退出运行。

a）电容器组母线电压超过电容器组额定电压 1.1 倍或超过表 4-1 规定的短时间允许的过电压，以及通过电容器组的电流超过额定电流的 1.3 倍。

b）电容器周围环境的温度超出允许范围（一般为±40℃），或电容器外壳最热点温度超出允许范围（一般为－25～＋60℃）。

c）电容器接点严重过热或熔化。

d）电容器内部或放电装置有严重异常声响。

e）电容器外壳有明显的异形膨胀。

f）电容器瓷套管发生严重放电、闪络。

g）电容器喷油、起火或爆炸。

（4）并联电容器常见故障及处理。

1）渗漏油。外壳渗漏油不严重的可将外壳渗漏处除锈、焊接、涂漆，渗漏严重的必须更换。

2）外壳异形膨胀。应更换电容器。

3）温升高。应改善通风条件，如果是由于电容器本身问题所致，则应更换电容器。

4）瓷套管表面闪络放电。应定期进行停电清扫，并注意保持电容器安装场所的卫生。

5）异常声响。注意观察，严重时应立即退出运行，更换电容器。

6）电容器爆炸。这是最严重的事故，应立即退出运行。平时应加强日常管理，及时发现有内部故障的电容器，尽量避免发生爆炸。

项目2 电 抗 器

学习目标

(1) 了解电抗器的作用。

(2) 了解电抗器的分类及各自的特点。

2.1 认识电抗器

微课37 认识电抗器

电抗器是依靠线圈的感抗阻碍电流变化的电器，电抗器也叫电感器。一个导体通电时就会在其所占据的一定空间范围产生磁场，所以所有能载流的电导体都有一般意义上的感性。然而通电长直导体的电感较小，所产生的磁场不强，因此实际的电抗器是导线绕成螺线管形式，称空心电抗器；有时为了让这只螺线管具有更大的电感，便在螺线管中插入铁心，称铁心电抗器。

电网中所采用的电抗器是指具有一定电抗值的自感线圈，有串联电抗器、并联电抗器、限流电抗器和消弧线圈四种。

(1) 串联电抗器用于限制电力系统的高次谐波对电力电容器的影响，串联在电力电容器前，也称阻波器。

(2) 并联电抗器用于超高压长距离输电线路和10kV电缆系统等处，以吸收系统电容功率，限制电压升高。

(3) 限流电抗器用于限制系统短路电流，以维持母线电压水平。

(4) 消弧线圈用于减小中性点非直接接地系统的接地电流，防止故障扩大。

在发电厂与变电站主接线中，限流电抗器用于限制电气设备的短路电流，除能维持母线电压外，也能将短路容量加以限制，以选择轻型断路器和小截面的电缆。电力系统中使用的限流电抗器，分为普通限流电抗器和分裂电抗器两种。普通限流电抗器一般装设在发电厂馈电线路或发电机电压母线的分段上。分裂电抗器常装设在负荷平衡的双回馈电线、变压器的低压侧以及发电机回路上。

2.2 普通限流电抗器

1. 普通限流电抗器的参数

普通限流电抗器是一种单相的、中间无抽头的空心电感绕组。当短路电流流经电抗器时，在电抗器上产生很大的电动力，为了保证电抗器自身的动稳定性，电抗器绕组外部由环氧树脂浸透的玻璃纤维包封，整体高度固化，整体性强，机械强度很高且具有噪声低、质量轻的特点。

普通限流电抗器外形如图4-14所示。三个单相电抗器组成的限流电抗器组，可以采用三相垂直重叠、两相重叠一相水平、三相水平品字形排列方式，如图 4 - 15 所示，为减少相间支撑瓷座拉伸力，不同排列方式对线圈的绕向要求不同。按图 4 - 15（a）排列时中间相与上下两相线圈绕向相反；按图 4 - 15（b）排列时，垂直重叠的两相绕向相反，另一相与上面的那相绕向相同；按图 4 - 15（c）排列时，三相绕向相同。

图 4 - 14　普通限流电抗器外形

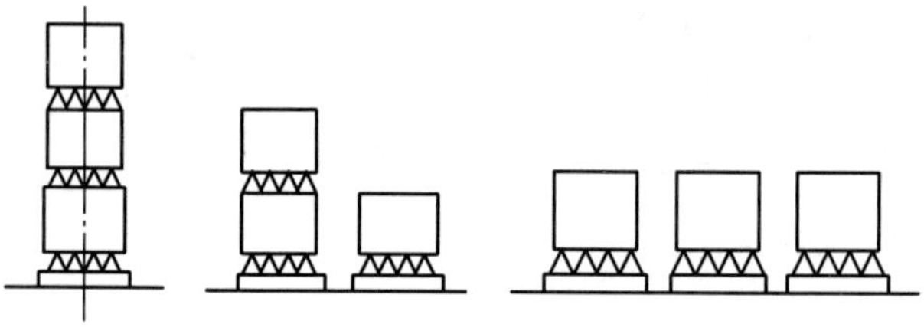

(a)　(b)　(c)

图 4 - 15　普通限流电抗器三相排列图

（a）三相垂直重叠；（b）两相重叠一相水平；（c）三相水平品字形

电抗器电抗百分值的定义为

$$X_k\% = X_k^* \times 100\% \tag{4-7}$$

式中　X_k^*——电抗标幺值。

$X_k^* = X\dfrac{\sqrt{3}I_N}{U_N}$，$X$ 为电抗有名值。

表 4 - 2 列出了普通限流电抗器主要参数。由表可见，在额定电流与电抗百分值相同情况下 10kV 电抗器的电感（有名电抗）较 6kV 电抗器大，因此质量也较大。

表 4 - 2　普通限流电抗器主要参数

型号	额定电压 (kV)	额定电流 (A)	电抗百分值 (%)	电感 (mH)	动稳定电流 (kA)	热稳定电流 (4s/kA)	单相质量 (kg)
XKGK - 6 - 1500 - 8	6	1500	8	0.588	95.63	37.5	612
XKGK - 10 - 1500 - 8	10	1500	8	0.980	95.63	37.5	802

2. 普通限流电抗器的应用

正常工作时，普通限流电抗器中的功率损耗通常不大，为通过电抗器功率的 0.15%～0.4%。

当电路中发生短路时，普通限流电抗器可以限制短路电流，同时由于电抗器有较大的电压降，可以维持母线有较高的剩余电压，这使其他未故障用户受到的影响较小。

当在普通限流电抗器后发生三相短路时，母线剩余电压的百分数为

$$U_r\% = \frac{\sqrt{3}I''X}{U_N} \times 100\% = X\% \frac{I''}{I_N} \tag{4-8}$$

一般要求线路普通限流电抗器能维持母线剩余电压在额定电压的60%～70%。

图4-16所示的几种接线中由于采用了电抗器限制短路电流，因此都能采用轻型断路器。

图4-16（a）所示为母线分段电抗器，可以限制在其一侧母线故障时的短路电流，但在正常工作时，由于各段母线的负荷不平衡，在母线分段电抗器中有电流通过，母线分段电抗器中的电压损失将造成各段母线间的电压差别，因此母线分段电抗器的电抗百分值的合理范围一般为8%～10%，最大不超过12%。母线分段电抗器在电气主接线中的数目较少（仅一组或二组），使发电厂增加投资不多，在发电机数目不多的中等容量发电厂中，当需要限制短路电流并能满足要求时，可应用母线分段电抗器。

图4-16（b）所示为出线电抗器，其电抗百分值一般取3%～6%。虽然出线电抗器的电抗百分值不大，但因额定电流不大，所以有较大的限制短路电流的作用，且能维持母线电压水平。当出线较多时，电抗器一次性投资大，正常功率损耗及电压损失较大，从而使年运行费用增加，故一般只在其他限制短路电流的方法不能达到要求时，才采用出线电抗器。

图4-16（c）是在变压器负荷侧串联电抗器，可以限制负荷侧的短路电流，以便选择轻型的出线断路器，并能维持电源侧母线的电压在一定水平。

图4-16（d）与图4-16（c）比较，由于正常时电抗器不投入，所以电压损失、功率损耗小，而且可以采用较大的电抗值，但继电保护较为复杂。当线路故障时，应先断开与电抗器并联的断路器以使短路电流小于出线断路器的开断电流，然后再断开故障线路。

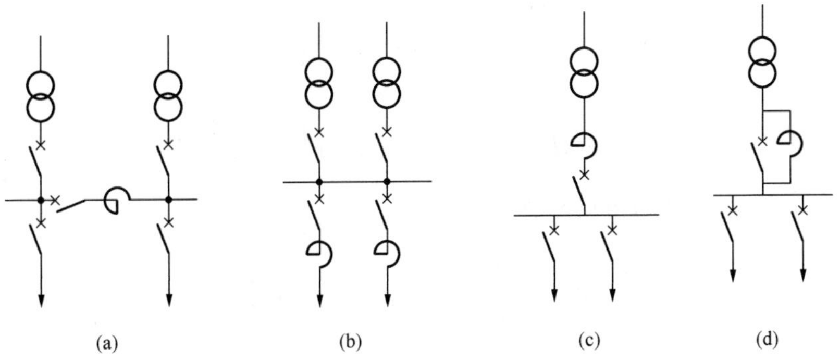

图4-16 限流电抗器应用接线图

（a）母线分段电抗器；（b）线路出线电抗器；（c）变压器低压侧串联电抗器；（d）变压器低压侧并联电抗器

2.3 分裂电抗器

由前面的内容可知，为了限制短路电流和维持较高的母线剩余电压，要求电抗器电抗百分值应尽可能大些，但这样会使正常工作时引起较大的电压损失，采用分裂电抗器代替普通电抗器可以缓解这一矛盾。

分裂电抗器又称双臂限流电抗器，在结构上与普通电抗器类似，是中间有一抽头的空心电感线圈。图形符号如图 4 - 17（a）所示。最常用的接线方式是中间端 3 接电源，两端 1、2 接负荷。

图 4 - 17（b）为分裂电抗器的工作原理图。两臂绕组互感的作用，使每支等效电抗与两分支电流方向及比值大小有关：正常运行时，两支电流近似相同，互磁通方向与自磁通方向相反，即两绕组互相去磁而使每支等效电抗小于其自感抗。短路时，短路分支自磁通远大于另一分支（非短路分支）产生的互磁通，因此可略去互磁通。这时，短路分支的等效电抗等于其自感抗。正常运行与短路两种状态下的等效阻抗推导如下：

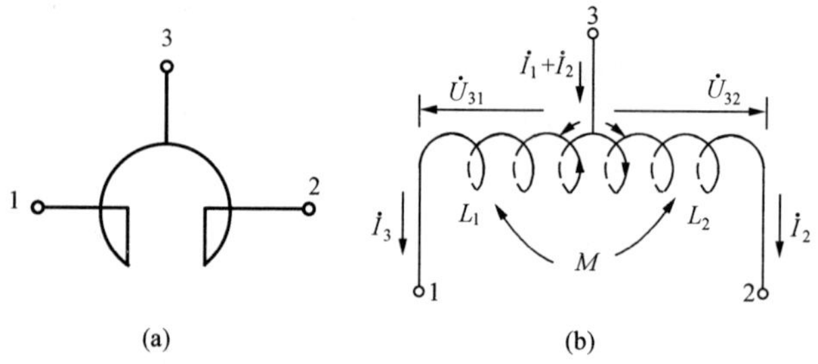

图 4 - 17　分裂电抗器

（a）图形符号；（b）工作原理图

如图 4 - 17（b）所示，由于是中间抽头，因此两分支自感（L_1、L_2）及自感抗（x_{L1}、x_{L2}）相等，即

$$
\begin{aligned}
L_1 &= L_2 = L \\
x_{L1} &= x_{L2} = x_L = \omega L
\end{aligned}
\tag{4-9}
$$

设两分支互感系数为 M，则有互感抗 x_M 与自感抗 x_L 的关系为

$$x_M = Mx_L \tag{4-10}$$

按图示电流、电压正方向，有分支压降

$$
\begin{aligned}
\Delta\dot{U}_{31} &= \mathrm{j}\dot{I}_1 x_L - \mathrm{j}\dot{I}_2 x_M = \mathrm{j}\dot{I}_1 x_L\left(1 - M\frac{\dot{I}_2}{\dot{I}_1}\right) \\
\Delta\dot{U}_{32} &= \mathrm{j}\dot{I}_2 x_L - \mathrm{j}\dot{I}_1 x_M = \mathrm{j}\dot{I}_2 x_L\left(1 - M\frac{\dot{I}_1}{\dot{I}_2}\right)
\end{aligned}
\tag{4-11}
$$

因此第 1、2 分支等效电抗分别为

$$x_1 = \frac{\Delta\dot{U}_{31}}{\mathrm{j}\dot{I}_1} = x_L\left(1 - M\frac{\dot{I}_2}{\dot{I}_1}\right) \tag{4-12}$$

$$x_2 = \frac{\Delta\dot{U}_{32}}{\mathrm{j}\dot{I}_2} = x_L\left(1 - M\frac{\dot{I}_1}{\dot{I}_2}\right) \tag{4-13}$$

正常运行时，由于两分支中电流方向相反，使两分支的电抗减小，因而电压损失减小。当其中一分支出线发生短路时，该分支流过短路电流，另一分支的负荷电流相对于短路电流来说很小，可以忽略其作用，则流过短路电流的分支电抗增大，压降增大，造成母线的残余电压较高。

分裂电抗器的型号为 FK（铜线）和 FKL（铝线）。FKL - 6 - 2X1000 - 10 分裂电抗器主要参数列于表 4 - 3。

表 4 - 3　　FKL - 6 - 2X1000 - 10 分裂电抗器主要参数

型　号	每臂额定电流（A）	额定电压（kV）	总通过容量（kVA）	额定电抗（单臂）（%）	动稳定电流（A）		1s 热稳定电流（A）
					两臂电流方向相同	两臂电流方向相反	
FKL - 6 - 2X1000 - 10	1000	6	3×6920	10	25500	12550	12550

表 4 - 3 中的总通过容量是指三相容量，即每相两臂容量为 6920kVA，每分支容量为一半（3460kVA）。

由于分裂电抗器正常运行时等效电抗小于其自感抗，因此在满足正常压降要求条件下可提高自感抗以限制短路电流，当 $f=0.5$，两支负荷相同时，较普通电抗器其自感抗可提高为 2 倍。但当一支负荷突然切除时，由式（4 - 11）可知，切除支路的负压降使该支路产生过电压，而未切除支路相当于串入普通限流电抗器产生很大的压降。因此，即使在两支负荷平衡情况下，分裂电抗器的阻抗也应加以限制（一般不超过 12%），其主要作用是降低正常压降；当选用普通电抗器按限流要求取定的百分电抗不能满足正常压降要求时，则可考虑改选分裂电抗器。

目前我国一些发电厂和变电站采用了分裂电抗器，运行情况良好。分裂电抗器在发电厂和变电站主接线中装设的位置，如图 4 - 18 所示。分裂电抗器装设在电缆引出线上，如图 4 - 18（a）所示，可使电抗器数目减少，且正常运行时电压损失小，如分裂电抗器每臂连接几条出线时，其经济效益更大。在发电厂和变电站中，分裂电抗器还可以装在发电机和主变压器回路中，如图 4 - 18（b）、（c）、（d）所示，短路时分裂电抗器起到母线分段电抗器的作用，限制短路电流的效果比普通电抗器更好。

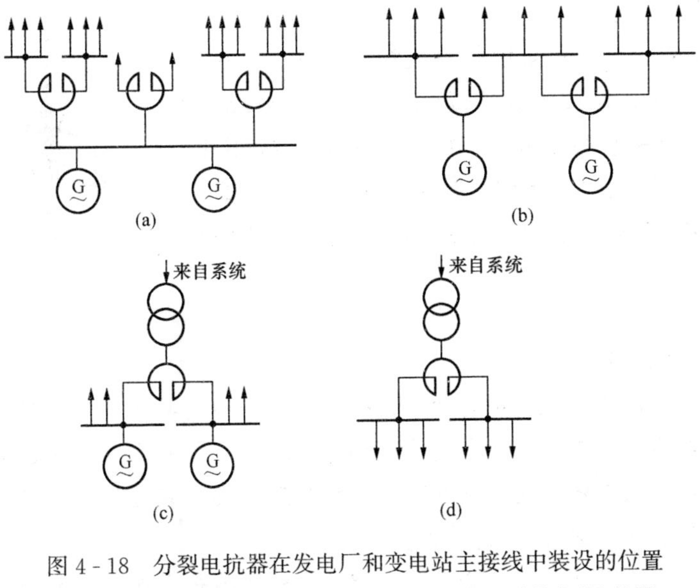

图 4 - 18　分裂电抗器在发电厂和变电站主接线中装设的位置

（a）发电机端电压出线装分裂电抗器；（b）发电机回路装分裂电抗器；
（c）发电厂主变压器低压侧装分裂电抗器；（d）变电站变压器低压侧装分裂电抗器

项目3 防 雷 装 置

学习目标

(1) 了解各类防雷技术的特点。

(2) 掌握各类防雷技术的保护范围计算。

众所周知，雷电是一种常见的自然现象。一些生命起源学认为，是雷电孕育了地球上的生命。雷电不断补充地球上空电离层的电荷，使地球上的生命不致被宇宙射线灭绝，使地球成为文明的星球。

微课 38-1 防雷装置基本知识

但是雷电同时又伤害生灵，破坏建筑物、各种电气和通信设备，给人类带来灾难，足以使整个文明社会处于瘫痪。因此，全人类、全社会有必要加强对雷电防护工作的重视。现在世界各国都在运用现代科学技术对防雷工作进行研究部署，防雷技术和防雷水平都在不断提高，我国政府也制定了一系列政策和法规，成立了专门机构以确保防雷工作的实施，我国的防雷技术水平已逐渐同世界先进水平接轨。

微课 38-2 变电站的防雷

常用的防雷装置有避雷针、避雷线、避雷带、避雷网、避雷器等。

3.1 避雷针

微课 39 认识避雷针

避雷针（见图 4-19）采用圆钢或焊接钢管，针长 1m 以下，圆钢直径不小于 12mm，钢管直径不小于 20mm；针长 1～2m 时，圆钢直径不小于 16mm，钢管直径不小于 25mm，装在烟囱顶端时，圆钢直径不小于 20mm。避雷针通常安装在构架、支柱或建筑物上。它的下端要经引下线与接地装置连接。

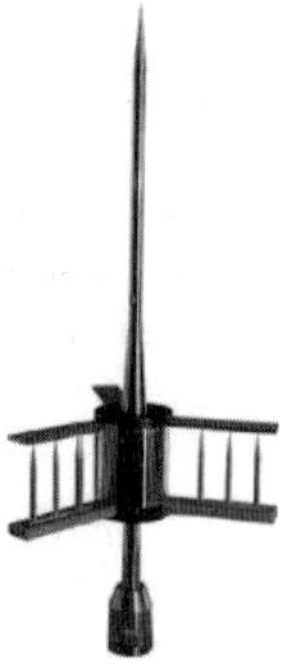

图 4-19 避雷针

特别提示

避雷针的功能实质上是引雷作用。由于避雷针的安装高度高于被保护物，因此当雷电先导临近地面时，它能使雷电场畸变，改变雷电先导的通道方向，吸引到避雷针本身，然后经与避雷针相连接的引下线和接地装置将雷电流泄放到大地中，使被保护物免受直接雷击。

避雷针能否有效地对保护物进行保护，被保护物是否在其有效的保护范围内是很重要的。避雷针的保护范围，是指避雷针下方免受直接雷击的安全空间。

下面介绍用“滚球法”确定避雷针的保护范围。

所谓“滚球法”，就是选择一个半径为 h_r（滚球半径）的球体，沿需要防护直击雷的部位滚动，如果球体只接触到接闪器与地面，而不触及需要保护的部位，则该部位就在接闪器的保护范围之内。

岗位技能 确定避雷针的保护范围

避雷针的保护范围，应符合 GB 50057—2010《建筑物防雷设计规范》规定。

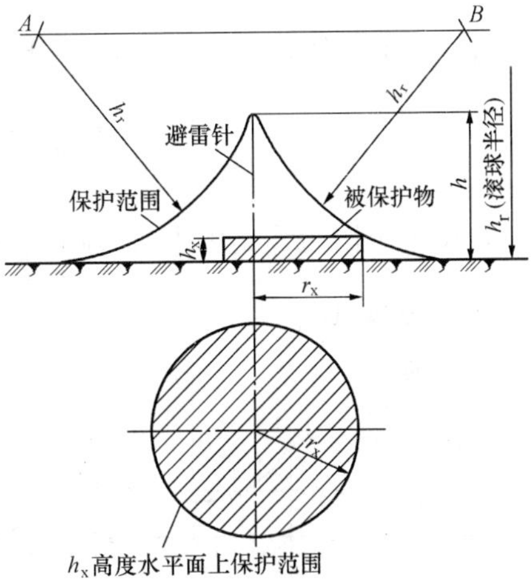

图 4 - 20 单支避雷针的保护范围

1. 单支避雷针保护范围（见图 4 - 20）

（1）避雷针高度 $h \leqslant h_r$。

1）距地 h_r 处作一平行于地面的平行线。

2）以避雷针的针尖为圆心，以 h_r 为半径，作弧线交于平行线的 A、B 两点。

3）以 A、B 为圆心，h_r 为半径作弧线，该弧线与针尖相交并与地面相切。从该弧线起到地面止的整个锥形空间，就是避雷针的保护范围。

4）避雷针在被保护物高度 h_r 的 xx' 平面上的保护半径计算式为

$$r_x = \sqrt{h(2h_r - h)} - \sqrt{h_x(2h_r - h_x)} \tag{4-14}$$

式中 h_r——滚球半径，按表 4 - 4 确定。

5）避雷针在地面上的保护半径的计算式为

$$r_0 = h(2h_r - h) \tag{4-15}$$

（2）避雷针高度 $h > h_r$。当避雷针高度 $h > h_r$ 时，在避雷针上取高度 h_r 的一点代替单只避雷针的针尖作圆心。其余的作法与 $h \leqslant h_r$ 时的计算方法相同，读者可自行分析。

表 4 - 4 按建筑物防雷类别确定滚球半径和避雷网格尺寸

建筑物防雷类别	滚球半径 h_r（m）	避雷网格尺寸（m）
第一类防雷建筑物	30	≤5×5 或≤6×4
第二类防雷建筑物	45	≤10×10 或≤12×8
第三类防雷建筑物	60	≤20×20 或≤24×16

2. 两支避雷针的保护范围（见图 4 - 21）

在避雷针高度 $h \leqslant h_r$ 的情况下，当两避雷针的距离 $D \geqslant 2\sqrt{h(2h_r - h)}$ 时应各按单

支避雷针保护范围计算；当 $D<2\sqrt{h(2h_r-h)}$ 时应按图 4-21 所示的方法确定，具体步骤如下：

（1）每支避雷针保护范围外侧同单支避雷针一样计算。

（2）两支避雷针之间 C、E 两点位于两针间的垂直平分线上。在地面每侧的最小保护宽度 b_0 为

$$b_0=\sqrt{2(2h_r-h)-\left(\frac{D}{2}\right)^2} \tag{4-16}$$

在 AOB 轴线上，距中心线任一距离 x 处，在保护范围边线上的保护高度 h_x 为

$$h_x=h_r-\sqrt{(h_r-h)^2+\left(\frac{D}{2}\right)^2-x^2} \tag{4-17}$$

该保护范围边线是以中心线距地面 h_r 的一点 O' 为圆心，以 $\sqrt{(h_r-h)^2+\left(\frac{D}{2}\right)^2}$ 为半径所作的圆弧 AB。

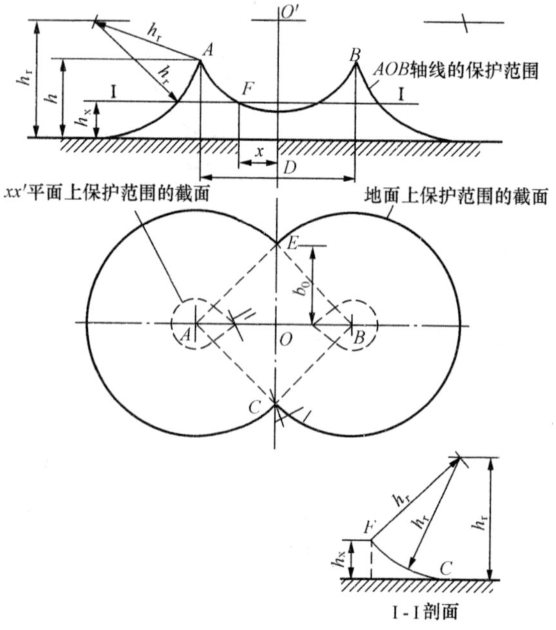

图 4-21　两支等高避雷针的保护范围

（3）两针间 $AEBC$ 内的保护范围。ACO、BCO、BEO、AEO 部分的保护范围确定方法相同，以 ACO 保护范围为例。在任一保护高度 h_x 和 C 点所处的垂直平面上以 h_r 作为假想避雷针，按单支避雷针的方法逐点确定。如图 4-21 中Ⅰ-Ⅰ剖面图。

确定 xx' 平面上保护范围。以单支避雷针的保护半径 r_x 为半径，以 A、B 为圆心作弧线与四边形 $AEBC$ 相交。同样以单支避雷针的（r_0-r_x）为半径，以 E、C 为圆心作弧线与上述弧线相接，如图 4-21 中的粗虚线。

两根以上避雷针的计算见 GB 50057—2010《建筑物防雷设计规范》。

【例 4-1】 某厂一座高 30m 的水塔，建有一水泵房（属第三类防雷保护建筑物），高 6m，其屋顶最远一角距离水塔 20m，水塔上面安装一支高 20m 的避雷针。试问此针能否保护这一水泵房。

解　查表 4-4，得滚球半径 $h_r=60\text{m}$，而 $h=30\text{m}+2\text{m}=32\text{m}$，$h_x=6\text{m}$，得避雷针保护半径为

$$r_x=\sqrt{h(2h_r-h)}-\sqrt{h_x(2h_r-h_x)}=26.9(\text{m})$$

现水泵房在 $h_x=6\text{m}$ 高度上最远一角距离避雷针的水平面为 20m，则

$$r_x = 26.9\text{m} > 20\text{m}$$

由此可见，水塔上的避雷针完全能保护这一水泵。

3.2　避雷线

避雷线的功能和原理与避雷针基本相同，它架设在架空线路的上面，以保护架空线路或其他物体（包括建筑物）免遭直接雷击。由于避雷线既是架空，又是接地，因此它又称为架空地线。避雷线一般采用截面积不小于 35mm^2 的镀锌钢绞线。单支避雷线的保护范围按 GB 50057—2010《建筑物防雷设计规范》规定：当避雷线的高度 $h<2h_r$ 时，应按下列方法确定（参看图 4-22）。

微课 40　认识避雷线

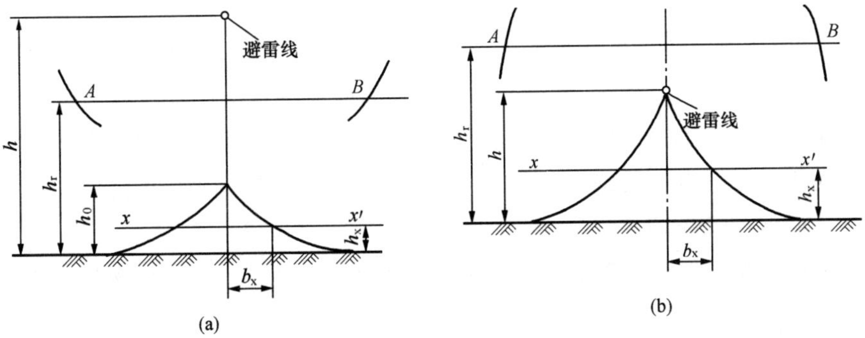

图 4-22　单根避雷线的保护范围

(a) 当 $2h_r>h>h_r$ 时；(b) 当 $h<h_r$ 时

(1) 距地面 h_r 处作一平行于地面的平行线。

(2) 以避雷线为圆心，h_r 为半径，作弧线交于平行线的 A、B 两点。

(3) 以 A、B 为圆心，h_r 为半径作弧线，该两弧线相交或相切，并与地面相切。从该弧线起到地面止就是保护范围。

当 $2h_r>h>h_r$ 时，保护范围最高点的高度 h_0 的计算式为

$$h_0 = 2h_r - h \tag{4-18}$$

避雷线在 h_x 高度的 xx' 平面上的保护宽度的计算式为

$$h_x = \sqrt{h(2h_r - h)} - \sqrt{h_x(2h_r - h_x)} \tag{4-19}$$

式中　h——避雷线的高度，m；

h_x——保护物的高度，m。

3.3　避雷带和避雷网

避雷带和避雷网主要用来保护高层建筑物免遭直击雷和感应雷冲击。

避雷带和避雷网宜采用圆钢和扁钢，优先采用圆钢，圆钢直径不小于 8mm；扁钢截面积应不小于 48mm^2，其厚度应不小于 4mm；当烟囱上采用避雷环时，其圆钢直径应不小于 12mm；扁钢截面积应不小于 100mm^2，其厚度应不小于 4mm。避雷网的网格

尺寸要求见表 4-4。

接闪器应镀锌或涂漆。在腐蚀性较强的场所，接闪器应适当加大截面积或采用其他措施。

以上接闪器均应经引下线与接地装置连接。引下线应采用圆钢或扁钢，优先采用圆钢，其尺寸要求与避雷带（网）的相同，防腐措施与接闪器相同。引下线应沿建筑物外墙敷设，并经最短路径接地，因建筑要求较高时，也可暗敷设，但截面积要加大一级。采用多根引下线时，为了便于测量接地电阻以及检查引下线、接地线的连接状况，宜在各引下线距地面 1.8m 处设置断接卡。

3.4 避雷器

微课 41 认识避雷器

雷电侵入波通常是造成变、配电站设备及建筑物雷害事故的主要原因，而对于侵入雷电波过电压的防护，最主要的措施是在变、配电站内装避雷器，以限制设备上的过电压幅值。如图 4-23 所示，避雷器因与保护设备并联，当线路上出现危及设备绝缘的雷电过电压时，避雷器的电阻急剧降低，使过电压对地放电，从而保护绝缘。

避雷器的类型有保护间隙、管型避雷器、阀型避雷器、金属氧化物避雷器。

1. 保护间隙

保护间隙（羊角式避雷器）是简单的防雷设备。其结构形式较多，但基本是由两个金属电极构成，如图 4-24 所示。

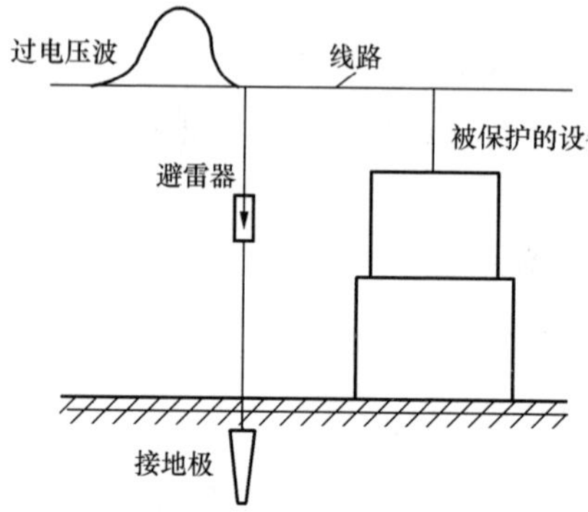

图 4-23 避雷器的连接

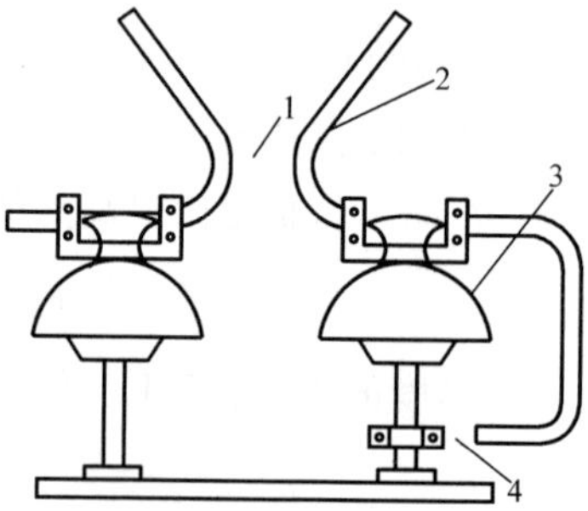

图 4-24 保护间隙

1—主间隙；2—角形电极；

3—支柱绝缘子；4—辅助间隙

保护间隙一般用镀锌圆钢制成，两个电极分别为主间隙和辅助间隙。为了防止主间隙被外物短路而引起误操作，在下方还串联有辅助间隙。在正常运行时，间隙对地绝缘，雷电流来临时，间隙被击穿，将雷电流泄入大地。由于保护间隙灭弧能力弱，一般要求与自动重合闸装置配套使用，以提高供电的可靠性。

2. 管型避雷器

管型避雷器由产气管、棒形电极、环形电极、内部火花间隙和外部火花间隙等组成，如图 4 - 25 所示。

管型避雷器用于室外架空线路上防雷保护。当线路上遭受雷击或感应雷时，雷电过电压使排气式避雷器的内外火花间隙击穿，雷电流通过接地装置入地。由于避雷器放电时内阻接近于零，所以其残压极低，但工频续流极大，会使管子内部发生强力电弧，电弧燃烧管壁会产生大量气体从管口喷出，很快吹灭电弧。同时外部间隙恢复绝缘，使避雷器与系统隔离开，系统恢复正常运行。

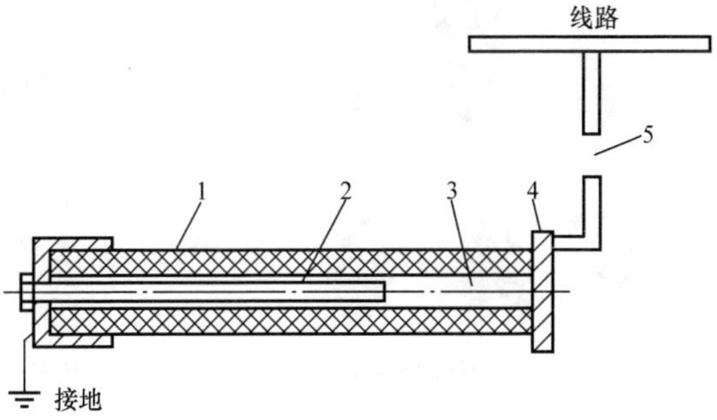

图 4 - 25 管型避雷器

1—产气管；2—棒形电极；3—内部火花间隙；4—环形电极；5—外部火花间隙

3. 阀型避雷器

阀型避雷器主要由火花间隙和阀片组成，装在密封的瓷套管内。火花间隙由铜片冲制而成，每对间隙用厚 0.5～1mm 的云母垫圈隔开，如图 4 - 26（a）所示。阀片由碳化硅压制烧结而成，如图 4 - 26（b）所示。阀片具有非线性特性（阀性），过电压时，阀片电阻变得很小，而正常电压下，阀片电阻很大，如图 4 - 26（c）所示。当线路上出现雷电过电压时，阀性避雷器的火花间隙击穿，阀片能使雷电流顺畅地向大地泄放。当雷电过电压消失后，阀片电阻急剧增加，从而保证线路恢复正常运行。

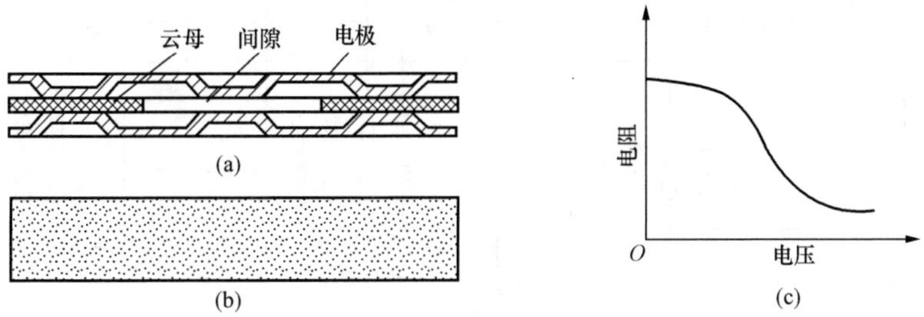

图 4 - 26 阀型避雷器的组成部件及特性

(a) 火花间隙；(b) 阀片；(c) 阀片电阻特性曲线

4. 氧化锌避雷器

氧化锌避雷器是目前常用的过电压保护设备。在结构上由基本元件和绝缘底座构成，基本元件内部由氧化锌电阻片串联而成。电阻片的形状有圆饼形状，也有环状。其工作原理与阀型避雷器基本相似，由于氧化锌电阻片具有十分优良的非线性特性，在正

图 4-27　压敏电阻氧化锌避雷器

常工作电压下，仅有几百微安的电流通过，因此无需采用串联放电间隙，使其结构先进合理。

氧化锌避雷器主要有普通型（基本型）氧化锌避雷器、有机外套氧化锌避雷器、整体式合成绝缘氧化锌避雷器、压敏电阻氧化锌避雷器四种类型。其中，MYD 系列氧化锌压敏电阻避雷器是一种新型半导体陶瓷产品，其特点是通流量大、非线性系数高、残压低、漏电流小、无续流、响应时间短，可应用于几伏到几万伏交直流电压的电气设备的防雷以及操作过电压的防护，对各种过电压具有良好的抑制作用。

3.5　低压电涌保护

低压电涌保护器（SPD），又称浪涌保护器（以前又被称为浪涌过电压保护器）、过电压保护器、避雷器，是一种限制瞬间过电压和泄放电涌电流的器件，在低压电源线路和电子设备与计算机系统中装设，用于对雷电过电压和其他过电压产生雷击电磁脉冲或电磁干扰的防护。SPD 的主要特点是一个非线性元件，当系统正常时，保护器处于高阻抗状态，当电网因雷击或其他原因而产生过电压时，保护器则迅速导通，使浪涌电流迅速泄放到大地中，而不通过电源或用电器。因此，在有通信网络的建筑物，SPD 的作用主要就是钳压和泄流。

电涌保护器在 TN-S 系统中的分级安装如图 4-28 所示。

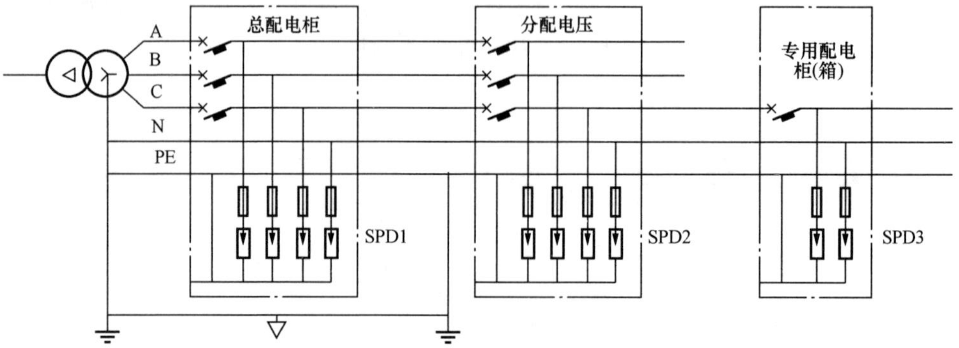

图 4-28　电涌保护器在 TN-S 系统中的典型安装图例

项目4 接 地 装 置

学习目标

(1) 了解接地的概念和分类。

(2) 掌握接地电阻的计算和测量。

(3) 了解接地装置的安装要求。

接地是防止人身受到电击，保障电力系统正常运行，保护线路和设备免遭损坏，预防电气火灾，防止雷击和防止静电损害的基本措施。

微课 42-1 接地装置基本知识

电对人体的伤害是多方面的：电流通过人体会造成电击；电流的热效应会造成电灼伤；电流的化学效应会造成电烙印和皮肤金属化；电磁场能量对人体的辐射作用，会引起头晕、乏力、神经衰弱等症状；电火花会引起瓦斯及氢气爆炸，造成设备损坏和人身伤亡。所以，必须研究电气安全技术，采取有效措施。

4.1 接地的基本知识

微课 42-2 变电站的接地

由于运行和安全的需要，常将电力系统及其电气设备的某些导电部分和非导电部分（例如电缆外皮）经接地线连接至接地极称为接地。埋入大地并直接与土壤接触的金属导体称为接地体，电气设备的接地部分同接地体相连接的金属导体称接地线，接地体与接地线合称为接地装置。

按用途不同，接地可分为以下四种：

(1) 工作接地。根据电力系统正常运行的需要而设置的接地，称为工作接地。例如：三相系统的中性点接地、配电变压器低压侧中性点接地等。通常要求工作接地的接地电阻为0.5～10Ω。

(2) 保护接地。电气设备的金属外壳、配电装置的构架和线路杆塔等，由于绝缘损坏有可能带电，为防止其危及人身和设备的安全而设置的接地，称为保护接地，例如电机、变压器以及高低压电器等外壳接地。这种接地只是在故障条件下才发挥作用。其接地电阻，对高压设备要求为1～10Ω；低压设备为10～100Ω。

(3) 冲击接地。为雷电保护装置向大地泄放雷电流而设置的接地，称为冲击接地或雷电保护接地，如避雷针、避雷线、避雷器的接地。它是防雷保护装置不可缺少的组成部分，是特殊的工作接地。其接地电阻通常在1～30Ω范围内。

(4) 防静电接地。为防止静电对易燃油、天然气罐和管道等危险作用而设置的接地，称为防静电接地。其接地电阻不应大于30Ω。

按照接地电流的波形，工作接地和保护接地属于工频接地，在电站共用一个统一的接地装置。冲击接地常设置独立的集中接地装置，构成过电压保护装置的一部分。

问题讨论 电气上的“地”究竟在哪儿?

这里所说的“地”是电气上的地，其特点是该处土壤中没有电流，也即该处的电位等于零。

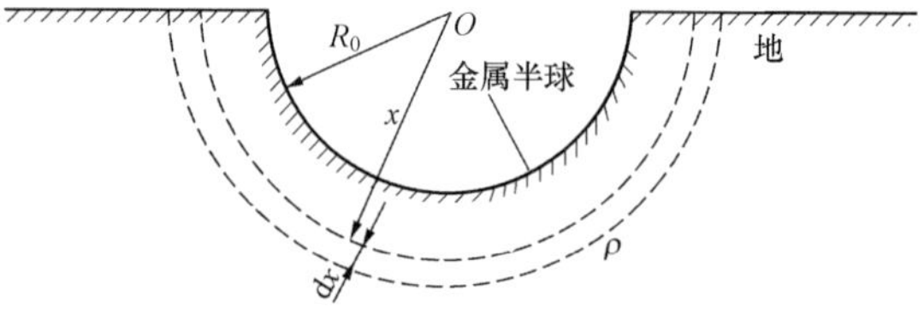

图 4-29　金属半球向地中传导电流

为了说明这个问题，以图 4-29 所示的与地面平齐、处于均匀土壤中的半球状接地体为例进行分析。

假定金属半球的半径为 R_0，由它向地中传导的电流为 I，土壤的电阻率为 ρ，那么在距球心为 x，厚度为 dx 的这一层土壤的电阻 dR 为

$$dR=\rho\frac{dx}{2\pi x^2} \tag{4-20}$$

而在这一层土壤的压降 dU 为

$$dU=IdR=I\rho\frac{dx}{2\pi x^2}=\rho\frac{I}{2\pi x^2}dx=\rho j(x)dx=E(x)dx \tag{4-21}$$

式中　$j(x)$——距球心为 x 处土壤中的电流密度；

$E(x)$——距球心为 x 处土壤中的电场强度。

由式 (4-21) 可见，只要土壤中某处的电流密度 $j(x)\neq0$，则在该处就有电压降，它的电位就不等于零。

由于通常所说的地是电位等于零的地，也就是传导电流等于零的地方，从理论上讲，这个地距离接地体是无穷远的。

试验表明，在距简单接地体 20m 以外的地方电位基本趋于零，如图 4-30 所示，这个地方被称为电气上的“地”。

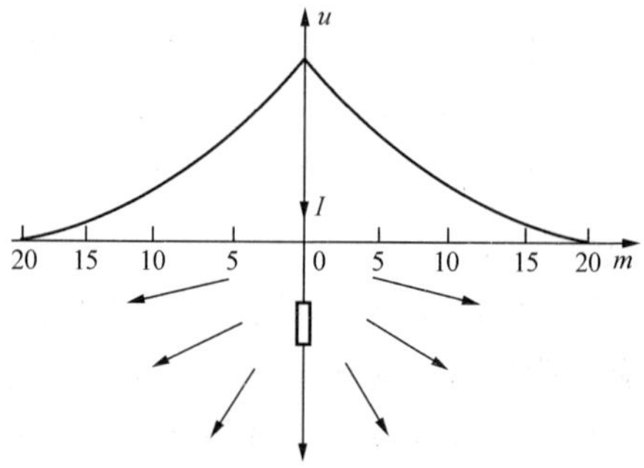

图 4-30　接地装置周围大地表面的电位分布图

由图 4-31 可以引入接触电压与跨步电压的概念。

如图 4-31 所示，当人的手接触到发生短路的设备外壳时，人的手与脚之间就会承受到一个电压。我国规定，在地面上离设备水平距离为 0.8m 处与设备外壳、架构或墙壁离地面的垂直距离 1.8m 处两点间的电压，称为接触电压。

如图 4-31 所示，当人在接地体附近走动时，人的两脚处于大地表面不同的电位点，称为跨步电压。我国取跨距为 0.8m，国外常取 1m。

如果跨步电压和接触电压超过某允许值后，将会导致人身触电事故。当人处于电场内有麻电的感觉时，不能奔跑逃离电场，而应该单脚跳或细步离开电场。

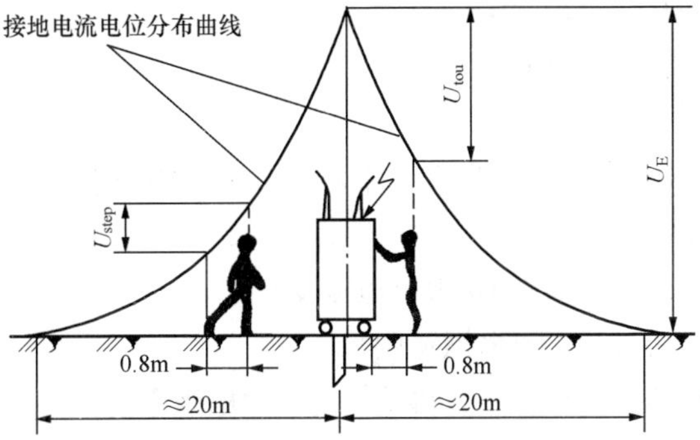

图 4-31 接触电压 U_{tou} 与跨步电压 U_{step} 示意图

4.2 计算接地电阻

工频接地电阻 R_e（简称接地电阻 R_e）是表征工频条件下接地装置功能的一个最重要的电气参数。严格说来，接地电阻包括 4 个组成部分，即接地引线的电阻、接地体本身的电阻、接地体与土壤间的过渡（接触）电阻和大地的溢流（散流）电阻。与溢流电阻相比，前 3 种电阻要小很多，一般均忽略不计。

这样，接地电阻 R_e 就等于从接地体到地下远处零电位面之间的电位 U_e 与流过的工频或直流电流 I_e 之比，即

$$R_e = \frac{U_e}{I_e} \tag{4-22}$$

因为

$$U_e = \int_{R_0}^{\infty} \mathrm{d}U = \frac{\rho I_e}{2\pi}\int_{R_0}^{\infty} \frac{\mathrm{d}x}{x^2} = \frac{\rho I_e}{2\pi R_0} \tag{4-23}$$

所以

$$R_e = \frac{\rho}{2\pi R_0} \tag{4-24}$$

由此可见，接地电阻与土壤电阻率和接地体的尺寸等因素有关。

接地电阻分为工频接地电阻和冲击接地电阻。工频接地电阻是指按通过接地体流入地中工频交流电流求得的电阻；冲击接地电阻是指按通过接地极流入地中冲击电流求得的接地电阻。两者的计算方法将在下面介绍。

1. 工频接地电阻

(1) 垂直接地体。如图 4-32 所示为单根垂直接地体，其接地电阻的计算式为

$$R_V = \frac{\rho}{2\pi l}\left(\ln\frac{8l}{d} - 1\right) \tag{4-25}$$

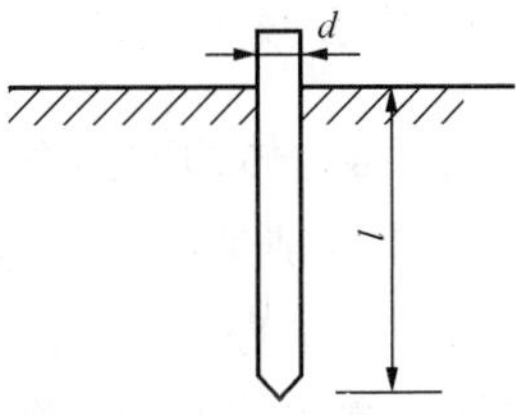

图 4-32 单根垂直接地体

式中 R_V——垂直接地体的接地电阻，Ω；

ρ——土壤电阻率，Ω·m；

l——接地体的长度，m；

d——接地体的直径，m。

如果接地体不是用钢管或圆钢制成，那么可将别的钢材的几何尺寸按下面的公式折算成等效的圆钢直径，再代入式（4-28）进行计算。

如为等边角钢，则 $d=0.84b$（b 为每边宽度）。

如为扁钢，则 $d=0.5b$（b 为扁钢宽度）。

（2）多根垂直接地体。当单根垂直接地体的接地电阻不能满足要求时，可用多根垂直接地体并联的方法来解决，但 n 根并联后的接地电阻并不等于 R_V/n，而是要大些，这是因为它们溢散的电流相互之间存在屏蔽影响的缘故，如图 4-33 所示。此时的接地电阻为

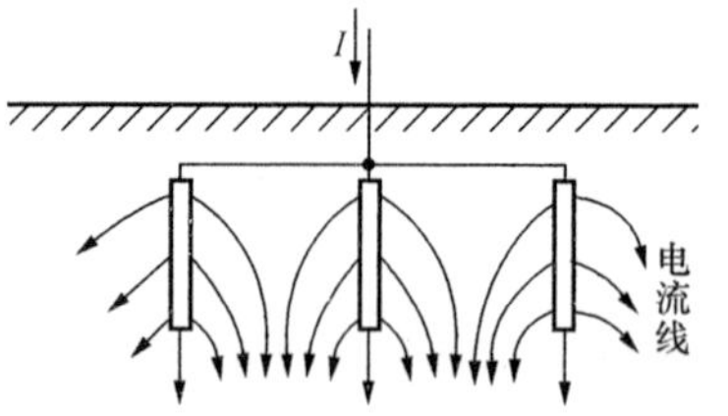

图 4-33　三根垂直接地体的屏蔽效应

$$R'_V=\frac{R_V}{n\eta} \tag{4-26}$$

式中　η——工频利用系数，$\eta<1$。

（3）水平接地体。不同形状水平接地体的接地电阻的计算式为

$$R_h=\frac{\rho}{2\pi L}\left(\ln\frac{L^2}{hd}+A\right) \tag{4-27}$$

式中　R_h——水平接地体的接地电阻，Ω；

L——水平接地体的总长度，m；

h——水平接地体的埋设深度，m；

d——水平接地体的直径或等效直径，m；

A——水平接地体的形状系数，反映各水平接地体之间的屏蔽影响，其值可从表 4-5 查得。

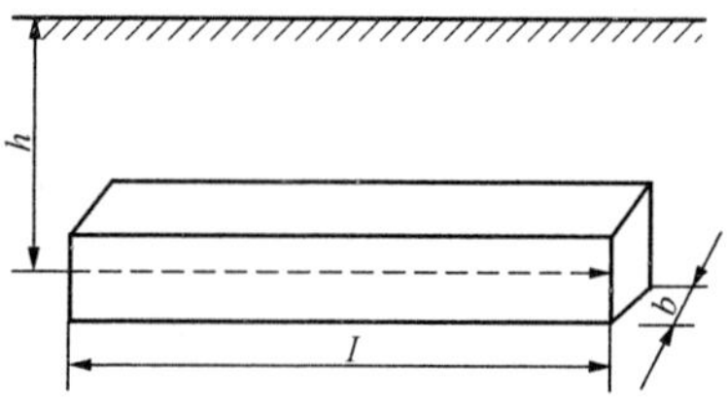

图 4-34　有一定埋深的水平接地电极

表 4-5　水平接地的形状系数 A

水平接地体形状	—	└	人	○	＋	□	×	✳	✳	✳
形状系数 A	−0.6	−0.18	0	0.48	0.89	1	2.19	3.03	4.71	5.65

2. 冲击接地电阻

（1）接地体的冲击系数。对防雷起作用的是冲击接地电阻 R_i。R_i 与工频接地电阻 R_e 的主要区别是：①雷电流相当于高频，因此接地体的电感效应将使伸长接地体在雷电流作用下呈现较大的阻抗；②雷电流幅值很大（数十千安），因此接地体的电位很高，其周围土壤中的电场强度将大大超过土壤的耐压强度（85kV/cm 左右），在接地体周围的土壤中会产生强烈的火花放电，如图 4-35 所示。

试验表明，单相水平接地体的电位为 1000kV 时，火花放电区域的直径可达 70cm。这种在土壤中形成的强烈放电可使土壤的等效电阻率 ρ_e 大为减小，也可以认为 ρ_e 不变，但接地体的等效直径已大为增加。所以，这种火花效应将使接地体的冲击接地电阻比工频接地电阻大为减小。通常把冲击接地电阻 R_i 与工频接地电阻 R_e 的比值，称为接地体的冲击系数，其值一般小于 1。但采用伸长接地体时，有可能因电感影响更加显著而大于 1。α 值一般由实验方法求得，也可用经验公式计算，即

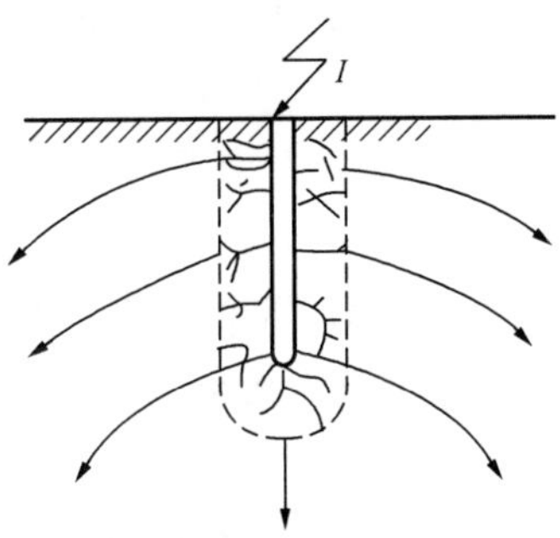

图 4-35　垂直接地体周围的火花区

$$\alpha = \frac{1}{0.9+\beta\frac{(I\rho)^m}{l^{1.2}}} \tag{4-28}$$

式中　β、m——与接地体形状有关的系数，垂直接地体时，$\beta=0.9$，$m=0.8$；水平及闭合接地体时，$\beta=2.2$，$m=0.9$；

I——通过每根接地体的雷电流幅值，kA；

ρ——土壤电阻率，Ω·m；

l——棒或带的长度，或圆环接地体的圆环直径，m。

在实际使用中，式（4-28）的误差一般在 10%以内。

当计算或测得接地体的工频接地电阻后，冲击接地电阻应为

$$R_i = \alpha R_e \tag{4-29}$$

（2）水平放射形接地体的冲击接地电阻。由 n 根等长水平放射形接地体组成的接地装置，其冲击接地电阻的计算式为

$$R_i = \frac{R_{hi}}{n}\frac{1}{\eta_i} \tag{4-30}$$

式中　R_{hi}——每根水平放射形接地体的冲击接地电阻，Ω；

η_i——考虑各接地体间相互影响的冲击利用系数，其值约为工频利用系数的 90%。

（3）复合冲击接地电阻。由水平接地体连接的 n 根垂直接地体组成的接地装置，其复合冲击接地电阻的计算式为

$$R_i = \frac{\frac{R_{Vi}}{n}R_{hi}}{\frac{R_{Vi}}{n}+R_{hi}}\frac{1}{\eta_i} \tag{4-31}$$

式中　R_{Vi}——每根垂直接地体的冲击接地电阻；

R_{hi}——水平接地体的冲击接地电阻。

为使屏蔽效应不致过大，垂直接地体的间距不应小于其长度的 2 倍；水平接地体的间距不宜小于 5m。

应当指出，上述土壤电阻率 ρ 值应取雷季中最大可能的值，一般取

$$\rho=\rho_0\psi(\Omega\cdot \mathrm{m}) \tag{4-32}$$

式中 ρ_0——雷季中无雨水时测得的土壤电阻率，$\Omega\cdot$m；

ψ——季节系数，其值为 1.3 左右。

综上所述，雷电保护接地装置的计算步骤如下：

1）根据电力系统运行及防雷保护要求，确定雷电保护接地装置的接地电阻。

2）确定设计计算用的土壤电阻率 ρ。

3）选择接地装置的型式。对于不同的土壤电阻率地区，可采用不同型式的接地装置。

4）计算单根接地体的工频接地电阻。

5）计算单根接地体的冲击接地电阻。

6）计算接地装置的复合冲击接地电阻。

4.3 接地电阻的测量

岗位技能 测量接地电阻

测量接地电阻常用接地电阻仪。

用 ZC-8 型接地电阻仪测量接地电阻的方法如图 4-36 所示，它有三个接线端子 E、P、C，分别接于被测接地体（E′）、电压极（P′）、电流极（C′）。以大约 120r/min 的速度转动手柄时，仪表内自带直流发电机，产生的电流将沿被测接地体和电流极形成回路，调节粗调旋钮及细调拨盘，使表针指在中间位置，这时便可读出被测接地电阻。

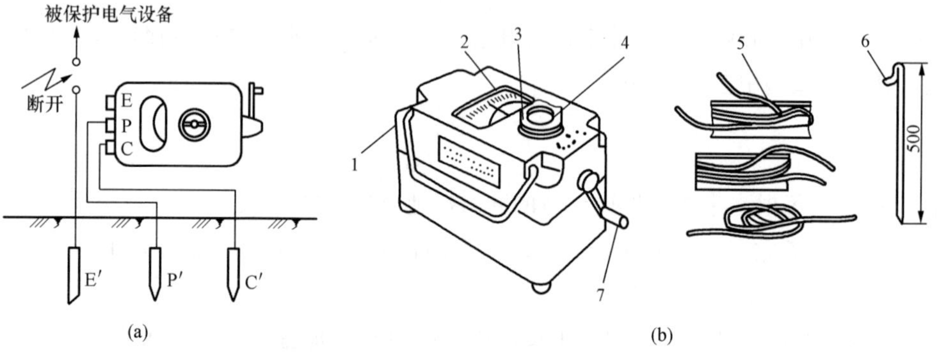

图 4-36 ZC-8 型接地电阻仪

(a) 接线图；(b) 结构图

1—接线桩；2—表头；3—细调拨盘；4—粗调旋钮；5—连接线；6—测量接地棒；7—摇柄

微课 43 接地电阻测量

具体测量步骤如下：

(1) 拆开接地干线与接地体的连接点。

(2) 将两支测量接地棒分别插入离接地体 20m 与 40m 远的地中，深度为 400mm。

(3) 把接地电阻仪放置于接地体附近平整的地方，然后接线：用最短的一

根连接线连接接线柱 E 和被测接地体 E′；用较长的一根连接线连接接线柱 P 和 20m 远处的接地棒 P′；用最长的一根连接线连接接线柱 C 和 40m 远处的接地棒 C′。

(4) 根据被测接地体的估猜电阻值，调好粗调旋钮（表上有三挡可调范围）。

(5) 以大约 120r/min 的转速摇动手柄，当表计指针偏离中心时，边摇动手柄边调节细调拨盘，直至表针居中稳定后为止。

(6) 细调拨盘的读数与粗调旋钮倍数的乘积即为被测接地体的接地电阻值。如细调拨盘的读数是 0.35，粗调定位倍数是 10，则被测得的接地电阻是 3.5Ω。

4.4 接地系统

1. 电气设备接地的要求

(1) 电气设备应当接地的部分。

1) 电机、变压器、开关设备、照明灯具、移动式电气设备、电动工具的金属外壳或构架。

2) 电气传动装置。

3) 电压互感器和电流互感器的二次绕组（继电保护另有要求时除外）。

4) 室内外配电装置、控制台等金属构件以及靠近带电部位的金属遮栏和金属门。

5) 电缆终端盒外壳、电缆金属外皮和金属支架。

6) 安装在配电线路杆塔上的电气设备，如避雷器、保护间隙、熔断器、电容器等金属外壳和钢筋混凝土杆塔等。

(2) 不需接地的部分。

1) 在不良导电地面（木质、沥青等）的干燥房间内，当交流电压为 380V 及以下和直流电压为 440V 及以下时，电气设备金属外壳不需接地。但当维护人员因某种原因同时可触及其他电气设备中已接地的其他物体时，则应当接地。

2) 在干燥地方，当交流电压为 36V 及以下和直流电压为 110V 及以下时，电气设备外壳不需接地，但遇有爆炸危险的除外。

3) 电压为 220V 及以下的蓄电池室内的金属框架。

4) 如电气设备与机床的机座间能可靠地接地，可只将机床的机座接地。

5) 在已接地的金属构架上和配电装置上可以拆下的电器。

2. 电气设备和电力线路接地电阻的要求

电气设备和电力线路接地电阻一般要求不大于 4Ω，计算机系统接地电阻要求不大于 1Ω，详细要求可参见相关材料。

3. 接地装置的安装

(1) 一般要求。在设计和安装接地装置时，首先应充分利用自然接地体，以节约投资，节约钢材。如果实地测量所利用的自然接地体电阻已能满足接地电阻要求而且又满足热稳定条件，可不必再安装人工接地装置，否则应安装人工接地装置作为补充。

（2）自然接地体可利用建筑物的钢结构和钢筋、行车的钢轧、埋地的金属管道（可燃液体和可燃可爆气体的管道除外）以及敷设于地下而数量不少于两根的电缆金属外皮等，均可作为自然接地体，变配电站则可用它的建筑物钢筋混凝土基础作为自然接地体，利用自然接地体时，一定要保证良好的电气连接。

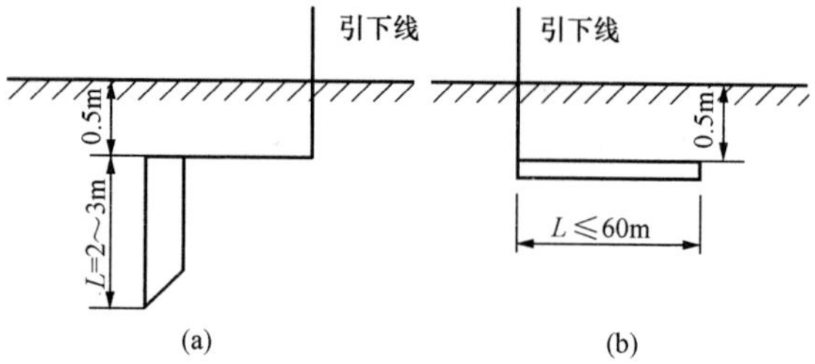

图 4-37　人工接地体

（a）垂直埋设的棒形接地体；（b）水平埋设的带形接地体

（3）人工接地体的安装。人工接地体有垂直埋设和水平埋设两种基本结构形式，如图 4-37 所示。

最常用的垂直接地体为直径 50mm，长 2.5m 的钢管或 50×5 的角钢。为了减少外界温度对流散电阻的影响，埋入地下的垂直接地体上端距地面不应小于 0.5m。

4. 降低接地装置接地电阻的措施

微课 44　降低接地电阻的常用方法

当土壤电阻率偏高时，为降低接地装置的接地电阻，可采取以下措施。

（1）多支线外引接地装置。采用多支线外引接地装置，其外引线长度不大于 $2\sqrt{\rho}$，这里的 ρ 为埋设外引线处的土壤电阻率，单位为 Ω·m。

（2）敷设外引接地网。若在附近 1km 以内有电阻率较低的土壤，可设置外引接地网，它与主接地网之间至少要用两根接地干线相连接。外引允许距离受到连接干线本身阻抗值的限制，如有大截面积的自然接地体如金属管道、压力钢管、钢轨等作外引连接干线最为理想，但要注意在其接头处作补充的电气连接。经过公路外引线时，埋设深度不应小于 0.8m。

（3）深埋接地体。如果地下较深处的土壤电阻率较低，可用井式或深埋式接地体的方式，或用钻孔、冲压等技术将垂直接地体深埋至十几米、几十米甚至几百米深处，达到地下水层以下。由于地下水层导电性能的改善和散流截面积的扩大，降阻效果非常明显。有时一根深埋接地体即可降到 1Ω，甚至 0.5Ω 以下。接地电阻值不仅随埋深下降，主要还取决于地层情况：黏土和矿砂层最好，砂卵石层次之，岩石层最差。深埋接地体较昂贵，最好能利用现成的地质钻探孔。相邻深井间距离宜大于 20m 以避免屏蔽效应。

（4）土壤置换处理。局部地区进行土壤置换处理，换上土壤电阻率较低的黏土或黑土，或者进行土壤化学处理，填充降阻剂，或者采用专用的复合降阻剂。

（5）敷设水下接地网。充分利用水工建筑物（水塔、水井、水池等）以及其他与水接触的金属部分作为自然接地体，当不能满足要求时，可在就近的水中敷设外引接地装置。

按规定，钢质接地体和接地线的最小尺寸规格见表 4-6。对于敷设在腐蚀性较强场所的接地装置，应根据腐蚀的性质，采用热镀锡、热镀锌等防腐措施，或适当加大截面积。

表 4-6 钢质接地体和接地线的最小尺寸

材料	规格	地上		地下	
		室内	室外	交流	直流
圆钢	直径（mm）	6	8	10	12
扁钢	截面面积（mm^2）	60	100	100	100
	厚度（mm）	3	4	4	6
角钢	直径（mm）	2	2.5	4	6
钢管	管壁厚度（mm）	2.5	2.5	3.5	4.5

当多根接地体相互靠拢时，入地电流的流散相互受到排挤，这种影响称为屏蔽效应。由于屏蔽效应，使得接地装置的利用率下降，所以垂直接地体的间距一般不宜小于5m，水平接地体的间距一般也不宜小于5m。

接地网的布置，应尽量使地面的电位分布均匀，以减小接触电压和跨步电压。人工接地网外缘应闭合，外缘各角应成圆弧形。10～110kV变电站的接地网内应敷设水平均压带。为保证人身安全，经常有人出入的走道处，应采用高绝缘路面（如沥青碎石路面），或加装帽檐式均压带，如图4-38所示。

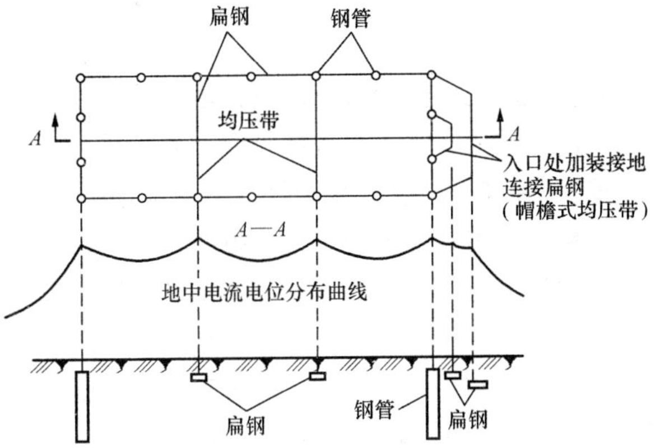

图 4-38 加装均压带以使电位分布均匀

为了减小建筑物的接触电压，接地体与建筑物的基础间应保持不小于1.5m的水平距离，一般取2～3m。

案例分析 接地网的敷设

下面以水电站的接地网为例，介绍接地网的敷设。

(1) 根据阻值要求和土壤环境确定工程规模和实施方案。

在非高电阻率区敷设小电流接地网比较简单，其目标是：①使接地网遍及电气设备所在地点，就近向设备引出接地抽头；②适当顾及均压要求。在满足上述两点后，可以指望其阻值已接近或达到4Ω。为此，在水电站的主、副厂房主变场地、开关站等处，分片或连片敷设环形接地网。再参照电气设备的布置，在环内每隔5～8m敷设数行水平接地体，并准确按设备位置引出接地抽头。上述的“环”和“行”应尽量利用片内的自然接地体。最后在各分片之间至少用2根截面不小于40mm×4mm的扁钢相互连接(连接带本身也是水平接地体)，形成一个全站统一的接地接零网。

大电流接地网是在上述基础上采取以下措施以降低接地阻值和进一步实现均压：①扩大接地网范围，不再囿于上述电气设备所在场地；②增设较远的引外接地网，尤其是水下接地网，并尽量利用附近的水工建筑物的水下自然接地体；③有选择地搭设一些垂直接地体；④在重要地段如主变场地、开关站及交通要道增设均压带。

(2) 主副厂房的接地。立式机组主厂房结构复杂，钢筋、金属管道等交织密集，应充分利用作为自然接地体。水轮机层以下一般为水下部分，其自然接地体对降低阻值颇为有效。基本实施方法是：分别在主厂房底层（包括集水井和集水廊道底板、尾水管底板等）、水轮机层和发电机层三层钢筋中，每隔 3～5m（考虑均压）或 5～8m（不考虑均压）选定一根纵向和横向尾水管直管段和机墩等处，相应地选取垂直主钢筋作为垂直自然接地体，与各层对应的水平自然接地体钢筋相连接，并上引至主厂房顶，形成一个多层的、立体的笼式钢筋接地网，与厂内所有金属管道、设备基础等牢固焊接。

卧式机组主厂房是单层的，使用钢筋少，一般要敷设人工接地体，并与厂房大柱钢筋、尾水管、压力水管及机械电气管道相连接。其他要求同立式机组主厂房的一样。

(3) 户外配电装置的接地。配电装置和主变场地是接地网的中心地段。户内配电装置接地网常和主副厂房的连成一片；主变场地接地网则依主变位置或与主副厂房、或与户外配电装置的接地网连成一片。

大面积户外配电装置场地的接地如下：以水平接地体为主，埋深 0.6～0.8m。考虑场内均压的需要，水平接地体行间距离取 3～6m（大接地电流、高 ρ 值和小面积场地时取小值），并就近向设备和构架引出接地抽头。对于大电流接地系统，该接地网一般要向外扩展，并将外缘各角做成圆弧形，以平均该处地电位分布。

如果场地外侧的地面电位分布依然陡峭，为此可作以下处理：①扩展边缘线至偏僻陡坡外。②在边缘附近用高电阻材料（如砾石、卵石、沥青或沥青混凝土等）覆盖。③在交通要道和出入口等处，为了有效地降低边缘跨步电压，可采用“帽檐式均压带”，即在局部地方加设两行埋深依次递增的均压带。

课后思考及练习

1. 提高功率因数的意义和方法是什么？

2. 并联电容器组有哪些补偿方式？各自有什么特点？

3. 电抗器的类型有哪些？各自的特点有哪些？

4. 试画图说明限流电抗器是如何起到限流作用的。

5. 避雷针的保护原理是什么？

6. 避雷线的保护原理是什么？

7. 避雷器的类型有哪些？各自有什么特点？

8. 现有一倒置圆锥形建筑物，属于第三类防雷建筑物，其底平面和顶平面半径分别为 2、4m，侧面（圆锥线）倾斜度为 60°，距其中心轴线 30m 处有一高为 35m 的避雷针，试确定该建筑物是否在保护范围内。

9. 什么是接地？接地的类型有哪些？

10. 什么是接地电阻？接地电阻有哪些类型？它们之间的区别是什么？

11. 如何进行接地电阻的测量？

12. 接地装置的安装要求有哪些？

学习情境 5

电气主接线的倒闸操作

项目1 认识电气主接线

学习目标

(1) 了解电气主接线相关知识。
(2) 了解电气主接线的基本要求。
(3) 掌握各类电气设备的图形和文字符号。

1.1 什么是电气主接线

1. 电气主接线的概念

电气主接线（变电站电气主接线实景见图5-1）是发电厂、变电站、工厂供配电系统等的重要组成部分，是指各种电力变压器、开关设备、母线、电流互感器以及电压互感器等主要一次电气设备，按一定顺序用导线连接而成的，用以接受和分配电能的电路。电气主接线的形式，对电气设备选择、配电装置布置等均有较大影响，是运行人员进行各种倒闸操作和事故处理的重要依据。对变配电站以及电力系统的安全、可靠、优质和经济运行指标起着决定性作用。

电气主接线直接关系到电力系统运行的可靠性、灵活性和安全性，直接影响发电厂、变电站电气设备的选择，配电装置的布置，保护与控制方式选择和检修的安全与方便性。只有了解、熟悉和掌握变配电站的电气主接线，才能进一步了解电路中各种设备的用途、性能、维护检查项目和运行操作步骤等。所以，电气主接线是电力设计、运行、检修部门以及有关技术人员必须深入掌握的主要内容。

图5-1 变电站电气主接线实景

特别提示

由电气主接线可得到以下信息：

（1）发电机、变压器、线路、断路器和隔离开关等有关电气设备的数量；

（2）各回路中电气设备的连接关系；

（3）发电机、变压器和输电线路及负荷间以怎样的方式连接。

2. 电力系统接线方式

（1）电力系统的结构。根据电源位置、负荷分布等的不同，电力系统的结构大致可分成两类。

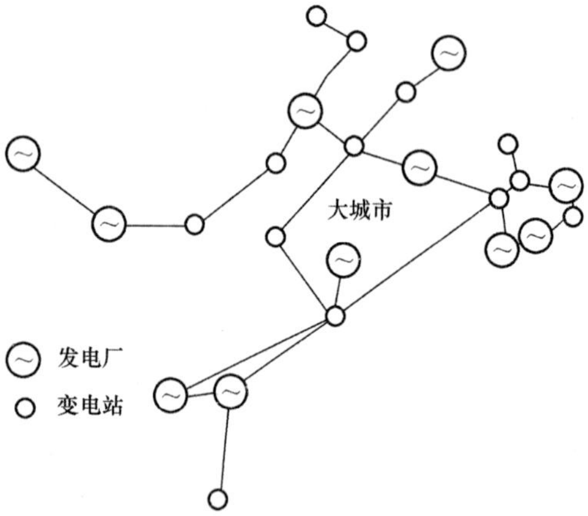

图 5－2　以大城市为中心的环形主干电力系统

1）大城市型。这类系统是面向大城市为中心的负荷密度很高的地区供电的电力系统，它以圈绕城市周围的环形系统作为主干（见图 5－2）。其电源中既有一些地区性火电厂，也有从远方水电厂、矿口火电厂以及核能电厂等输送来的功率。

2）远距离型。这类系统一般是指通过远距离输电线路把远处的大型水电厂、矿口火电厂、核能电厂等的功率送往负荷中心的开式系统，如图 5－3 所示。这种大容量、远距离的功率输送，既可以采用超高压交流输电线路，也可以用超高压直流或交、直流并列的输电线路。

（2）电网的接线。电网的接线大致可以分为无备用和有备用两种类型。

1）无备用网络接线，指用户只能从单方向取得电源的接线方式，也称为开式电网。这类接线方式可分为单回路放射式、单回路干线式、单回路链式等，如图 5－4 所示。

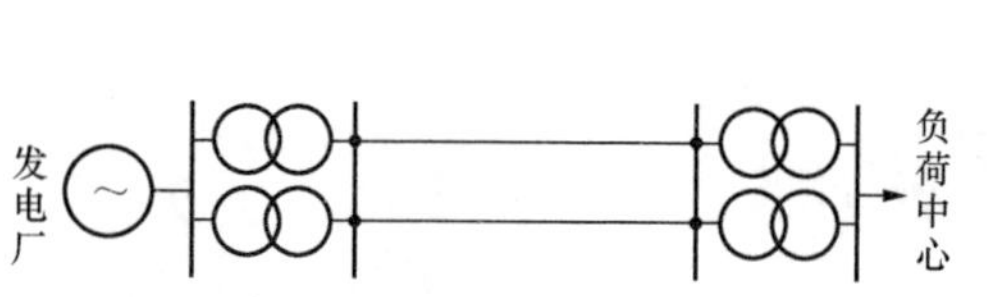

图 5－3　远距离输电型电力系统

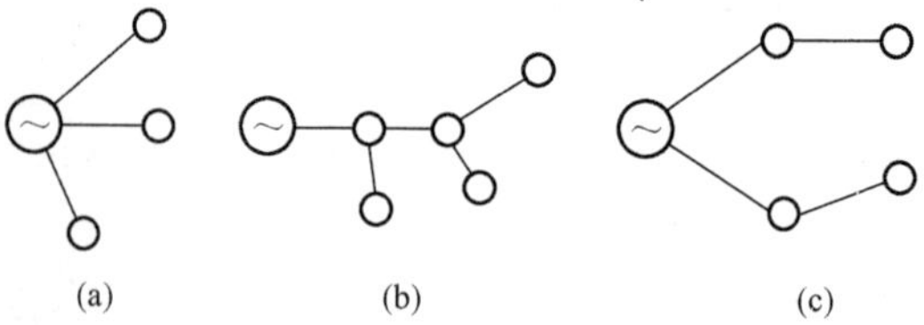

图 5－4　无备用网络接线

(a) 单回路放射式；(b) 单回路干线式；(c) 单回路链式

无备用接线的主要优点是简单、经济、运行方便，主要缺点是可靠性差，因而不能用于对重要用户供电。

2）有备用网络接线，指用户可以从两个或两个以上方向取得电源的接线方式，如双回路放射式、双回路干线式、双回路链式、环网以及两端供电网络等，如图 5－5 所示。

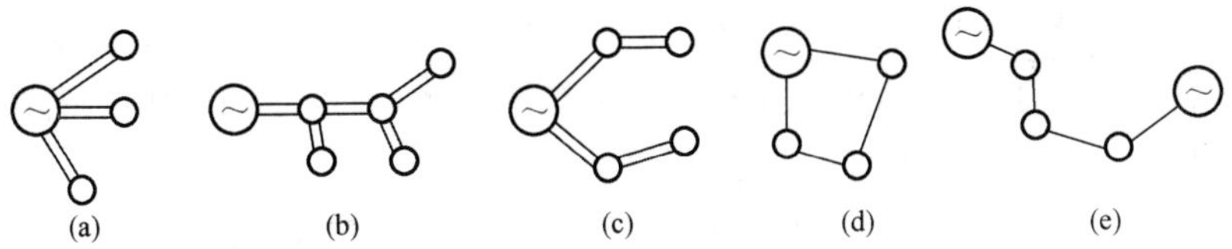

图 5 - 5　有备用网络接线

(a) 双回路放射式；(b) 双回路干线式；(c) 双回路链式；(d) 环网；(e) 两端供电式

有备用接线的特点是供电可靠高，缺点是运行操作和继电保护复杂，经济性也较差。但是由于保证对用户不间断供电是电力系统的首要目标之一，所以目前常采用有备用网络接线（尤其是两端供电方式）。

3. 电气主接线图

电气主接线图（见图 5 - 6）一般绘成单线图来表示三相系统，简单、清楚和直观，只是在局部需要表明三相电路不对称连接时，才将局部绘制成三线图。

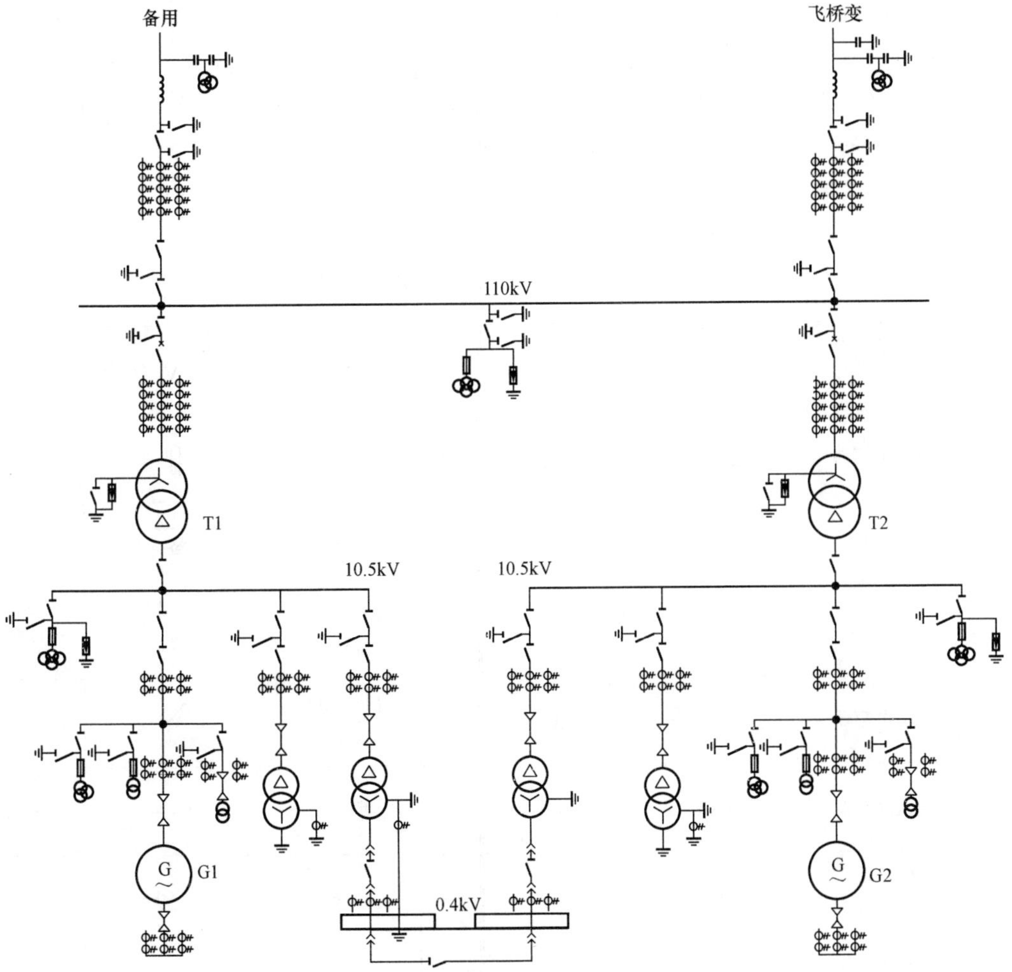

图 5 - 6　某发电厂的电气主接线图

在发电厂或变电站的控制室内，为了表明发电厂、变电站和大中型企业变配电站主接线实际运行状况，通常设有电气主接线的模拟图。运行时，模拟图中的各种电气设备所显示的工作状态必须与实际运行状态相符。

电气主接线图应使用标准的电气设备图形符号和文字符号，见表 5-1。

表 5-1　　主要电气设备的图形符号和文字符号一览表

序号	设备名称	图形符号	文字符号	序号	设备名称	图形符号	文字符号
1	交流发电机		G 或 GS	16	输电线路		WL 或 L
2	直流发电机		G 或 GD	17	母线		WB
3	交流电动机		M 或 MS	18	电缆终端头		W
4	直流电动机		M 或 MD	19	断路器		Q 或 QF
5	双绕组变压器		T 或 TM	20	隔离开关		Q 或 QS
6	三绕组变压器	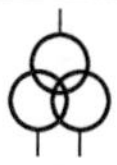	T 或 TM	21	负荷开关		Q
7	自耦变压器		T 或 TM	22	隔离插头或插座		Q 或 QS
8	电抗器		L	23	接触器		K 或 KM
9	分裂电抗器		L	24	熔断器		FU
10	避雷器		F	25	跌落式熔断器		FU
11	火花间隙		F	26	熔断器式负荷开关	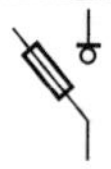	Q
12	电力电容器		C	27	熔断器式隔离开关	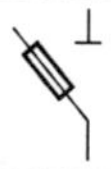	Q
13	电流互感器		TA	28	蓄电池	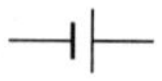	E
14	双绕组电压互感器		TV	29	光纤		F
15	三绕组电压互感器		TV	30	接地		PE

1.2 电气主接线的基本要求

电气主接线方案的确定应综合考虑安全性、可靠性、灵活性和经济性等方面的要求。

电气主接线的设计应符合有关技术规范的要求，充分保证人身和设备的安全。如高、低压断路器的电源侧须装设隔离开关；变配电站的高压母线和架空线路的末端须装设避雷器。

1. 可靠性

电能生产的特点要求电气主接线首先应满足可靠性的要求。电能不能大量储存，发电、输电和用电必须在同一瞬间完成的，任何一个环节出现故障都会造成供电中断。

可靠性不是绝对的，对于不重要的用户，太高的可靠性将造成浪费。

分析主接线的可靠性时，要考虑发电厂与变电站在电力系统中的地位和作用、负荷的性质、设备的可靠性和运行实践等因素。

知识延伸 分析和评估主接线可靠性时应考虑的问题

(1) 发电厂与变电站在系统中的地位和作用。对于大中型发电厂和变电站，在电力系统中的地位非常重要，其电气主接线应具有很高的可靠性。对于小型发电厂和变电站就没有必要过分地追求过高的可靠性而选择复杂的主接线形式。

(2) 用户的负荷性质。电力用户负荷按照其对供电可靠性的要求分为三个等级，即Ⅰ、Ⅱ、Ⅲ类负荷。

当系统发生事故，出现供电不足的情况时，应首先切除Ⅲ类用户的用电负荷，以保证Ⅰ、Ⅱ类用户的用电。由此可见，对于带Ⅰ、Ⅱ类负荷的发电厂与变电站应该选择可靠性较高的主接线形式。

(3) 设备的可靠性。电气主接线是由电气设备组成的，选择可靠性高、性能先进的电气设备是保证主接线可靠性的基础。

(4) 运行实践。应重视国内外长期积累的运行实践经验，优先选用经过长期实践考验的主接线形式。

知识延伸 定性分析和衡量主接线可靠性的评判标准

(1) 断路器检修时，能否不影响供电。

(2) 母线（或断路器）故障以及母线或母线隔离开关检修时，停运的回路数的多少和停电的时间的长短，能否保证对Ⅰ类负荷和大部分Ⅱ类负荷的供电。

(3) 发电厂、变电站全部停运的可能性。

(4) 大机组和超高压的电气主接线能否满足对可靠性的特殊要求。

2．灵活性

电气主接线的灵活性是指能适应各种运行要求的接线方式，便于检修，切换操作简便，又能适应负荷的发展，有扩充、改建的可能。具体体现在：

（1）调度灵活：能按照调度的要求，方便而灵活地投切机组、变压器和线路，调配电源和负荷，以满足在正常、事故、检修等运行方式下的切换操作要求。

（2）检修安全、方便：可以方便地停运断路器、母线及其二次设备进行检修，而不影响电网的运行和对其他用户的供电。应尽可能地使操作步骤少，便于运行人员掌握，不易发生误操作。

（3）扩建方便：能根据扩建的要求，方便地从初期接线过渡到远景接线。在不影响连续供电或停电时间最短的情况下，投入新机组、变压器或线路而不互相干扰，对一次设备和二次设备的改造为最少。

3．经济性

主接线应在满足可靠性和灵活性的前提下，做到以下几点：

（1）节约投资。

1）主接线应力求简单清晰，节省断路器、隔离开关等电气一次设备。

2）要使相应的控制、保护不过于复杂，节省二次设备与控制电缆等。

3）能限制短路电流，以便可选择价廉电气设备和轻型电器等。

4）一次设计，分期投资建设、投产。

（2）占地面积小。主接线的形式影响配电装置的布置和电气总平面的格局，主接线方案应尽量节约配电装置占地和节省构架、导线、绝缘子及安装费用。在运输条件许可的地方，应采用三相变压器而不用三台单相变压器。

（3）年运行费用小。年运行费用包括电能损耗费、折旧费及大修费、日常小修的维护费等。电能损耗主要由变压器引起，因此要合理选择主变压器的型式、容量和台数，以尽量减小两次变压而增加损耗。

项目2 确定电气主接线的方案

学习目标

(1) 了解确定电气主接线的主要原则。

(2) 掌握各类电气主接线的运行特点。

(3) 掌握电气主接线图。

2.1 确定电气主接线的主要原则

电气主接线的确定，主要取决于电站（变电站）容量、单机容量、用户的性质和引出线的数目，以及在电力系统中的地位、作用等因素。设计电气主接线时，要综合考虑各种因素，经过技术经济比较，确定最合理的方案。

电气主接线选择的主要原则如下：

(1) 变配电站主接线要与变配电站在系统中的地位、作用相适应，即根据变电站在系统中的地位与作用确定对主接线的可靠性、灵活性和经济性的要求。

(2) 变电站主接线的选择应考虑电网安全与稳定运行的要求，还应满足电网出现故障时应急处理的要求。

(3) 各种配电装置接线的选择，要考虑该配电装置所在的变电站性质、电压等级、进出线回路数、采用的设备情况、供电负荷的重要性和本地区的运行实践等因素。

(4) 近期接线与远景接线相结合，方便接线的过渡。

(5) 在确定变电站电气主接线时，要进行技术经济比较。

2.2 基本电气主接线形式

母线是电气主接线和配电装置的重要环节，当同一电压等级配电装置中的进出线数目较多时，常设母线以便实现电能的汇集与分配。所以，电气主接线一般按母线分类，分为有母线和无母线两大类。

微课45-1 电气主接线基本形式

1. 有母线主接线

有母线的主接线方式有单母线接线、双母线接线、3/2接线等。

(1) 单母线接线。母线又称汇流排，是用来汇集、分配电能的导线，设置母线可方便地把多路电源进线和出线通过电气开关连接在一起，提高供电的可靠性和灵活性。

单母线接线又可分为单母线不分段接线、单母线分段接线和单母线带旁路母线接线三种类型。

微课45-2 单母线不分段接线

1) 单母线不分段接线。单母线不分段接线的特点是只设一条汇流母线，

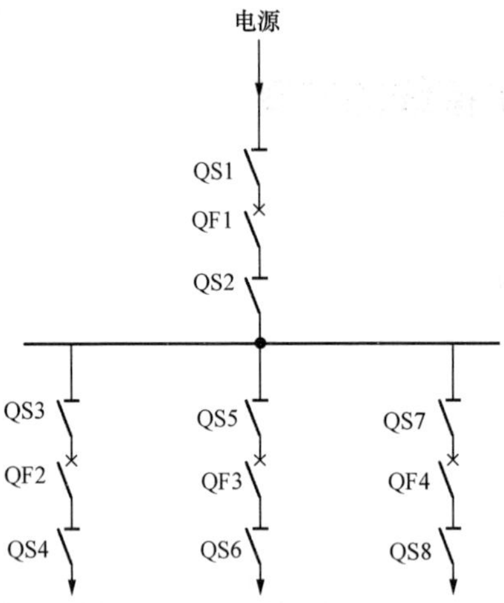

图 5-7 单母线不分段接线

电源线和负荷线均通过一台断路器接到母线上，如图 5-7 所示。

断路器用于在正常或故障情况下接通与断开电路，作为操作电器和保护电器。断路器两侧装有隔离开关，在停电检修断路器时，隔离电压作为隔离电器；靠近母线侧的隔离开关称母线侧隔离开关，靠近引出线侧的称为线路侧隔离开关，用于防止在检修断路器时从用户侧反向送电和防止雷电过电压沿线路侵入，保证维修人员安全。在电源回路中，若断路器断开之后，电源不可能再向外送电能时，断路器与电源之间可以不装隔离开关，如发电机出线回路。若线路对侧无电源，则线路侧隔离开关可以省略。

根据断路器和隔离开关的用途的不同，在运行中其操作顺序也不同。接通电路时，先合断路器两侧的隔离开关（先合母线侧隔离开关，然后合线路侧隔离开关），再合断路器 QF；切断电路时，先断开断路器 QF，再断开两侧的隔离开关（先断开线路侧隔离开关，然后断开母线侧隔离开关）。不允许在断路器处于合闸的状态下，拉开隔离开关（即带负荷拉隔离开关），否则将引起严重的短路事故。为防止误操作，在断路器与隔离开关之间，应加装防误操作的电气或机械闭锁装置。

引出线回路停电操作必须按照断路器、线路侧隔离开关和母线侧隔离开关的顺序依次拉开；合闸送电操作顺序应按与上述相反的顺序进行。按照上述顺序操作的优点是：①如果在断路器未断开的情况下，发生线路隔离开关带负荷拉闸将发生电弧短路，由于线路隔离开关后合入，故障点仍在线路侧，继电保护装置可以将断路器自动断开，切除故障点，把故障限制在该回路间隔中，对其他回路设备（特别是母线）运行影响较少；②线路送电时，若发生隔离开关带负荷合闸，也可能发生电弧短路，由于线路隔离开关后合入，故障点仍在线路侧，同样，继电保护装置可以将断路器自动断开，切除故障点，对其他回路设备运行影响较少；③如果线路侧发生故障继电保护装置或断路器拒动，不能自动切除故障，会引起电源断路器跳闸，造成母线停电。随后只要拉开母线隔离开关隔离故障点，即可恢复其他部分的供电。

单母线不分段接线的优点：接线简单清晰，使用设备少，经济性比较好。运行经验表明，主接线简单，操作人员发生错误操作的可能性小。

单母线接线的缺点：可靠性和灵活性差。当母线或母线隔离开关发生故障或进行检修时，必须断开所有回路的电源，造成对全部用户供电中断。但当如果一条出线发生故障或检修出线断路器时，可只中断对该出线上用户的供电，而不影响其他用户，所以仍具有一定的可靠性。

因此，单母线接线不能满足对不允许停电的重要用户的供电要求，只适合用于不重要的中小型水电站和变电站中，主要用于对供电连续性要求不高的二级负荷用户或有备用电源的二级负荷用户。

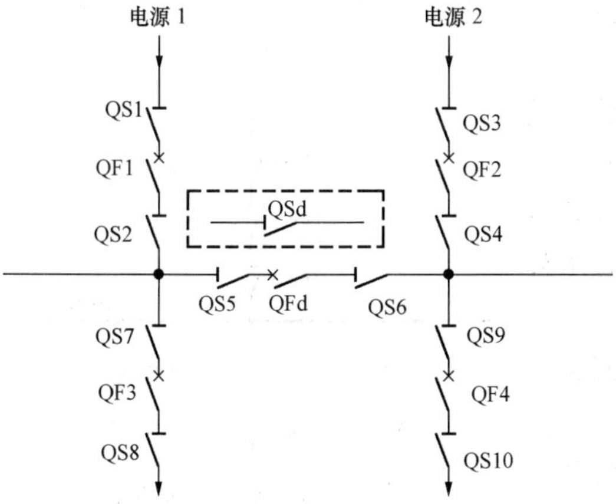

图5-8 单母线分段接线

2）单母线分段接线。单母线分段接线，如图5-8所示。这种接线是克服不分段母线存在的运行不可靠、灵性差的有效方法。单母线分段接线是根据电源的数目、功率和电网的接线情况来确定的。通常每段接一个或两个电源，引出线分别接到各段上，使各段引出线负荷分配与电源功率相平衡，尽量减少各段之间的功率变换。

微课46 单母线分段接线

正常运行时，单母线分段接线有两种运行方式：①分段断路器QFd闭合运行。正常运行时分段断路器QFd闭合，两个电源分别接在两段母线上；两段母线上的负荷应均匀分配，以使两段母线上的电压均衡。在运行中，当任一段母线发生故障时，继电保护装置动作跳开分段断路器和接至该母线段上的电源断路器，另一段则继续供电。②分段断路器QFd断开运行。正常运行时分段断路器QFd断开，两段母线上的电压可不相同，每个电源只向接至本段母线上的引出线供电。当任一电源故障该电源支路断路器自动断开后，由备用电源自动投入装置自动接通分段断路器，保证全部引出线继续供电。这种运行方式可能引起正常运行时两段母线电压不相等，若由两段母线向一个重要用户供电时，会造成用户电压质量下降。分段断路器断开运行的优点是可以限制短路电流。

单母线分段接线的特点是：①当母线发生故障时，仅故障母线段停止工作，另一段母线仍继续工作；②两段母线可看成是两个独立的电源，提高了供电可靠性，可对重要用户供电；③当一段母线故障或检修时，必须断开接在该段母线上的所有支路；④任一支路断路器检修时，该支路必须停止工作。

☆ 学习重点 单母线分段接线可用隔离开关分段，也可用断路器分段，这两种不同的分段开关设备在作用上有什么差别?

用断路器分段的单母线分段接线，分段断路器除具有分段隔离开关的作用外，与继电保护配合，还能切断负荷电流、故障电流以及实现自动分、合闸。另外，检修故障段母线时，可直接操作分段断路器，断开分段隔离开关，且不会引起正常段母线停电，保证其继续正常运行。在母线发生故障时，分段断路器的继电保护动作，自动切除故障段母线。综上所述，使用断路器分段的单母线分段接线比使用隔离开关分段的可靠性更高。

3）单母线带旁路母线接线。单母线带旁路母线接线方式是在单母线接线的基础上，增加了一条旁路母线和一组联络用开关电器，增加了多个线路侧隔离开关，当任一出线回路的断路器需要检修时，该回路可经旁路隔离开关绕道旁路母线，再经旁路断路器回路从工作母线回路取得电源。因此，旁路断路器是各出线断路器的备用断路器。

微课 47　单母线带旁路母线接线

这种接线适用于配电线路数量较多、负荷性质较重要（Ⅰ、Ⅱ类负荷）的主变电站或高压配电站。该接线运行方式灵活，检修设备时利用旁路母线供电，可减少停电次数，提高供电的可靠性。

如图 5-9 所示，旁路母线通过旁路断路器 QF2 与母线连接。每一条出线回路在线路隔离开关的线路侧与旁路母线通过旁路隔离开关（QS9、QS10）连接。正常运行时，旁路母线不带电，旁路断路器 QF2 及旁路隔离开关 QS9、QS10 均断开，QF2 两侧的隔离开关 QS3、QS4 处于合闸位置，其运行方式与单母线分段接线相同。

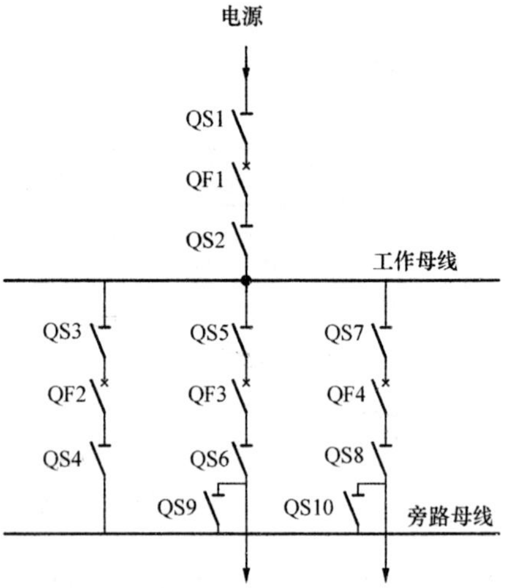

图 5-9　单母线带旁路母线接线

操作案例 图 5-9 中线路断路器 QF3 若需要检修，如何操作?

当线路断路器 QF3 检修时，首先投入 QF2 向旁路母线充电，检查旁路母线是否完好；若旁路母线充电良好，再投入该回路的旁路隔离开关 QS9，实现旁路与正常工作回路并联运行；然后跳开 QF3 及两侧隔离开关 QS3、QS6，即可对 QF3 进行检修。从以上操作过程中可以看出，可由旁路断路器 QF2 代替出线断路器 QF3 向线路供电，线路的供电未受影响，而 QF3 便可停电检修。

线路断路器 QF3 检修后，恢复线路 L1 送电的操作过程与上述相反。首先合线路两侧隔离开关及断路器 QF3，使工作回路与旁路回路并联；断开旁路断路器 QF2 及两侧隔离开关，出线恢复由工作回路供电；再断开 QS9，使旁路及旁路母线退出运行。

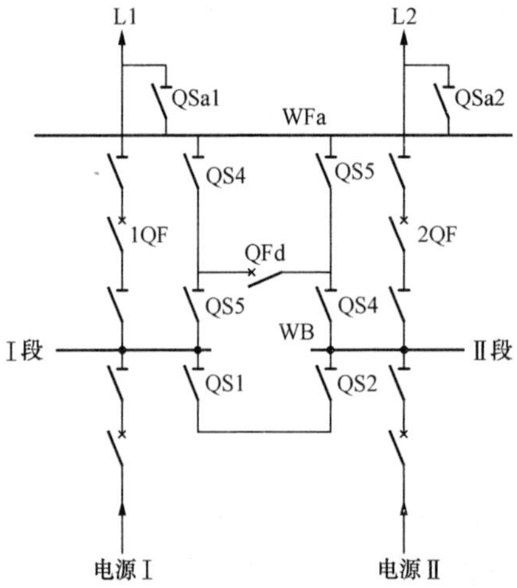

图 5-10　分段断路器兼作旁路母线断路器接线

当出线回路数不多时，旁路断路器利用率不高，可与分段断路器合用，即分段断路器兼作旁路断路器（见图 5-10），从分段断路器 QFd 的隔离开关内侧引接一联络隔离开关 QS5 至旁路母线，在分段工作母线之间再加两组串联的分段隔离开关 QS1 和 QS2。

正常运行时，分段断路器 QFd 及其两侧隔离开关 QS3 和 QS4 处于接通位置，联络隔离开关 QS5 处于断开位置，分段隔离开关 QS1 和 QS2 中，一组断开，一组闭合，旁路母线不带电。若检修线路 L1 的断路器 1QF 时，先投入分段隔离开关，使该回路与分段断路器并联，断开分段断路器 QFd 及与 QS5 同侧的隔离开关 QS4，接着在合上 QS5 后合上 QFd 向旁路母线充电，成功后即可合上 1QSa 接通旁路，然后切断 1QF 及两侧隔离开关以待检修。

检修后的逆操作请读者自行分析。

(2) 双母线接线。

1) 双母线不分段接线。为克服单母线接线中母线、母线隔离开关检修或发生故障时，该段母线上所有设备都要停电的缺点，引入双母线接线，如图 5-11 所示。双母线接线就是将电源线和出线通过一台断路器和两组隔离开关连接到两组母线上，两组母线都带电运行，每一回路都可以通过母线联络断路器并列运行。

微课 48 双母线接线

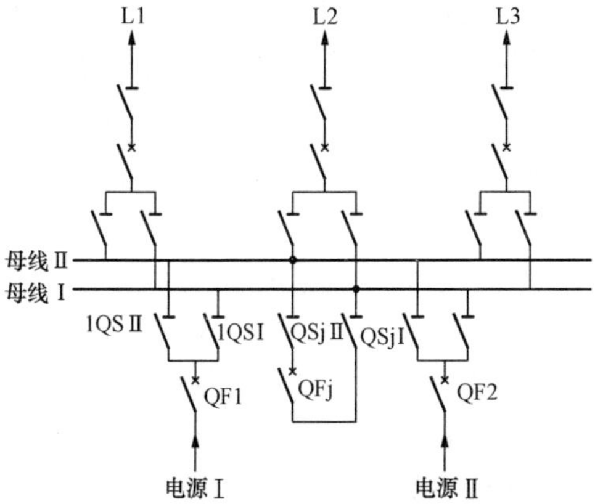

图 5-11 不分段的双母线接线

双母线的运行方式有两种：

a) 一组母线工作、一组母线备用的运行方式。若母线Ⅰ为工作母线，则母线Ⅱ为备用母线。正常运行时，所有电源和引出线与工作母线Ⅰ连接的隔离开关接通，所有电源和引出线与备用母线Ⅱ连接的隔离开关断开，母联断路器断开，备用母线不带电。需要时母线Ⅰ、Ⅱ的工作与备用状态可相互转换。

b) 两组母线同时运行。正常运行时母联断路器闭合连接两组母线，一个电源和一部分引出线与母线Ⅰ连接，另一个电源和其他引出线与母线Ⅱ连接，两组母线功率均匀分配。双母线同时运行时，它具有单母线分段接线的特点。若一组母线检修或发生故障，只会引起接至该组母线上的部分电源和引出线停电，可通过倒闸操作将停电部分转移到另一组母线上，使停电部分恢复工作。

双母线接线的特点如下：

a) 可轮流检修母线而不影响正常供电。当采用一组母线工作、一组母线备用方式运行时，需要检修工作母线，在将工作母线转换为备用状态后，便可进行母线停电检修工作。

如母线Ⅰ为工作母线，母线Ⅱ为备用母线，具体操作如下：依次合上母联隔离开关 QSjⅠ和 QSjⅡ，再合上母联断路器 QFj，用母联断路器向备用母线充电，检验备用母线是否完好，若备用母线存在短路故障，母联断路器立即跳闸；当备用母线完好时，合上母联断路器后不跳闸，然后断开母联断路器的控制回路电源，以防止母联断路器在以下操作过程中误跳开；随后依次合上所有母线Ⅱ侧的母线隔离开关；依次断开母线Ⅰ侧的母线隔离开关，由于母联断路器连接两套母线，所以依次合上、断开以上隔离开关只是转移电流，而不会产生电弧；投入母联断路器的控制电源，断开母联断路器，断开母联隔离开关 QSjⅠ和 QSjⅡ。至此，母线Ⅱ转换为工作母线，母线Ⅰ转换为备用母线。显然，在上述操作过程中，任一回路的工作均未受到影响。

b）检修任一母线侧隔离开关时，只影响该回路供电。在母线Ⅰ工作，母线Ⅱ备用时，需要检修电源Ⅰ母线侧隔离开关 1QSⅠ，只需断开该回路和与此隔离开关相连接的母线Ⅰ，将其他所有回路都倒换到备用母线（母线Ⅱ）上运行，该隔离开关就可以停电检修。其具体操作步骤如下：首先断开断路器 1QF 和隔离开关 1QSⅠ；然后将电源 2 和全部引出线转移到母线Ⅱ上工作，具体操作参照前面的操作步骤。由于母线Ⅰ转为备用，隔离开关 1QSⅡ原来为断开位置，所以这时隔离开关 1QSⅠ已不带电，做好安全措施便可以进行 1QSⅠ的检修。

c）工作母线发生故障后，所有回路短时停电便能迅速恢复供电。如工作母线发生短路故障，各电源回路的断路器自动跳闸。随后拉开引出线回路断路器和工作母线侧隔离开关，合上各支路备用母线侧隔离开关，最后依次合上电源、引出线回路断路器，即可恢复供电。

d）便于扩建。向双母线的左右任一方向扩建，均不影响两组母线的电源和负荷的均匀分配，不会引起原有电路的停电。

e）由于双母线接线的设备较多，配电装置复杂，运行中需要用隔离开关切换电路容易引起误操作；同时投资和占地面积也较大。

2）双母线分段接线。一般来说，母线出现故障的影响范围很大，单母线分段、双母线不分段接线中，一段母线故障会造成很多回路停电，为了提高供电可靠性和灵活性，必须避免母线故障，为此可以考虑双母线分段的接线方式。

双母线分段接线如图 5-12 所示，母线Ⅰ用分段断路器 QFd 分为两段，每段母线与母线Ⅱ之间分别通过母联断路器 QFj1、QFj2 连接。这种接线较双母线接线具有更高的可靠性和更大的灵活性。当母线Ⅰ工作，母线Ⅱ备用时，它具有单母线分段接线的特点。Ⅰ组母线的任一分段检修时，将该段母线所连接的支路倒至备用母线上运行，仍能保持单母段分段运行的特点。当具有三个或三个以上电源时，可将电源分别接到母线Ⅰ分段 1、分段 2 和母线Ⅱ上，用母联断路器连通母线Ⅱ与某一个分段母线，构成单母线分三段运行，可进一步提高供电可靠性。

双母线分段接线主要适用于大容量进出线较多的变电站中，例如 220kV 进出线为 10～14 回的变电站。

3）双母线带旁路母线接线。为了使双母线接线在检修任一回路断路器时不中断该回路的供电，可增设旁路母线。如图 5-13 所示，在双母线接线的基础上增设了一组旁路母线及专用旁路断路器 QFp 回路，各回路除通过断路器与两组汇流母线连接外，还通过旁路隔离开关与旁路母线相连接。

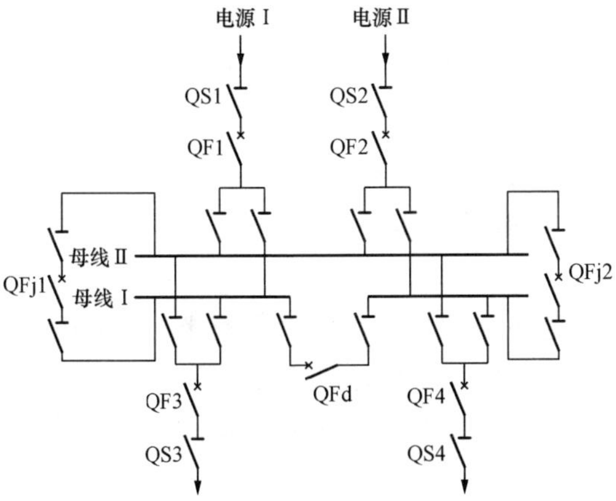

图 5-12 双母线分段接线

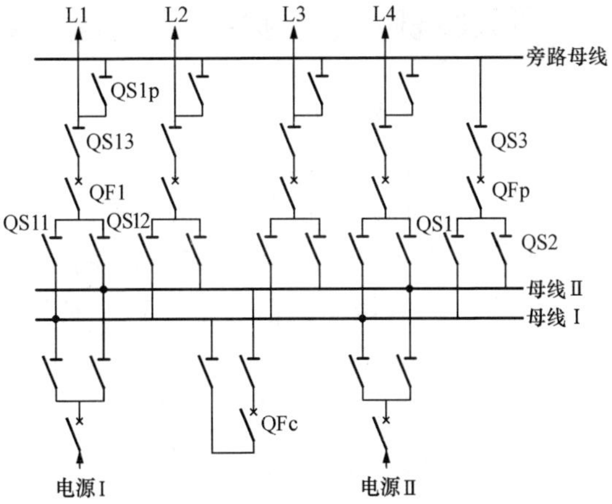

图 5-13 双母线带旁路母线接线

特别提示

旁路母线只为检修断路器时不中断供电而设，它不能代替汇流母线。

双母线带旁路母线接线的主要特点有：①可靠性、灵活性都相当高。任一组母线检修时不中断供电，检修任一回路母线隔离开关时，只中断该回路的供电；任一组母线故障时仅短时停电；检修任一回路断路器时，该回路不停电。②所用的电气设备数量较多，操作、接线及配电装置较复杂，占地面积较大，经济性较差。

这种接线方式主要用于 220kV 出线在 4 回及以上、110kV 出线在 6 回及以上时，当出线回数较少时，也可采用以母联断路器兼作旁路断路器的简易接线形式，以节省断路器和占地，改善经济性。

(3) 3/2 接线。3/2 接线又称一台半断路器接线，如图 5-14 所示，其结构是在两组母线之间连接多个由三组（每组三相）断路器及两侧隔离开关组成的断路器串，每两个回路经隔离开关接入两组断路器之间，两个回路中间的断路器称为联络断路器。其中隔离开关只作为隔离电器，避免了复杂的倒闸操作和误操作。

微课 49 3/2 接线

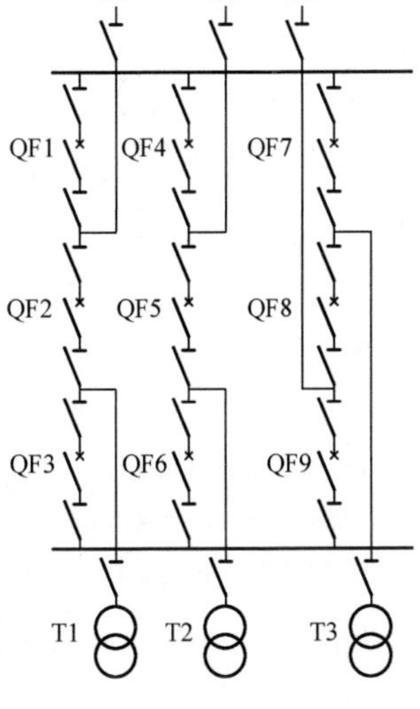

图 5-14 3/2 接线

3/2 接线具有较高的供电可靠性和运行灵活可靠。任一母线故障或检修都不会中断供电，甚至两组母线同时故障的极端情况下，功率仍能继续输送。此种接线运行方便，操作简单，隔离开关只在检修时作为隔离电器。但是这种接线使用设备较多，特别是断路器和电流互感器投资较大，二次控制接线和继电保护都比较复杂。这种主接线形式一般主要用于 500kV 及以上电压等级配电装置。

知识延伸 进一步提高 3/2 接线可靠性的措施有哪些?

为了避免两个电源回路或给同一系统的两回线路同时停电，同名回路（两个电源回路或两回线路）的配置原则为：

1）同名回路应布置在不同串中，以避免联络断路器故障时或一串中母线侧断路器检修，同串中另一侧回路故障时，使该串中的两个同名回路同时断开。

2）在只有两串的情况下，对于特别重要的同名回路，应分别接入不同的母线，称为交叉换位（如图 5-14 中的右边两串），以避免一串中联络断路器检修（如 QF2）时，另一串两个回路中的任一个故障（如 L2 或 T2 故障），同时切除两个同名回路（如图 5-14 中的左边两串），可能造成全厂（所）停电。当接线的串数多于两串时，也可不进行交叉换位。进出线可不装隔离开关。

微课 50 单元接线

2. *无母线主接线*

无母线的主接线有单元接线、桥形接线等。

（1）单元接线。单元接线是将不同性质的电力元件（发电机、变压器、线路）串联形成一个单元，然后再与其他单元并列。由于串联的电力元件不同，单元接线有如下几种形式：

1）发电机—变压器单元接线。发电机—变压器单元接线如图 5-15 所示。图 5-15（a）所示为发电机—双绕组变压器组成的单元，断路器装于主变压器高压侧作为该单元共同的操作和保护电器，在发电机和变压器之间不设断路器，可装一组隔离开关供试验和检修时隔开之用。

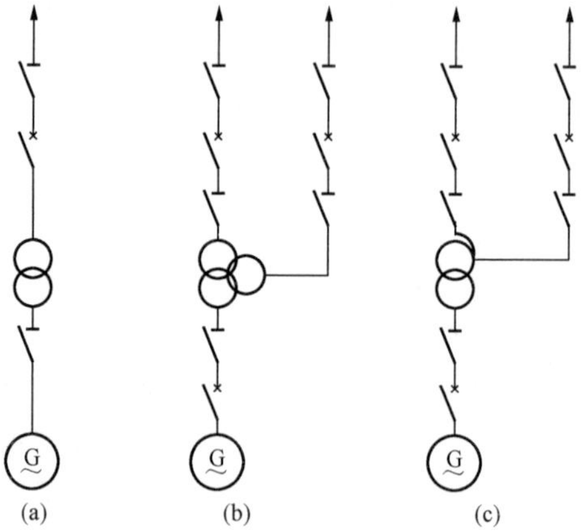

图 5-15 发电机—变压器单元接线
（a）发电机—双绕组变压器单元接线；
（b）发电机—三绕组变压器单元接线；
（c）发电机—自耦变压器单元接线

当有两个升高电压等级，主变压器为三绕组变压器或自耦变压器时，就组成发电机—三绕组变压器（自耦变压器）单元接线，如图 5-15（b）、（c）所示。为了能保证发电机故障或检修时高压侧与中压侧之间的联系，应在发电机与变压器之间装设断路器；若高压侧与中压侧对侧无电源时，发电机和变压器之间的断路器也可省略。

发电机—变压器单元接线有以下特点：接线简单清晰，电气设备少，配电装置简单，投资少，占地面积小；不设发电机电压母线，发电机或变压器低压侧短路时，短路电流小；操作简便，降低了故障的可能性，提高了工作的可靠性，继电保护简化；任一元件故障或检修全部停止运行，检修时灵活性差。

单元接线适用于机组台数不多的大中型不带近区负荷的区域发电厂；分期投产或装

机容量不等的无机端负荷的中小型水电站。

2）扩大单元接线。采用两台发电机与一台变压器组成单元的接线称为扩大单元接线，如图5-16所示。在这种接线中，为了适应机组开停的需要，每一台发电机回路都装设断路器，并在每台发电机与变压器之间装设隔离开关，以保证停机检修的安全。装设发电机出口断路器的目的是使两台发电机可以分别投入运行或当任一台发电机需要停止运行或发生故障时，可以操作该断路器，而不影响另一台发电机与变压器的正常运行。当变压器发生故障或检修时，该单元的所有发电机都将无法运行。

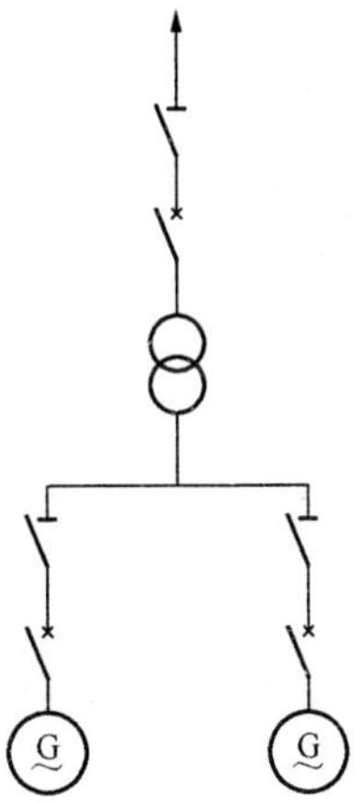

图5-16　扩大单元接线

扩大单元接线与发电机—变压器单元接线相比有如下特点：减小了主变压器和主变高压侧断路器的数量，减少了高压侧接线的回路数，从而简化了高压侧接线，节省了投资和场地；任一台机组停机都不影响厂用电的供给。

扩大单元接线通常应用在系统有备用容量的大中型发电厂。

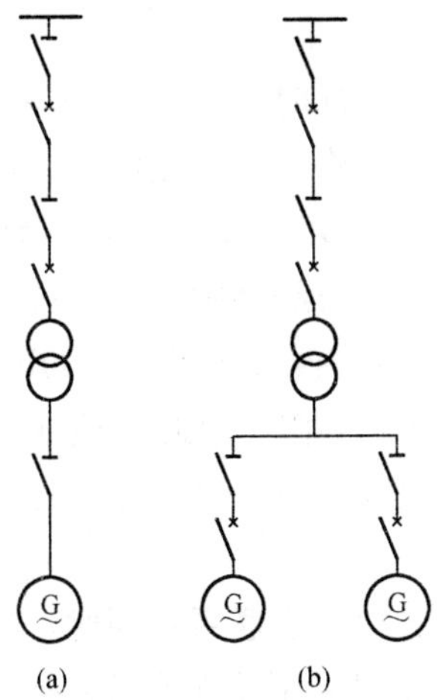

图5-17　发电机—变压器—线路单元接线

3）发电机—变压器—线路单元接线。发电机—变压器—线路单元接线如图5-17所示。它是将发电机、变压器和线路直接串联，中间除了自用电外没有其他分支引出。这种接线实际上是上面两种接线的组合，常用于1～2台发电机、一回输电线路，且不带近区负荷的梯级开发的水电站，把电能送到梯级开发的联合开关站。

4）线路—变压器组单元接线。在变配电站中，当只有一路电源进线和一台变压器时，可采用线路—变压器组单元接线，如图5-18所示。根据变压器高压侧情况的不同，也可以装设图中右侧三种不同的开关电器组合。当电源侧继电保护装置能保护变压器且灵敏度满足要求时，变压器高压侧可只装设隔离开关；当变压器高压侧短路容量不超过高压熔断器的断流容量，而又允许采用高压熔断器保护变压器时，变压器高压侧可装设跌落式熔断器或熔断器式负荷开关。一般情况下，在变压器高压侧装设隔离开关和断路器。

当高压侧装设负荷开关时，变压器容量不得大于1250kVA；高压侧装设隔离开关或跌落式熔断器时，变压器容量一般不得大于630kVA。

这种接线的优点是接线简单，所用电气设备少，配电装置简单，节约投资；缺点是该线路中任一设备发生故障或检修时，变电站需全部停电，供电可靠性不高。该接线适用于小容量Ⅲ类用户、小型工厂或非生产性用户。

（2）桥形接线。桥形接线适用于仅有两台变压器和两条出线的系统中，接线如图

5-19 所示。桥形接线仅用三台断路器，根据桥回路（QF3）的位置不同，可分为内桥和外桥两种接线。桥形接线正常运行时，三台断路器均闭合工作。

1）内桥接线。内桥接线如图 5-19（a）所示，桥回路置于线路断路器内侧（靠变压器侧），此时线路经断路器和隔离开关接至桥接点，构成独立单元；而变压器支路只经隔离开关与桥接点相连，是非独立单元。

微课 51　内桥接线

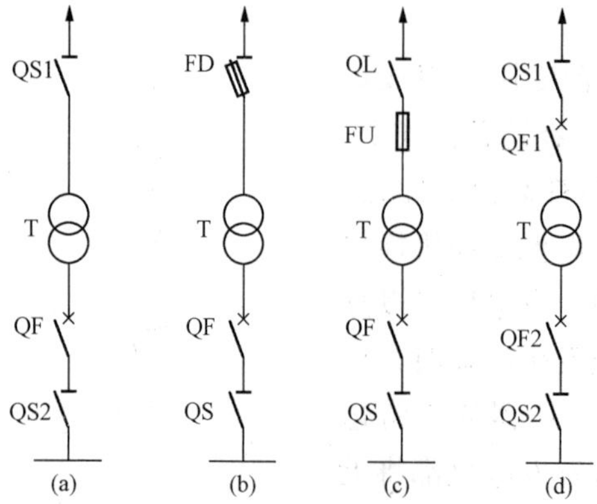

图 5-18　线路—变压器组单元接线

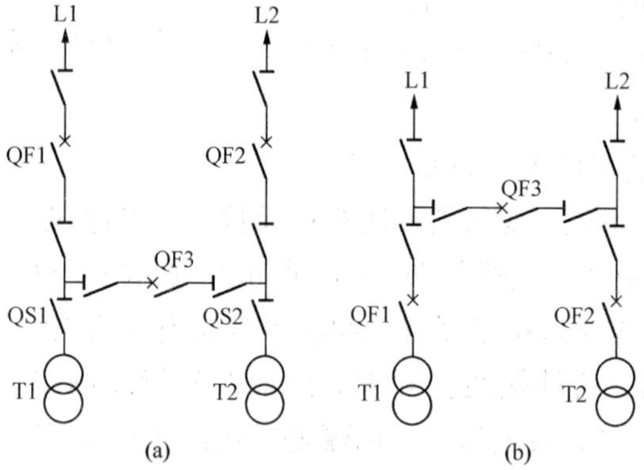

图 5-19　桥形接线

（a）内桥接线；（b）外桥接线

内桥接线的特点是：

a）线路操作方便。如线路发生故障，仅故障线路的断路器跳闸，其余三条支路可继续工作，并保持相互的联系。

b）正常运行时变压器操作复杂。如变压器 T1 检修或发生故障时，需断开断路器 QF1、QF3，使未故障线路 L1 供电受到影响，需经倒闸操作，拉开隔离开关 QS1 后，再合入 QF1、QF3 才能恢复线路 L1 工作，因此将造成该侧线路的短时停电。这一特点可概括为“内桥内（单元投切）不便”。

c）桥回路故障或检修时全厂分裂为两部分，两个单元之间失去联系；同时，出线断路器故障或检修时，造成该回路停电。为此，在实际接线中可采用设外跨条来提高运行灵活性。

内桥接线适用于具备以下条件的变电站：①供电线路较长，线路故障概率大；②负荷比较平稳，主变压器不经常切换退出工作；③没有穿越功率的终端降压变电站。

2）外桥接线。外桥接线如图 5-19（b）所示，桥回路置于线路断路器外侧（远离变压器侧），此时变压器经断路器和隔离开关接至桥接点，构成独立单元；而线路支路只经隔离开关与桥接点相连，是非独立单元。

外桥接线的特点是：

微课 52　外桥接线

a）变压器操作方便。如变压器发生故障时，仅故障变压器支路的断路器自动跳闸，其余三条支路可继续工作，并保持相互的联系。

b）线路投入与切除操作复杂。如线路检修或故障时，需断开两台断路器，并使该侧变压器停止运行，需经倒闸操作恢复变压器工作，造成变压器短时停电，这刚好与内桥相反，概括为“外桥外（单元投切）不便”。

c）桥回路故障或检修时全厂分裂为两部分，使两个单元之间失去联系；同时，出线断路器故障或检修时，造成该侧变压器停电。为此，在实际接线中可采用设内跨条来提高运行灵活性。

外桥接线适用于具备以下条件的变电站：①电源线路较短，而变电站的变压器需经常进行切换操作以适应昼夜负荷变化大的总降压变电站；②一次电源线路采用环形接线的变电站；③两回进线、两回出线且线路较短，故障可能性小的变电站；④变压器需要经常切换，而且线路有穿越功率通过的发电厂和变电站。

桥形接线具有接线简单清晰，设备少，造价低，易于发展成为单母线分段或双母线接线。为节省投资，在发电厂或变电站建设初期，可先采用桥形接线，并预留位置，随着发展逐步建成单母线分段或双母线接线。

2.3 设计电气主接线

1. 电气主接线设计步骤

在设计发电厂、变电站主接线方案时，为了正确地选择电气主接线，必须对其作技术经济比较。一般需根据水电站的参数和系统提供的有关数据，初步拟出几种技术上可行的方案，再在此基础上进行经济的比较。

拟订的具体步骤如下：

（1）根据发电厂和变电站的具体情况，在电网的地理接线图和电气主接线图上标出接入点、出线回路数和出线电压等级等。

（2）对主变压器进行选择，主要包括台数、运行方式、容量、型式及参数等。

（3）拟定变压器低压侧和高压侧的基本电气主接线形式。

（4）选择厂用电和近区用电的引接方式，主要包括接入点、电压等级及供电方式等。

（5）对上述各部分方案进行合理组合，拟出若干个技术合理的主接线方案。再按照主电气接线的基本要求，结合实际情况进行技术分析比较，从中选出2～3个较优方案。

（6）对上述技术较优的几种方案进行经济比较，最后确定一个最优方案，作为最终的电气主接线方案。

2. 选择主变压器

主变压器是发电厂和变电站中最主要的设备之一，它在电气设备的投资中所占比例较大，同时与之相配套的电气装置的投资也与之密切相关。因此，对主变压器的台数、容量和型式的选择是至关重要的，它对发电厂、变电站的技术经济影响很大。同时，它也是主接线方案确定的基础。

（1）选择主变台数。变压器的运行可靠性高，发生故障的概率小，检修周期长，损耗低，所以在选择时一般不考虑主变压器的明备用。同时随着技术的进步，变压器的容量可以做得很大，由于单位容量的造价（元/kVA）随单台容量的增加而下降，因此，减少变压器的台数，提高单台变压器容量可以降低变压器的本体投资。由于变压器的台数减少，与之配套的配电设备也随之减少，使配电装置结构简化，布置清晰，更为简单，占地面积少，运行检修维护工作量也将减少，从而会有较好的技术经济效益。

主变压器台数的选择是与发电厂（变电站）的接入方式、机组的台数、容量及基本接线方式密切相关，大体上要求主变应与其他的各个环节的可靠性相一致。

两台变压器并列运行的可靠性较高，可用于中小型水电站和变电站。其运行可以根据水电站在丰水期和枯水期的不同分为两台同时运行和一台运行一台退出的运行方式，运行方式灵活；此外，两台主变对工程分期过渡有利，特别对变电站来说，主变压器台数还要考虑中远期负荷发展。一般主变压器采用两台分期投入的办法，避免主变在运行初期阶段的容量积压和资金积压以及长期处于低负荷和低效率下的运转，因此，在中小型水电站、变电站中，一般主变压器的台数取 1～2 台为宜。

在大中型发电厂中，为了保证运行的可靠性和灵活性，通常采用发电机—变压器单元接线或两台发电机——一台变压器的扩大单元接线，此类发电厂的主变压器台数往往在 2 台及以上。

（2）选择主变容量。发电厂主变容量的选择应满足在正常运行有最大功率通过时而不过载的原则来选定，避免出现功率的“瓶颈现象”。同时，过大的容量不仅增加投资，而且还会加大有功功率和无功功率的损耗，增加运行费用，出现“大马拉小车”的现象。由于变压器有较高的可靠性，一般情况下不考虑主变的事故备用容量。

主变容量的确定可按以下方法选择：

1）发电机—变压器单元接线中，主变的容量应与所接的发电机的容量相配套；扩大单元接线的变压器容量应不小于扩大单元中发电机总的视在功率。

2）接于发电机汇流主母线上的一台主变，其容量应为该母线上发电机的总容量扣除接在该母线上的近区负荷的最小值。

3）接于发电机汇流主母线上的两台并联运行的主变，其总容量也按上述原则选择。由于并联运行的变压器的功率分配与变比、短路阻抗有关。因此，两主变应尽量采用同型号、同容量，甚至相同厂家的同一批产品。

4）接于发电机汇流母线上的两台非并列运行的主变，一台与电网相连，另一台接负荷。与电网相连的主变的容量应为接于该母线的发电机总容量减去另一台主变容量与近区变的最小负荷之和；另一台主变容量则按所接负荷最大的视在功率确定。

5）梯级联合开发的中心水电站，其主变容量应在考虑本站后再加上由其他梯级电站转送来的最大功率。

最后，实际选择的变压器容量是在上述原则选择的基础上取相近并稍大的标准值。

（3）选择主变型式。中小型水电站只需升压一次时，主变宜采用三相油浸式双绕组电力变压器，常规连接组别有 Yd11 或 YNd11。其产品的有关数据及项目可参照厂家或国家标准，如冷却方式、阻抗值、调压范围、绕组材料（铜或铝导体），但有些数据也可由用户提出，如额定电压、调压方式等，同时推荐使用低能耗节能型产品。

如电站有两个升高电压等级时，可优先考虑采用三绕组来实现高中低压侧的功率传递，以满足电网在不同功率运行状况下的潮流分布要求，提高供电的可靠性和灵活性，减少电能损耗。同时，采用一台三绕组变压器比采用两台双绕组变压器时可节约变压器本体及配套设备的投资费用，也简化了配电装置的布置，减少运行维护工作量。

目前我国生产的标准三相三绕组变压器三侧容量之比按高、中、低压侧有：100/100/100、100/100/50 和 100/50/100 三种。因此，当其中一侧的计算负荷过小（一般小于其额定容量的 15%）时，为避免变压器绕组容量的浪费，一般不采用三绕组变压器而采用两台双绕组变压器更为经济合理。

三绕组变压器的高压侧电压等级最低为 35kV。由于三绕组变压器三个绕组在铁心柱上的排列顺序不同，三个绕组之间的阻抗电压值也不同，可根据变压器的功率传递方向不同加以选择。水电站的升压变压器功率主要是低压侧往高、中压侧传递，因此常采用自铁心由内到外按中、低、高的绕组排列顺序；而作为变电站降压变压器功率主要是从高压侧向中、低压传递，因而常采用自铁心由内到外按高、中、低的绕组排列顺序。

自耦变压器由于它的绕组容量小于变压器容量，它与相同容量的普通变压器相比更省材，体积更小，价格更低，具有更好的经济性，运行损耗也小。但自耦变压器只能用于高、中压侧中性点均直接接地的电网，在 220kV 及以上电网中广泛取代普通双绕组和三绕组变压器，具有较好的经济效益。

3. 电气主接线方案的技术比较

在电气主接线方案拟定时，对方案的选择比较从技术上应考虑如下几个问题：

(1) 保证系统运行的稳定性，不因在本厂发生故障时造成系统的瓦解。

(2) 保证供电的可靠性及电能质量，特别是对重要负荷的供电可靠性。

(3) 运行的安全和灵活性，包括调度灵活、检修操作安全方便，设备停运或检修时影响范围小。

(4) 自动化程度。

(5) 电气设备制造水平、质量和新技术的应用。

(6) 扩建容易等。

对于中小型发电厂、变电站来说，还要考虑继电保护及二次接线的复杂性等。为此，必须认真地分析系统及负荷资料，根据发电厂、变电站在系统中的地位和作用、电压等级的高低、容量的大小、穿越功率的大小和负荷的性质等方面来进行分析论证。

为了简化接线和电气布置，中小型水电站应优先选用 1～2 级输出电压和较少的出线的接线方式；主变一般不超过两台为宜。当出线输出电压为 2 级时，可优先考虑采用三绕组变压器或再加设一台双绕组变压器。而对于重要的变电站来说，可以采用两台三绕组变压器并联运行。

升压侧接线形式的选择主要视出线回路数、主变台数以及是否有穿越功率而定。中小型水电站容量小、机组台数少、电压等级低且出线回路数也少，宜采用单元接线、桥形接线、单母线接线或带旁路接线等；大型发电厂、变电站由于容量大、电压等级高且多级、出线回路数也较多，宜采用供电可靠性高、运行灵活的单母线带旁路母线、双母线或双母线带旁路母线、3/2 接线等。

发电机电压侧接线方式应根据机组和主变台数、容量、有无重要的近区负荷以及工程分期投入的情况而定。中小型水电站一般采用单元接线、单母线接线或单母线分段接线；大型发电厂由于机组容量大，考虑到供电可靠性、发电机电压侧接线设备的容量、复杂性以及大型变压器的制造、运输等问题，一般采用单元接线。

案例分析 电气主接线方案技术比较

【例 5-1】 某水电站装机容量为 3×3.2MW，机端电压为 6.3kV，拟采用两回 35kV 出线，分别与地区变电站及一小型水电站相连，并转送该水电站的功率。电站年利用小时数较高，带有近区负荷最大为 2MVA，最小为 1MVA。

分析： 根据原始资料，可采用以下两种可行的方案，如图 5-20 所示。

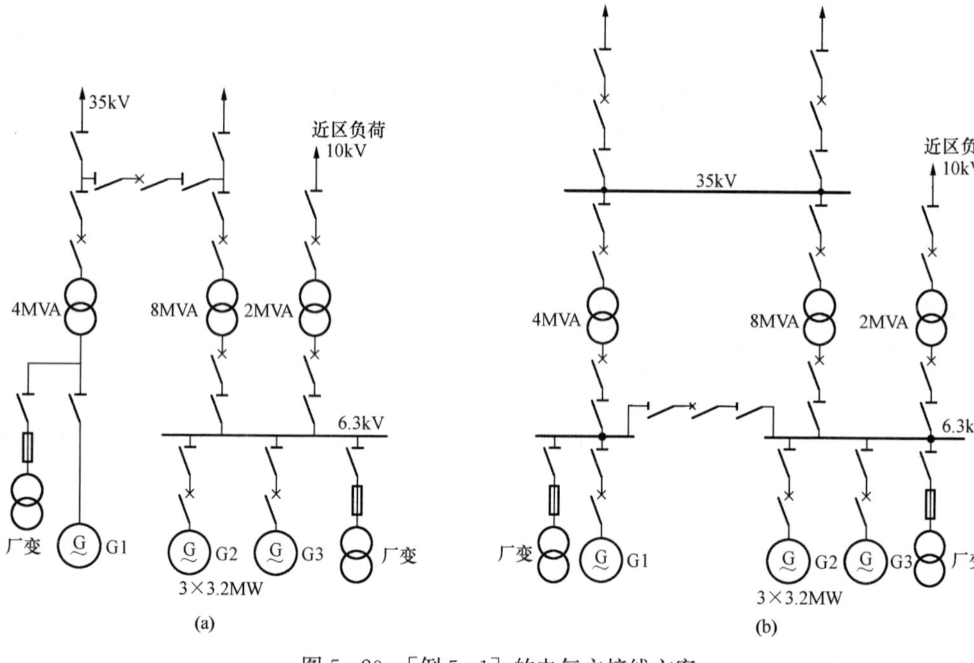

图 5-20 [例 5-1] 的电气主接线方案

(a) 方案 1；(b) 方案 2

方案 1：采用两台主变，一台主变容量 4MW，与其中的 G1 机组接成发电机—变压器单元接线；另一台主变容量 8MW，与 G2、G3 两台机组接成扩大单元接线，如图 5-20 (a) 接线。因两回 35kV 出线有穿越功率，故采用外桥接线；近区负荷采用 10kV 供电，采用一台 2MVA 近区变压器供电，10kV 与 6.3kV 机端直配线供电相比，具有明显的优越性，表现在：①提高供电可靠性，减少输电线路的损耗；②对发电机过电压保护更为有利。两台厂变分别接在单元接线 G1 的电压分支线和 G2、G3 机端母线上。

方案2：采用两台主变，机端采用单母线分段接线，正常运行时分段运行；35kV高压侧采用单母线接线；近区负荷仍采用10kV供电，如图5-20（b）所示。

方案比较：两种方案都能满足可靠性要求，在技术上是相当的。方案1中，高压侧桥形接线比单母线接线节省了一台断路器，同时机端接线所用的断路器数量也比方案2少用三台。所以，方案1在经济上有明显的优越性，取方案1更为合适。

【例5-2】 某水电站装机2×8MW，是地方电网的骨干电站。拟采用一回110kV线路与电力系统相连，两回35kV线路，其中一回与附近一变电站相连，另一回向工厂供电，水电站无近区负荷。

分析： 根据原始资料，可采用以下三种可行的方案，如图5-21所示。

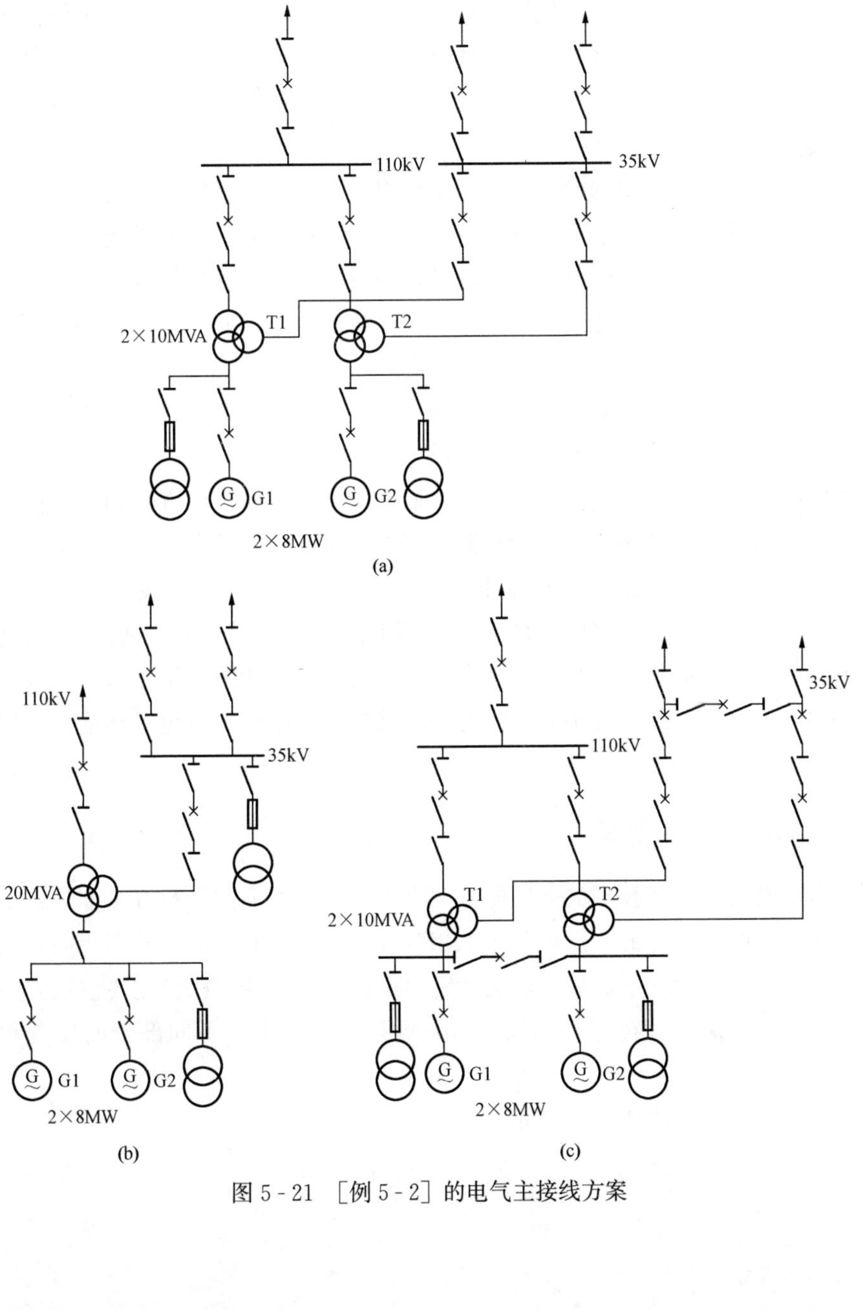

图5-21 ［例5-2］的电气主接线方案

方案1：由于水电站是地方骨干电站，且有两个升高电压等级分别为110kV和35kV。故可以考虑采用两台三绕组变压器，与发电机组成单元接线，容量分别为10MVA；110kVA线路采用单母线接线；35kV侧接线也采用单母线接线，如图5-21(a)所示。厂用变压器可考虑采用两台，分别接在发电机电压分支线上。

方案2：由于变压器运行可靠性较高，拟采用一台三绕组变压器，同时扩大单元接线也具有一定的可靠性，所以发电机电压侧可考虑采用扩大单元接线；110kV出线还是采用变压器—线路单元接线；两回35kV出线采用单母线接线。如图5-21(b)所示。两台厂用变压器分别接在发电机电压侧及35kV母线上。

方案3：拟选择两台主变可并联运行的接线方式，110kV侧采用单母线接线；35kV侧可考虑采用桥形接线，由于该侧可能有穿越功率，线路也不长，故采用外桥接线；发电机电压侧采用正常运行不并列的单母线分段—变压器组接线，即单母线分段接线中省略主变低压侧断路器的接线，相当于桥形接线，如图5-21(c)所示。两台厂用变压器分别接在发电机电压侧两段母线上。

方案比较：方案1采用两台主变，组成两组发—变单元接线，省略了发电机电压侧的配电装置，是两台主变的最简接线。由于变压器可靠性高，单元接线具有较高的运行可靠性。这种接线具有一定的可行性。但是，两发电机与两主变接成单元接线后，低压侧没有相互联系，不能形成相互组合，当G1检修同时T2发生故障或T1检修同时G1发生故障时，整个电站将全部停机，无法送电，这是这种接线的缺陷。这说明这种接线方式的运行灵活性和可靠性存在不足。方案3接线中发电机与变压器之间采用分段联系，克服了上述方案的缺点，但低压侧增设了母线和三台断路器，经济性较差。同时发电机电压侧的配电装置及继电保护更复杂。而35kV侧两种接线方案相当，桥形接线比方案1中的单母线接线省略了一台断路器，更为经济，但它的保护相对比单母线复杂一些。方案2采用一台主变虽然在技术上是可行的，有一定的运行灵活性和可靠性，但是，当变压器发生故障或检修时，两台机组都不能运行；同时水电站开停机比较频繁，两台机组满负荷运行的概率不高，当一台机组停机、发生故障或检修时，造成变压器容量的浪费而增加损耗，经济性不好。同时与电站在系统中的地位也不相适应。因此，这种方案存在明显的不足。

4. 电气主接线方案的经济比较

在技术比较时，那些技术欠合理的方案将被淘汰，剩下的少数方案都是技术上较为合理的，在实际中是可行的。但这些技术相对合理的方案的经济性并不相同，因此有必要对这些方案在经济上给予比较，最后确定出最佳方案。经济比较主要包括方案的综合投资和年运行费用两项。在进行比较时，一般只计算方案中不同部分的投资和年运行费用。

(1) 综合投资Z。计算综合投资

$$Z = Z_0\left(1+\frac{a}{100}\right) \quad (元) \qquad (5-1)$$

式中 Z_0——两个需要比较的方案中主体设备费用，包括变压器、开关设备、配电装置等设备的费用，元；

a——不明显的附加费用比例系数，包括设备运输、安装费用，构架、基础及辅助设备的费用等。一般 35kV 取 100，110kV 取 90，220kV 取 70。

(2) 计算年运行费用 U（元）。年运行费用主要包括一年的电能损耗费和电气设备每年折旧费及维护检修费，即

$$U = U_Z + U_{\Delta A} \tag{5-2}$$

其中

$$U_{\Delta A} = \alpha \Delta A \tag{5-3}$$

上两式中 U_Z——年折旧维护检修费（元），$U_Z = CZ$，其中，C 为折旧维护检修率，对主变及配电装置可取 8%～10%，对水泥杆线路可取 5%，对铁塔线路可取 4%；

$U_{\Delta A}$——年电能损耗费，元；

α——电能电价，可按当地实际电价计算，元/kWh；

ΔA——年电能损耗，通常只计算主变压器和输电线路的电能损耗，kWh。

1）n 台等容量的双绕组主变压器一年的电能损耗。其计算式为

$$\Delta A = n\left[\Delta p_0 t + \Delta p_k \left(\frac{S_{max}}{S_N}\right)^2 \tau\right] \tag{5-4}$$

式中 Δp_0、Δp_k——变压器的空载损耗和短路损耗（kW），可在产品目录或有关手册中查出；

t——变压器年运行小时数，整年运行的取 8760h；

S_N——变压器的额定容量，kVA；

S_{max}——变压器持续最大负荷，kVA；

τ——最大负荷年损耗小时数，取决于最大负荷年利用小时数 T 与平均功率因数 $\cos\varphi$，可由表 5-2 查出。

表 5-2　损耗小时数 τ 的确定　　单位：h

T \ $\cos\varphi$	0.80	0.85	0.90	0.95	1.00	T \ $\cos\varphi$	0.80	0.85	0.90	0.95	1.00
2000	1500	1200	1000	800	700	5000	3600	3500	3400	3200	3000
2500	1700	1500	1250	1100	950	5500	4100	4000	3950	3750	3600
3000	2000	1800	1600	1400	1250	6000	4650	4600	4500	4350	4200
3500	2350	2150	2000	1800	1600	6500	5250	5200	5100	5000	4850
4000	2750	2600	2400	2200	2000	7000	5950	5900	5800	5700	5600
4500	3150	3000	2900	2700	2500	7500	6650	6600	6550	6500	6400

2）n 台等容量的三绕组主变压器一年的电能损耗。其计算式为

$$\Delta A = n\left[\Delta p_0 t + \Delta p_{k1}\left(\frac{S_{cal1}}{S_{N1}}\right)^2 \tau_1 + \Delta p_{k2}\left(\frac{S_{cal2}}{S_{N2}}\right)^2 \tau_2 + \Delta p_{k3}\left(\frac{S_{cal3}}{S_{N3}}\right)^2 \tau_3\right] \tag{5-5}$$

式中 S_{N1}、S_{N2}、S_{N3}——三绕组变压器高、中、低三侧绕组的额定容量，kVA；

S_{cal1}、S_{cal2}、S_{cal3}——高、中、低压侧最大持续负荷，kVA；

τ_1、τ_2、τ_3——高、中、低压侧最大负荷年损耗小时数，由表 5-2 查出；

Δp_{k1}、Δp_{k2}、Δp_{k3}——高、中、低压侧绕组中的短路损耗，kVA。

但在产品目录中只给出两绕组之间的短路损耗 Δp_{k1-2}、Δp_{k1-3}、Δp_{k2-3}，可按式（5-6）～式（5-8）计算各绕组的短路损耗，分别为

$$\Delta p_{k1}=\frac{\Delta p_{k1-2}+\Delta p_{k1-3}-\Delta p_{k2-3}}{2} \tag{5-6}$$

$$\Delta p_{k2}=\frac{\Delta p_{k1-2}+\Delta p_{k2-3}-\Delta p_{k1-2}}{2} \tag{5-7}$$

$$\Delta p_{k3}=\frac{\Delta p_{k1-3}+\Delta p_{k2-3}-\Delta p_{k1-2}}{2} \tag{5-8}$$

5. 经济最优方案的确定

计算出两个需要比较方案的相对综合投资和年运行费用后，若其中一方案的综合投资和年运行费用都高，则该方案显然经济性差，应被淘汰，选用两项数值均低的方案。只有综合投资高（低）而年运行费用低（高）的方案才有进一步被比较的价值。如第一方案的综合投资 Z_1 高而年运行费用 U_1 低，第二方案的综合投资 Z_2 低而年运行费用 U_2 高，则应进一步进行比较。

（1）抵偿年限法。上述两方案中，可用抵偿年限 T 来确定出最佳方案，即

$$T=\frac{Z_1-Z_2}{U_2-U_1} \quad \text{（年）} \tag{5-9}$$

若 T 小于 5 年，则选取第一方案；若 T 大于 5 年，则选用第二方案。

（2）计算费用最小法。如技术上相当的方案多于两种时，为了便于比较，也常采用计算费用最小的方法。第 i 种方案的计算费用 C_i 的计算式为

$$C_i=\frac{Z_i}{T}+U_i \quad (i=1,2,3,\cdots) \tag{5-10}$$

可取 $T=5$ 年，然后分别计算各方案的计算费用 C，其中 C 最小的方案为最经济方案。

这两种比较的方法都不考虑投资时间和经济效益的影响，是以设备、材料和人工等的经济价值固定不变作为前提的，认为经济价值与时间无关，是静态的，故这两种比较方法也称为静态比较法。

2.4 典型电气主接线方案

电气主接线的确定，主要取决于电站（变电站）容量、单机容量、用户的性质和引出线的数目，以及在电力系统中的地位、作用等因素。设计电气主接线时，要综合考虑各种因素，经过技术经济比较，确定最合理的方案。

1. 大型区域发电厂的电气主接线

大型区域发电厂一般是指总装机容量为 1000MW 及以上的发电厂，其中包括大容

量凝汽式电厂、大容量水电站和核电站等。

(1) 大型区域性火电厂的特点。

1) 大型区域性电厂建设在燃料产地，一般距负荷中心较远，担负着系统的基本负荷，在系统中地位重要。

2) 电厂附近没有负荷，不设置发电机电压母线，发电机与变压器间采用简单可靠的单元接线直接接入 220～500kV 配电装置，通过高压或超高压远距离输电线路将电能送入电力系统。

3) 升高电压 1～2 级，最多不超过 3 级。

图 5-22 所示为某大型区域性火电厂主接线简图，该厂有两台 300MW 和两台 600MW 大型凝汽式汽轮发电机组，均采用发电机—双绕组变压器单元接线形式，其中两台 300MW 机组单元接入带专用旁路断路器的 220kV 双母线带旁路母线接线。两台 600MW 机组单元接入 500kV 的 3/2 接线。500kV 与 220kV 配电装置之间，经一台自耦变压器联络，自耦变压器的第三绕组上接有厂用高压备用变压器。220kV 母线接有厂用备用变压器。

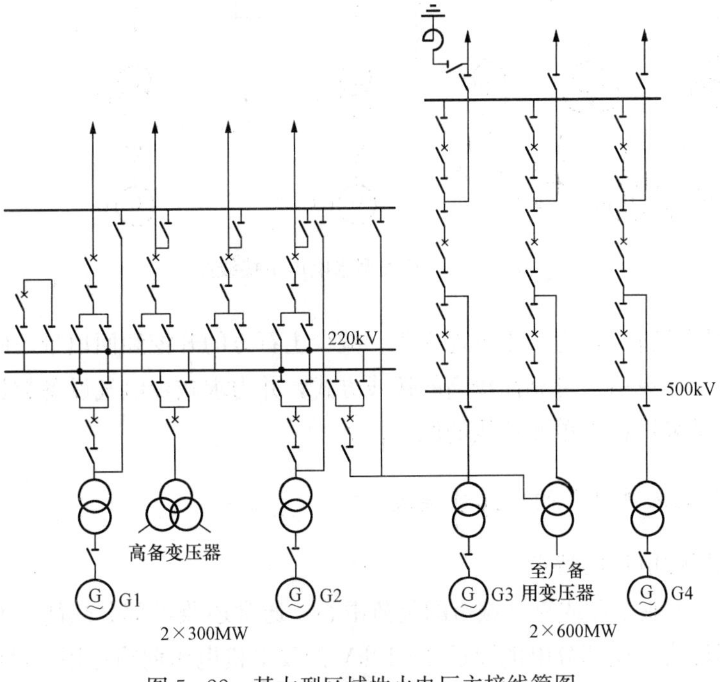

图 5-22　某大型区域性火电厂主接线简图

(2) 水电厂的特点。

1) 通常建设在水力资源丰富的江河湖泊峡谷处，厂址较为狭窄，建设规模比较明确。

2) 一般远离负荷中心，不设发电机电压母线，采用单元接线和扩大单元接线。

3) 一般水电站还承担调峰任务，大型水电厂担负着系统的基本负荷，在系统中地位重要。

图 5 - 23 所示为某大型水电厂主接线图，该厂有六台发电机，其中 G1～G4 与分裂变压器 T1、T2 接成扩大单元接线，将电能送到 500kV 的 3/2 接线，另外两台大容量机组与变压器组成单元接线，将电能送到 220kV 的双母线带旁路母线。500kV 与 220kV 之间由一台自耦变压器联络，自耦变压器的低压侧作为厂用备用电源。

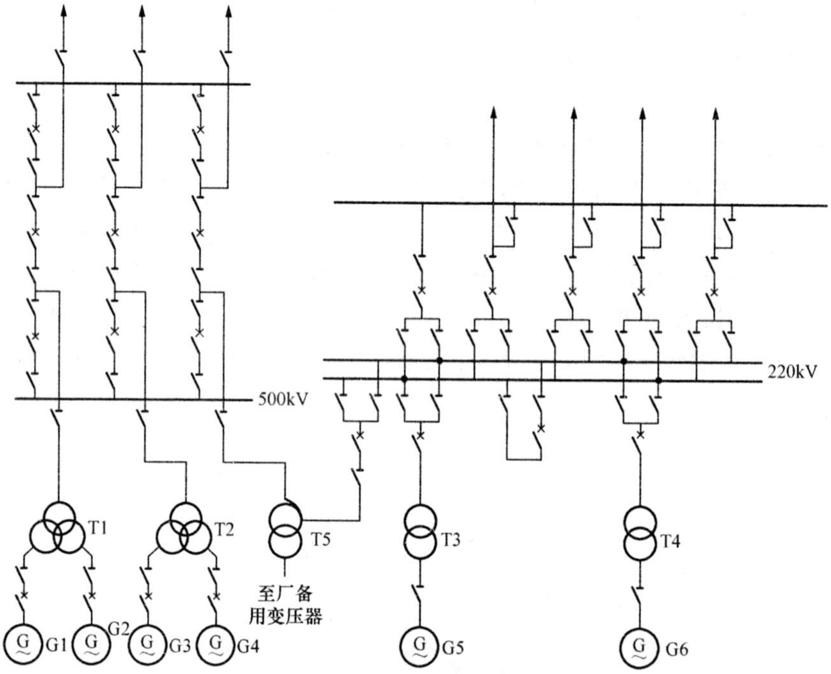

图 5 - 23　某大型水电厂主接线图

根据水电厂的特点，为减小占地面积、减少土石方的开挖和回填量，应尽量采用简单清晰、运行操作灵活、可靠性较高的接线方式，并力求减少电气设备数量，简化配电装置布置，这是采用扩大单元接线的原因。

2. 中小型地区性电厂的电气主接线

中小型地区性电厂的特点：

（1）建设在工业企业或靠近城市的负荷中心，通常还兼供部分热能，所以它需要设置发电机电压母线，使部分电能通过 6～10kV 的发电机电压向附近用户供电。

（2）机组多为中小型机组，总装机容量也较小。

（3）以 1～2 种电压等级升高电压将剩余电能送往电力系统。

图 5 - 24 所示为某中型热电厂的主接线，它有四台发电机，两台 100MW 机组与双绕组变压器组成单元接线，将电能送入 110kV 电网；两台 25MW 机组直接接入 10kV 发电机电压母线，发电机电压母线采用叉接电抗器分段的双母线分段接线形式，以 10kV 电缆馈线向附近用户供电。由于短路容量比较大，为保证出线能选择轻型断路器，在 10kV 馈线上还装设出线电抗器。110kV 出线回路较多，所以采用带专用旁路断路器

的双母线带旁路母线接线形式。

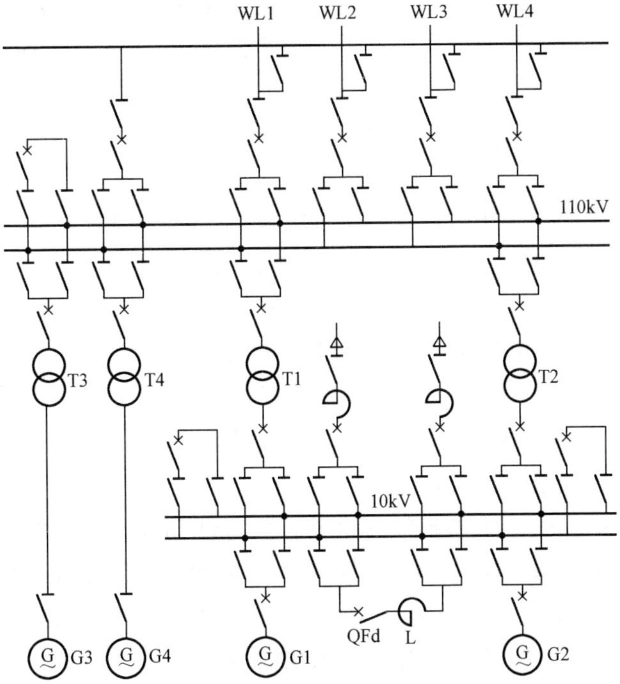

图 5-24　某中型热电厂的主接线

3. 变电站的电气主接线

变电站电气主接线的设计也应该按照其在系统中的地位、作用、负荷性质、电压等级、出线回路数等特点，选择合理的主接线形式。

微课 53　变电站电气主接线分析

变电站可分为系统枢纽变电站、地区变电站和一般变电站三类。

系统枢纽变电站一般是 500kV 或 220kV 及以上的重要变电站，它汇集多个大电源和大容量负荷之间的联络线，处于系统枢纽位置，高压侧多有较大的功率交换，并担负着向中压侧输送电能的任务。枢纽变电站发生故障，会危害系统的安全运行；严重时，甚至会破坏系统稳定，使系统瓦解或造成大面积停电。因此系统枢纽变电站的电气主接线对可靠性、灵活性要求很高。

地区变电站一般是 220kV 的变电站，它处于地区电网的枢纽点，高压侧接受或交换功率，并供给中压侧和低压侧负荷。如果地区变电站发生全所停电事故，将会造成地区电网的瓦解，影响整个地区的供电。地区变电站的电气主接线应有较高的可靠性和灵活性。

一般变电站多为终端或分支变电站，电压等级在 110kV 及以下。这种变电站降压后供给附近用户或企业，变电站停电后只影响其低压负荷供电。

另外，变电站主变压器的容量和台数一般按变电站建成后 5～10 年的规划负荷选择，并适当考虑 10～20 年的负荷发展。对于城郊变电站，主变压器容量应与城市规划相配合。变电站的主接线，要根据变电站在电力系统中的地位、作用、种类、负荷性质、负荷容量、电网结构等多种因素确定。变电站主变压器一般装设1～2台；若终端变电站只有一个电源时，可只装设一台主变压器。变电站装设2台主变压器时，其中一台事故断开，另一台主变压器的容量应保证该站70%负荷供电，在计及变压器过载能力后要保证Ⅰ、Ⅱ类负荷供电。变电站主变容量和台数的确定还应根据供电地区的负荷发展前景，作中远期考虑。

当变电站有三个电压等级时，一般可考虑采用三绕组变压器或自耦变压器。但中压侧电压为110kV及以上时，多采用自耦变压器。因为与三绕组变压器相比，自耦变压器具有电能损耗小、投资少、体积小、便于运输等优点。

(1) 系统枢纽变电站电气主接线。枢纽变电站的电压等级高，变压器容量大，线路回数多，通常汇集着多个大电源和大功率联络线，联系着几部分高压和中压电网，在电力系统中居于重要的枢纽地位。枢纽变电站的电压等级不宜多于三级，最好不要出现两个中压等级，以免接线过分复杂。

图5-25所示的是一个大型枢纽变电站，为方便500kV与220kV侧的功率交换，安装两台大容量自耦主变压器。220kV侧有多回向大型工业企业及城市负荷供电的出线，供电可靠性要求高，由于采用了六氟化硫断路器，故不设置旁路母线，为提高可靠性，采用双母线分段接线形式。500kV配电装置采用一个半断路器接线形式，主变压器采用交叉换位布置方式，主变压器的第三绕组上引接无功补偿设备以及站用变压器。

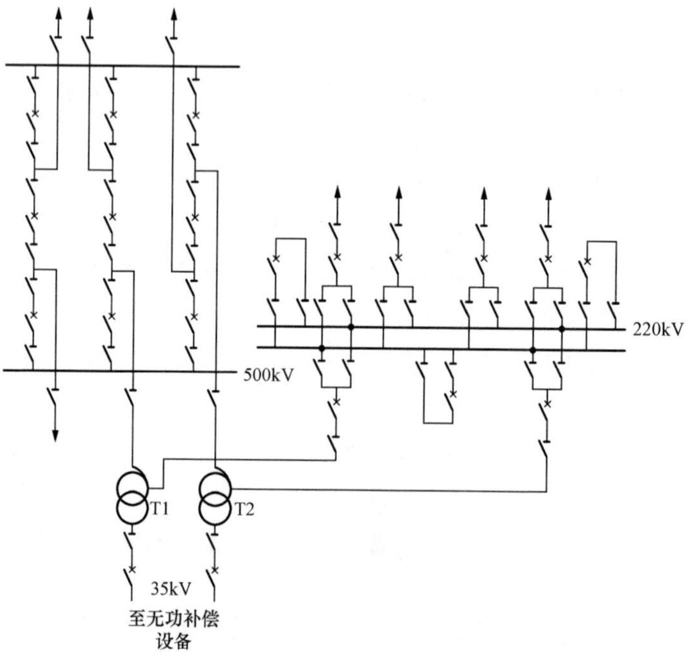

图5-25 某大型枢纽变电站电气主接线图

(2) 地区变电站电气主接线。地区变电站的主要负荷是地区性负荷，出线回路数较多。图 5-26 所示是某地区重要变电站的电气主接线。

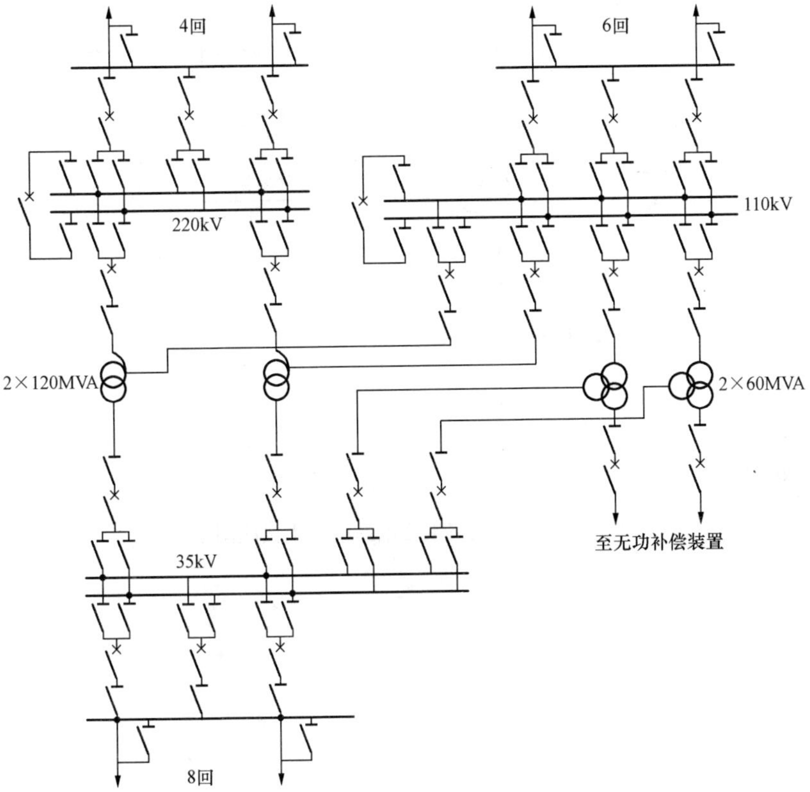

图 5-26 某地区变电站电气主接线图

由于变电站的重要性很高、容量大，故设四台主变压器，两台自耦变压器和两台三绕组变压器，其容量分别是 120MVA 和 60MVA；该变电站高压侧电压为 220kV，四回路与系统相连，采用双母线带旁路母线接线；中压侧电压为 110kV，六回出线，采用双母线带旁路母线接线；低压侧电压为 35kV，八回路出线，采用双母线带旁路母线接线，母联兼作旁路断路器的接线，节省了一台断路器；同时还增设了无功补偿装置，提高电网的功率因数和电能质量。

(3) 终端变电站电气主接线。终端变电站容量比较小，一般是直接给负荷点供电。

图 5-27 所示是某终端变电站的电气主接线，设两台三绕组变压器：高压侧电压为 110kV，两回路与系统相连，采用内桥接线；中压侧电压为 35kV，四回路与地方小水电和厂矿变电站相连，采用单母线分段接线，这种接线具有一定的可靠性；低压侧电压为 10kV，共有八回路直接向负荷供电，采用单母线分段接线。

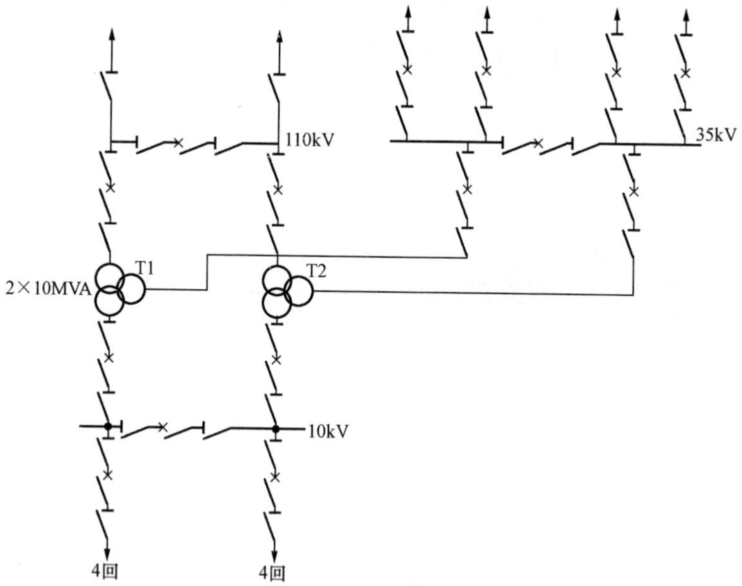

图 5-27　某终端变电站电气主接线图

项目3 电气设备的倒闸操作

学习目标

(1) 了解倒闸操作的基本概念和要求。

(2) 掌握基本的倒闸操作。

电气设备倒闸操作是发电厂、变电站运行的基本操作。倒闸操作技术是变电运行和电力调度人员的必修课，必须熟练各种运行方式下各种设备的倒闸操作原则，并真正理解其中的含义。

倒闸操作的目的是设备检修、事故处理和系统方式调整。

3.1 什么是倒闸操作

微课54 倒闸操作的基本要求及注意事项

发电厂、变电站电气设备有运行、备用（冷备用及热备用）、检修等多种状态。将设备由一种状态转变为另一种状态的过程称为倒闸，所进行的操作称为倒闸操作。通过操作隔离开关、断路器以及挂、拆接地线将电气设备从一种状态转换为另一种状态或使系统改变了运行方式，这种操作称为倒闸操作。倒闸操作必须执行操作票制和工作监护制。

1. 电气设备的状态

运行中的电气设备，是指全部带有电压或一部分带有电压以及一经操作即带有电压的电气设备。所谓一经操作即带有电压的电气设备，是指现场停用或备用的电气设备，它们的电气连接部分和带电部分之间只用断路器或隔离开关断开，并无拆除部分，一经合闸即带有电压。因此，运行中的电气设备具体是指现场运行、备用和停用的设备。如电气设备某一部分已从电气连接部分拆下，并已拆离原来的安装位置而远离带电部分，则就不属于运行中的电气设备。现场中全部带有电压的设备即处于运行状态，而其中一部分带有电压或一经操作才带有电压的设备是处于备用状态或停用状态，以及检修状态。

因此，电气设备的状态包括运行、热备用、冷备用和检修四种不同的状态。

(1) 运行状态。电气设备的运行状态是指断路器及隔离开关都在合闸位置，电路处于接通状态（包括变压器、避雷器，辅助设备如仪表等）。

(2) 热备用状态。电气设备的热备用状态是指断路器在断开位置，而隔离开关仍在合闸位置，其特点是断路器一经操作即可接通电源。

(3) 冷备用状态。电气设备的冷备用状态是指设备的断路器及隔离开关均在断开位置。其显著特点是该设备（如断路器）与其他带电部分之间有明显的断开点。

设备冷备用根据工作性质分为断路器冷备用、线路冷备用、电压互感器与避雷器冷备用等。

1）断路器冷备用：这时接在断路器上的电压互感器及所用（厂用）变压器的高低压熔断器应取下，高压侧隔离开关应拉开，如高压侧无法断开，则应拉开低压侧隔离开关。线路上的电压互感器、所用（厂用）变压器、高压隔离开关不拉开和低压熔断器不取下。

2）线路冷备用：此时接在线路上的电压互感器、所用（厂用）变压器高低压熔断器一律取下，高压侧隔离开关应拉开，如高压侧无法断开，则应断开低压侧。

3）电压互感器与避雷器的冷备用：当电压互感器、避雷器与高压隔离开关及低压熔断器隔离后，即处于冷备用状态，无高压隔离开关的电压互感器当低压侧熔断器取下后即处于冷备用状态。

（4）检修状态。电气设备的检修状态是指设备的断路器和隔离开关均已断开，并采取了必要的安全措施。如检修设备（如断路器）两侧均装设了保护接地线（或合上了接地隔离开关），安装了临时遮栏，并悬挂了工作标示牌，该设备即处于检修状态。装设临时遮栏的目的是将工作场所与带电设备区域相隔离，限制工作人员的活动范围，以防在工作中因疏忽而误碰高压带电部分。

电气设备检修根据工作性质可分为断路器检修、线路检修、主变压器检修、母线检修等。

1）断路器检修：是指设备的断路器与其两侧隔离开关均拉开，断路器的操作熔断器及合闸电源熔断器均已取下，在断路器两侧装设了保护接地线或合上接地隔离开关，并做好安全措施。检修的断路器若与两侧隔离开关之间接有电压互感器（或变压器），则该电压互感器的隔离开关应拉开或取下高低压熔断器，高压侧无法断开时则取下低压熔断器，如有母联差动保护，则母联差动电流互感器回路拆开并短路接地。

2）线路检修：是指线路断路器及其两侧隔离开关拉开，并在线路出线端挂好接地线（或合上线路接地隔离开关）。如有线路电压互感器（或变压器），应将其隔离开关拉开或取下高低压熔断器。

3）主变压器检修：也可分为断路器或主变压器检修。挂接地线或合上接地隔离开关的地点应分别在断路器两侧或变压器各侧。

4）母线检修：是指该母线从冷备用转为检修，即在冷备用母线上挂好接地线（或合上母线接地隔离开关）。

a）母线由检修转为冷备用，是指拆除该母线的接地线（或拉开母线接地隔离开关），应包括母线电压互感器转为冷备用。

b）母线由冷备用转为运行，是指有任一路电源断路器处于热备用状态，一经合闸，该母线即可带电，包括母线电压互感器转为运行状态。

凡不符合上述状态的操作，调度员在发布操作命令时必须明确提出要求，以便正确执行倒闸操作。

2. 倒闸操作任务

（1）电气设备倒闸操作任务。

1）设备的四种运行状态的互换，例如设备停送电、备用转检修等。

2）改变一次回路运行方式，如“倒母线”、改变母线的运行方式、并列与解列、合环与解环、改变中性点接地状态、调整变压器分接头等。

3）继电保护和自动装置的投入、退出和改变定值。

4）接地线的装设和拆除、接地开关的拉合。

5）事故或异常处理。

6）其他操作，如冷却器启停、蓄电池充放电等。

（2）变电站内的倒闸操作任务。

1）本站设备停电检修、试验。

2）线路（或用户）停电检修、试验。

3）相邻变电站的设备停电检修、试验。

4）调整负荷（如限电拉闸等）。

5）为经济运行或可靠运行而进行运行方式的调整。

6）事故或异常的处理。

7）新设备投入系统运行。

（3）配电网设备倒闸操作任务。

1）配电变压器停、送。

2）网络并解环。

3）分支线路停、送。

4）箱式变压器停、送。

5）电缆高压分接箱停、送。

3. 电气设备倒闸操作的基本要求及注意事项

（1）电气设备倒闸操作的基本要求。

1）操作中不得造成事故。

2）尽量不影响或少影响对用户的供电。

3）尽量不影响或少影响系统的正常运行。

4）万一发生事故，影响的范围应尽量小。

电气值班人员（包括调度员或变电站值班人员）在倒闸操作中，应严格遵循上述要求，正确地实现电气设备运行状态或运行方式的转变，保证系统安全、稳定、经济地连续运行。

（2）电气设备倒闸操作的注意事项。

1）同有关方面的联系。电力系统是一个整体，局部改变必然要影响整个电厂（变电站）或系统。因而任何倒闸操作必须按照领导人员（系统值班调度员、发电厂执长等）命令或得到同意后才能进行。属调度管辖电气设备，由调度发令给值班执长，由值长进一步布置操作；不属于调度管辖设备，由现场领导人（值长、班长）发令给值班人员操作。

2）紧急情况下的处理。在紧急情况下，如火灾、人身设备事故、自然灾害等，或者情况紧急而又与上级失去通信联系时，值班人员可以不经上级批准，先行操作，事后向上级汇报经过情况。

3）倒闸操作时间。一切倒闸操作不得在交接班时进行，因为此时最易出现问题。倒闸操作最好在最小负荷时进行，除非在急需和事故情况下，不宜在最大负荷时进行，因为此时如出现事故对电网及用户的影响最大。

4）操作负责人。操作负责人必须是当值人员，在特殊情况下，可由非当值人员在详细了解情况后，在当值值长领导下担任。

4. 电气设备倒闸操作的原则

（1）操作隔离开关时，断路器必须先断开。

（2）设备送电前必须将有关继电保护设备投入，没有继电保护或不能自动跳闸的断路器不准送电。

（3）高压断路器不允许带电压手动合闸，运行中的手车式断路器不允许打开机械闭锁手动分闸。

（4）在操作过程中，发现误合隔离开关时，不允许将误合的隔离开关再拉开。发现误拉隔离开关时，不允许将误拉的隔离开关再重新合上。

5. 必须填入操作票的项目

（1）应拉合的设备断路器、隔离开关、接地开关等，验电，装拆接地线，安装或拆除控制回路或电压互感器回路的熔断器，切换保护回路和自动化装置及检验是否确无电压等。

（2）拉合设备断路器、隔离开关、接地开关等后检查设备的位置。

（3）进行停、送电操作时，在拉、合隔离开关、手车式断路器拉出、推入前，检查断路器确在分闸位置。

（4）在进行倒负荷或解、并列操作前后，检查相关电源运行及负荷分配情况。

（5）设备检修后合闸送电前，检查送电范围内接地开关已拉开，接地线已拆除。

3.2 倒闸操作的措施

1. 倒闸操作的组织措施

组织措施是指电气运行人员必须树立高度的责任感和牢固的安全思想，认真执行操作票制度、工作票制度、工作许可制度、工作监护制度以及工作间断、转移和终结制度等。在执行倒闸操作任务时，注意力必须集中，严格遵守操作规定，以免发生错误操作。

2. 倒闸操作的技术措施

技术措施就是采用防误操作装置，即达到五防的要求：防止误拉合断路器，防止带负荷拉合隔离开关，防止带地线合闸，防止带电挂接地线，防止误入带电间隔。常用的防误操作装置主要有以下几种：

（1）机械闭锁装置。它是靠机械结构制约而达到预定目的的一种闭锁装置，即当一元件操作后另一元件就不能操作。

（2）电磁闭锁装置。它是利用断路器、隔离开关、设备网门等设备的辅助触点，接通或断开隔离开关、网门电磁锁的电源，从而达到闭锁目的的装置。

（3）电气闭锁装置。它是利用断路器、隔离开关的辅助触点接通或断开电气操作电源而达到闭锁目的的一种装置，普遍用于电动隔离开关和电动接地开关上。

（4）红绿牌闭锁装置。这种闭锁装置用在控制开关上，利用控制开关的分、合两种位置和红、绿牌配合，进行定位闭锁，达到防止误拉、合断路器的目的。

（5）微机防误操作装置。微机防误操作装置又称电脑模拟盘，是专门为电力系统防止电气误操作事故而设计的，它由电脑模拟盘、电脑钥匙、电编码开锁、机械编码锁等部分组成，可以检验及打印操作票，同时能对所有的一次设备强制闭锁。其具有功能强、使用方便、安全简单、维护方便等优点。该装置以电脑模拟盘为核心设备，在主机内预先储存了所有设备的操作原则，模拟盘上所有的模拟元件都有一对触点与主机相连。当运行人员接通电源在模拟盘上预演、操作时，微机就根据预先储存好的规则对每一项操作进行判断，如操作正确就发出正确的操作信号；如操作失误，则通过显示器闪烁显示错误操作项的设备编号，并发出持续的报警声，直至将错误项复位为止。预演结束后，可通过打印机打印出操作票，通过模拟盘上的传输插座，还可以将正确的操作内容输入到电脑钥匙中，然后运行人员就可以拿着电脑钥匙到现场进行操作。操作时，运行人员根据电脑钥匙上显示的设备编号，将电脑钥匙插入相应的编码锁内，通过其探头检测操作的对象是否正确，若正确则闪烁显示被操作的设备编号，同时开放其闭锁回路或机构就可以进行倒闸操作了。操作结束后，电脑钥匙自动显示下一项操作内容。若走错位置则不能开锁，同时电脑钥匙发出持续的报警声以提醒操作人员，从而达到强制闭锁的目的。

3. 保证安全的技术措施

在全部停电或部分停电的电气设备上工作，必须完成下列措施：

（1）停电。将检修设备停电，必须把有关的电源完全断开，即断开断路器，打开两侧的隔离开关，形成明显的断开点，并锁住操作把手。

（2）验电。停电后，必须检验已停电设备有无电压，以防出现带电装设接地线或带电合接地开关等恶性事故。

（3）装设接地线。当验明设备确实已无电压后，应立即将检修设备接地并做三相短路。这样可以释放具有大电容的检修设备的残余电荷，消除残余电压；消除因线路平行、交叉等引起的感应电压或大气过电压造成的危害；且当设备突然来电时，能使继电保护装置迅速动作于跳闸，切除电源，消除危害。

对于可能送电至停电设备的各方面或可能产生感应过电压的停电设备，都要装设接地线，即做到对来电侧而言，始终保证工作人员在接地线的后侧。

装设时应先接接地端，后接导体端，其好处是在停电设备若还有剩余电荷或感应电荷时，接地会将电荷放尽，不会危及人身安全；另外，万一因疏忽走错设备间隔或出现意外突然来电时，接地可使保护动作于跳闸，保护人身安全。同理，拆除接地线的顺序与装设接地线的顺序相反。

接地线必须用专用的线夹固定在导体上，严禁用缠绕的方法进行接地和短路。

(4) 悬挂标示牌和装设遮栏。工作人员在验电和装设接地线后，应在一经合闸即可送电到工作地点的控制开关的操作把手上，悬挂“禁止合闸，有人工作!”的标示牌，或在线路控制开关的操作把手上悬挂“禁止合闸，线路有人工作!”的标示牌。标示牌的悬挂和拆除，应按调度员的命令执行。

部分停电的工作，应设临时遮栏，用于隔离带电设备，并限制工作人员的活动范围，防止在工作中接近高压带电部分。

各种安全遮栏、标示牌和接地线等都是为了保证检修工作人员的人身安全和设备安全运行而作的安全措施，任何工作人员在工作中都不能随意移动和拆除。

4. 对操作人员的要求

(1) 明确操作职责。只有值班长或正值才能够接受调度命令和担任倒闸操作中的监护人；副值无权接受调度命令，只能担任倒闸操作中的操作人，实习人员一般不介入操作中的实质性工作。操作中由正值监护、副值操作；实习人员担任操作时，应有两人监护，严禁单人操作。

操作人不能依赖监护人，应对操作内容充分明了，核实操作项目。倒闸操作时，不进行交接班，不做与操作无关的事。如遇事故发生，应沉着冷静，分析判断清楚，正确地处理事故。

(2) 电气设备运行值班人员应具备的基本知识。

1) 熟悉本站一次设备，如本站一次接线方式，一次设备配备情况，一次设备的作用、结构、原理、性能、特点、操作方法、使用注意事项以及设备的位置、名称、编号等。

2) 熟悉本站的二次设备，如本站的继电保护及自动装置的配备情况，各装置的作用、原理、特点、操作方法及使用注意事项等。

3) 熟悉本站正常的运行方式及非正常运行方式，了解系统的有关运行方式。

4) 熟悉有关规程和有关规定，如安全规程、现场运行维护规程、调度规程、倒闸操作制度等。

(3) 熟悉调度知识。各级调度部门是各级电网运行的统一指挥中心，调度员和值班员在运行值班时，是上下级命令和被命令的关系，凡属相应调度部门所管辖的一、二次设备的启停，均应按调度命令执行，遇有怀疑，可提出质疑，如确属危及人身、设备安全，可拒绝执行。相互联系操作时，应报清站名，互通姓名、内容和时间，并使用调度术语和设备的调度编号命名。

电气设备的调度编号与命名，统一由各级调度部门确定，现场不许自行改动。编号命名的方法，各地可有一定差异，但有一定规律，使其简洁明确，便于记忆。

为了使值班员与调度员联系工作明确、简要、省时、避免错误，应使用DL/T 961—2005《电网调度规范术语》，它对设备名称、设备运行状态，以及联系工作内容的某种含义所定义的一种技术语言，包括设备名称、调度术语、操作命令术语三大部分。

(4) 充分了解当时的运行方式。应充分了解当时的运行方式，如一次回路的运行接线、电源和负荷的分布、继电保护和自动装置的投运情况，并与调度核对无误。

(5) 细致核查操作的设备。操作人不能凭记忆操作，应仔细核对设备的编号、名称，无误后方可进行操作。

现场一、二次设备应有醒目的标示，如命名、编号、铭牌、转动方向、切换位置指示、相别颜色、一次系统模拟图板、二次保护配置图等。

(6) 严格执行调度操作命令。应有明确的调度命令、合格的操作票或经有关领导准许的操作才能执行操作。

(7) 使用合格的安全用具。验电笔、绝缘棒、绝缘靴、绝缘手套等的试验日期和外观检查应合格；操作中使用的仪表如钳形电流表、万用表、绝缘电阻表等应保证其正确性和安全性。

用绝缘棒拉合隔离开关或经传动机构拉合隔离开关时，均应戴绝缘手套；雨天操作室外高压设备，绝缘棒应有防雨罩，还应穿绝缘靴，当发现变电站的接地电阻不符合要求时，晴天操作应穿绝缘靴。110kV及以上无专用验电器时，可用绝缘杆试验带电体有无声音来判断。

(8) 严格执行检修转运前的倒闸操作规定。检修转运倒闸操作前，必须收回并检查有关工作票，拆除安全措施，如拉开接地开关，拆除接地线及标示牌等；设备的调整试验数据应合格，并有工作负责人在有关记录簿上写入“可以投入运行”的结论；检查被操作设备是否处于正常位置。

5. 倒闸操作现场必须具备的条件

所有电气一、二次设备必须标明编号和名称，字迹清楚、醒目，设备有传动方向指示、切换指示，相位的颜色使用正确；设备应达到防误要求，如不能达到，需经上级部门批准；控制室内要有和实际电路相符的电气一次模拟图和二次回路的原理图和展开图；要有合格的操作工具、安全用具和设施等；要有统一的、确切的调度术语、操作术语；值班人员必须经过安全教育、技术培训，熟悉业务和有关规章、规程规范制度，经评议、考试合格、主管领导批准、公布值班资格（正、副值）名单后方可承担一般操作和复杂操作，接受调度命令，进行实际操作或监护工作。

项目4 厂用电接线

学习目标

(1) 了解厂用电的基本概念。

(2) 了解厂用电负荷的分类和供电要求。

(3) 了解厂用电接线的方式及厂用电源的引接方式。

厂用电是指发电厂、变电站在生产电能过程中，发电厂、变电站自身所使用的电能，也称自用电。其用电设备主要是一些辅助机械的电动机、照明、电热和整流电源等，除此之外还有满足运行、检修和试验等的用电设备。

厂用电供电安全与否，将直接影响发电厂、变电站的安全、经济运行。为此，发电厂、变电站的自用电源引接、电气设备的选择和接线等，应考虑运行、检修和施工的需要，以满足安全、技术先进、经济合理的要求。

4.1 什么是厂用电

1. 厂用电概述

现代化发电厂的生产过程是完全机械化和自动化的。它需要配备大量的机械设备和自动化装置，为发电厂的主机（锅炉、汽轮机、发电机等）和辅助设备服务。这些厂用机械大多数是采用电动机拖动的。这些电动机以及全厂的运行操作、热工和电气试验、机械修配、电气照明、电焊机等用电设备的总耗电量，统称为厂用电。厂用电绝大部分使用交流电，少量使用直流电。

厂用电是发电厂中最重要的负荷，厂用电系统的任何故障都会影响电能的正常生产，严重时将迫使发电厂生产陷于瘫痪，中断对电力用户的供电，处理不当将给国民经济造成不可估量的损失。因此，厂用电系统的工作可靠性在很大程度上影响着整个发电厂的安全运行。

厂用电率是发电厂的一项重要的经济运行指标，其值的大小是机炉发电和供热所需的自用电能消耗量分别与同一时期对应机组发电量和供热量的比值。厂用电率的大小取决于发电厂的类型、燃料的种类、燃烧方式、蒸汽参数、机械化和自动化程度等因素。我国凝汽式火电厂的厂用电率为5%～8%，热电厂为8%～10%，水电厂为0.3%～2%。由此可见，在保证对厂用电供电可靠的前提下，降低厂用电率可以降低发电成本，增加对电力用户的供电，提高电力生产的效率。

厂用电供电的可靠性和经济性不仅与发电厂的运行操作、维护检修和设备的质量等有着密切的关系，而且在很大程度上取决于厂用电接线设计是否正确，厂用电动机的类型和容量选择是否合理，厂用电的电压等级和厂用电源的引接方式是否合适，是否采用新型的继电保护和自动化措施，以及对设备的使用和管理是否正确等。

为了保证厂用电连续供电，保证机组安全、经济运行，厂用电接线应满足下列基本要求：

(1) 安全可靠、运行灵活。厂用电接线方式和电源容量应能适应发电厂正常、事故、检修等状态的供电要求，并充分考虑机组启动和停运过程中的供电要求，同时还应为切换操作提供方便。一旦发生故障时，应尽量缩小事故影响范围，并能将备用电源及备用设备正确及时地投入。发生全厂停电事故时，应能尽快地从系统中取得启动电源。

(2) 投资少，接线简单、清晰，运行费用低。在保证厂用电安全可靠的同时，还必须考虑到它的经济性。任何不必要的相互连接及过多的备用设备和备用电源，不但会造成基建投资费用的浪费和运行费用的增加，而且还将使厂用电接线复杂，运行操作繁琐，增加设备的故障机会和维修工作量等。

(3) 供电的对应性。在正常运行方式下，本机组的厂用电源由本机组提供，从而保证各机组厂用电系统的相对独立性，尤其是200MW及以上机组更应做到这一点。这样，当厂用电系统发生故障时，只影响一台机组的运行，使故障范围缩小。这种供电的对应性，可使厂用电接线简单、清晰，并给运行、维护、检修带来方便。

(4) 整体性。厂用电接线要充分考虑到电厂分期建设和连续施工过程中厂用电系统的运行方式。对全厂性的公用负荷，要结合远景全面规划，统一安排，便于过渡。对扩建工程，应充分考虑原有厂用电系统的特点，维持厂用电系统的整体性。

此外，对于200MW及以上的大容量机组应设置具有足够容量的交流事故保安电源。当全厂停电时可以快速启动和自动投入，向保安负荷供电。另外，需设置电能质量指标合格的交流不间断供电装置，以保证不允许间断供电的热工负荷的用电。

2. 厂用负荷的分类

根据厂用负荷所起的作用，以及突然中断供电对人身和设备造成危害的程度，按其重要性可将厂用负荷分为四类。

(1) Ⅰ类负荷。凡短时间（手动切换恢复供电所需的时间）内停止供电，将影响人身或设备安全，使机组停顿或发电量大幅度下降的厂用负荷，称为Ⅰ类厂用负荷。例如，保证锅炉给水的给水泵电动机，保证汽轮机正常运行的凝结水泵电动机，保证发电机和主变压器冷却的水泵电动机等。对于Ⅰ类负荷的厂用电动机必须保证能够自启动，并且应由两个独立的电源供电。当失去一个电源后，另一个电源应立即自动投入。

(2) Ⅱ类负荷。在较长时间内停止供电，会造成设备损坏或影响正常生产，但在允许的停电时间内，如经值班人员操作后能恢复供电而不致造成生产混乱的负荷，称为Ⅱ类厂用负荷。例如，输煤系统机械用电动机，水处理设备和冲灰系统水泵用电动机等。对接有Ⅱ类负荷的厂用母线，应由两个独立电源供电或双回路供电，一般采用手动切换，允许停电一般不超过十分钟。

(3) Ⅲ类负荷。在较长时间内停止供电不致直接影响生产的负荷，称为Ⅲ类厂用负荷。例如，中央修配厂、油处理室的电动机等。对于Ⅲ类厂用负荷，一般由一个电源供电，不需要考虑任何备用。

(4) 事故保安负荷。在主机事故停机过程中及停机后一段时间内，仍应保证供电，否则可能引起主要设备损坏，重要的自动控制失灵或危及人身安全的负荷，称为事故保安负荷。

根据对电源的不同要求，事故保安负荷分为下列三种：

1) 直流保安负荷：由蓄电池供电，如发电机的直流润滑油泵等。

2) 交流不停电保安负荷：在机组启动、运行到停机过程中，甚至停机以后的一段时间内，需要连续供电并具有恒频恒压特性的负荷，如实时控制用电子计算机。这类负荷的供电电源一般采用由蓄电池组供电的电动发电机组或配备静态开关的静态逆变装置。

3) 允许短时停电的交流保安负荷：平时由交流厂用电供电，失去厂用电或备用电源时，交流保安电源应自动投入，如200MW及以上机组的盘车电动机，这类负荷一般采用快速自启动的柴油发电机组作为交流保安电源。

此外，厂用负荷按其运行的不同要求又可进行以下分类：

(1) 按使用机会分类。

1)"经常"使用的用电负荷（设备）：即电厂在生产过程中，每天都投入使用的用电负荷（设备）。

2)"不经常"使用的用电负荷（设备）：只在机组检修、事故、机组启停期间内使用的用电负荷（设备）。

(2) 按每次使用时间的长短分类。

1)"连续"运行：每次使用时，连续运转2h以上者。

2)"短时"运行：每次使用时，运转10～120min的用电设备。

3)"断续"运行：从运行到停止，反复周期性地运行，每一周期时间不超过10min的用电设备。

各类厂用负荷性质不同，其重要程度也不同。因此，在厂用负荷接线的设计中应区别对待，采用不同的接线方式来满足其各方面的要求。

3. 厂用电电压等级的确定

现代化发电厂的厂用电都是由主发电机通过厂用变压器或电抗器经电缆线路供电。厂用电可能有几种不同的电压等级。在确定厂用电系统的电压等级时，不仅要考虑电动机方面的问题，还要考虑厂用电网络方面的问题。

首先，厂用电系统供电电压应与异步电动机的技术规范相适应。380/220V电动机的最大容量为300kW；3kV电动机的最小容量为75kW；6kV电动机的最小容量为200kW。因此，只选一种电压等级的电动机往往是不能满足要求的。

其次，同容量的电动机电压低的价格较低，效率较高（3kV电动机效率比6kV电动机高1％～1.5％，价格约低20％），但供电导线的截面较大，铜损耗量和投资增加。此外，还应考虑不同电压等级的短路电流不同及对Ⅰ类负荷电动机自启动是否有利等。

在我国火力发电厂中，厂用电一般采用高压和低压两种电压等级供电。高压厂用电电压一般采用3、6kV和10kV，低压厂用电电压一般采用380/220V。

目前，380V厂用电常采用动力和照明合并的三相四线制的接线系统。对于200MW及以上机组，主厂房内的低压厂用电系统应采用动力和照明分开的供电方式，动力网络的电压宜采用380V；照明网络的电压可采用220V。

高压厂用电电压的选择，不仅要考虑发电机的容量和电压，还要考虑厂用电动机额定电压的选择问题。在满足技术要求的前提下，应优先采用较低的电压，以获得较高的经济效益。一般可按下列原则考虑：

(1) 容量为60MW及以下的机组，发电机电压为10.5kV时，厂用电电压可采用3kV。

(2) 容量为100～300MW的机组，厂用电电压宜采用6kV。

(3) 容量为300MW以上的机组，当技术经济合理时，也可采用两种高压厂用电电压。

4.2 厂用电电源的引接

发电厂的厂用电源必须供电可靠，而且能满足厂用电系统各种工作状态的要求。厂用电源的设置不应少于两个，除应具有正常工作电源外，还应设置备用电源。对于单机容量在200MW及以上的发电厂，还应考虑设置启动电源、事故保安电源和交流不停电电源。

1. 厂用电电源的引接

发电厂（或变电站）的工作电源是保证发电厂（或变电站）正常运行的基本电源，要保证其可靠性、独立性和具有对应供电性。

(1) 高压厂用电电源的引接。当主接线具有发电机电压母线时，一般直接从该机组所连接的母线上引接，如图5-28(a)所示。

当发电机与主变压器为单元接线或扩大单元接线时，则高压厂用工作电源从主变压器的低压侧引接，如图5-28(b)所示。

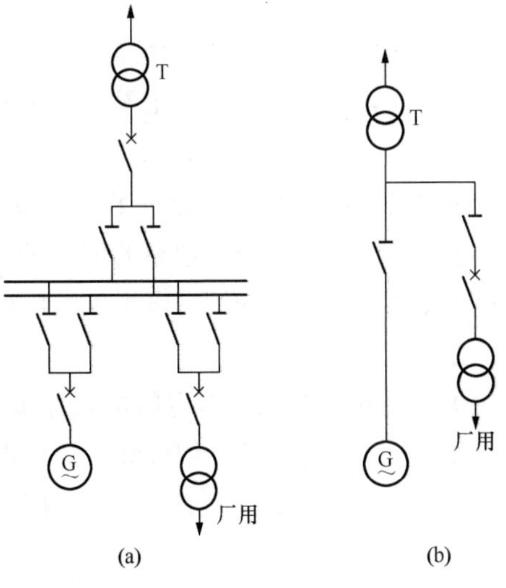

图5-28 高压厂用工作电源的引接

对于容量为125MW及以下的机组，厂用分支上一般装设高压断路器，当开断电流不能满足要求时，只用以进行正常操作，当断路器后发生短路时，应立即停机；对于容量为 200MW 及以上的机组，厂用分支都采用分相封闭母线，故障率很小，可不装设断路器，这时在厂用变压器低压侧必须装设断路器。

（2）低压厂用工作电源的引接。一般由对应的高压厂用母线段上经低厂变引接。对于不设高压厂用母线段的发电厂，低压厂用工作电源可从发电机电压母线上或发电机出口引接。

2. 备用电源和启动电源及其引接

（1）备用电源：当工作电源故障或检修退出运行时代替工作电源的工作。备用电源应具有独立性，与工作电源无关联，有足够的容量，应与电力系统紧密联系，在全厂停电时仍能从系统取得厂用电源。

（2）启动电源：指电厂机组首次启动或工作电源完全消失的情况下，为保证机组快速启动，向必要的辅助设备供电的电源。在正常运行情况下，这些辅助设备由工作电源供电，只有当工作电源消失后才自动切换到启动电源供电，因此，启动电源实质上在兼作事故备用电源，称为启动/备用电源，不过它对供电的可靠性要求更高。对于 200MW 及以上的大型机组的厂用备用电源必须具有启动电源的功能。

（3）高压厂用备用电源的引接。

1）从发电机电压母线的不同分段上（不与接有厂用工作电源的母线同段），通过厂用备用变压器（或电抗器）引接。

2）从与电力系统联系紧密，最低一级升高电压母线上引接。

3）从联络变压器的低压绕组引接。

4）当技术经济合理时，可由外部电网引接专用线路经过变压器获得独立的启动/备用电源。

微课 55　备用电源的备用方式

（4）备用电源的备用方式。

1）暗备用：是指不另设专门的备用变压器，工作变压器之间互为备用。这种备用方式，不需要将每台工作变压器的容量加大，正常运行时均在轻载状态下运行。厂用负荷较小，厂用工作变压器的容量也较小时可采用这种方式，如水电厂和变电站通常采用暗备用方式。

如图 5 - 29（a)、(b）所示，在正常情况下，暗备用运行方式中两台厂用变压器均在工作状态，各带一半厂用负荷，相互独立，不会因任一种电气故障同时停电。这种引接方式是较为理想的两个独立引接点，当一段母线上的机组停机或故障时，该段母线可以由其主变倒送电来供给厂用负荷；当全部机组停运时，两段母线可分别由对应主变倒送电供电。

2）明备用：是指设有专门的备用变压器，当某个厂用电电源故障退出后，备用电源自动投入，恢复对该厂用母线段的供电。这种备用方式，备用电源容量应等于最大一台工作变压器的容量。大型火电厂厂用负荷很大，厂用变压器的容量也很大，通常采用明备用方式。

如图 5 - 29（c)、(d）所示，两台厂用变压器以发电机电压母线为内侧厂用电源引

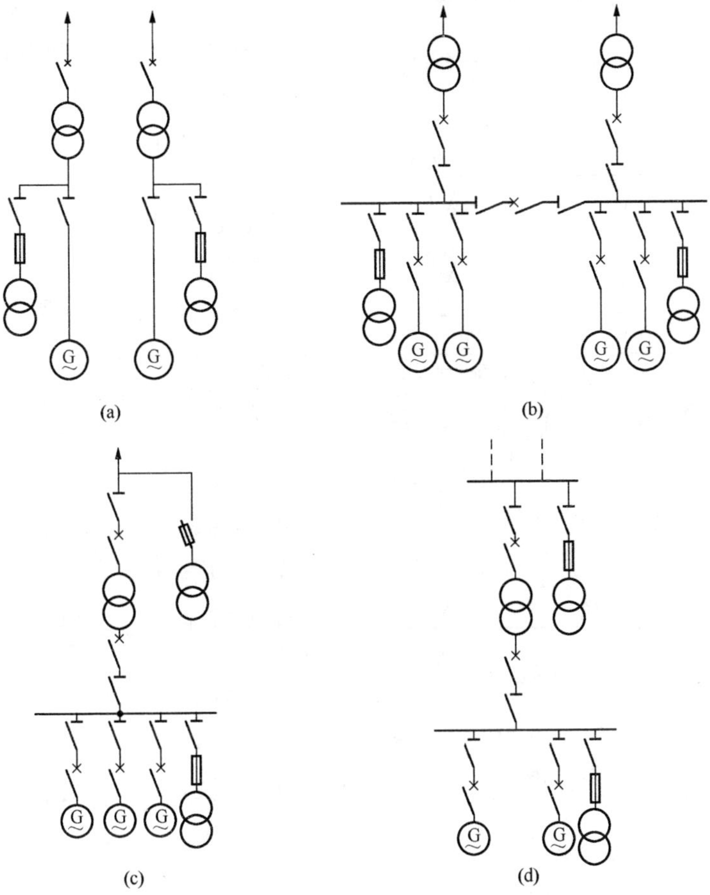

图 5-29 暗备用和明备用

接点，以对侧有可靠电源（如对侧是电网或发电厂）的输电线路或升压侧母线为外侧厂用电源引接点，厂用变压器的高压侧一般用熔断器作为保护电器。这两个引接点也是两个独立的供电源，当全厂停止运行或主变退出运行时，仍保持有外侧供电源，由系统倒送电供给厂用负荷，而且无需经过主变，节省了主变的损耗。

3. 事故保安电源和交流不间断供电电源

(1) 事故保安电源。对于 200MW 及以上的发电机组，当厂用电电源和备用电源都消失时，为保证事故状态下安全停机，事故消除后又能及时恢复机组运行，应设置事故保安电源。

事故保安电源有以下几种类型：

1）蓄电池组以及逆变器或逆变机组。

2）采用快速自动程序启动的柴油发电机组。

3）对于 300MW 及以上的发电机组还应由 110kV 及以上电网引入独立可靠的外部电源，作为事故备用保安电源。

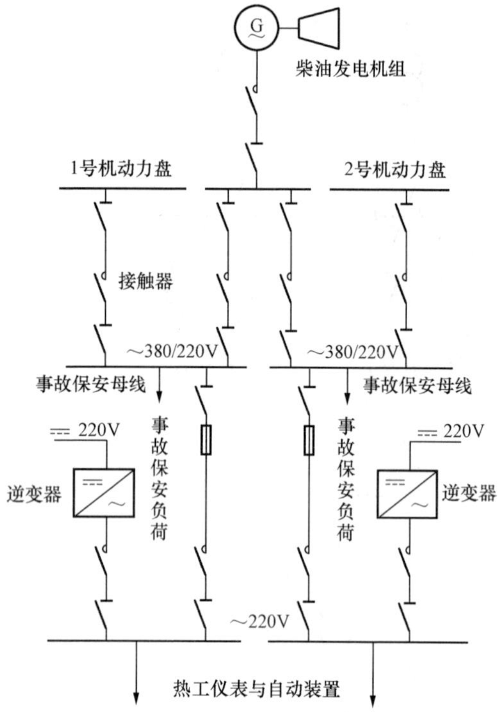

图 5-30 某电厂 200MW 发电机组的事故保安电源接线示意图

(2) 交流不间断供电电源（UPS）。由于快速柴油发电机组的启动和切换需要时间，这短时的供电中断对于某些保安负荷（如实时控制用的计算机等）也是不允许的，此时可由蓄电池经静态逆变装置或逆变机组将直流变为交流，向不允许中断供电的交流负荷供电。由于目前生产的蓄电池组最大容量有限，所以需要柴油发电机组或外接电源配合工作。

图 5-30 所示为某电厂 200MW 发电机组的事故保安电源接线示意图。

1) 交流保安电源通常都采用 380/220V 电压，每台机组设置一段事故保安母线，采用单母线接线。每 2 台发电机组设置 1 台柴油发电机组作为事故保安电源。

2) 热工仪表和自动装置等要求不间断供电的负荷，则由直流逆变器（每台机组设置一段）供电，其电压为 220V。

4.3 厂用电接线

1. 对厂用电接线的基本要求

(1) 运行安全、可靠，保证连续供电。

(2) 运行、检修、操作和发展要方便灵活。

(3) 技术先进、设备新颖，并且经济合理。

非常重要的一点是：各机组的厂用电系统应该是相互独立的，具有对应供电性。一台机组的故障停运或其辅机的电气故障，不应该影响其他机组的正常运行，并能在短时间内恢复本机组的运行。厂用电设计应满足这一点。

2. 厂用电接线的基本形式

厂用电接线通常都采用单母线（或称单母线独立分段）接线形式，一段母线故障不影响其他母线段。

(1) 高压厂用电母线。火电厂的高压厂用母线一般都采用“按炉分段”的接线原则。这是因为锅炉的耗电量很大，约占厂用电量的 60%以上，按炉分段便于运行、检修，能使故障影响范围局限在一机一炉，不致影响正常运行的完好机炉。当锅炉容量为 400t/h 及以上时，每炉的高压厂用母线至少设两段，两段母线可由一台高压厂用变压器供电。

（2）低压厂用电母线。大型火电厂低压厂用电母线按炉分段，水电厂按水轮发电机组分段；在中小型发电厂和变电站中，则根据厂用低压负荷的大小和重要程度，可分为两段或三段。

（3）厂用电公用母线段。全厂公用性负荷，应根据负荷功率及可靠性的要求，分别接在各段母线上，做到尽量均匀分配。对于200MW及以上的大型机组，如厂用公用负荷较多，容量也较大，当采用集中供电方式合理时，可设置公用母线段。正常运行时，可由启动/备用变压器向公用母线段供电。

3. 厂用负荷供电回路

微课56 厂用负荷供电回路

由于厂用负荷的正常工作直接影响了整个发电厂运行，为了保证对厂用负荷的供电可靠性，除了保证厂用电引接点的供电可靠性外，还应保证厂用电低压网络接线的供电可靠性，为此两个电源供电的低压母线常采用单母线分段的运行方式。两个独立的厂用电源分别接在两段低压母线上，如图5-31所示。由于两个厂用电源的高压侧电压相位不同，低压侧的电压相位也不同，故厂用电低压母线不能并列运行，分段断路器处于断开位置。当失去一个厂用电源时，分段断路器投入供给另一段母线负荷。为了使切换时间满足重要负荷的供电要求，一般分段断路器应装设备用电源自动投入装置。

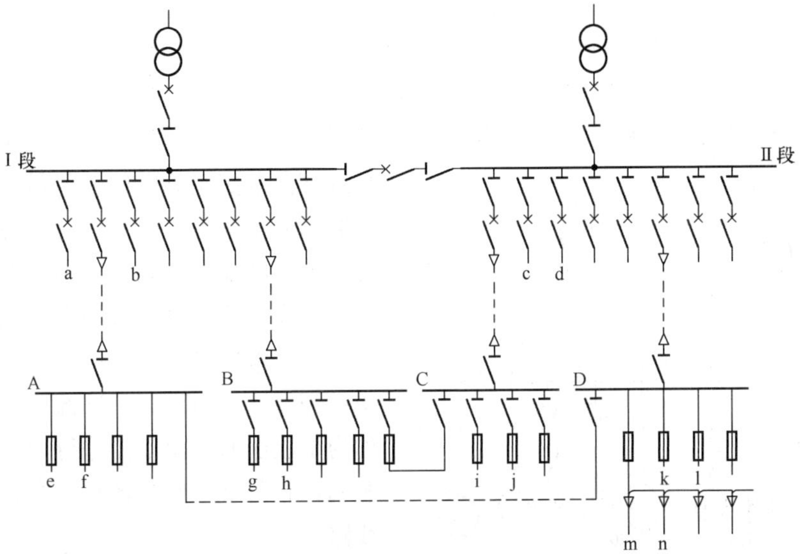

图5-31 厂用负荷供电回路

对于厂用负荷供电回路常采用以下几种方式供电：

（1）单层辐射式供电。单层辐射式供电是指负荷由厂用母线直接供电的接线。如图5-31中的接在Ⅰ、Ⅱ上的a、b、c、d等负荷。每个负荷都单独引接，配有隔离、操作和保护电器，互不影响，供电可靠性高。一般适用于距主盘较近或容量较大或某些重要的公用负荷，如厂用吊车、直流整流电源、检修排水泵等。

(2) 双层辐射式供电。双层辐射式供电是指由主盘成辐射式供给分盘再由分盘成辐射式向各负荷供电的接线方式。如图 5 - 31 中的母线 A～D 上的 e、f、…、l 等负荷。这种供电的负荷一般是远离主盘而比较集中的同类负荷，如机组自用电、公用负荷按装设地点分片分组等。这种供电的优点是便于供电的分组管理、维护，减少主盘的供电回路数，可大量节省电缆等；缺点是供电可靠性略差。

有的分盘内负荷回路不设引接隔离开关而只设进线的总电源隔离开关，这类分盘称为动力配电箱，如图 5 - 31 中的 A、D 分盘。动力配电箱根据结构不同可分为落地式和壁挂式（或嵌入式）。其特点是结构简单，布置紧凑，供电回路数多，体积小，适用于不重要的小容量集中负荷。

(3) 干线式供电。对于一些相邻近的小容量Ⅲ类负荷或同一用电设备的不同负荷，可共用一组供电回路或电源电缆，直接在各负荷的操作电器的电源侧并接电源，如图 5 - 31 中的 m、n 回路中各负荷的供电。这种供电方式优点是可以节省配电盘（箱），缺点是任一回路故障，将直接影响到后面回路的供电，可靠性差。

(4) 互为备用式供电。互为备用式供电是指在双层辐射式供电的基础上，为了提高分盘的供电可靠性，分盘之间用电缆连接起来互为备用，或分盘直接从另一主盘上再引接一个备用回路以提高可靠性的供电方式，如图 5 - 31 中的 A 盘和 D 盘、B 盘和 C 盘。这种接线的供电可靠性高，可用于Ⅰ、Ⅱ类负荷，如机组动力盘等。特别是在机组台数较多时，可采用此接线方式供电。分盘之间一般采用隔离开关手动切换的备用方式。

另外，照明也是重要的厂用负荷之一。由于照明相当分散，故常分片设置照明分电箱（照明箱），再由分电箱（照明箱）拉出单相电源供给单相照明器具。容量较大的发电厂各照明分电箱（照明箱）一般直接从主盘引接，或在主盘上设置一块专用照明配电盘统一向各照明分电箱辐射供电，以保证对照明的供电可靠性。同时还应把直流电源引入照明配电盘内。当因故失去厂用电时，可在照明配电上采用手动或者自动的方式进行电源切换，使厂内部分重要的照明转为直流电源供电。这部分重要的照明称为事故照明；而不需进行切换的为常用照明，它与事故照明各有一套独立的供电线路。

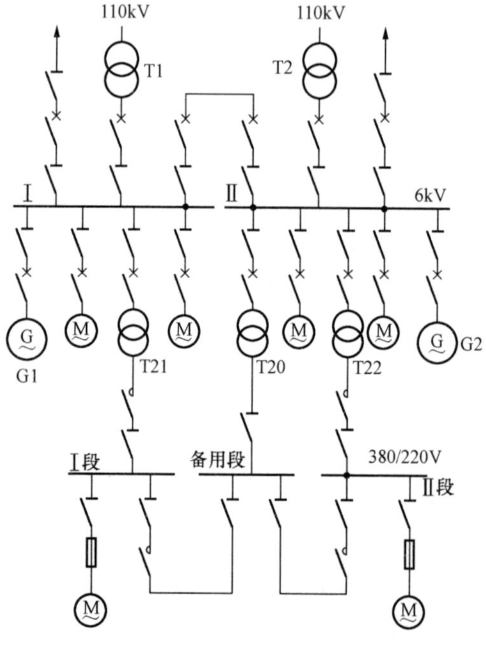

图 5 - 32　小容量火电厂的厂用电接线

4. 厂用电典型接线分析

(1) 火力发电厂的厂用电接线。

1) 小容量火电厂的厂用电接线。如图 5 - 32 所示，该发电厂装设有两机两炉。发电机电压为 6.3kV，发电机电压母线采用单母线分段接线，通过主变压器与

110kV 系统相联系。因机组容量不大，大功率的厂用电动机数量很少，所以不设高压厂用电母线，少量的大功率厂用电动机，直接接在发电机电压母线上。小功率的厂用电动机及照明负荷，由 380/220V 低压厂用电母线供电。

380/220V 低压厂用电母线按炉分段，每段低压厂用电母线由一台厂用电变压器供电，引接至发电机电压母线上。该电厂厂用电的备用电源采用明备用方式，备用变压器接在与电力系统有联系的发电机电压主母线段上。

2）中型热电厂的厂用电接线。图 5-33 所示为某中型热电厂的厂用电接线简图。该电厂装设有两机三炉（母管制供汽）。发电机电压为 10.5kV，发电机电压母线采用双母线分段接线，通过两台主变压器与 110kV 电力系统相联系。

高压厂用电变压器 T11、T12 和 T13 分别接于主母线的两个分段上。高压备用电源采用明备用方式，备用变压器 T10 也接在发电机电压主母线上。

厂用电低压采用 380/220V。由于机组容量不大，负荷较小，厂用电低压母线只设两段（每段又使用隔离开关分为两个半段），分别由接于高压厂用电母线Ⅰ段和Ⅲ段上的低压厂用电变压器 T21 和 T22 供电。厂用电低压备用电源采用明备用方式，由接于高压厂用电母线Ⅱ段（该段上未接厂用低压工作变压器）上的厂用电低压备用变压器 T20 供电。

3）大型火电厂的厂用电接线。图 5-34 所示为某大型火电厂 2×300MW 机组厂用电系统接线。该电厂两台发电机均采用发电机—变压器组单元接线，厂用电从主变压器低压侧引接，高压厂用工作变压器采用无载调压的低压分裂绕组变压器。从与系统有联系的 220kV 母线上引接一台有载调压的低压分裂绕组变压器，作为电厂的启动/备用高压厂用变压器。

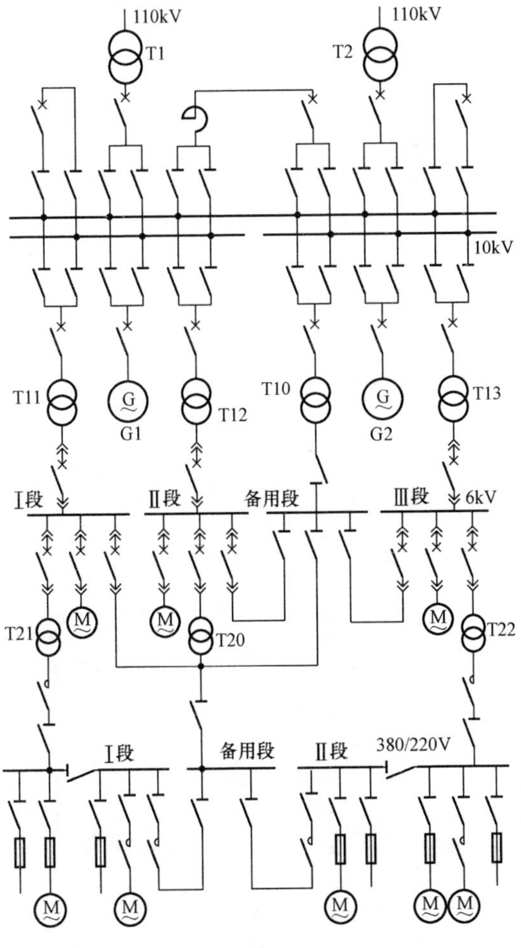

图 5-33 中型热电厂的厂用电接线

（2）水力发电厂的厂用电接线。

1）大型水电厂的厂用电系统接线。图 5-35 为一大型水电厂的厂用电系统接线示例。该水电厂有 4 台大容量机组，均采用发电机—双绕组变压器组单元接线，其中发电机 G2 和 G3 的出口处只设隔离开关，在发电机 G1 和 G4 的出口处装设断路器和隔离开关。

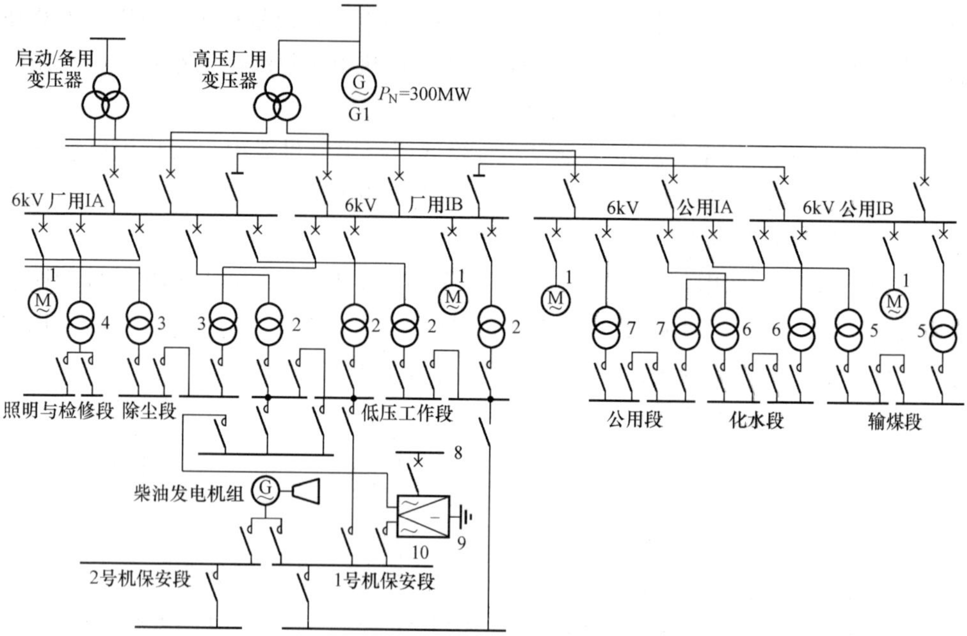

图 5 - 34　某大型火电厂 2×300MW 机组的厂用电接线

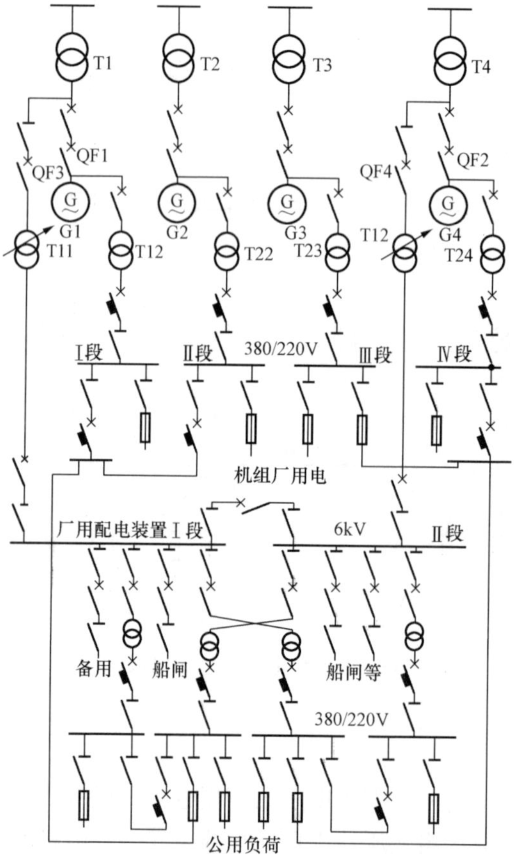

图 5 - 35　某大型水电厂的厂用电接线

a) 低压厂用电系统，采用 380/220V 电压等级，按机组台数分段，分别由接自发电机出口的厂用变压器 T21～T24 供电。

b) 高压厂用电系统供给坝区闸门及水利枢纽的防洪、灌溉取水、船闸或升船机等大功率设施用电，设有两段 6kV 高压母线段，分别由专用的坝区变压器 T11 和 T12 供电。坝区变压器 T11 和 T12 采用暗备用方式，分别由 1 号和 4 号机组的主变压器低压侧引接。这样，在发电厂首次启动或全厂停电时，仍可由系统通过主变压器倒送功率向厂用电系统供给电能。

2) 小型水电厂的厂用电系统接线。某小型水电站厂用电网络接线如图 5 - 36 所示。厂用变压器设置两台，低压侧为 380V，母线分段。正常时都在运行，各带一半的厂用负荷，两台厂变互为备用，采用暗备用方式。由于本例中两台厂变电源取之不同相位，低压 380V 母线不能并联运行。但两段主母线之间装设了备用电源自动投入装置。整个低压配电网络除了配置有主盘外，还对较为集中的远方厂用负荷设了分盘，如机组动力盘、油处理室、高低压空气压缩机室、检修电源、照明分电箱等。为了满足对重要负荷的供电，提高供电可靠性，重要分盘也采用双电源供电，如机组动力盘等，正常时备用回路断开运行，工作电源消失或发生故障时，采用手动切换的方式投入备用电源，继续向负荷供电，保证重要的厂用负荷不停电。整个配电网络形成环形回路。

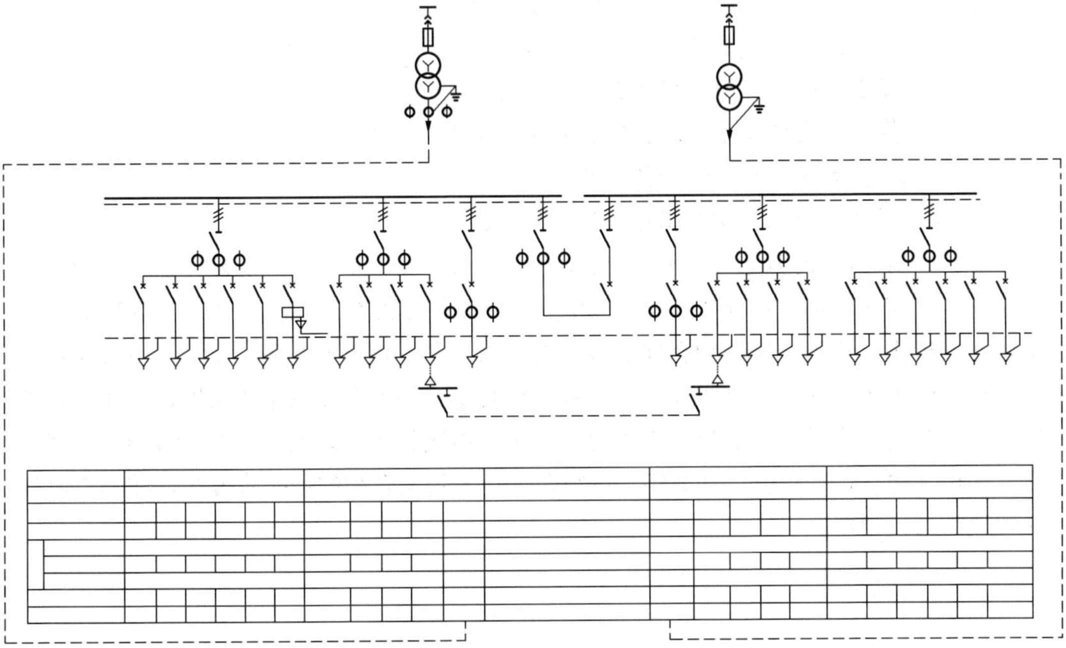

图 5-36 某小型水电厂的厂用电接线

(3) 变电站的站用电接线。图 5-37 为某大型变电站站用电系统接线，380/220V 低压站用电系统采用单母线分段接线，且分为两段。所用电源从主变压器低压侧母线引接，通过两台站用变压器 T21 和 T22 分别向两段低压站用母线供电，两台站用变压器之间可以实现暗备用方式互相备用。为了进一步提高站用电系统的供电可靠性，还设有一台专用的站用备用变压器 T20（其容量与一台工作变压器的容量相同），由站外 35kV 系统引接，作为低压站用电变压器的明备用，并设置备用电源自动投入装置，当工作变压器故障退出运行时，备用变压器自动投入运行。

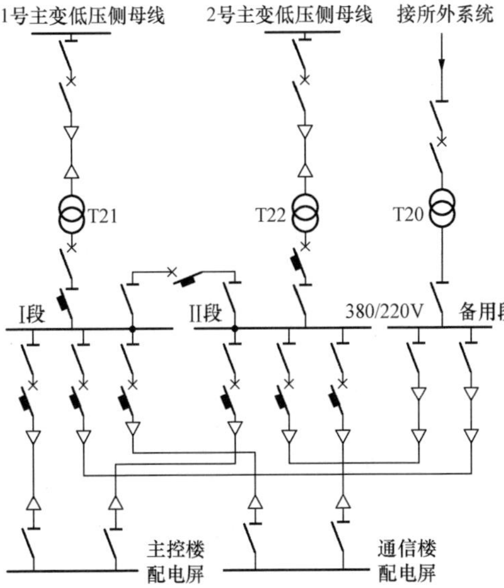

图 5-37 某大型变电站站用电系统接线

课后思考及练习

1. 电气主接线确定的基本要求是什么?

2. 电气主接线选择的主要原则是什么?

3. 电气主接线中主要电气设备有哪些，各自有什么作用?

4. 电气主接线有哪些形式? 各自有何特点? 适用范围是什么?

5. 什么是倒闸操作? 电气设备有哪些运行方式?

6. 倒闸操作有哪些基本要求? 保证安全的技术措施有哪些?

7. 厂用负荷有哪些类型? 为什么要进行分类?

8. 什么是备用电源? 明备用和暗备用有什么区别?

9. 某水电站装机为 4×25MW，机端电压为 6.3kV，有一近区负荷；现拟采用高压为 110kV，出线 3 回；中压为 35kV，出线 6 回与系统相连；采用 2 台厂用变压器，明备用。试拟出一技术经济较为合理的电气主接线方案，并画出电气主接线图加以说明。

10. 某 220kV 系统的变电站，拟装设 2 台容量为 50MVA 的主变压器；220kV 有两回出线，同时有穿越功率通过；中压为 110kV，出线为 4 回；低压为 10kV，有 12 回出线；采用 2 台厂用变压器，暗备用。试拟定一技术较为合理的主接线方案，并画出电气主接线图加以说明。

学习情境　6

配电装置的运行与维护

项目 1　配电装置的安全净距

学习目标

(1) 了解配电装置的基本要求及一般构成方法。
(2) 掌握户内、户外配电装置的特点。
(3) 了解配电装置安全净距技术参数的意义。

1.1　配电装置的分类与特点

配电装置是按主接线的要求，由开关设备、保护和测量电器、母线装置和必要的辅助设备组建而成，是发电厂和变电站的重要组成部分。

配电装置按电气设备装置地点的不同，可分为户内和户外配电装置。按其组装的方式又可分为电气设备在现场组装的装配式配电装置，以及在工厂预先将开关电器、互感器等安装在柜（屏）中，然后成套运至安装地点的成套配电装置两种。

1. 户内配电装置的特点

(1) 由于允许安全净距小，且可以分层布置，故占地面积较小。
(2) 维修、操作、巡视在室内进行，比较方便，且不受气候影响。
(3) 外界污秽空气对电气设备影响很小，维护工作可以减轻。
(4) 需建造房屋，投资较大。

2. 户外配电装置的特点

(1) 土建工程量和费用较少，建设周期短。
(2) 扩建较方便。
(3) 相邻设备之间的距离较大，便于带电作业。
(4) 占地面积大。
(5) 设备露天运行，受外界污秽影响较大，使得设备运行条件较差。
(6) 外界气候变化对设备维护和操作有较大影响。

3. 成套配电装置

成套配电装置一般布置在户内，其特点是结构紧凑、占地面积小、建造期短、运行可靠、维护方便，便于扩建和搬迁，但耗用钢材较多、造价较高。

配电装置形式的选择，应考虑所在地区的地理情况和环境条件，因地制宜、节约用地，并结合运行及检修要求，通过技术经济比较确定。

在发电厂和变电站中，一般35kV及其以下的配电装置采用户内式，110kV及其以上的采用户外式。但110～220kV配电装置在严重污秽地区，如海边、化工厂区或大城市中心，当技术经济合理时，也可采用户内配电装置。目前我国生产的3～110kV各种成套配电装置在发电厂和变电站中已广泛应用，我国生产的110～220kV SF_6 全封闭组合电器也得到了应用。

1.2 配电装置的基本要求

无论选用哪种形式的配电装置，都应满足如下基本要求：

(1) 工作的可靠性。配电装置的可靠性，直接影响着故障的可能性及其影响范围。配电装置的可靠性越高，发生故障的可能性和影响范围越小。而配电装置是按照电气主接线所选定的电气设备和连接方式进行布置的，所以要保证配电装置工作的可靠性，必须正确设计电气主接线和继电保护装置，合理地选择电气设备和其他元件，并在运行中严格执行操作规程。

(2) 运行安全和操作巡视方便。配电装置布置要整齐清晰，并能在运行中满足对人身和设备的安全要求，如保证各种电气安全净距，装设防误操作的闭锁装置，采取防火、防爆和蓄油、排油措施，考虑设备防冻、防阵风、抗震、耐污等性能，使配电装置一旦发生事故时，能将事故限制到最小范围和最低程度，并使运行人员在正常操作和处理事故的过程中不致发生意外情况，在检修维护过程中不致损害设备。

(3) 节约用地。配电装置的设计和建造，应认真贯彻国家的技术经济政策和有关规程的要求，因地制宜，特别应注意节约用地，争取不占或少占地。我国人口众多，但耕地却不多，因此在安全可靠的前提下，配电装置的布置应合理、紧凑，少占地，不占良田和避免大量的土石方开挖。在土地紧张的情况下，占地可能成为设计配电装置的主要制约因素。

(4) 节约投资和运行费。配电装置的投资较高，在保证上述条件要求下，应布置紧凑，力求节约材料、减少投资。应根据电压等级、电器制造水平和自然条件等因素，通过技术经济比较，决定采用配电装置的型式；尽可能节省设备和器材，尤其是节省绝缘材料、有色金属和钢材；尽量选用预制构件和成套设备，采用先进技术和先进的施工方法，尽可能降低投资和运行费。

(5) 便于扩建和分期过渡。配电装置应考虑能够在不影响正常运行和不需要经大规模改建的条件下，进行扩建和完成分期过渡。

1.3 配电装置的安全净距

配电装置的整个结构尺寸，是综合考虑设备外形尺寸、检修维护、搬运的安全距离、电气绝缘距离等因素确定的。为了安全可靠，GB/T 5352—2006《高压配电装置设计技术规程》中规定了户内外配电装置的安全净距。所谓安全净距，是以保证不放电为条件，该级电压允许的在空气中的物体边缘的最小电气距离。它不但保证正常运行的绝缘需要，而且也保证运行人员的安全需要。

微课 57 户内配电装置的安全净距

对于敞露在空气中的配电装置，在各种间隔距离中，最基本的是带电部分对接地部分之间和不同相的带电部分之间的空间最小安全净距，即 GB/T 5352—2006《高压配电装置设计技术规程》中所规定的 A_1 和 A_2 值。保持这一距离时，无论在正常或内外过电压的情况下，都不致使空气间隙击穿。

微课 58 户外配电装置的安全净距

GB/T 5352—2006《高电压配电装置设计技术规程》规定的户内、户外配电装置的安全净距，见表 6-1、表 6-2 所列，其中，B_1、B_2、C、D、E 等类电气距离是在 A_1 值的基础上再考虑一些其他实际因素确定的，其含义参见图 6-1、图 6-2。

表 6-1 户内配电装置的安全净距 单位：mm

名称	适用范围	额定电压（kV）									
		3	6	10	15	20	35	60	110J	110	220J
A_1	带电部分至接地部分之间网状与板状遮栏向上延伸线距地 2.3m、与遮栏上方带电部分之间	75	100	125	150	180	300	550	850	950	1800
A_2	不同相带电部分之间，断路器与隔离开关的端口二侧带电部分之间	75	100	125	150	180	300	550	900	1000	2000
B_1	栅状遮栏至带电部分，交叉的不同时停电检修的无遮栏带电部分之间	825	850	875	900	930	1050	1300	1600	1700	2550
B_2	网状遮栏至带电部分之间	170	200	225	250	280	400	650	950	1050	1900
C	无遮栏裸导体至地之间	2375	2400	2425	2425	2480	2600	2850	3150	3250	4100
D	平行的不同时停电检修的无遮栏裸导体之间	1875	1900	1925	1950	1980	2100	2350	2650	2750	3600
E	通向户外的出线套管至户外通道地面	4000	4000	4000	4000	4000	4000	4000	4500	4500	5000

注 J 是指中性点直接接地。

表 6-2　**户外配电装置的安全净距**　单位：mm

名称	适用范围	额定电压（kV）								
		3～10	15～20	35	60	110J	110	220J	330J	500J
A_1	带电部分至接地部分之间网状与板状遮栏向上延伸线距地 2.5m、与遮栏上方带电部分之间	200	300	400	650	900	1000	1800	2500	3800
A_2	不同相带电部分之间，断路器与隔离开关的端口二侧引线带电部分之间	200	300	400	650	1000	1100	2000	2800	4300
B_1	设备运输时其外廓至遮栏带电部分之间，交叉的不同时停电检修的无遮栏带电部分之间	950	1050	1150	1400	1650	1750	2550	3250	4550
B_2	网状遮栏至带电部分之间	300	400	500	750	1000	1100	1900	2600	3900
C	无遮栏裸导体至地之间	2700	2800	2900	3100	3400	3500	4300	5000	7500
D	平行的不同时停电检修的无遮栏带电部分之间，带电部分与建筑物的边沿部分之间	2200	2300	2400	2600	2900	3000	3800	4500	5800

注　J 是指中性点直接接地。

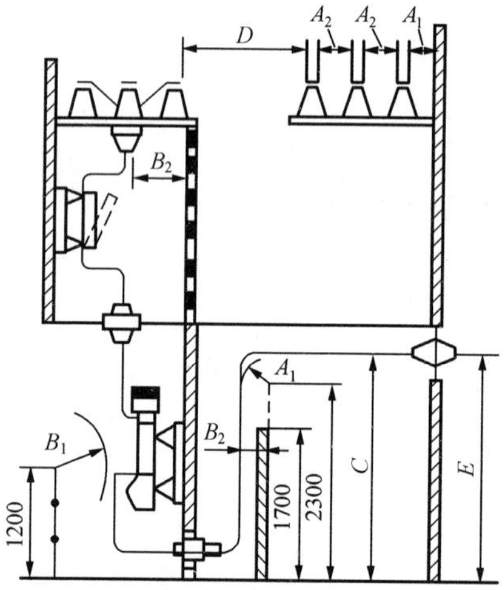

图 6-1　户内配电装置安全净距校验图（单位：mm）

（1）B_1 值：指带电部分至栅状遮栏（高 1.2m，栅条间距不大于 200mm）的距离和可移动设备在移动中至带电部分的净距。

$$B_1 = A_1 + 750\text{mm}$$

一般人员手臂误入栅栏时手臂的长度不大于 750mm，设备运输或移动时的摇摆也不会大于此值。

（2）B_2 值：指带电部分对网状遮栏（高 1.7m，网孔不大于 40mm×40mm）的净距。

$$B_2 = A_1 + 70\text{mm} + 30\text{mm}$$

一般人员手指误入网状遮栏时手指的长度不大于 70mm，另外考虑了 30mm 的施工误差。

（3）C 值：是保证人举手时，手与带电裸导体之间的净距不小于 A_1 值。

$$C = A_1 + 2300\text{mm} + 200\text{mm}$$

一般人员举手后的总高度不超过 2300mm，另外考虑了户外配电装置 200mm 的施工误差。规定遮栏向上延伸线距地 2.5m 处与遮栏上方带电部分的净距，不应小于 A_1 值。

（4）D 值：是保证检修时，人和裸导体之间净距不小于 A_1 值。

$$D = A_1 + 1800\text{mm} + 200\text{mm}$$

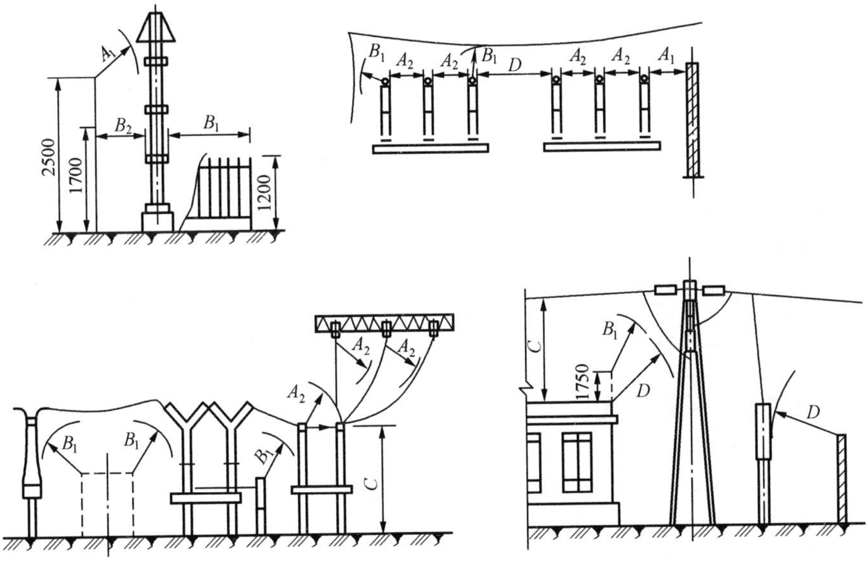

图 6-2 户外配电装置安全净距校验图

一般检修人员和工具的活动范围不超过 1800mm，户外另外考虑 200mm 的裕度。

(5) E 值：是指由出线套管中心线至户外通道路面的净距，考虑人站在载重汽车车厢中举手高度不超过 3500mm，35kV 及以下为 $E=4000$mm，60kV 及以上，$E=A_1+3500$mm，并向上靠为整数。

在工程上，实际采用的安全距离均大于表 6-1、表 6-2 中所列数值，这是因为在确定这些距离时，还需考虑：

1) 减少相间短路的可能性。

2) 软导线在短路电动力、风摆、温度、覆冰及弧垂摆动下相间与相对地间距离的减小。

3) 降低大电流导体周围钢构的发热与电动力。

4) 减少电晕损失以及带电检修等因素。

项目2 户内配电装置

学习目标

(1) 了解户内配电装置的类型和特点。

(2) 掌握户内配电装置的布置方法。

(3) 掌握户内配电装置图的识图方法。

2.1 户内配电装置概述

1. 户内配电装置的类型及其特点

户内配电装置的结构形式，不仅与电气主接线形式、电压等级和采用的电气设备形式等有着密切关系，还与施工、检修条件，运行经验和习惯等有关。随着新设备和新技术的采用，运行、检修经验的不断丰富，配电装置的结构和形式将会不断发展、更新。

户内配电装置按其布置形式的不同，可分为单层、两层和三层。

发电厂 6～10kV 户内配电装置因多采用少油或真空断路器，体积较小，所以配电装置结构形式主要和有无出线电抗器有关。目前，无出线电抗器的配电装置多为单层式，该方式是将所有电气设备布置在一层建筑中，占地面积大，通常采用成套开关柜，以减少占地面积。其主要用在中小容量的发电厂和发电厂的厂用配电装置中。有出线电抗器的配电装置多为两层式，它是将母线、母线隔离开关等较轻设备放在第二层，将电抗器、断路器等较重设备布置在底层，与单层式相比占地面积小，但造价较高。35kV 户内配电装置多采用两层式，110kV 户内配电装置有单层和二层式两种。三层式我国已很少采用。

微课 59 配电装置配置图

2. 配电装置图

为了表示整个配电装置的结构，以及其中设备的布置和安装情况，通常用平面图、断面图和配置图三种图说明。

(1) 平面图是按比例画出房屋及其间隔、走廊和出口等处的平面布置轮廓。平画图上的间隔只是为了确定间隔数及其排列位置，并不画出其中所装设备。

(2) 断面图是表明配电装置某间隔所取断面中，各设备的相互连接及其具体布置的结构图，断面图按比例画出。

(3) 配置图是一种示意图，是按一定方式根据实际情况表示配电装置的房屋走廊、间隔以及设备在各间隔内布置的轮廓，它不需按比例画出，故不表明具体的设备安装情况。配置图主要是便于了解整个配电装置设备的内容和布置，以便统计采用的主要设备。

一般配置图如图 6-3 所示。进行配置时，通常将同一回路的电器和导体布置在一个间隔内。从图 6 - 3 可以看出，户内配电装置的间隔，按照回路用途可分为发电机、变压器、线路、母联（或分段）断路器、电压互感器和避雷器间隔。在间隔中，电器的布置尺寸，除满足表 6 - 1 给出的最小安全净距外，还要考虑设备的安装和检修条件，进而确定间隔的宽度和高度。设计时，可参考一些典型方案进行。

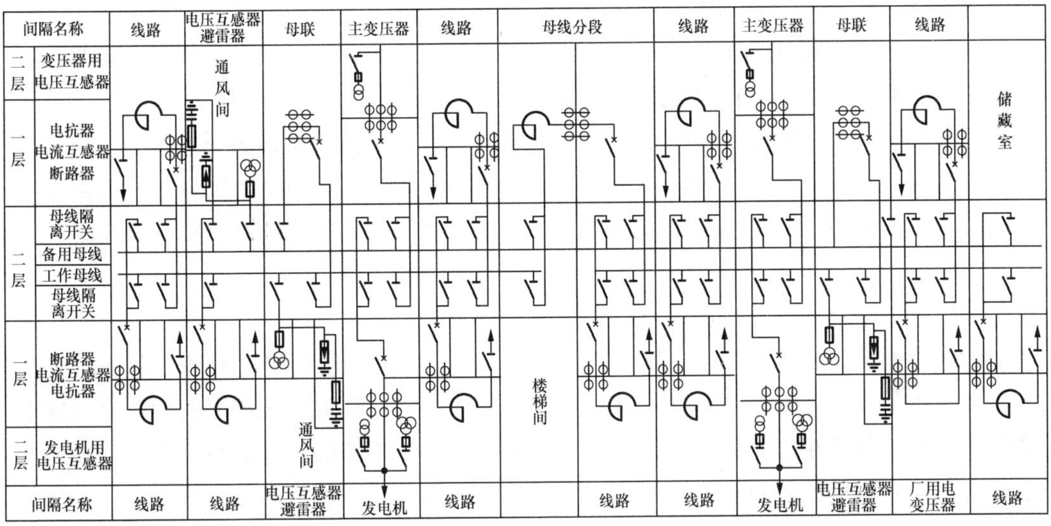

图 6 - 3　两层两通道双母线分段、出线带电抗器的 6～10kV 配电装置配置图

2.2　户内配电装置的布置原则

1. 整体布局要求

(1) 同一回路的电气设备和导体应布置在同一间隔内，间隔之间用隔离墙隔开，以保证检修安全和把故障限制在本回路范围内。

(2) 较重的设备（如电抗器）等应布置在底层，以减轻楼板的荷重并便于安装。

(3) 尽量将电源布置在每段母线的中部，使母线截面通过较小的电流。

(4) 布置应清晰，力求对称，并便于运行人员记忆和操作，整个配电装置要易于扩建。

2. 母线及母线隔离开关的布置

母线通常装在配电装置的上部。三相母线的布置一般有三种方式，即水平、垂直和三角形（品字形）布置。

(1) 水平布置不如垂直布置便于观察，但可降低房屋高度，容易安装，多在中、小容量的发电厂中应用。

(2) 垂直布置时，母线支柱绝缘子装在水平隔板上，绝缘子之间的跨距可以取较小值，因此母线可获得较高的机械强度。但该结构复杂，增加房屋高度，一般用于短路电流较大的配电装置中。

(3) 三角形布置方式结构紧凑，可充分利用间隔的高度和深度，但三相非对称布置，外部短路时，各相母线和绝缘子受力均不相同，故常用于6～35kV大、中容量的配电装置中。

母线相间距离a取决于相间电压，以及考虑短路时的电动力稳定及安装条件等。6～10kV配电装置中，母线水平布置时，a为250～350mm；垂直布置时，a为700～800mm；35kV母线水平布置时，a约为500mm。

双母线或分段母线布置中，应将两组或两段母线用垂直隔板分开，保证一组母线故障或检修时，不影响另一组母线的正常工作。

母线隔离开关一般装在母线的下方。为了防止在带负荷误拉隔离开关时形成电弧短路，并延烧至母线，在3～35kV双母线布置的户内配电装置中，母线与母线隔离开关之间宜装设耐火隔板。两层式的配电装置中，母线隔离开关宜单独布置在一个小室内。

3. 断路器及其操动机构的布置

断路器通常设在单独的小室内。断路器小室的形式，按照油量的多少及防爆的要求，可分为敞开式、封闭式和防爆式。四壁用文体墙壁、顶盖和无网眼的门完全封闭起来的小室称为封闭小室；如果小室完全或部分使用非实体的隔板或遮栏，则称为敞开小室；若封闭小室的出门直接通向户外或专设的防爆通道，则称为防爆小室。

一般35kV以下户内断路器和油浸式互感器，宜安装在开关柜或两侧有隔板的间隔内；35kV及其以上则应安装在有防爆隔墙的小室内，而且为避免事故向上方母线扩展，也需设置隔板。

为了防火，总油量超过100kg的户内油浸设备，应安装在单独的防爆间内，并应有灭火设施。当间隔内单台电气设备总油量在100kg以上时，应设置储油设施或挡油设施。

断路器的操动机构设在操作通道内。手动操动机构和轻型远距离控制操动机构均装在间隔的前壁上，远方控制的重型操动机构（如CD3、CD3-X等）装在混凝土基础上。

4. 互感器和避雷器布置

电流互感器无论是干式或油浸式，都可和断路器放在同一小室内。穿墙式电流互感器应尽可能作为穿墙套管使用。

电压互感器都经隔离开关和熔断器（110kV及其以上只用隔离开关）接到母线上，需占用专门的间隔，但同一间隔内，可以装设几个不同用途的电压互感器。

当母线接有架空线路时，母线上应装设阀型避雷器，由于其体积小，共有一个间隔，但应以隔层隔开，并可共用一组隔离开关。

5. 电抗器布置

电抗器比较重，多布置在第一层的封闭小室内，要求具有良好的通风条件。按其容量不同，电抗器有三种不同的布置方式，即三相垂直、品字形和三相水平布置。通常线路电抗采用垂直或品字形布置。当电抗器的额定电流超过1000A、电抗值超过5%～6%时，由于质量及尺寸过大，垂直布置会使小室高度增加很多，改采用品字形布置。

额定电流超过1500A的母线分段电抗器或变压器低压侧的电抗器（或分裂电抗器），则采用水平落地布置。

安装电抗器必须注意：在垂直布置和品字形布置时，不能使A、C相电抗器叠装在一起。因为B相电抗器线圈的绕向与A、C相相反，这样在外部短路时，电抗器相间的最大作用力是吸力，而不是排斥力，以便利用瓷绝缘子抗压强度比抗拉强度大得多的特点（制造厂是按受压计算的）。

6. 配电装置的通道

配电装置的布置应便于设备操作、检修和搬运，故要求设维护通道、操作通道和防爆通道。凡用来维护和搬运设备的通道，为维护通道；通道内设有断路器、隔离开关的操动机构或就地控制屏的通道，为操作通道；用于防爆小间相通的通道称为防爆通道。

户内配电装置内各种通道的最小宽度为：维护通道0.8～1m，操作通道1.5～2.0m，防爆通道1.2m。

成排布置的配电屏，其屏前和屏后的通道最小宽度见表6-3。

表6-3　低压配电屏前后的通道最小宽度　　单位：mm

配电屏类型		单排布置			双排面对面布置			双排背对背布置			多排同向布置		
		屏前	屏后		屏前	屏后		屏前	屏后		屏前	屏后	
			维护	操作		维护	操作		维护	操作		维护	操作
固定式	不受限制时	1500	1000	1200	2000	1000	1200	1500	1500	2000	2000	1500	1000
	受限制时	1300	800	1200	1800	800	1200	1300	1300	2000	2000	1300	800
抽屉式	不受限制时	1800	1000	1200	2300	1000	1200	1800	1000	2000	2300	1800	1000
	受限制时	1600	800	1200	2000	800	1200	1600	800	2000	2000	1600	800

注　1. 受限制时是指受到建筑平面的限制、通道内有柱等局部突出物的限制；
2. 屏后操作通道是指需在屏后操作运行中的开关设备的通道。

7. 配电装置的出口

为保证工作人员安全和工作方便，户内配电装置设有不同数目的出口。

长度小于7m的配电装置设一个出口，长度大于7m的设有两个出口，长度大于60m时再增加一个出口。

配电装置门应向外开，并装弹簧锁。通向高压配电装置时的门应为双向开启门。

8. 配电装置室的采光和通风

配电装置室可以开窗采光和通风，但应采取防止雨雪、风沙、污秽和小动物进入家内的措施。配电装置室应按事故排烟要求，装设足够的事故通风装置。

2.3　成套配电装置

成套配电装置是制造厂成套制造的配电装置。它是将电气主电路中同一个回路内的所有设备（如开关电器、测量仪表、保护电器和辅助设备等）都集中装配在全封闭或半封闭的金属柜内。设计配电装置时，可根据主接线要求选择制造厂提供的各种不同电路的开关柜或标准元件，组成一套相应的配电装置。

成套配电装置分为低压配电装置、高压开关柜和 SF_6 全封闭组合电器三类。成套配电装置大多为户内式。该装置虽然投资大，但可靠性高，运行维护方便，安装工作量小，所以被广泛使用。

1. 低压成套配电装置

低压成套配电装置是指电压为 1000kV 及其以下的户内成套配电装置，有固定式低压配电屏和抽屉式低压开关柜两种。

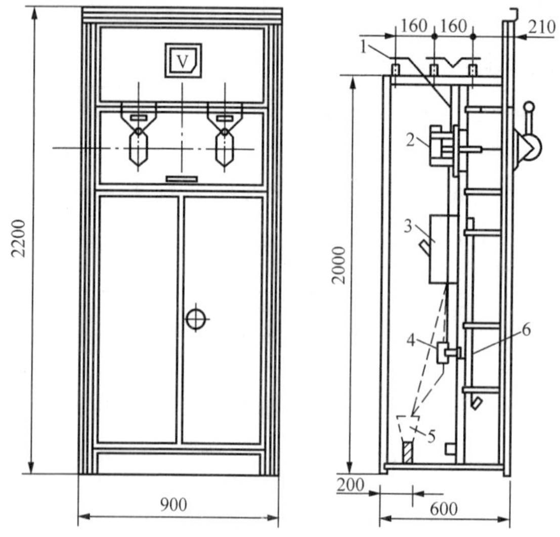

图 6-4　PGL-1 低压配电屏结构示意图（单位：mm）

固定式低压配电屏主要为离墙安装。图 6-4 所示为 PGL 系列低压配电屏。配电屏的钢架用角钢焊成，用薄钢板做正面面板。面板上部装有测量仪表，中部设有隔开关的操作手柄，屏面下部为两扇向外开启的门，内有继电器和二次线端子排，母线布置在屏顶，隔离开关、熔断器、低压断路器和电流、电压互感器都装在屏后，后上部装有电能表。

固定式低压配电屏结构简单，价格便宜，并可从双面进行维护，检修方便，在发电厂和变电站中作低压厂（站）用配电装置。

抽屉式低压开关柜（见图 6-5）为封闭式结构，具有密封性好、可靠性高的优点。柜体由薄钢板和角钢焊接而成，主要低压设备均装在抽屉内或手车上，回路故障时，可立即换上备用抽屉或手车，迅速恢复供电，既提高了供电可靠性，又便于对故障设备进行检修。抽屉式开关柜布置紧凑，可节约占地面积，但结构较复杂，钢材消耗较多，价格比较高，将逐步取代固定式低压配电屏。

2. 高压开关柜

我国目前生产的 3～35kV 高压开关柜系列很多，大都采用空气、瓷或塑料绝缘子作绝缘材料，并选用普通常用电器组成。高压开关柜内配用的主开关为真空断路器、SF_6 断路器和少油断路器。目前少油断路器已逐渐被真空断路

微课 60　认识高压开关柜

图 6-5 GCK 型抽屉式低压开关柜

器和 SF_6 断路器取代。柜型和主开关的选择，应根据工程设计、造价、使用场所、保护对象来确定。

(1) 高压开关柜的类型。按断路器安装方式，其分为固定式和移开式（或称手车式）。

1) 固定式（用 G 表示）：表示柜内所有的电器元件（如断路器或负荷开关等）均为固定式安装的，固定式开关柜较为简单经济，如 XGN2-10、GG-1A 等。

2) 移开式或手车式（用 Y 表示）：表示柜内的主要电器元件（如断路器）是安装在可抽出的手车上的，由于手车柜有很好的互换性，因此可以大大提高供电的可靠性，常用的手车类型有隔离手车、计量手车、断路器手车、TV 手车、电容器手车和所用变手车等，如 KYN28A-12。

按安装地点分为户内和户外。

1) 户内（用 N 表示）：表示只能在户内安装使用，如 KYN28A-12 等开关柜。

2) 户外（用 W 表示）：表示可以在户外安装使用，如 XLW 等开关柜。

按柜体结构，可分为金属封闭铠装式开关柜、金属封闭间隔式开关柜、金属封闭箱式开关柜和敞开式开关柜四大类。

1) 金属封闭铠装式开关柜（用字母 K 来表示）：主要组成部件（如断路器、互感器、母线等）分别装在接地的用金属隔板隔开的隔室中的金属封闭开关设备，如 KYN28A-12 型高压开关柜。

2) 金属封闭间隔式开关柜（用字母 J 来表示）：与铠装式金属封闭开关设备相似，其主要电器元件也分别装于单独的隔室内，但具有一个或多个符合一定防护等级的非金属隔板，如 JYN2-12 型高压开关柜。

3) 金属封闭箱式开关柜（用字母 X 来表示）：开关柜外壳为金属封闭式的开关设备，如 XGN2-12 型高压开关柜。

4) 敞开式开关柜：无保护等级要求，外壳有部分是敞开的开关设备，如 GG-1A

(F) 型高压开关柜。

(2) 固定式高压开关柜。XGN、KYN 等系列为固定式高压开关柜，其断路器固定安装在柜内，与移开式相比较，其体积大、封闭性差、现场安装工作量大、检修不方便，但制造工艺简单、消耗钢材少、价格便宜，所以被广泛用在大中型发电厂和组成高压厂用电配电装置及变电站的 6～10kV 户内配电装置中。

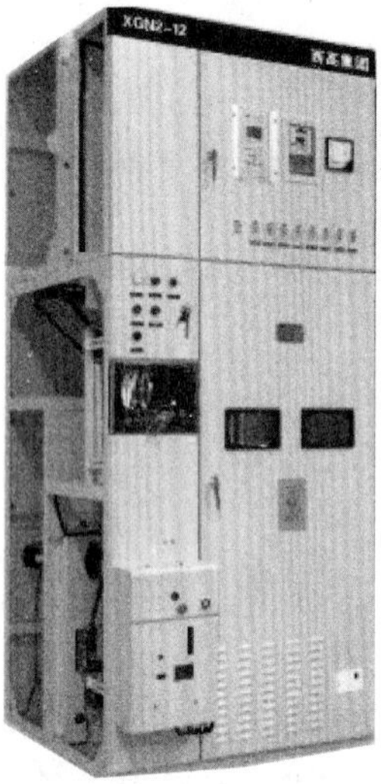

图 6-6　XGN2-12 型固定式金属封闭开关柜

以 XGN2-12 型固定式金属封闭开关柜（见图 6-6）为例。XGN2-12 型高压开关柜为角钢或弯板焊接骨架结构，柜内分为母线室、断路器室、继电器室，室与室之间用钢板隔开。该型开关柜为双面维护，从前面可监视仪表，操作断路器和隔离开关，监视真空断路器及开门检修断路器；从后面可寻找电缆故障，检修维护电缆头等。断路器室高度 1800mm，电缆头高度 780mm，维护人员可方便地站在地面上检修。隔离开关采用旋转式隔离开关，当隔离开关打开至分断位置时，动触刀接地，在主母线和断路器之间形成对地断口，带电只可能发生在相间、相对地放电，而不致波及被隔离的导体，从而保证了检修人员的安全。母线室母线呈品字形排列，顶部为可拆卸结构，贯通若干台开关柜的长条主母线可方便地安装固定。柜中部有贯穿整个排列的二次小母线及二次端子室，可方便检查二次接线。柜底部有贯穿整个排列的接地母线，保证可靠的接地连接。

XGN2-12 箱式柜断路器、隔离开关、接地开关、柜门之间均采用强制性闭锁方式，具有完善的“五防”功能。断路器传动操作设计与机械联锁装置统筹考虑，结构简单，动作可靠。

根据 GB 3906—2006《3.6～40.5kV 交流金属封闭开关设备和控制设备》要求，高压开关柜的闭锁装置应具有“五防”功能。

微课 61　高压开关柜的五防功能

1）防止误分、误合断路器。

2）防止带负荷分、合隔离开关或带负荷推入、拉出金属封闭（铠装）式开关柜的手车隔离插头。

3）防止带电挂接地线或合接地开关。

4）防止带接地线或接地开关合闸。

5）防止误入带电间隔，以保证可靠的运行和操作人员的安全。

(3) 手车式高压开关柜。下面介绍 JYN 系列封闭手车式高压开关柜，如图 6-7 所示。

JYN 系列封闭手车式高压开关柜为单母线结构，其整体是由柜体和手车室两部分组成，全部由弯制的钢板焊接而成。壳体由钢板分成手车间隔、电缆间隔等若干个间隔，隔板为可拆卸式，检修时方便。主回路隔离触头有触头盒，达到三相隔离触头之间

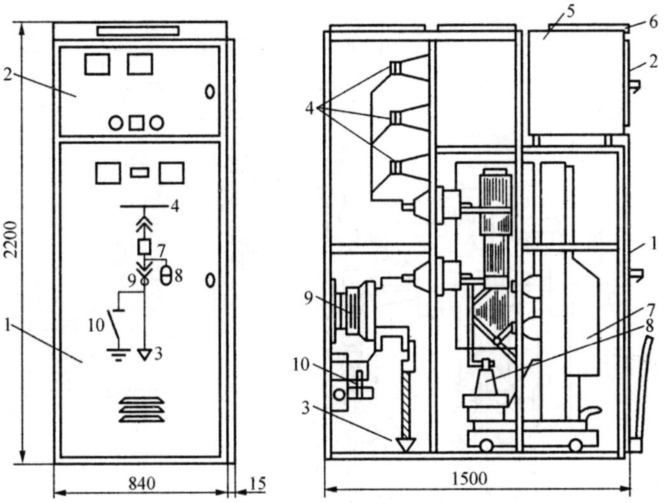

图 6-7 JYN2-10 型高压开关柜结构图（单位：mm）

1—手车室门；2—仪表板；3—电缆头；4—母线；5—继电器室；6—小母线室；
7—断路器手车；8—电压互感器；9—电流互感器；10—接地开关

的封闭。手车类型分断路器手车、电压互感器避雷器手车、电容器手车、所用变压器手车、隔离手车等。开关柜满足五防要求。

以断路器手车为例，断路器及其操动机构装在小车上，断路器通过上、下触头插入固定在柜内的插座内，从而连通一次回路，省去了通常必需的隔离开关。检修时，在断路器分闸后将小车从柜中沿滑道拖出（有闭锁，断路器未分闸手车拖不出），使检修更为安全方便。为了减少停电时间，还可以将同型号的公共备用小车推入后立即恢复供电，提高供电的可靠性。

JYN 系列封闭手车式高压开关柜封闭结构具有密封性好、可靠性高、维护工作量小、检修方便和供电可靠性高的优点，被广泛用于发电厂 6～10kV 厂用配电装置中。

(4) SF_6 全封闭式组合电器。SF_6 全封闭式组合电器（简称 GIS）是一种以 SF_6 气体作为绝缘介质和灭弧介质，以优质环氧树脂绝缘子作支撑，将各电气设备按电气主接线的要求，依次连接密封于金属接地壳体内，组成一个整体的新型成套高压电器。

图 6-8 所示为 ZF-220 型 220kV 双母线 SF_6 全封闭式组合电器断面图。

为了便于支撑和检修，母线布置在下部。母线采用三相共箱式结构。配电装置按照电气主接线的连接顺序，成 Π 形布置，使结构更为紧凑，节省了占地面积和空间。盆式绝缘子将装置分隔成相互隔离的不漏气的气室，这样可防止事故范围的扩大和便于各元件的分别检修与更换。

SF_6 全封闭式组合电器与常规电器的配电装置相比，具有以下的特点：

1）大量节省配电装置所占地的面积与空间。

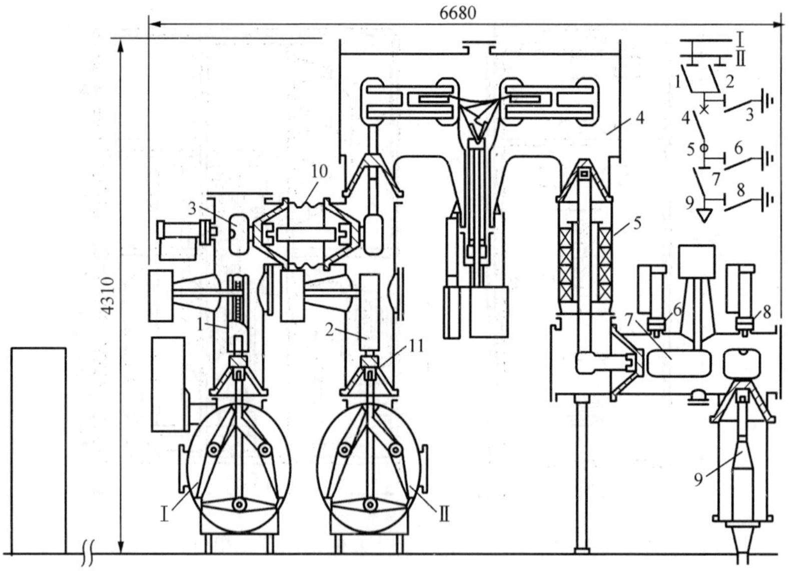

图 6-8　ZF-220 型 220kV 双母线 SF_6 全封闭式组合电器断面图（单位：mm）

Ⅰ、Ⅱ—主母线；1、2、7—隔离开关；3、6、8—接地开关；4—断路器；

5—电流互感器；9—电缆头；10—伸缩节；11—盆式绝缘子

2）运行可靠性高。SF_6 具有很高的介电强度，其绝缘强度与其压力（密度）成正比，因而可通过改变 SF_6 的充气压力，达到不同的绝缘耐受等级，且绝缘性能十分稳定。由于其带电体封闭在钢制壳体中，不会因受大气和尘埃污染而造成事故。SF_6 是不燃的惰性气体，不发生火灾，一般不会发生爆炸事故。

3）土建和安装工作量小，建设速度快，且配置灵活，环境适应性好。

4）检修周期长，维护方便。全封闭电器由于触头很少氧化，触头开断时烧损也甚微，一般可运行 10 年或切断额定开断电流 15～30 次或正常开断 1500 次。漏气量不大于 3%，且用吸附器保持干燥，补气和换过滤器工作量也很小。

5）金属外壳屏蔽作用强，解决了静电感应、噪声和无线电干扰及电动力稳定等问题。

6）抗震性能好。

7）SF_6 全封闭电器对材料性能、加工精度和装配工艺要求极高，工件上的任何毛刺、油污、铁屑和纤维都会造成电场不均，使 SF_6 抗电强度大大下降。需专门的 SF_6 检漏仪来加强运行监视。

8）金属耗量大，价格较贵。

SF_6 封闭式组合电器配电装置可用于工业区、市中心、险峻山区、地下、洞内以及需要扩建而缺乏土地的电厂和变电站。一般说来，电压在 110kV 以上接地效果更为显著，适用于工业污秽、海滨、高海拔以及气象环境恶劣地区的变电站，也可用于军用变电设施。

案例分析 配电装置的布置

【例6-1】 35kV户内配电装置的布置。

图6-9所示为单层式、两走廊、单母线分段接线的35kV户内配电装置主变压器进线间隔断面图。

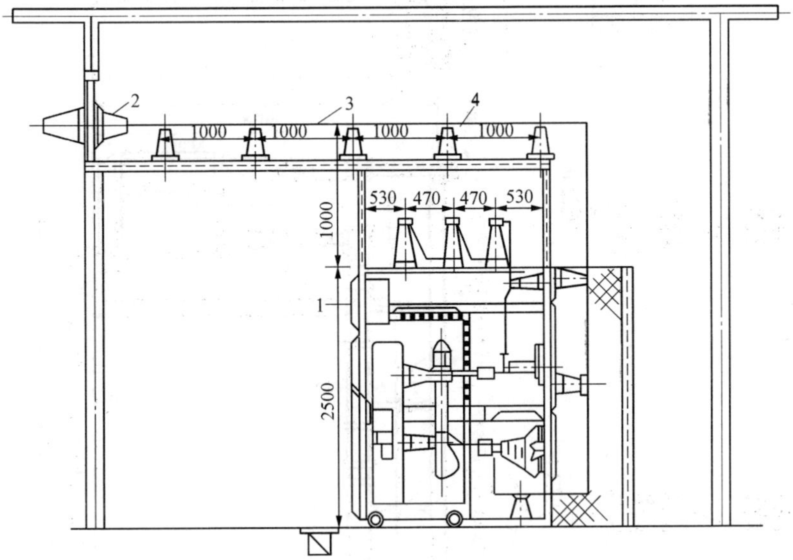

图6-9 采用成套高压开关柜的35kV户内配电装置主变进线间隔断面图
（单位：mm）

采用GBC-35成套高压开关柜。柜内安装新型的手车式真空断路器、隔离插头以及套管式电流互感器，明显地缩小了配电装置总尺寸。母线三相水平布置在开关柜的上部，机械强度大，且便于维护与检修。配电间隔的前后有较宽的操作和维护走廊，便于手车式断路器的拉出、推入和巡视。

【例6-2】 220kV户内配电装置的布置。

图6-10所示为采用GIS的220kV和110kV两层式户内配电装置的主变压器进线断面图。

其中，220kV和110kV均采用双母线接线，110kV GIS布置在一层，220kV GIS布置在二层，主变压器放在户外。220kV进线采用分相封闭母线，110kV进线采用三相共箱封闭母线。

由于SF_6全封闭组合电器可靠性高，占地面积小，大城市中心地区或其他环境特别恶劣地区，110kV和220kV户内配电装置可采用SF_6全封闭组合电器。由于采用两层布置和SF_6全封闭组合电器，节省了占地面积，具有较高的可靠性，但造价较高。

【例6-3】 户内配电装置的设计。

图6-11所示为某小区高压户内配电装置配置情况的设计图。

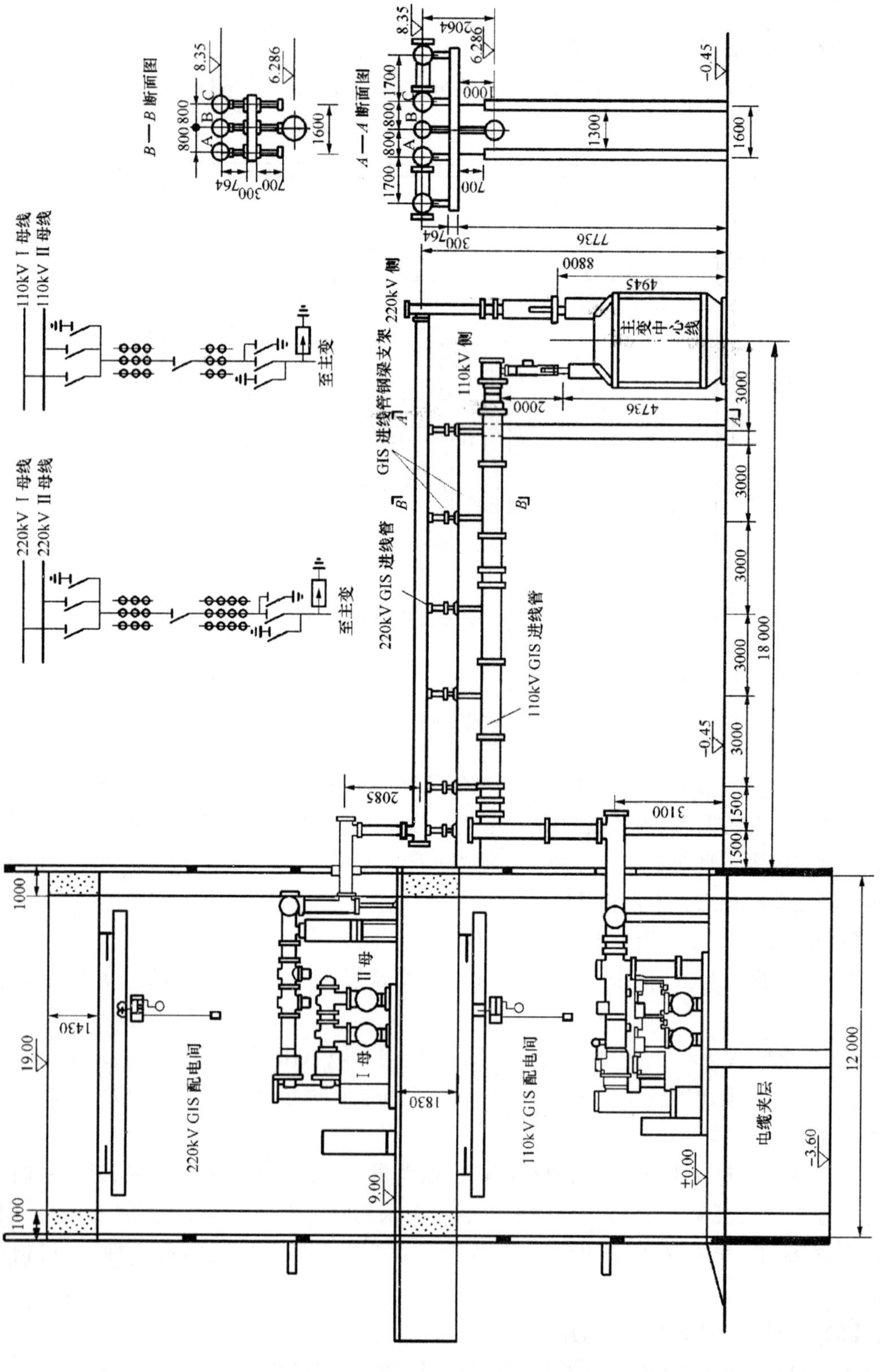

图 6-10　采用 GIS 的 220kV 和 110kV 两层式户内配电装置主变进线断面图

高压开关柜编号	G1		G2		G3	
高压开关柜型号	XGN15-12					
高压开关柜名称	进线		出线		出线	
高压开关柜外形尺寸	375×840×1600		500×840×1600		500×840×1600	
高压电气一次接线图	3×（TMY-60×6） 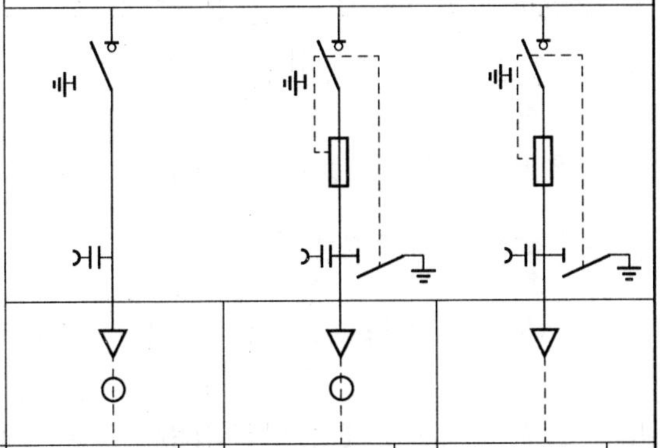					
负荷开关（SF_6三工位）	630A		630A	1	630A	1
高压熔断器			63A	3	63A	3
下部接地开关						
带电指示器				1		1
故障指示器	EKL4	1				
加热器						
肘形电缆头	240mm²	3	70mm²	3	70mm²	3
变压器容量						
进出线电缆信号规格	ZRYJV22-8.7/15kV-3×70mm²		ZRYJV22-8.7/15kV-3×70mm²		ZRYJV22-8.7/15kV-3×70mm²	
高压一次接线图						

图 6-11　某小区高压户内配电装置的配置图

该设计中配置了三台 XGN 高压开关柜，10kV 电源由 HD1 变电站引入，对应开关柜是 G1；两条出线引去小区两个变电房，对应开关柜是 G2、G3。主开关采用 SF_6 三工位负荷开关；出线配置熔断器作为短路和过载保护；进出线均采用三相电力电缆；进线高压开关柜上设置一组智能型故障指示器。

项目3 户外配电装置

学习目标

(1) 了解户外配电装置的类型和特点。

(2) 掌握户外配电的布置方法。

(3) 掌握各种布置的平面图及剖视图的画法。

3.1 户外配电装置的布置形式

根据电气设备和母线布置的高度和重叠情况，户外配电装置可分为中型、半高型和高型三种。

户外中型配电装置（见图6-12）的所有电气设备基本处于同一水平面上，并安装在一定高度的设备支架上，以保持带电部分与地之间必要的高度。母线则布置在比电气设备略高的水平面上，母线和各种电气设备均不能上、下重叠布置。所以无论施工、运行和检修都比较方便、可靠，设备布置清晰，巡视检查设备时，视距短而清楚，不易误操作，但是占地面积过大。

图6-12　户外中型配电装置实景

户外中型布置分为单列式和双列式两种形式。单列式是将进、出线的断路器都排成一列，布置在母线一侧。它节省配电装置场地的纵向尺寸，但引线跨数较多。双列式是将进线断路器和出线断路器分别排成两列，布置在母线两侧。该布置减少了间隔内跨线和跨线门形架构，使配电装置简化。户外配电装置一般采用双列式布置，仅在配电装置场地受到纵向地形限制时才采用单列式布置。

高型和半高型（见图6-13）户外配电装置是将母线布置抬高，母线和电气设备布置在几个不同高度的水平面上，并上、下重叠。凡两组母线及母线隔离开关上下重叠布置便称为高型配电装置。若仅将母线与断路器、电流互感器等设备上、下重叠布置则为半高型配电装置。高型配电装置可节省占地面积50%左右，但耗用钢材多、投资增大，操作和维护难度较高。半高型配电装置介于中型和高型之间，其占地面积比普通中型减少30%。由于高型和半高型配电装置可大量节省占地面积，所以在110kV和220kV系统中得到了较广泛的应用。

图6-13　户外高型配电装置实景

户外配电装置按照电气主接线要求，一般由下列间隔组成。

(1) 电力变压器间隔（进线间隔）。

(2) 出线间隔。

(3) 电压互感器和避雷器间隔。

(4) 母线分断间隔。

每一个间隔应包括该部分电路的全部设备，间隔的横向和纵向尺寸主要由配电装置的电压等级决定。

微课62　认识电力变压器间隔

3.2　户外配电装置的布置原则

1. 户外配电装置的安全净距和基本尺寸

户外配电装置的安全净距应符合表6-2的规定，有关尺寸可取表6-4所列推荐值。

微课63　认识母线分段间隔

表 6-4　　中型配电装置有关尺寸推荐值　　单位：mm

名称		电压等级（kV）			
		35	63	110	220
弧垂	母线	1.0	1.1	0.9～1.1	2.0
	进出线	0.7	0.8	0.9～1.1	2.0
线间距离	Π 形母线架	1.6	2.6	3.0	5.5
	门形母线架	—	1.6	2.2	4.0
	进出线架	1.3	1.6	2.2	4.0
架构高度	母线架	5.5	7.0	7.3	10.0～10.5
	进出线架	7.3	9.0	10.0	14.0～14.5
	双层架	—	12.5	13.0	21.0～21.5
架构宽度	Π 形母线架	3.2	5.2	6.0	11.0
	门形母线架	—	6.0	8.0	14.0～15.0
	进出线架	5.0	6.0	8.0	14.0～15.0

2. 户外配电装置的布置

（1）母线及构架的布置。户外配电装量的母线有软母线和硬母线两种。

软母线（见图 6-14 和图 6-15）多采用钢芯铝绞线和分裂导线，三相母线水平布置，用悬式绝缘子串挂在母线构架上。由于软导线需考虑弧垂和风吹时的摆动，其相间及对地距离较大。

图 6-14　软母线通过绝缘子固定在门形母线架上

图 6-15　某 500kV 变电站户外配电装置采用软母线连接

硬母线常用的有矩形（见图 6-16）和管形（见图 6-17）两种，固定在支柱绝缘子上，前者用于 35kV 及其以下的配电装置中，后者用于 110kV 及其以上的配电装置中。由于硬母线没有弧垂和拉力且不会左右摇摆，所以硬母线相间及对地距离较小。管母线与剪刀式隔离开关配合，可节省占地面积，但抗震能力较差。

户外配电装置的构架，一般由型钢或钢筋混凝土制成。钢筋混凝土构架可节约大量钢材、经久耐用、维护简单，是我国配电装置构架的主要形式。以钢筋混凝土环形杆和镀锌钢梁组成的构架，兼顾了以上两者的优点，所以在我国 220kV 及以下的户外配电装置中得到广泛的应用。

图 6-16 硬母线通过绝缘子固定在母线桥架上

图 6-17 硬母线采用的是铝管母线

(2) 电力变压器的布置。变压器外壳不带电，故落地布置在铺有铁轨的双梁形钢筋混凝土基础上，轨距与变压器的中心距相等。对单个油箱的油量超过 1000kg 的变压器，为防止变压器事故时燃油流出扩大事故，在变压器下面应设置储油池，且其尺寸应比设备外廓大 1m，并在储油池内铺设厚度不小于 0.25m 的卵石层。

主变压器与建筑物的距离不应小于 1.25m，且在距变压器 5m 以内的建筑物上，在主变压器总高度以下及外轮廓两侧各 3m 范围内，不应有门窗。两台油重均超过 2500kg 的变压器布置在一起时，其间净距不小于 5m 或设防火隔墙（见图 6-18）。

(3) 电气设备的布置。按照断路器在配电装置中所占据的位置，可分为单列布置和双列布置。其排列方式的确定必须根据主接线、场地地形条件、总体布置和出线方向等多种因素合理选择。

SF_6 断路器有低式和高式两种布置。低式布置的断路器（见图 6-19）安装在 0.5～1m的混凝土基础上，使检修较方便，抗震性好，但需设围栏，影响道路的畅通。小型配电装置的断路器一般采用高式布置，即安装在约 2m 高的混凝土基础上。

图 6-18 两台主变压器因距离不够中间设置了防火隔墙

图 6-19 低式布置的 SF_6 断路器

隔离开关和电流、电压互感器均采用高式布置，其要求与断路器相同。

避雷器也有高式和低式两种布置。110kV 及以上的阀型避雷器由于器身细长，多落地安装在 0.4m 的基础上，四周加围栏。磁吹避雷器及 35kV 阀型避雷器形体矮小，稳定度较好，一般采用高式布置。现在广泛采用的 110kV 及以上氧化锌避雷器，一般采用高式布置，如图 6-20 所示。

图 6-20 采用高式布置的 110kV 氧化锌避雷器

(4) 电缆沟。户外配电装置中电缆沟的布置，应使电缆所走的路径最短，有纵向和横向两种布置方向。横向电缆沟一般布置在断路器和隔离开关之间。纵向电缆沟为主干电缆沟，大型变电站因电缆数量较多，一般分为两路。

(5) 通道。为了运输设备和消防需要，应在主要设备附近铺设行车道路。大中型变电站内一般应铺设 3m 宽环形道路，还设置 0.8～1m 宽的巡视小道，可利用户外电缆沟兼作运行巡视通道。

(6) 围栏。配电装置的外围一般设 2～3m 高的围墙。配电装置中电气设备的遮栏高度不应低于 1.7m，遮栏网孔不应大于 40mm×40mm；配电装置中的栅栏高度不应低于 1.2m，栅栏最低栏杆至地面的净距不应大于 200mm。围栏应上锁。

(7) 场地。户外配电装置的场地必须整平、夯实，以确保地基承载力能满足设备的动、静荷载要求，不应出现塌陷或不均匀沉陷现象。户外配电装置场地的地面，可用混凝土铺面以防杂草生长，场地坡度应不小于 0.5%。

3.3 户外配电装置实例

普通户外中型配电装置是我国较多采用的一种类型，但由于占地面积过大，近年来逐步限制了它的使用范围。随着配电装置电压的增高，出现了分相中型、高型和半高型配电装置，并得到了广泛的应用。

以下介绍几种户外配电装置布置实例。

1. 中型配电装置

中型配电装置按照隔离开关的布置方式，分为普通中型和分相中型两种。

(1) 普通中型配电装置。图 6-21 所示为 110kV 户外普通中型单母线分段接线出线间隔断面图。

微课 64 中型配电装置的特点

中型配电装置设备安装位置较低，便于施工、安装、检修与维护操作；构架高度低，抗震性能好；布置清晰，不易发生误操作，运行可靠；所用的钢材比较少，造价低。主要缺点是占地面积大。普通中型配电装置是我国有丰富设计和运行经验的配电装置，广泛应用于 220kV 及以下的户外配电装置中。

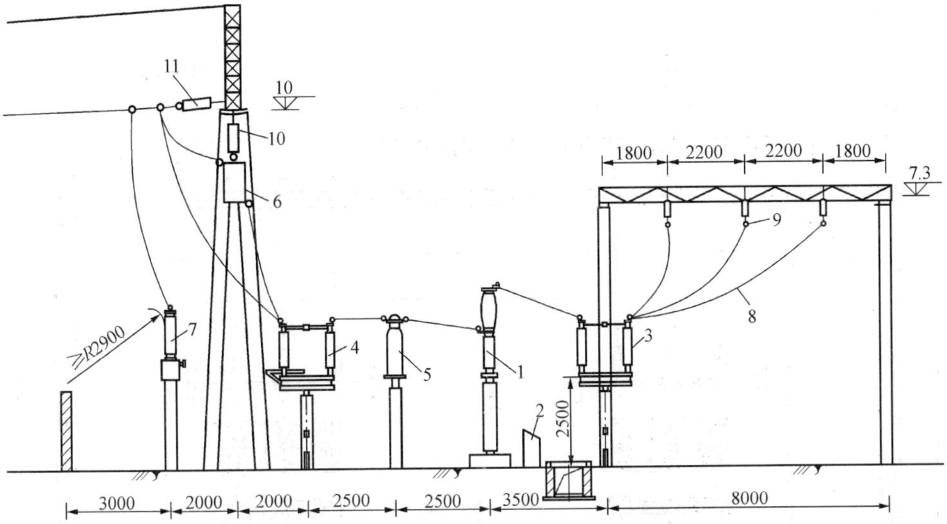

图 6-21　110kV 户外普通中型单母线分段接线出线间隔断面图（单位：mm）

1—断路器；2—端子箱；3—隔离开关；4—带接地开关的隔离开关；5—电流互感器；

6—阻波器；7—耦合电容器；8—引下线；9—母线；10、11—绝缘子

（2）分相中型配电装置。图 6-22 所示为采用管形母线的 110kV 双母线分相中型配电装置出线间隔断面图。

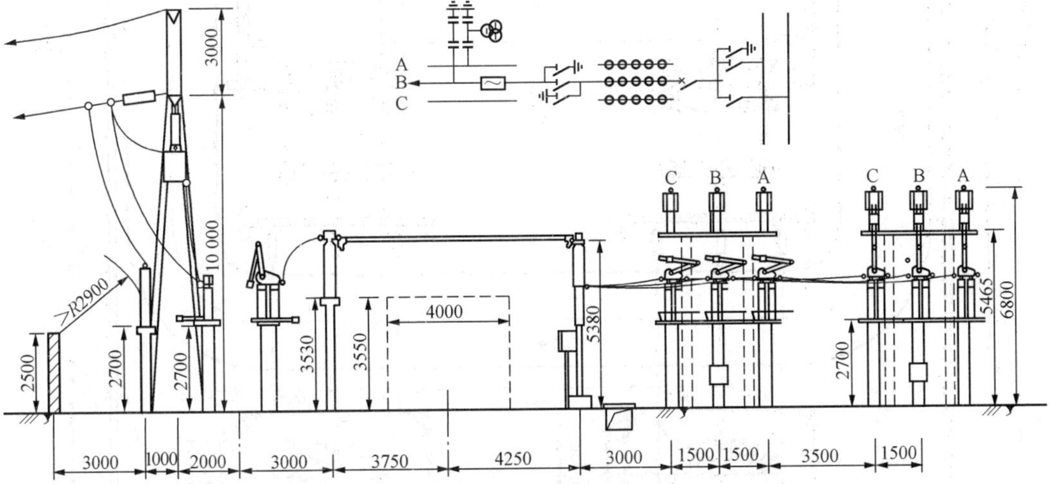

图 6-22　采用管形母线的 110kV 双母线分相中型配电装置出线间隔断面图（单位：mm）

分相中型配电装置除具有中型配电装置的优点外，还具有接线简单清晰，可以缩小母线相间距离，降低架构高度，较普通中型布置节省占地面积约 1/3。其缺点主要是施工复杂，使用的支柱绝缘子防污和抗震能力差。分相中型布置适合用于污染不严重、地震烈度不高的地区。

案例分析　110kV 户外配电装置设计

【例 6-4】　图 6-23 和图 6-24 所示为某水电站 110kV 户外配电装置的平面图和剖面图。

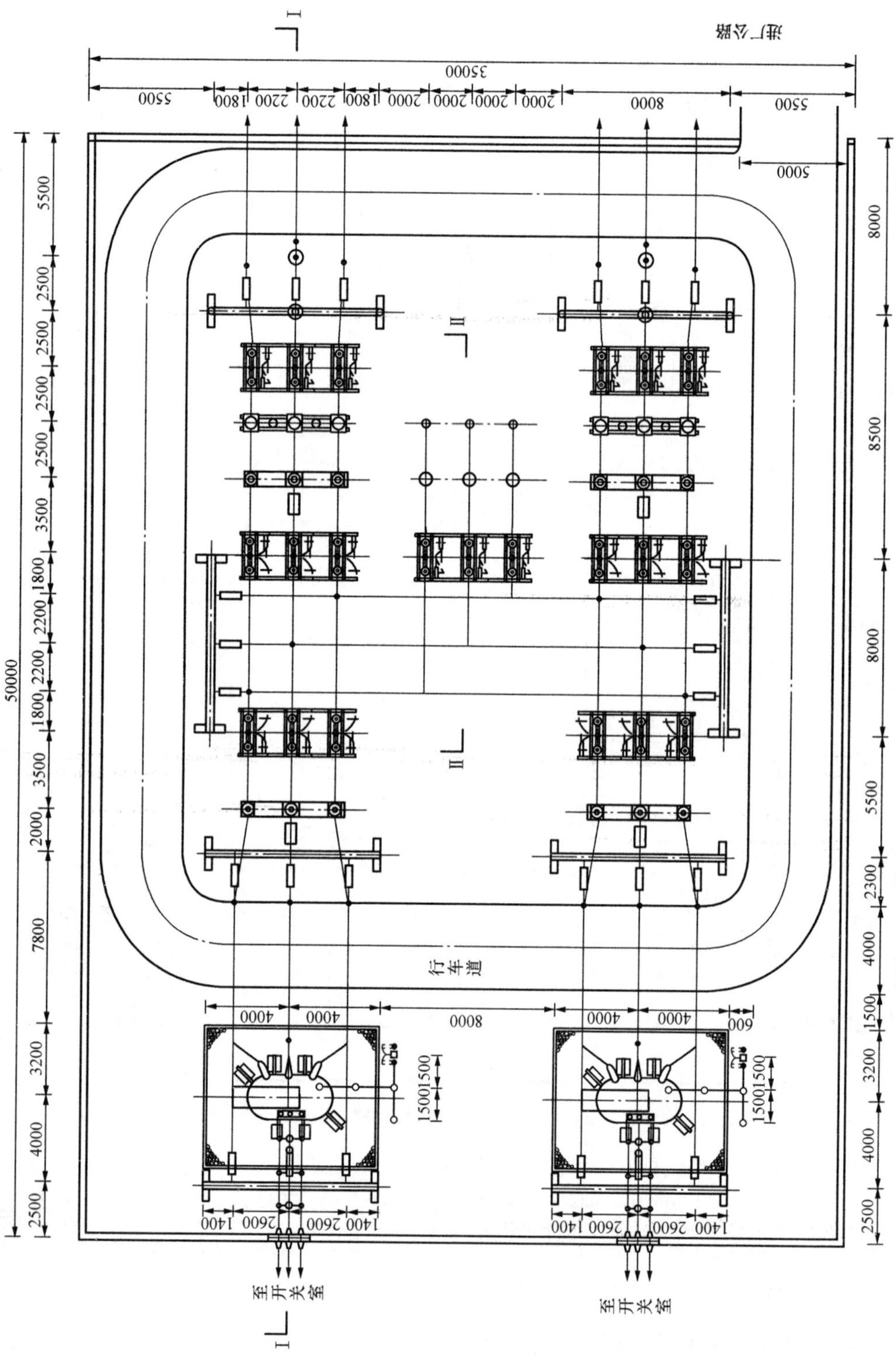

图 6-23 某水电站 110kV 户外配电装置的平面图（单位：mm）

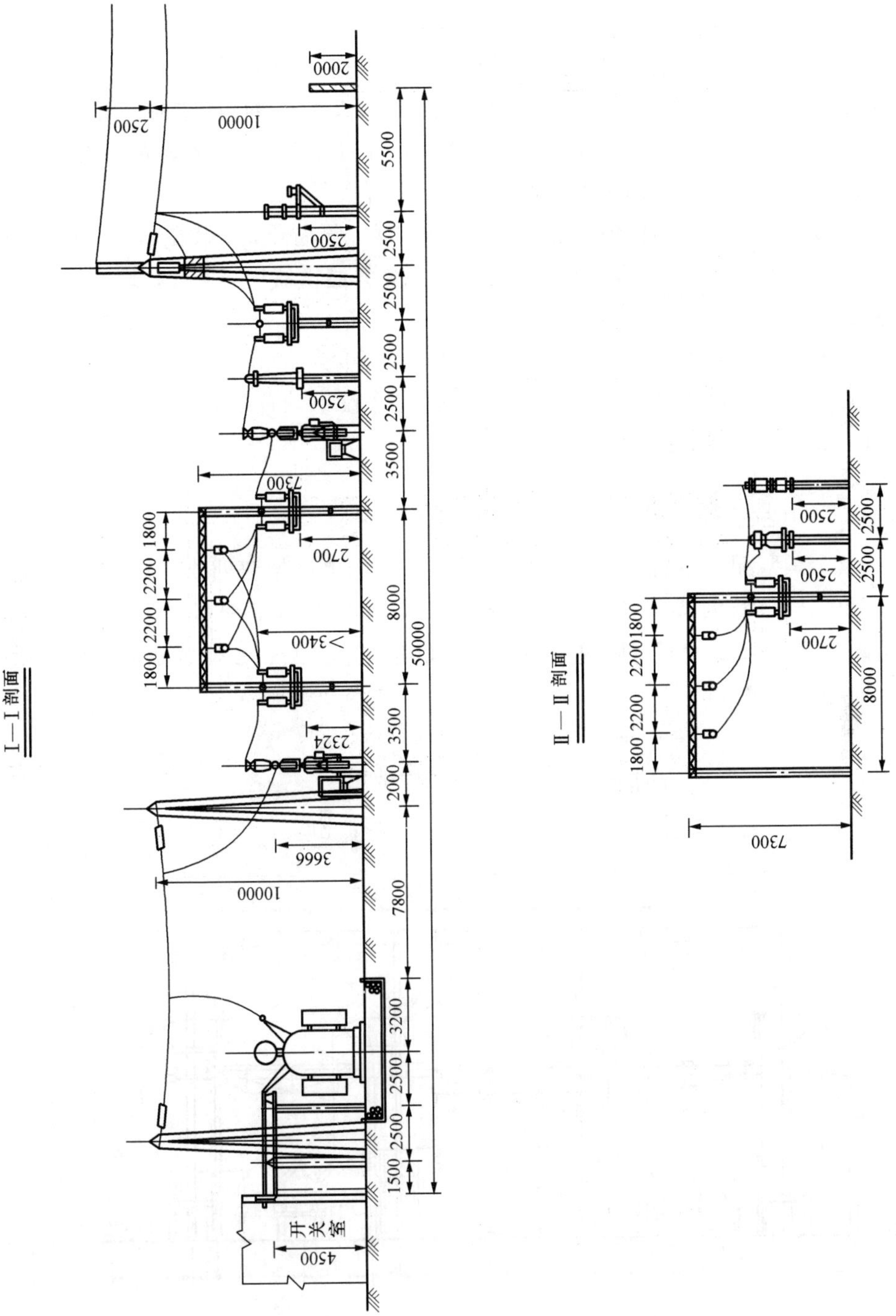

图 6-24 某水电站 110kV 户外配电装置的剖面图（单位：mm）

该水电站装机容量为 2×25000kW，发电机电压侧为发电机—变压器单元接线，110kV 侧为单母线接线，设计两台双绕组变压器，容量为 2×31500kVA，其电压等级为 10kV 和 110kV，其中 10kV 配电装置采用户内手车式成套配电装置。110kV 出线两回，主接线形式为单母线接线，110kV 电气设备采用户外中型双列布置。

主变压器两台，油重均超过 1000kg，按规定设置容纳 20%油量的储油池及排油设施。

110V 母线采用 LGJ - 185 钢芯铝绞线，架设在距地面 7.3m 高的钢筋混凝土预制构架上，相间距离为 2.2m，母线绝缘子串采用八片 XWP2 - 70 型耐张绝缘子，母线跨距为 24m。

110kV SF_6 断路器安置在混凝土基础上。隔离开关均采用 GW4 - 110 Ⅱ D/630 和 GW4 - 110D/630 型双柱型结构带接地开关的隔离开关。隔离开关安装在 2.7m 的钢筋混凝土支架上；电流互感器、电容式电压互感器和氧化锌避雷器均安装在距地面 2.5m 高的钢筋混凝土支架上。

110kV 各间隔宽度为 8m，出线门形架构距地面高度为 10m，进、出线的相间距离为 2.2m。进、出线断路器分别布置在母线两侧，整个配电装置共 5 个间隔但只占 3 个间隔的横向场地。整个配电装置的总面积为 $50\times35m^2$。

微课 65 高型配电装置的特点

2. 高型配电装置

高型配电装置按其结构的不同，可分为单框架双列式、双框架单列式和三框架双列式三种类型。图 6 - 25 所示为 220kV 双母线、进出线带旁路、纵向三框架结构、断路器双列布置的高型配电装置进出线间隔断面图。

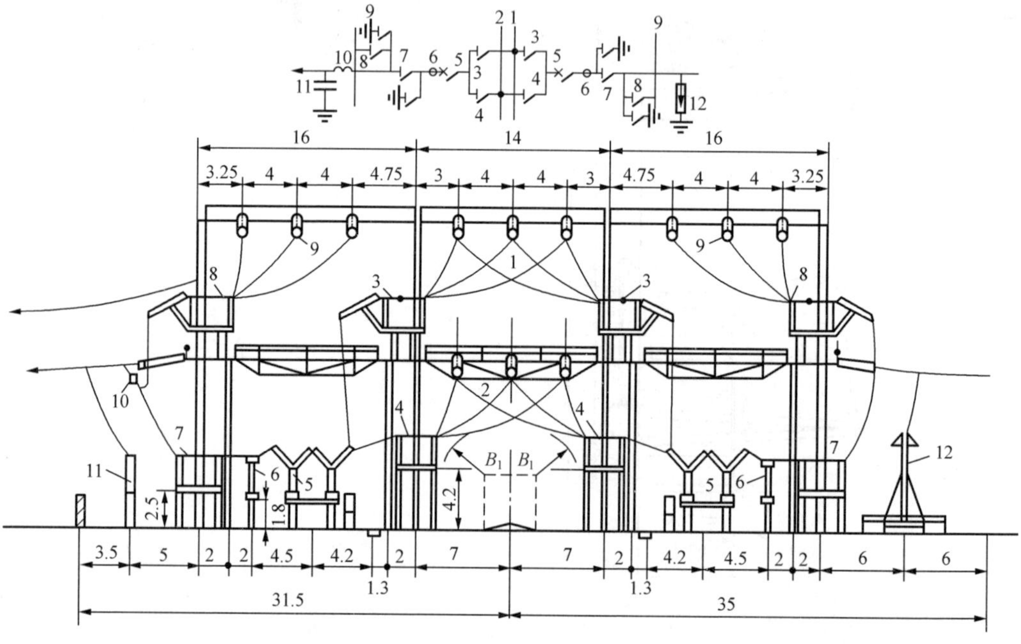

图 6 - 25 220kV 双母线、进出线带旁路、纵向三框架结构、断路器双列布置的高型配电装置进出线间隔断面图（单位：mm）

与普通中型配电装置相比，可节省占地面积50%左右。高型配电装置的主要缺点是对上层设备的操作与维修工作条件较差；耗用钢材比普通中型多15%～60%；抗震能力差。

微课66 半高型配电装置的特点

3. 半高型配电装置

图6-26所示为110kV单母线、进出线均带旁路、半高型布置的进出线间隔断面图。

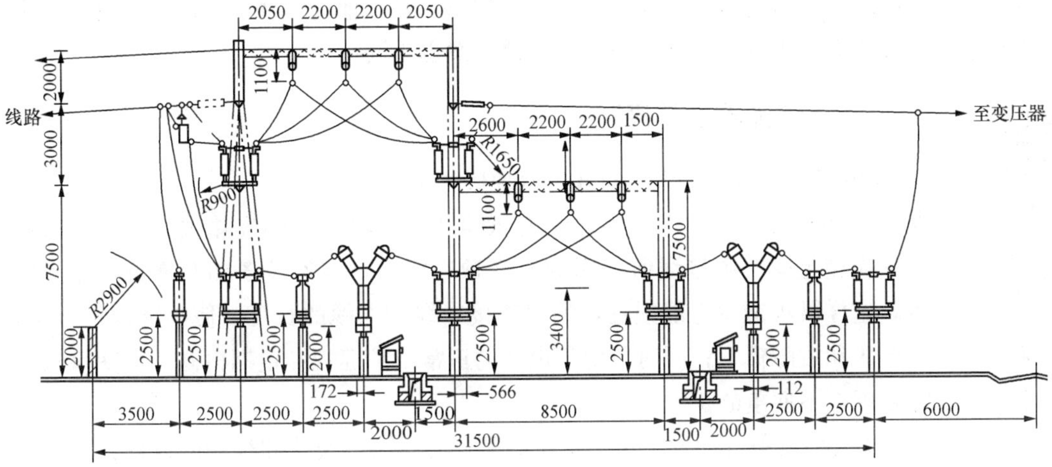

图6-26 110kV单母线、进出线均带旁路、半高型布置的进出线间隔断面图（单位：mm）

优点：占地面积比普通中型布置减少30%；除旁路母线（或主母线）和旁路隔离开关（母线隔离开关）布置在上层外，其余部分与中型布置基本相同，运行维护较方便，易被运行人员所接受。

缺点：检修上层母线和隔离开关不方便。

项目 4 电气总布置

发电厂、变电站的电气总布置设计，是全厂、全站总布置设计的重要组成部分，涉及面广，要与各专业密切配合协调，权衡利弊，通过技术经济比较，选择占地少、投资省、建设快、运行安全经济、管理方便的总布置方案。

水电站的总体布置受地形、地质条件和水利枢纽及其他建筑物的限制，一般不能采用标准的布置方案，条件的不同，采用的布置方案也不同。

微课 67 如何进行电气总布置

4.1 电气总布置的原则

发电厂、变电站的电气总布置的原则如下：

(1) 缩短发电机、开关室、主变压器和开关站之间的连接线。电气总布置首先应满足电气主接线所表明的生产顺序要求，应使设备相互靠近，布置紧凑，这样既可减少电能损耗，缩短连接导线和电缆的长度，使电缆敷设方便，又可以减少事故和故障概率；同时，便于设备的正常维护巡视和定期检修。即使事故发生也能及时处理，不使事故扩大。

(2) 为保证大型设备（如发电机、变压器等）的运输、安装和检修的方便，尽量缩短运输距离。要求主厂房、中控室、主变压器和开关站之间交通方便，并使主变压器、发电机与主厂房的安装间在同一高程，以便于运行维护和检修。

(3) 尽量减少电气设备及其连线与水力机械设备及管路的交叉和干扰。

(4) 保证进线和出线方便，尽可能减少架空导线交叉。

(5) 远近期结合，留有发展余地。总电气布置应按批准的规划容量进行设计，并留有发展余地。规划容量偏大或偏小，都将导致总平面布置的不合理。偏大造成浪费，偏小则将使布置拥挤混乱，影响安全运行，产生不良后果。

要妥善处理好分期建设。初期建筑集中布置以便于分期购地和利于扩建，减少前、后期工程在施工和运行上的相互影响。初期工程要为后期工程创造较好的施工条件，后期工程施工要尽量避免影响运行。

(6) 布置紧凑合理，尽量节约用地。各设备宜集中布置，减少占地面积，充分合理地利用空间，并注意利用荒地、劣地、坡地，少占或不占农田。

在地形条件狭窄的工程，可将控制楼、通信楼、试验室、检修间等功能相近或互有联系的电工建构筑物采用多层联合布置。

(7) 结合地形地质，因地制宜布置。依据不同的自然地形，确定各级配电装置的形式及其相互间的平面组合，选择合理的布置位置。在此基础上，灵活布置附属设施及站前建构筑物（见图 6-27）。

高压配电装置等主要建构筑物，要尽量沿自然等高线布置，以减少土石方工程量，避免高填深挖和减少基础埋设深度，便于场地排水。

山区发电厂、变电站的主要建构筑物，不宜紧靠山坡，否则应有防止塌方而危及电气设备和建构筑物的有效措施。户内配电装置，主控楼、主变压器、并联电抗器、调相机等主要建构筑物及大型设备，应布置在土质均匀、地基承载力较大的地段。要避开断层、溶洞，以及可能发生滑坡、崩塌等不良地质构造的地段。还要尽量不破坏山体的自然地貌，以保证山体固有的平衡，减少不安全因素。

图 6-27 广东某风力发电厂的厂区一角

(8) 符合防火规定，预防火灾和爆炸事故。为确保发电厂、变电站的长期安全运行，建构筑物布置要严格执行 GB 50016—2014《建筑设计防火规范》的有关规定。道路设计要考虑消防车的通行，使消防车能迅速到达火灾地点，及时扑灭电工建筑物区内的火灾。

4.2 电气总布置

1. 中控室的布置

中控室是发电厂、变电站操作和监视的中心地点（见图 6-28），其位置确定应满足的基本要求如下：

微课 68 如何进行中控室的布置

图 6-28 广东某变电站中控室

(1) 值班人员有良好的环境（噪声干扰和静电感应小，有较好的防潮、通风和采光），有利于安静和专心地工作。

(2) 便于监视户外配电装置，有利于值班人员与各级电压配电装置和主要车间联系，以便迅速进行各种操作。

(3) 尽可能缩短中控室与配电装置、机组间联系的控制电缆长度。

中控室的布置应满足位置确定的基本要求。下面以水电站为例，介绍中控室的布置方式。中控室一般紧靠主厂房上游、下游或一端布置。

(1) 中控室布置在主厂房上游侧副厂房的中间位置，可使中控室到各发电机的距离最近，对机组的巡视和与主厂房运行人员联系方便，一般还能节约电缆投资。

(2) 中控室布置在主厂房一端，自然采光和通风条件较好，能适应电站分期建设的要求，同时易于使中控室处于主厂房和升压站的适中位置，对地形陡峻的电站可减少开挖量。

(3) 中控室布置在尾水平台以上，距发电机近，并能节省控制电缆，低水头河床式电站尾水平台宽，可供布置，但中控室低于最高尾水位时，下游墙面不能开窗，对采光和通风不利，且尾水管震动较大，对中控室的影响比中控室布置在主厂房上游侧受进水钢管震动的影响大。

一般当机组台数不多时，可将中控室布置在主厂房一端；机组台数较多（4 台及以上），尤其是单机容量又较大时，最好能将中控室布置在主厂房上游侧，也可布置在下游侧。究竟采用哪种布置方式，要结合电站的具体情况，通过全面的分析比较而定。

微课 69　户内配电装置的布置

2. 户内配电装置的布置

发电厂及变电站的户内配电装置（见图 6 - 29）一般有发电机电压配电装置（通称高压配电室）和厂用电电压配电装置（通称低压配电室）。

(1) 发电机电压配电装置

一般采用户内成套配电装置，即高压开关柜，通常布置在发电机开关室内。发电机开关室应尽量靠近发电机，且最好与中控室等布置在与发电机层相同高程的副厂房内，常在开关室和中控室下统一设一层净高 2～3m 的电缆层，布置开关室的进出线和中控室的进出控制电缆。如系发电机—变压器单元或扩大单元接线时，还可按单元或扩大单元分散设置开关室，这样可使开关室分别靠近相应单元的发电机，可缩短发电机连接线，并有利于按扩大单元分期施工和分区维护运行，而且清晰对称，可减少误操作的可能性；尤其便于将中控室布置在副厂房的中间位置。

图 6 - 29　户内配电装置

(2) 厂用电电压配电装置一般也采用户内成套配电装置，即低压配电屏，一般与高压配电室相邻，便于运行人员巡视和维护的方便。

微课 70　户外配电装置的布置

3. 户外配电装置的布置

发电厂及变电站的户外配电装置也称开关站。

在地形条件允许的情况下，开关站应尽量与主变压器布置在一起，成为升压站。升压站位置的选择，同样必须紧密结合电站的形式、地形和地质等具体条件。升压站布置时，应尽量靠近主厂房以缩短升压站与主厂房之间的连接线，并便于运行人员经常巡视。

若主变压器和开关站分开布置，应使开关站尽量靠近主变压器和主厂房，以缩短主变压器和开关站之间的连接线。

升压站或开关站应有公路相通，以便于设备搬运，此外，在选择升压站或开关站位置时，应考虑进线和出线的方便。

4. 主变场地布置

主变压器是发电厂和变电站中最重、油量最多的设备之一，且又处于一次接线的纽带地位，其场地布置应着重考虑起吊搬运、防火防爆、进出线方式和通风散热等多方面的问题。

(1) 主变压器的起吊与搬运。目前，220kV 及以下的发电厂和变电站普遍采用三相油浸式变压器，35kV 及以下、容量为 6300kVA 以下的变压器一般为整体运输，超过上述电压或容量者，外形尺寸过大，出厂时常卸掉散热器、储油柜等附件，但仍带油运输。

主变压器一般先运抵厂房安装间，利用桥式起重机吊卸，并在完成放油、吊心检查、附件安装、充油及试验等安装工序后，再经专门的通道搬运就位。厂房桥式起重机要按主变压器吊重进行校验，桥式起重机吊高还要满足主变压器吊心高度的要求，否则可在安装间设置主变压器检修坑。

主变压器检修常有以下三种方式：一是拖运至安装间检修；二是就地检修，就地搭设临时性起吊设施，此时无论户外或户内布置均应适当增大场地面积和空间范围，室内布置的还要预先埋设吊梁吊环等；三是就近设置变压器检修间。

一般情况下，主变压器要靠近安装间布置。为了利用主厂房的桥式起重机进行起吊检修，要求主变压器的安装高程最好与安装间高程一致，且至安装间之间设置搬运通道，通道宽度要满足搬运中的变压器至两侧运行中的带电部分的距离不小于 B_1 值。在通道端头要预埋拖运地锚。

(2) 主变压器的防火防爆。主变压器的防火措施主要不在于着火主变压器的救灭，而在于其事故排油和隔离，以避免出现火灾的蔓延、扩大，祸及相邻建筑物和临近主变压器。

1) 事故排油和储油池。为了防止变压器发生事故时，燃油流失使事故范围扩大，单个油箱的油量在 1000kg 以上的变压器，应设置能容纳 100%或 20%油量的储油池或挡油墙，设有容纳 20%油量的储油池或挡油墙时，应能将油排到安全处，且不应引起污染危害，通常通过储油池底部的排油管迅速将全部油排至安全处。排油管内径的选择应能尽快将油排出，但不应小于 ϕ100mm。当设置有油水分离的总事故储油池时，其容量不应小于最大一个油箱的 60%油量。

储油池（见图 6-30）和挡油墙的长、宽尺寸，一般较设备外廓尺寸每边相应大 1m。变压器基础应比储油池高 0.1m，储油池四壁应高于屋外场地 0.1m。储油池内铺设厚度不小于 0.25m 的卵石层（卵石直径 0.05～0.08m），储油池底面向排油管侧有不小于 2%的坡度。

2) 防火隔墙。当变压器着火或防爆玻璃爆破喷油时，应不危及临近变压器或建筑物的安全。因此，主变压器与建筑物的距离不应小于 1.25m，且距变压器 5m 以内的建

图 6-30 发电厂主变压器的储油池和防火隔墙

筑物，在变压器总高度以下及外廓两侧各 3m 的范围内，不应有门、窗和通风口。当变压器的油量超过 2500kg 时，两台变压器之间的防火净距不得小于下列数据：35kV 及以下的大于或等于 5m；110kV 的大于或等于 8m；220kV 的大于或等于 10m。

如布置有困难应设防火隔墙（见图 6-30）。防火墙的高度不宜低于变压器储油柜的顶端高程，其长度应大于变压器储油池两侧各 1m。若防火墙上设有隔火水幕时，防火墙的高度应比变压器顶盖高出 0.5m，长度则不应小于变压器储油池的宽度加 0.5m。

（3）主变场地的通风散热。变压器的效率很高，但大容量变压器的功率损耗也很大，并以热的形式散布于周围空间，户外的主变压器宜置于开阔通风处。坝后式水电站常将主变压器置于大坝和主厂房之间，如果再增设一些隔墙，显然对通风散热不利。此外，户外主变压器既要增强辐射散热，又要减少日照的影响，外表以灰色漆为好。

户内布置的主变压器间应有自然或强迫排风设施，热空气要直接排向户外，且不得对流返回主厂房内。有的小电站将主变压器置于安装间旁作半户外布置，其热量大部分散向主厂房内，加剧了夏天厂房内的高温对运行十分不利。户内主变压器不受强日光照射，宜外着黑色漆以加强辐射散热。

案例分析 电气总布置

【例 6-5】 引水式电站的电气总布置。

原始资料：某引水式电站，电站厂房位于某河流左岸，电站装机容量为 2×3200kW，机组为卧式机组，出线两回，出线电压等级为 35kV，发电机电压侧为单元接线，35kV 侧为单母线接线，主变压器为两台双绕组变压器，容量均为 4000kVA。发电机电压配电装置和 35kV 配电装置均采用户内成套配电装置，6kV 采用固定式高压开关柜，35kV 采用手车式高压开关柜。

电气总布置情况，如图 6-31 所示。

电站的主、副厂房和升压站均布置在同一高程。6kV 高压开关室和厂房值班室布置在主厂房机组段的左侧；中控室、35kV 高压开关室和升压站依次布置在主厂房下游段。厂房安装间布置在机组段的上游侧。该电站布置较为紧凑，巡视检查方便。由于地形条件的限制，中控室、35kV 高压开关室和升压站距厂房安装间较远，且运输不是很方便。发电机出线只能采用电缆，且电缆的走向较长。

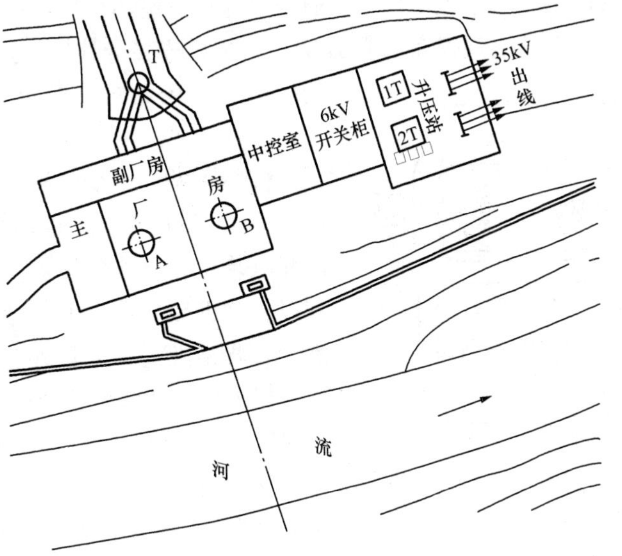

图 6-31 引水式电站厂区电气总布置图

【例 6-6】 混合式电站的电气总布置。

原始资料：某混合式电站，该电站厂房位于某河右岸坡上，有库容，可进行日调节。电站装机容量为 2×8000kW，出线三回，出线电压等级分别为 35kV 和 110kV，设两台容量均为 25000kVA 的三绕组变压器。其发电机电压配电装置和 35kV 配电装置均采用户内成套配电装置，均选用手车式高压开关柜；110kV 配电装置采用户外中型布置。

电气总布置情况，如图 6-32 所示。

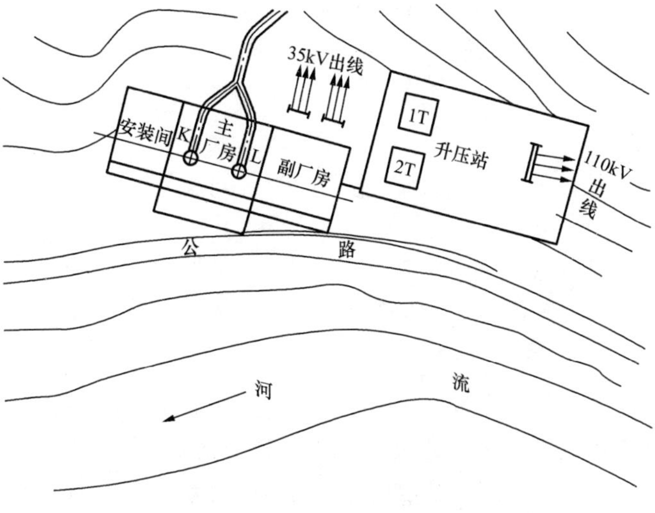

图 6-32 混合式电站厂区电气总布置图

电站的副厂房、升压站均集中布置在主厂房的上游段。其中中控室、高压开关室为分层布置。副厂房第一层分别布置 6、35kV 高压开关室，厂用变压器室和电气试验室；

第二层为电缆夹层；第三层布置中控室、通信及计算机室和交接班室。110kV 升压站布置在副厂房左侧。该电站电气设备布置紧凑且集中，连接导线短，巡视检查方便。主、副厂房和升压站毗邻公路，设备的运输十分方便。

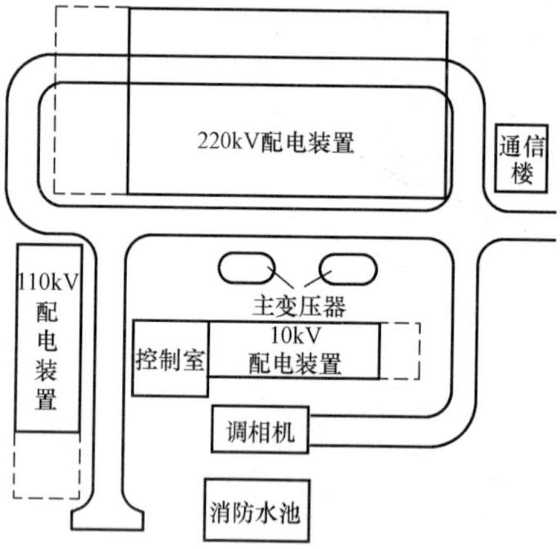

图 6-33　220kV 变电站的电气总布置图

【例 6-7】 某变电站的电气总布置。

原始资料：某 220kV 变电站，主要由户内配电装置、户外配电装置、主变压器、控制室以及辅助设施等组成。在 220kV 变电站中常设有调相机室。变电站的电气总布置应根据城市规划、交通和水源等外界条件，依据配电装置的电压等级、出线方向和方式，出线走廊的条件、地形情况等因素，并满足防火及环境保护要求，因地制宜地进行设计。

电气总布置情况，如图 6-33 所示。

课后思考及练习

1. 什么是配电装置？配电装置应满足哪些基本要求？
2. 决定户内、外配电装置的最小安全净距的依据是什么？
3. 成套配电装置有哪些类型，各有何优缺点？
4. SF_6 全封闭式组合电器的主要结构和优缺点是什么？适用范围如何？
5. 户外配电装置有哪些类型，各有何优缺点？
6. 试绘制图 6-23 所对应的电气一次接线示意图。

附　　录

附表 1　　汽轮发电机短路电流运算曲线数字表（X_c=0.12～0.95）

X_c \ t(s)	0	0.01	0.06	0.1	0.2	0.4	0.5	0.6	1	2	4
0.12	8.963	8.603	7.186	6.400	5.220	4.252	4.006	3.821	3.344	2.795	2.512
0.14	7.718	7.467	6.441	5.839	4.878	4.040	3.829	3.673	3.280	2.808	2.526
0.16	6.763	6.545	5.660	5.146	4.336	3.649	3.481	3.359	3.060	2.706	2.490
0.18	6.020	5.844	5.122	4.697	4.016	3.429	3.288	3.186	2.944	2.659	2.476
0.20	5.432	5.280	4.661	4.297	3.715	3.217	3.099	3.016	2.825	2.607	2.462
0.22	4.938	4.813	4.296	3.988	3.487	3.052	2.951	2.882	2.729	2.561	2.444
0.24	4.526	4.421	3.984	3.721	3.286	2.904	2.816	2.758	2.638	2.515	2.425
0.26	4.178	4.088	3.714	3.486	3.106	2.769	2.693	2.644	2.551	2.467	2.404
0.28	3.872	3.705	3.472	3.274	2.939	2.641	2.575	2.534	2.464	2.415	2.378
0.30	3.603	3.536	3.255	3.081	2.785	2.520	2.463	2.429	2.379	2.360	2.347
0.32	3.368	3.310	3.063	2.909	2.646	2.410	2.360	2.332	2.299	2.306	2.316
0.34	3.159	3.108	2.891	2.754	2.519	2.308	2.264	2.241	2.222	2.252	2.283
0.36	2.975	2.930	2.736	2.614	2.403	2.213	2.175	2.156	2.149	2.109	2.250
0.38	2.811	2.770	2.597	2.487	2.297	2.126	2.093	2.077	2.081	2.148	2.217
0.40	2.664	2.628	2.471	2.372	2.199	2.045	2.017	2.004	2.017	2.099	2.184
0.42	2.531	2.499	2.357	2.267	2.110	1.970	1.946	1.936	1.956	2.052	2.151
0.44	2.411	2.382	2.253	2.170	2.027	1.900	1.879	1.872	1.899	2.006	2.119
0.46	2.302	2.275	2.157	2.082	1.950	1.835	1.817	1.812	1.845	1.963	2.088
0.48	2.203	2.178	2.069	2.000	1.879	1.774	1.759	1.756	1.794	1.921	2.057
0.50	2.111	2.088	1.988	1.924	1.813	1.717	1.704	1.703	1.746	1.880	2.027
0.55	1.913	1.894	1.810	1.757	1.665	1.589	1.581	1.583	1.635	1.785	1.953
0.60	1.748	1.732	1.662	1.617	1.539	1.478	1.474	1.479	1.538	1.699	1.844
0.65	1.610	1.596	1.535	1.497	1.431	1.382	1.381	1.388	1.452	1.621	1.819
0.70	1.492	1.479	1.426	1.393	1.336	1.297	1.298	1.307	1.375	1.549	1.734
0.75	1.390	1.379	1.332	1.302	1.253	1.221	1.225	1.235	1.305	1.484	1.596
0.80	1.301	1.291	1.249	1.223	1.179	1.154	1.159	1.171	1.243	1.424	1.474
0.85	1.222	1.214	1.176	1.152	1.114	1.094	1.100	1.112	1.186	1.358	1.370
0.90	1.153	1.145	1.110	1.089	1.055	1.039	1.047	1.060	1.134	1.279	1.279
0.95	1.091	1.084	1.052	1.032	1.002	0.990	0.998	1.012	1.087	1.200	1.200
1.00	1.035	1.028	0.999	0.981	0.954	0.945	0.954	0.968	1.043	1.129	1.129
1.05	0.985	0.979	0.952	0.935	0.910	0.904	0.914	0.928	1.003	1.067	1.067

续表

X_c \ t(s)	0	0.01	0.06	0.1	0.2	0.4	0.5	0.6	1	2	4
1.10	0.940	0.934	0.908	0.893	0.870	0.866	0.876	0.891	0.966	1.011	1.011
1.15	0.898	0.892	0.869	0.854	0.833	0.832	0.842	0.857	0.932	0.961	0.961
1.20	0.860	0.855	0.832	0.819	0.800	0.800	0.811	0.825	0.898	0.915	0.915
1.25	0.825	0.820	0.799	0.786	0.769	0.770	0.781	0.796	0.864	0.874	0.874
1.30	0.793	0.788	0.768	0.756	0.740	0.743	0.754	0.769	0.831	0.836	0.836
1.35	0.763	0.758	0.739	0.728	0.713	0.717	0.728	0.743	0.800	0.802	0.802
1.40	0.735	0.731	0.713	0.703	0.688	0.693	0.705	0.720	0.769	0.770	0.770
1.45	0.710	0.705	0.688	0.678	0.665	0.671	0.682	0.697	0.740	0.740	0.740
1.50	0.686	0.682	0.665	0.656	0.644	0.650	0.662	0.676	0.713	0.713	0.713
1.55	0.663	0.659	0.644	0.635	0.623	0.630	0.642	0.657	0.687	0.687	0.687
1.60	0.642	0.639	0.623	0.615	0.604	0.612	0.624	0.638	0.664	0.664	0.664
1.65	0.622	0.619	0.605	0.596	0.586	0.594	0.606	0.621	0.642	0.642	0.642
1.70	0.604	0.601	0.587	0.579	0.570	0.578	0.590	0.604	0.621	0.621	0.621
1.75	0.586	0.583	0.570	0.562	0.554	0.562	0.574	0.589	0.602	0.602	0.602
1.80	0.570	0.567	0.554	0.547	0.539	0.548	0.559	0.573	0.584	0.584	0.584
1.85	0.554	0.551	0.539	0.532	0.524	0.534	0.545	0.559	0.566	0.566	0.566
1.90	0.540	0.537	0.525	0.518	0.511	0.521	0.532	0.544	0.550	0.550	0.550
1.95	0.526	0.523	0.511	0.505	0.498	0.508	0.520	0.530	0.535	0.535	0.535
2.00	0.512	0.510	0.498	0.492	0.486	0.496	0.508	0.517	0.521	0.521	0.521
2.05	0.500	0.497	0.486	0.480	0.474	0.485	0.496	0.504	0.507	0.507	0.507
2.10	0.488	0.485	0.475	0.469	0.463	0.474	0.485	0.492	0.494	0.494	0.494
2.15	0.476	0.474	0.464	0.458	0.453	0.463	0.474	0.481	0.482	0.482	0.482
2.20	0.465	0.463	0.453	0.448	0.443	0.453	0.464	0.470	0.470	0.470	0.470
2.25	0.455	0.453	0.443	0.438	0.433	0.444	0.454	0.459	0.459	0.459	0.459
2.30	0.445	0.443	0.433	0.428	0.424	0.435	0.444	0.448	0.448	0.448	0.448
2.35	0.435	0.433	0.424	0.419	0.415	0.426	0.435	0.438	0.438	0.438	0.438
2.40	0.426	0.424	0.415	0.411	0.407	0.418	0.426	0.428	0.428	0.428	0.428
2.45	0.417	0.415	0.407	0.402	0.399	0.410	0.417	0.419	0.419	0.419	0.419
2.50	0.409	0.407	0.399	0.394	0.391	0.402	0.409	0.410	0.410	0.410	0.410
2.55	0.400	0.399	0.391	0.387	0.383	0.394	0.401	0.402	0.402	0.402	0.402
2.60	0.392	0.391	0.383	0.379	0.376	0.387	0.393	0.393	0.393	0.393	0.393
2.65	0.385	0.384	0.376	0.372	0.369	0.380	0.385	0.386	0.386	0.386	0.386
2.70	0.377	0.377	0.369	0.365	0.362	0.373	0.378	0.378	0.378	0.378	0.378
2.75	0.370	0.370	0.362	0.359	0.356	0.367	0.371	0.371	0.371	0.371	0.371
2.80	0.363	0.363	0.356	0.352	0.350	0.361	0.364	0.364	0.364	0.364	0.364

续表

X_c \ t(s)	0	0.01	0.06	0.1	0.2	0.4	0.5	0.6	1	2	4
2.85	0.357	0.356	0.350	0.346	0.344	0.354	0.357	0.357	0.357	0.357	0.357
2.90	0.350	0.350	0.344	0.340	0.338	0.348	0.351	0.351	0.351	0.351	0.351
2.95	0.344	0.344	0.338	0.335	0.333	0.343	0.344	0.344	0.344	0.344	0.344
3.00	0.338	0.388	0.332	0.329	0.327	0.337	0.338	0.338	0.338	0.388	0.338
3.05	0.332	0.332	0.327	0.324	0.322	0.331	0.332	0.332	0.332	0.332	0.332
3.10	0.327	0.326	0.322	0.319	0.317	0.326	0.327	0.327	0.327	0.327	0.327
3.15	0.321	0.321	0.317	0.314	0.312	0.321	0.321	0.321	0.321	0.321	0.321
3.20	0.316	0.316	0.312	0.309	0.307	0.316	0.316	0.316	0.316	0.316	0.316
3.25	0.311	0.311	0.307	0.304	0.303	0.311	0.311	0.311	0.311	0.311	0.311
3.30	0.306	0.306	0.302	0.300	0.298	0.306	0.306	0.306	0.306	0.306	0.306
3.35	0.301	0.301	0.298	0.295	0.294	0.301	0.301	0.301	0.301	0.301	0.301
3.40	0.297	0.297	0.293	0.291	0.290	0.297	0.297	0.297	0.297	0.297	0.297
3.45	0.292	0.292	0.289	0.287	0.286	0.292	0.292	0.292	0.292	0.292	0.292

附表 2　　水轮发电机短路电流运算曲线数字表（X_c=0.18～0.95）

X_c \ t(s)	0	0.01	0.06	0.1	0.2	0.4	0.5	0.6	1	2	4
0.18	6.127	5.655	4.623	4.331	4.100	3.933	3.867	3.807	3.605	3.300	3.081
0.20	5.526	5.184	4.297	4.045	3.856	3.754	3.716	3.681	3.563	3.378	3.234
0.22	5.055	4.767	4.026	3.806	3.633	3.556	3.531	3.508	3.430	3.302	3.191
0.24	4.647	4.402	3.764	3.575	3.433	3.378	3.363	3.348	3.300	3.220	3.151
0.26	4.290	4.083	3.538	3.375	3.253	3.216	3.208	3.200	3.174	3.133	3.098
0.28	3.993	3.816	3.343	3.200	3.096	3.073	3.070	3.067	3.060	3.049	3.043
0.30	3.727	3.574	3.163	3.039	2.950	2.938	2.941	2.943	2.952	2.970	2.993
0.32	3.494	3.360	3.001	2.892	2.817	2.815	2.822	2.828	2.851	2.895	2.943
0.34	3.285	3.168	2.851	2.755	2.692	2.699	2.709	2.719	2.754	2.820	2.891
0.36	3.095	2.991	2.712	2.627	2.574	2.589	2.602	2.614	2.660	2.745	2.837
0.38	2.922	2.831	2.583	2.508	2.464	2.484	2.500	2.515	2.569	2.671	2.782
0.40	2.767	2.685	2.464	2.398	2.361	2.388	2.405	2.422	2.484	2.600	2.728
0.42	2.627	2.554	2.356	2.297	2.267	2.297	2.317	2.336	2.404	2.532	2.675
0.44	2.500	2.434	2.256	2.204	2.179	2.214	2.235	2.255	2.329	2.467	2.624
0.46	2.385	2.325	2.164	2.117	2.098	2.136	2.158	2.180	2.258	2.406	2.575
0.48	2.280	2.225	2.079	2.038	2.023	2.064	2.087	2.110	2.192	2.348	2.527
0.50	2.183	2.134	2.001	1.964	1.953	1.996	2.021	2.044	2.130	2.293	2.482
0.52	2.095	2.050	1.928	1.895	1.887	1.933	1.958	1.983	2.071	2.241	2.438

续表

t(s) / X_c	0	0.01	0.06	0.1	0.2	0.4	0.5	0.6	1	2	4
0.54	2.013	1.972	1.861	1.831	1.826	1.874	1.900	1.925	2.015	2.191	2.396
0.56	1.938	1.899	1.798	1.771	1.769	1.818	1.845	1.870	1.963	2.143	2.355
0.60	1.802	1.770	1.683	1.662	1.665	1.717	1.744	1.770	1.866	2.054	2.263
0.65	1.658	1.630	1.559	1.543	1.550	1.605	1.633	1.660	1.759	1.950	2.137
0.70	1.534	1.511	1.452	1.440	1.451	1.507	1.535	1.562	1.663	1.846	1.964
0.75	1.428	1.408	1.358	1.349	1.363	1.420	1.449	1.476	1.578	1.741	1.794
0.80	1.336	1.318	1.276	1.270	1.286	1.343	1.372	1.400	1.498	1.620	1.642
0.85	1.254	1.239	1.203	1.199	1.217	1.274	1.303	1.331	1.423	1.507	1.513
0.90	1.182	1.169	1.138	1.135	1.555	1.212	1.241	1.268	1.352	1.403	1.403
0.95	1.118	1.106	1.080	1.078	1.099	1.156	1.185	1.210	1.282	1.308	1.308
1.00	1.061	1.050	1.027	1.027	1.048	1.105	1.132	1.156	1.211	1.225	1.225
1.05	1.009	0.999	0.979	0.980	1.002	1.058	1.084	1.105	1.146	1.152	1.152
1.10	0.962	0.953	0.936	0.937	0.959	1.015	1.038	1.057	1.085	1.087	1.087
1.15	0.919	0.911	0.896	0.898	0.920	0.974	0.995	1.011	1.029	1.029	1.029
1.20	0.880	0.872	0.859	0.862	0.885	0.936	0.955	0.966	0.977	0.977	0.977
1.25	0.843	0.837	0.825	0.829	0.852	0.900	0.916	0.923	0.930	0.930	0.930
1.30	0.810	0.804	0.794	0.798	0.821	0.866	0.878	0.884	0.888	0.888	0.888
1.35	0.780	0.774	0.765	0.769	0.792	0.834	0.843	0.847	0.849	0.849	0.849
1.40	0.751	0.746	0.738	0.743	0.766	0.803	0.810	0.812	0.813	0.813	0.813
1.45	0.725	0.720	0.713	0.718	0.740	0.774	0.778	0.780	0.780	0.780	0.780
1.50	0.700	0.696	0.690	0.695	0.717	0.746	0.749	0.750	0.750	0.750	0.750
1.55	0.677	0.673	0.668	0.673	0.694	0.719	0.722	0.722	0.722	0.722	0.722
1.60	0.655	0.652	0.647	0.652	0.673	0.694	0.696	0.696	0.696	0.696	0.696
1.65	0.635	0.632	0.628	0.633	0.653	0.671	0.672	0.672	0.672	0.672	0.672
1.70	0.616	0.613	0.610	0.615	0.634	0.649	0.649	0.649	0.649	0.649	0.649
1.75	0.598	0.595	0.592	0.598	0.616	0.628	0.628	0.628	0.628	0.628	0.628
1.80	0.581	5.578	0.576	0.582	0.599	0.608	0.608	0.608	0.608	0.608	0.608
1.85	0.565	0.563	0.561	0.566	0.582	0.590	0.590	0.590	0.590	0.590	0.590
1.90	0.550	0.548	0.546	0.552	0.566	0.572	0.572	0.572	0.572	0.572	0.572
1.95	0.536	0.533	0.532	0.538	0.551	0.556	0.556	0.556	0.556	0.556	0.556
2.00	0.522	0.520	0.519	0.524	0.537	0.540	0.540	0.540	0.540	0.540	0.540
2.50	0.509	0.507	0.507	0.512	0.523	0.525	0.525	0.525	0.525	0.525	0.525
2.10	0.497	0.495	0.495	0.500	0.510	0.512	0.512	0.512	0.512	0.512	0.512
2.15	0.485	0.483	0.483	0.488	0.497	0.498	0.498	0.498	0.498	0.498	0.498
2.20	0.474	0.472	0.472	0.477	0.485	0.486	0.486	0.486	0.486	0.486	0.486

续表

t(s) / X_c	0	0.01	0.06	0.1	0.2	0.4	0.5	0.6	1	2	4
2.25	0.463	0.462	0.462	0.466	0.473	0.474	0.474	0.474	0.474	0.474	0.474
2.30	0.453	0.452	0.452	0.456	0.462	0.462	0.462	0.462	0.462	0.462	0.462
2.35	0.443	0.442	0.442	0.446	0.452	0.452	0.452	0.452	0.452	0.452	0.452
2.40	0.434	0.433	0.433	0.436	0.441	0.441	0.441	0.441	0.441	0.441	0.441
2.45	0.425	0.424	0.424	0.427	0.431	0.431	0.431	0.431	0.431	0.431	0.431
2.50	0.416	0.415	0.415	0.419	0.422	0.422	0.422	0.422	0.422	0.422	0.422
2.55	0.408	0.407	0.407	0.410	0.413	0.413	0.413	0.413	0.413	0.413	0.413
2.60	0.400	0.399	0.399	0.402	0.404	0.404	0.404	0.404	0.404	0.404	0.404
2.65	0.392	0.391	0.392	0.394	0.396	0.396	0.396	0.396	0.396	0.396	0.396
2.70	0.385	0.384	0.384	0.387	0.388	0.388	0.388	0.388	0.388	0.388	0.388
2.75	0.378	0.377	0.377	0.379	0.380	0.380	0.380	0.388	0.380	0.380	0.380
2.80	0.371	0.370	0.370	0.372	0.373	0.373	0.373	0.373	0.373	0.373	0.373
2.85	0.364	0.363	0.364	0.365	0.366	0.366	0.366	0.366	0.366	0.366	0.366
2.90	0.358	0.357	0.357	0.359	0.359	0.359	0.359	0.359	0.359	0.359	0.359
2.95	0.351	0.351	0.351	0.352	0.353	0.353	0.353	0.353	0.353	0.353	0.353
3.00	0.345	0.345	0.345	0.346	0.346	0.346	0.346	0.346	0.346	0.346	0.346
3.05	0.339	0.339	0.339	0.340	0.340	0.340	0.340	0.340	0.340	0.340	0.340
3.10	0.334	0.333	0.333	0.334	0.334	0.334	0.334	0.334	0.334	0.334	0.334
3.15	0.328	0.328	0.328	0.329	0.329	0.329	0.329	0.329	0.329	0.329	0.329
3.20	0.323	0.322	0.322	0.323	0.323	0.323	0.323	0.323	0.323	0.323	0.323
3.25	0.317	0.317	0.317	0.318	0.318	0.318	0.318	0.318	0.318	0.318	0.318
3.30	0.312	0.312	0.312	0.313	0.313	0.313	0.313	0.313	0.313	0.313	0.313
3.35	0.307	0.307	0.307	0.308	0.308	0.308	0.308	0.308	0.308	0.308	0.308
3.40	0.303	0.302	0.302	0.303	0.303	0.303	0.303	0.303	0.303	0.303	0.303
3.45	0.298	0.298	0.298	0.298	0.298	0.298	0.298	0.298	0.298	0.298	0.298

附表 3　　电缆的热稳定系数 *C* 值

芯线材料	铝				铜					
芯线绝缘材料	短时最高允许温度（℃）									
	120	150	175	200	120	150	175	200	230	250
油浸纸	75	87	93	95	120	120	130	—	—	165
聚氯乙烯	63	—	—	—	95	—	—	—	—	—
橡胶	75	87	—	188	100	120	—	145	—	—
交联聚乙烯	53	70	—	87	80	100	—	—	141	—

附表 4　　常见高压断路器的主要技术数据

类别	型号	额定电压（kA）	额定电流（A）	开断电流（kA）	动稳定电流峰值（kA）	热稳定电流（kA）	固有分闸时间（s）⩽	合闸时间（s）⩽	配用操动机构型号
真空户内	ZN23－35	35	1600	25	63	25（4s）	0.06	0.075	CT12
	ZN3－10Ⅰ	10	630	8	20	8（4s）	0.07	0.15	CD10 等
	ZN3－10Ⅱ		1000	20	50	20（20s）	0.05	0.10	
	ZN4－10/1000		1000	17.3	44	17.3（4s）	0.05	0.2	CD10 等
	ZN4－10/1250		1250	20	50	20（4s）			
	ZN5－10/630		630	20	50	20（2s）	0.05	0.1	专用 CD 型
	ZN5－10/1000		1000	20	50	20（2s）			
	ZN5－10/1250		1250	25	63	25（2s）			
	ZN12－10		1250 2000	31.5	63	25（4s）	0.06	0.1	CT8 等
	ZN23－35		1250 2000 2500 3150	31.5 40	80，100	31.5（4s） 40（4s）			
	ZN24－10/1250－20		1250	20	50	20（4s）	0.06	0.1	CT8 等
	ZN24－10/		1250 2000	31.5	80	31.5（4s）			
六氟化硫（SF_6）	LW35－126	110	2500	31.5	80	31.5（4s）	0.035	0.1	CT24 等
	LW36－126		3150	40	100	40（4s）	0.035	0.1	CT24 等
	LN2－35Ⅰ	35	1250	16	40	16（4s）	0.06	0.15	CT12Ⅱ
	LN2－35Ⅱ		1250	25	63	25（4s）			
	LN2－35Ⅲ		1600	25	63	25（4s）			
	LN2－10	10	1250	25	63	25（4s）	0.06	0.15	CT12Ⅰ CT8Ⅰ

附表 5　　DW16 型低压断路器的主要技术数据

型号	壳架等级电流（A）	脱扣器额定电流 $I_{N.OR}$（A）	长延时动作整定电流	瞬时动作整定电流	单相接地短路动作电流	极限分断能力（kA）
DW16－630	630	100，160，200，315，400，630	（0.64～1）$I_{N.OR}$（A）	（3～6）$I_{N.OR}$（A）	$0.5I_{N.OR}$（A）	30（380V） 20（660V）
DW16－2000	2000	800，1000，1600，2000				50
DW16－4000	4000	2500，3200，4000				80

附表 6　　RT0 型低压熔断器的主要技术数据

型号	熔管额定电压（V）	额定电流（A）		最大分断电流（kA）
		熔管	熔体	
RT0 - 100	交流 380 直流 440	100	30，40，50，60，80，100	50 （cosφ=0.1～0.2）
RT - 200		200	（80，100），120，150，200	
RT - 400		400	（150，200），250，300，350，400	
RT - 600		600	（350，400），450，500，550，600	
RT - 1000		1000	700，800，900，1000	

参 考 文 献

［1］丁毓山，金开宇. 变电站值班员职业技能鉴定培训教材. 北京：中国水利水电出版社，2007.
［2］国家电力监管委员会. 电工进网作业许可考试参考教材. 北京：中国财政经济出版社，2006.
［3］吴靓，谢珍贵. 发电厂及变电站电气设备. 北京：中国水利水电出版社，2004.
［4］常文平. 工厂供电技术. 2 版. 北京：中国电力出版社，2016.
［5］陈化钢. 电气设备及其运行. 合肥：合肥工业大学出版社，2004.
［6］陈慈萱. 电气工程基础. 3 版. 北京：中国电力出版社，2016.
［7］许建安. 中小型水电站电气设计手册. 北京：中国水利水电出版社，2002.
［8］林莘. 现代高压电器技术. 2 版. 北京：机械工业出版社，2002.
［9］夏国明. 供配电技术. 3 版. 北京：中国电力出版社，2012.
［10］王朗珠，陈书. 供配电一次系统. 重庆：重庆大学出版社，2019.